机电一体化系统设计

主　编◎张旭辉　樊红卫　朱立军
副主编◎毛清华　姜俊英　王川伟　薛旭升　董　明

华中科技大学出版社
http://www.hustp.com
中国·武汉

内 容 简 介

本书以机电一体化系统的组成为主线,系统介绍了机电一体化系统各主要组成部分的设计理论、方法和应用。全书共 7 章,内容包括概述、机电一体化系统总体设计、机电一体化机械系统设计、机电一体化动力系统设计、机电一体化检测系统设计、机电一体化控制系统设计、机电一体化典型系统设计。每章后均有复习思考题,便于学生课后练习。

本书内容翔实,图文并茂,注重理论联系实际,将机电一体化领域最新成果和发展动态融入其中,可作为机械设计制造及其自动化、机械电子工程、智能制造工程、机器人工程等相关专业高年级本科生或硕士研究生教材,也可供相关领域的工程技术人员参考。

图书在版编目(CIP)数据

机电一体化系统设计/张旭辉,樊红卫,朱立军主编. —武汉:华中科技大学出版社,2020.5(2024.1重印)
ISBN 978-7-5680-6094-3

Ⅰ.①机… Ⅱ.①张… ②樊… ③朱… Ⅲ.①机电一体化-系统设计 Ⅳ.①TH-39

中国版本图书馆 CIP 数据核字(2020)第 072703 号

机电一体化系统设计 张旭辉 樊红卫 朱立军 主编
Jidian Yitihua Xitong Sheji

策划编辑:张 毅	
责任编辑:刘 静	
封面设计:廖亚萍	
责任监印:朱 玢	
出版发行:华中科技大学出版社(中国·武汉)	电话:(027)81321913
武汉市东湖新技术开发区华工科技园	邮编:430223

录　　排:武汉三月禾文化传播有限公司
印　　刷:武汉邮科印务有限公司
开　　本:787mm×1092mm　1/16
印　　张:21
字　　数:537千字
版　　次:2024 年 1 月第 1 版第 3 次印刷
定　　价:56.00 元

本书若有印装质量问题,请向出版社营销中心调换
全国免费服务热线:400-6679-118　竭诚为您服务
版权所有　侵权必究

前言

机电一体化技术是在微电子技术、信息技术等向机械领域渗透并与机械技术深度融合的基础上，综合运用机械技术、微电子技术、信息技术、自动控制技术、传感检测技术、电力电子技术、接口技术及软件编程技术等，从系统理论出发，根据系统功能目标，以动力、运动、结构、检测和控制要素为基础，对各要素及其信息处理、接口耦合、运动传递、物质运动和能量变换进行研究，使整个系统有机结合与综合集成，在程序和微电子电路的有序控制下，形成物质和能量的有序运动，在强功能、高精度、高可靠性和低能耗等方面实现多种功能复合的最佳系统工程技术。

进入 21 世纪以来，随着计算机、互联网、传感器和人工智能等技术的飞速发展，机电一体化技术呈现出向智能化方向发展的强烈趋势。一方面，光学、通信技术等进入机电一体化，微细加工技术也在机电一体化中得到应用，出现了光机电一体化和微机电一体化等新分支；另一方面，随着研究的深入，机电一体化系统的建模与设计分析方法得到了极大的发展，相关学科体系日渐成熟；同时，由于泛在网络、人工智能和机器人等技术的刺激，机电一体化技术开拓出了更为广阔的天地，孕育着巨大的产业需求。

目前，全球范围内正在经历第四次工业革命，各个国家均在人工智能、物联网、大数据、云计算、5G 技术和智能制造等领域展开激烈角逐。机电一体化技术作为将上述新技术与传统机械技术进行深度融合的高新技术，已成为世界技术和产业竞争的焦点之一。在我国由"制造大国"向"制造强国"转变的关键时期，培养能够掌握机电一体化核心技术的高层次人才非常重要。从 20 世纪末期开始，我国各大院校机械类专业均逐渐开设机电一体化系统设计相关课程，企事业单位也对工程技术人员开展了机电一体化技术相关培训，以 FMS、CIMS、MEMS 和机器人等为代表的机电一体化成套技术在制造业中发挥了巨大的作用。面对新的世界局势和科学技术的重大变革，及时地更新机电一体化系统设计的相关教材，淘汰落后内容，补充新知识、新技术与新方法，体现以"智能化"为代表的新一代机电一体化技术特征，进而培养适应经济社会发展和制造业迫切需要的专业人才，是编写本书的初衷。

本书是在编者多年从事机电一体化相关教学和科研工作，并参考大量已出版教材和专著的基础上编写而成的。书中汇集了编者多年的教学讲义和教案资料，并力求引入近年来最新进展和科研成果。本书内容的选取和章节的安排力求适应机械类专业的改革与发展需求，将机电一体化所涉及的繁杂分散的内容进行整合、凝练和创新，将机电有机结合、精密与智能、理论联系实际等理念贯穿全书始终，并将高档数控机床、工业机器人和矿山机电装备作为贯穿全书的三方面案例，力争使学生形成对机电一体化系统设计的整体概念，体现机电一体化技术与其他相关技术的不同之处。

本书共7章,具体内容包括:第1章,概述;第2章,机电一体化系统总体设计;第3章,机电一体化机械系统设计;第4章,机电一体化动力系统设计;第5章,机电一体化检测系统设计;第6章,机电一体化控制系统设计;第7章,机电一体化典型系统设计。每章后均有复习思考题,便于学生课后练习。有的题目是为引导读者进一步思考而设置的,未必能够在本书中直接找到答案。

本书可作为高等院校机械设计制造及其自动化、机械电子工程等机电类专业的高年级本科生,机械电子工程、机械制造及其自动化、机械设计及理论等机械工程学科方向硕士研究生,以及精密仪器和机械等仪器科学与技术学科方向硕士研究生学习有关机电一体化相关课程的教材,也可供机电领域相关工程技术人员参考。学习本书之前,读者应具备机械原理、机械设计、电机拖动、电工电子、微机原理、测试技术、自动控制、智能制造工程、机器人工程等方面的知识。教师在使用本书时,应根据学生先修课程情况和学时要求,适当补充或删减内容。

本书由西安科技大学机械工程学院张旭辉、樊红卫,重庆中烟工业有限责任公司技术中心朱立军担任主编;由西安科技大学机械工程学院毛清华、姜俊英、王川伟、薛旭升、董明担任副主编。具体编写分工为:第1章由樊红卫编写,第2章第2.1节由毛清华编写,第2章第2.2节由董明和毛清华编写,第2章第2.3节由董明编写,第3章由王川伟编写,第4章由姜俊英编写,第5章第5.1至5.6节、第5.8节由樊红卫编写,第5章第5.7节由朱立军编写,第6章由薛旭升编写,第7章第7.1节由董明编写,第7章第7.2节由樊红卫编写,第7章第7.3节由王川伟和薛旭升编写,第7章第7.4节由毛清华编写。全书统稿工作由张旭辉和樊红卫完成,朱立军对本书实践性方面内容的审核做了大量的工作。

本书在编写过程中得到了西安科技大学机械工程学院、陕西省矿山机电装备智能监测重点实验室、陕西省煤矿机电设备智能检测与控制重点科技创新团队的众多同事和研究生的大力支持与帮助。本书入选西安科技大学本科教材建设规划和煤炭高等教育"十三五"规划教材出版计划,出版得到了华中科技大学出版社的大力支持。在此,作者谨对给予本书编写和出版工作支持、帮助的所有朋友,表示最衷心的感谢!

限于作者的水平和经验,加之机电一体化技术发展日新月异,书中错误与不足之处在所难免,敬请广大读者批评指正。

编　者

2020年1月于西安科技大学

目录

第1章 概述 … 1
- 1.1 机电一体化的基本概念 … 1
- 1.2 机电一体化系统的组成要素 … 3
- 1.3 机电一体化系统的共性技术 … 6
- 1.4 机电一体化系统的设计类型和设计方法 … 9
- 1.5 机电一体化的现状与发展趋势 … 13

第2章 机电一体化系统总体设计 … 16
- 2.1 机电一体化系统设计依据及评价标准 … 16
- 2.2 机电一体化系统总体设计方法 … 23
- 2.3 机电有机结合设计 … 34

第3章 机电一体化机械系统设计 … 45
- 3.1 概述 … 45
- 3.2 机电一体化系统机械特性分析 … 46
- 3.3 机械传动系统设计 … 55
- 3.4 执行系统设计 … 74
- 3.5 导向与支承系统设计 … 89

第4章 机电一体化动力系统设计 … 98
- 4.1 动力元件的分类 … 98
- 4.2 电动机的主要特性 … 99
- 4.3 液压马达与气动马达的主要特性 … 114
- 4.4 伺服动力元件及驱动 … 116
- 4.5 动力元件建模 … 140
- 4.6 动力元件的选择与计算 … 142

4.7 机电一体化动力系统设计实例 148

第 5 章　机电一体化检测系统设计　153

5.1 概述 153
5.2 机械量控制常用的传感器及检测技术 157
5.3 机器人常用的传感器及检测技术 168
5.4 设备健康监测常用传感器及检测技术 176
5.5 智能传感器及相关技术 185
5.6 无线传感器网络技术 187
5.7 检测系统的设计 193
5.8 检测系统中的信息处理技术 200

第 6 章　机电一体化控制系统设计　215

6.1 概述 215
6.2 机电一体化控制系统设计基础 223
6.3 机电一体化控制系统数学建模与仿真 227
6.4 常用控制单元及接口技术 235
6.5 常用控制算法 255
6.6 智能控制算法 259

第 7 章　机电一体化典型系统设计　267

7.1 机电有机结合系统设计 267
7.2 数控机床系统设计 286
7.3 四摆臂六履带机器人系统设计 305
7.4 矿用带式输送机系统设计 316

第1章 概　　述

【工程背景】

随着计算机、信息技术和物联网的迅猛发展和广泛应用,机电一体化技术获得了前所未有的发展,成为一门综合计算机与信息技术、自动控制技术、传感检测技术、伺服传动技术和机械技术等的系统技术,正向光机电一体化、微机电一体化和智能机电一体化的方向发展,应用范围越来越广。现代化的自动生产设备几乎可以说都是机电一体化的设备,如数控机床、机器人等。"机电一体化"是一个处于不断演进中的概念,为了准确理解它的内涵和外延,本书结合典型的机电一体化系统,剖析机电一体化系统的组成要素和其中的关键技术,研究机电一体化系统的设计方法,并思考机电一体化的未来发展方向,为机电一体化技术应用和系统设计奠定基础。

【内容提要】

本章主要讲述机电一体化的基本概念,机电一体化系统的组成要素、共性技术、设计方法,以及机电一体化的发展趋势,使学生理解机电一体化的定义、内涵和外延,了解机电一体化系统的一般组成和其中的关键技术,知道常用的机电一体化系统设计方法,并了解机电一体化的未来发展方向。

【学习方法】

本章内容是概述,是整书后续内容的基础,重在介绍机电一体化技术和系统的基本概念和基础知识。对于本章的学习,建议学生将课内与课外、理论与实践结合起来,并通过查阅相关的资料文献,以及网上丰富的数控机床、机器人的介绍资料和视频资源,加深对典型机电一体化系统的认知,同时结合已修课程理解机电一体化的共性技术和系统设计方法。

1.1　机电一体化的基本概念

1.1.1　机电一体化的定义

机电一体化又称"机械电子工程"或"机械电子学",英文为mechatronics,由英文机械学mechanics的前半部分与电子学electronics的后半部分组合而成。总体而言,机电一体化是将广义的"机械"技术和"电"技术进行有机结合的一种综合性技术。广义的"机械"技术是指机械传动、支承和执行,电动机和液压缸等动力元件属于一种广义的机械装置;广义的"电"技术是指与信息获取、变换、处理、控制和驱动相关的软硬件技术,状态监测、诊断与维护属于一种新的"电"技术;"机"与"电"的一体化是通过连接(接口)实现的,接口包括机-机接口、机-电接口、电-电接口等,不仅有"硬"接口,还有"软"接口。

机电一体化最早出现在1971年日本杂志《机械设计》的副刊上。随着科学技术的快速发展，机电一体化的概念早已被我们广泛地接受，得到普遍应用。早期，日本机械振兴协会经济研究所对机电一体化的定义是：机电一体化是指在机械的主功能、动力功能、信息功能和控制功能上引进微电子技术，并将机械装置与电子装置用相关软件有机结合而构成系统的总称。还有，美国机械工程师协会的定义：机电一体化是指由计算机信息网络协调和控制，用于完成包括机械力、运动和能量流等动力任务的机械和(或)机电部件相互联系的系统。随着机电一体化的发展，普遍认可的机电一体化的定义是：机电一体化是一种技术，是机械工程技术吸收微电子技术、信息处理技术、控制技术、传感技术等而形成的一种新技术。这一概念强调"电"技术对"机械"技术的改造和创新作用，将更多、更先进的"电"技术恰当地用于机械系统中，实现自动化、数字化、信息化和智能化是机电一体化的关键所在。

1.1.2 机电一体化的内涵

机电一体化首先是一种"技术"，应用该技术能够产生新的"产品"或"系统"。因此，机电一体化具有"技术"和"产品"两个方面的内涵。一方面，是机电一体化技术，主要包括技术原理和使机电一体化产品或系统得以实现、使用和发展的技术，是机械工程技术吸收微电子技术、信息处理技术、控制技术、传感技术等而形成的一种新技术。另一方面，是机电一体化产品，它是通过将应用机电一体化技术设计开发的机械系统和微电子系统有机结合，从而获得新的功能和性能的新一代产品。

1. 功能替代型机电一体化产品

这类产品的主要特征是在原有机械产品的基础上采用电子装置替代机械控制系统、机械传动系统、机械信息处理机构和机械的主功能，实现产品的多功能和高性能。

(1) 将原有的机械控制系统和机械传动系统用电子装置替代。例如，数控机床用微机控制系统和伺服传动系统替代传统的机械控制系统和机械传动系统，在质量、性能、功能、效率和节能等方面与普通机床相比有了很大的提高。电子缝纫机、电子控制的防滑制动装置、电子照相机和全自动洗衣机等都属于功能替代型机电一体化产品。

(2) 将原有的机械信息处理机构用电子装置替代。例如，电子表、电子秤和电子计算器等。

(3) 将原有机械产品本身的主功能用电子装置替代。例如，电火花线切割机床、电火花成形机床和激光手术刀用电的方式代替了原有机械产品的刀具主功能。

2. 机电融合型机电一体化产品

这类产品是应用机电一体化技术开发出的机电有机结合的新一代产品。例如，数字照相机、数字摄像机、磁盘驱动器、激光打印机、CT扫描仪、3D打印机、无人驾驶汽车、智能机器人等。这些产品单靠机械技术或微电子技术无法获得，只有当机电一体化技术发展到一定程度才能实现。

1.1.3 机电一体化的外延

随着计算机、信息和通信等领域的科学技术飞速发展，机电一体化技术和系统也取得了突破性进展。机电一体化技术已经从原来的"以机为主"拓展到了"机电融合"，并且"电"的作用和价值越来越大；机电一体化产品也不再局限于某一个具体的产品(单机)范围内，而是扩展至产品生产制造甚至使用过程所涉及的各环节组成的整体大系统，如柔性制造系统、计算机集成制造系统和现代智能制造系统，特别是机电一体化系统，它向智能化发展的趋势不可阻挡。

此外，对传统机电设备的自动化、智能化改造，也属于机电一体化的范畴。例如，对普通车床、普通铣床的传动系统进行数控化改造,以提高普通车床、普通铣床的加工效率和质量,是典型的机电一体化改造实例。

目前,人们已经普遍认识到纯机械产品将被越来越多的机电一体化产品取代,机电一体化技术也不是机械技术、微电子技术和其他新技术的简单组合和拼凑,而是有机地互相结合或融合,是有自身客观规律的现代化新技术。因此,机电一体化具有其理论基础、共性技术,以及独有的系统设计理念、思路和方法。

【知识拓展】 智能制造与智能机器人

智能制造是一种由智能机器和人类专家共同组成的人机一体化智能系统。智能制造在制造过程中能进行智能活动,如分析、推理、判断、构思和决策等。通过人与智能机器的合作共事,可扩大、延伸和部分地取代人类专家在制造过程中的脑力劳动。智能制造把制造自动化的概念更新,扩展到柔性化、智能化和高度集成化。

智能机器人是一个独特的自我控制的"活物",具备形形色色的内部和外部信息传感器,如视觉、听觉、触觉、嗅觉。除感受器外,智能机器人还具有效应器。效应器作用于周围环境,使手、脚、鼻子、触角等动起来。智能机器人至少具备三个要素:感觉、运动和思考。智能机器是多种高新技术的集成体,融合了机械、电子、传感器、计算机硬件和软件及人工智能等多学科知识。机器人已进入智能时代,是未来技术发展的制高点。

1.2 机电一体化系统的组成要素

1.2.1 机电一体化系统的组成单元

以数控机床为例,机电一体化系统包括机械单元、驱动单元、检测单元、控制单元和执行单元五个基本组成要素,如图1-1所示。

1. 机械单元

机电一体化系统中的机械单元主要是传动、支承部分,包括机械本体、机械传动机构、机械支承机构、机械连接机构。例如,床身、变速齿轮箱、轴承、丝杠、导轨等。

2. 驱动单元

机电一体化系统中的驱动单元是为系统提供能量和动力,使系统正常运转的装置,由动力源、驱动器和动力机等组成,一般分为电、液、气三类。例如,步进电动机、交/直流伺服电动机及其驱动系统。

3. 检测单元

机电一体化系统中的检测单元包括各种传感器及其信号检测电路,用于对系统运行中本身和外界环境的各种参数和状态进行检测,使这些参数和状态变成控制器可识别的信号。传感信息方式有光、电、流体、机械等。例如,检测工作台位置和速度的传感器及其测量系统,以及检测主轴、齿轮箱振动和温度的传感器及其监测系统。

4. 控制单元

机电一体化系统中的控制单元用于处理来自各传感器的信息和外部输入命令,并根据处理

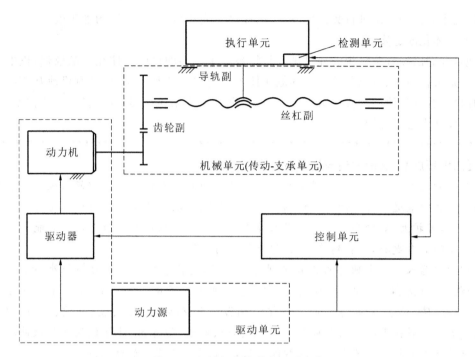

图 1-1 数控机床的基本组成要素

结果,发出相应的控制指令,控制整个系统,使系统有目的地运行。控制单元一般为单片机、计算机、可编程序控制器等。例如,西门子、发那科、华中数控、广州数控等机床专用数控系统。

5. 执行单元

机电一体化系统中的执行单元根据控制指令,通过动力传输来驱动执行机构完成动作,是实现目的功能的直接参与者。执行单元性能的好坏决定着系统性能。例如,机床的刀具系统、机器人的末端机构。

机电一体化系统的以上组成要素都具有各自相应的独立功能,即构造功能、驱动功能、检测功能、控制功能和执行功能,它们在工作中各司其职,互相补充、互相协调,共同完成所规定的目的功能。如果把人体看作系统,则人体也由以上五大要素组成并具有相应的功能。人体与机电一体化系统的五大要素及其功能对应关系如图 1-2 所示。

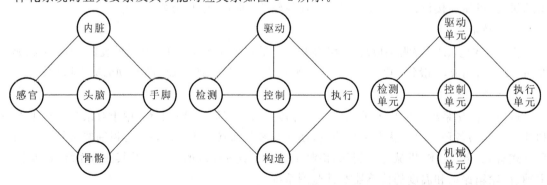

(a) 人体的五大部分　　(b) 人体和机电一体化产品的五大功能　　(c) 机电一体化系统的五大部分

图 1-2 人体与机电一体化系统的五大要素及其功能对应关系

1.2.2 机电一体化系统的单元接口

从广义上讲,机电一体化系统是人-机电-环境这个超系统的子系统。因此,可将机电一体化系统称为内部系统,将人与环境构成的系统称为外部系统。内部系统与外部系统之间存在着一定的联系,它们相互作用、相互影响,如图1-3所示。

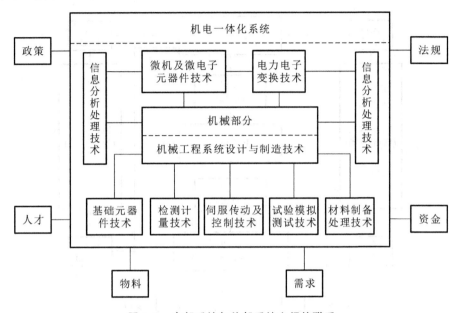

图 1-3 内部系统与外部系统之间的联系

机电一体化系统的组成要素之间需要进行物质、能量和信息的传递和交换。因此,机电一体化各组成要素之间必须具备一定的联系条件,该联系条件即为接口。从系统内部看,机电一体化系统是通过许多接口将系统组成要素的输入和输出联系为一体的系统。基于此观点,系统的性能取决于接口的性能,各组成要素之间的接口性能是系统性能好坏的决定因素。从某种意义上讲,机电一体化系统的设计关键在于接口设计。

根据接口的输入/输出功能,可将接口分为机械接口、物理接口、信息接口和环境接口四种。接口在机电一体化系统中的分布如图1-4所示。

1. 机械接口

机械接口主要是检测单元、驱动单元与机械单元之间的接口,具体是指根据输入/输出部位的形状、尺寸、精度、配合、规格等进行机械连接的接口。例如,传感器在执行机构上的安装接口、电动机与传动轴连接所用的各种装置、接线柱、插头、插座等。

2. 物理接口

物理接口主要是动力源与检测单元、控制单元之间的接口,具体是指受通过接口部位的物质、能量与信息的具体形态和物理条件约束的接口。例如,受电压、电流、扭矩、压力和流量等约束的接口,各种供电接口,以及电磁阀等。

3. 信息接口

信息接口主要是检测单元、驱动单元与控制单元之间的接口,具体是指受标准、规格、法律、语言和符号等逻辑或软件约束的接口。例如,受国家标准 GB、国标标准 ISO、ASCII 码、RS-

232C、C语言等约束的接口。

4.环境接口

环境接口主要是检测单元与机械单元之间的接口,具体是指对周围环境条件(温度、湿度、磁场、火、振动、放射能、水、气、灰尘)有保护作用和隔绝作用的接口。例如,防尘过滤器、防水连接器、防爆开关等。

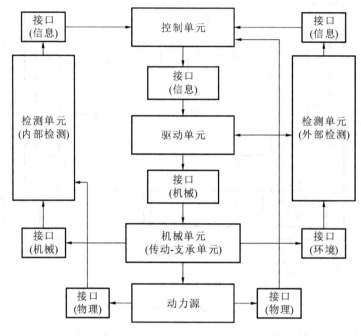

图1-4 机电一体化系统内部接口

1.3 机电一体化系统的共性技术

根据机电一体化的内涵和外延以及系统设计与运行的过程,现代机电一体化系统的共性技术包括总体技术、机械技术、驱动技术、检测技术和控制技术等。

1.3.1 总体技术

机电一体化系统总体技术是指从系统整体目标出发,用系统工程的观点和方法,将总体分解成若干功能单元,找出能完成各个功能的技术方案,再将功能和技术方案组合成方案组进行分析、评价和优选的综合运用技术。

机电一体化系统总体技术的内容很多,如总体方案技术、机电有机结合技术、单元接口技术、软件架构技术、微机应用技术,以及控制系统成套和成套设备自动化、智能化技术等。总体方案是整个系统设计的纲领,其中原理方案的设计是否合理决定着系统应用的成败。因此,方案设计要求设计人员具有极强的宏观思维和创新思维以及丰富的设计开发经验,与其他单元性的技术有显著的不同。机、电两部分在稳态、动态特性方面的匹配设计是一项重要内容,体现了机电有机结合的一体化设计思想,能够保证系统特性的最优化。即使各个部分的性能和可靠性都很好,如果整个系统不能很好地协调,系统也很难保证正常地运行。因此,单元间的接口技术是系统总体技术中极其重要的内容,是实现系统各部分有机连接的重要保障。

机电一体化系统总体技术是最能体现机电一体化特点的技术,它的原理和方法还在发展和完善中。

1.3.2　机械技术

机械技术是机电一体化中的基础技术,涉及传动、支承和执行等诸多方面的具体技术。机电一体化系统中的机械技术关注的是从系统最优设计的角度来设计或选择机械单元的实现方案,着眼点在于机械技术如何与机电一体化技术相适应、机械和电的技术如何更好地结合,不同于一般的机械零部件设计。

机械单元的结构、质量、体积、刚性和耐用性对机电一体化系统有着很重要的影响。例如,导轨、丝杠、轴承和齿轮等部件的结构设计,材料的选用和制造质量对机电一体化系统的性能影响极大。可利用其他一些高新技术来更新概念,实现机械结构、材料和性能的变更,从而满足减轻质量、缩小体积、提高精度、增大刚度和改善性能等方面的要求。例如,结构轻量化设计、齿轮和丝杠的消隙设计、高刚度支承设计和电磁轴承取代滚/滑动轴承以减小摩擦的设计,都是机电一体化系统中典型的机械技术。

设计人员在进行机电一体化系统机械单元设计时,不仅要考虑采用新材料和新结构,以及在制造时采用新工艺,使零件模块化、标准化和规格化,提高装配和维修效率,还要考虑整体构型是否合理、机器与人是否和谐等因素。

1.3.3　驱动技术

伺服系统是使执行机构的位置、方向、速度等输出能跟随输入量或给定值的任意变化而变化的自动控制系统。驱动技术就是面向伺服系统设计的核心技术。伺服传动或驱动技术是实现从控制信号到机械动作的控制转换技术,对机电一体化系统的动态特性、控制质量和技术功能具有决定性的影响。

伺服传动装置包括动力源、驱动器和机械传动装置。控制系统通过接口与伺服传动装置相连接,控制伺服传动装置的运动,使执行机构进行回转、直线运动和其他运动。常用的伺服驱动装置主要有电液马达、脉冲油缸、步进电动机、直流伺服电动机和交流伺服电动机,它们不同于常规的电、液动力装置。由于变频技术的进步,交流伺服驱动技术取得了突破性进展,为机电一体化系统提供了高质量的伺服驱动单元,极大地促进了机电一体化技术的发展。

相比之下,伺服机械传动装置的发展要落后于伺服驱动装置,伺服机械传动装置有时满足不了高端机电一体化系统的精密设计需求。深入研究伺服机械传动技术,用伺服机械传动代替传统机械传动,是机电一体化技术对传统机械系统进行智能化改造的必然选择。

1.3.4　检测技术

检测技术是传感技术和信息处理技术的综合,是机电一体化技术发展最快、最活跃的领域。

传感器是机电一体化系统的感受器官,它与系统的输入端相连并将检测到的信号输送至信息处理部分。传感和检测是实现自动控制、自动调节的关键环节,检测精度的高低直接影响机电一体化系统的好坏。现代工程技术要求传感器能够快速、精确地获取丰富的信息,并且经受住各种严酷使用环境的考验。不少机电一体化系统难以达到满意的效果或无法实现预期设计的关键原因主要是没有合适的传感器。因此,大力开展传感器研发对机电一体化技术的发展具有十分重要的意义。

信息处理技术包括对传感器获得的信息进行预处理、数字化、运算分析、存储和输出等技术。信号的处理和分析是否恰当、准确、可靠和高效,直接影响机电一体化系统的性能,因此,信息处理技术是机电一体化的关键技术之一。信息处理的硬件主要是计算机,另外还需要输入/输出设备和接口等。信息处理的软件主要是人工智能技术、专家系统技术、神经网络技术、网络与通信技术和数据库技术等。

对于智能化的机电一体化系统,检测技术还需要智能传感器技术、多信息融合技术、运行状态智能监测技术、诊断与维护技术,系统的健康状态监控是系统智能是否可靠的关键保障技术。例如,通过分布式无线振动传感器对高端数控机床的主轴、进给单元等进行运行状态实时监测,通过信息处理和分析技术识别其状态,找到故障部位和原因,并采用主动平衡、可调阻尼和误差补偿等技术进行主动修正,可实现加工过程的在线不停机维护,保证机床的连续、可靠工作。

1.3.5 控制技术

控制理论分为经典控制理论和现代控制理论两大类别。经典控制理论主要研究系统的运动稳定性、时间域和频率域中系统的运动特性(过渡过程、频率响应)、控制系统设计原理和校正方法等,包括线性控制理论、采样控制理论、非线性控制理论等。1960年前后,出现了以状态空间法为基础和以最优控制理论为特征的现代控制理论。在现代控制理论中,对控制系统的分析和设计主要通过对系统的状态变量进行描述来进行,基本方法是时间域方法。现代控制理论所能处理的控制问题比经典控制理论所能处理的控制问题广泛得多,包括线性系统和非线性系统、定常系统和时变系统、单变量系统和多变量系统,现代控制理论更适合在数字计算机上处理问题。

运用控制理论对具体的控制装置和系统进行设计,涉及高精度定位控制技术,速度控制技术,自适应控制技术,控制系统的自诊断、自校正、自补偿技术,以及现代控制技术等。控制技术的难点是现代控制理论的工程化和实用化,以及优化控制模型的建立和复杂控制系统的模拟仿真等。由于微机的广泛应用,自动控制技术越来越多地与计算机控制技术联系在一起,成为机电一体化中十分重要的关键技术。常用的控制器有单片机、STD总线控制系统、普通PC控制系统、工业PC控制机和可编程控制器等。根据传感器的安装位置和控制系统的结构,还可以采用开环控制、半闭环控制和闭环控制等不同策略。

1.3.6 机电一体化技术与其他技术的区别

机电一体化技术有着自身的显著特点和技术范畴,想要正确理解和恰当运用机电一体化技术,必须认识机电一体化技术与其他技术之间的区别。

1. 机电一体化技术与传统机电技术的区别

传统机电技术的操作控制主要通过以电磁学原理为基础的各种电器(如继电器、接触器等)实现,在设计中不考虑或很少考虑彼此间的内在联系,机械本体和电气驱动界限分明,整个装置是刚性的,不涉及软件和计算机控制。机电一体化技术以计算机为控制中心,在设计过程中强调机械部件和电学部件间的相互作用和影响,整个装置在计算机控制下具有一定的智能性。

2. 机电一体化技术与自动控制技术的区别

自动控制技术的重点是讨论控制原理、控制规律、分析方法和自动系统的构造等。机电一体化技术是将自动控制原理及方法作为重要支撑技术,将自控部件作为重要控制部件,应用自控原理和方法对机电一体化系统进行分析和性能测算。

3. 机电一体化技术与计算机应用技术的区别

机电一体化技术只是将计算机作为核心部件应用,目的是提高和改善系统性能。计算机在机电一体化系统中的应用仅是计算机应用技术中的一部分,它还可在办公、管理及图像处理等方面广泛应用。机电一体化技术研究的是机电一体化系统,而不是计算机应用本身。

1.4 机电一体化系统的设计类型和设计方法

1.4.1 机电一体化系统的设计类型

1. 开发性设计

在进行机电一体化系统开发性设计时,没有可以参照的同类产品,仅根据工程应用的技术要求,抽象出设计原理和要求,设计出在性能和质量上能够满足目的要求的产品。机电融合型产品的设计就属于开发性设计,开发性设计通常可以申请发明专利。

2. 适应性设计

在进行机电一体化系统适应性设计时,在总体原理方案基本保持不变的情况下,对现有产品进行局部改进,采用现代控制伺服单元代替原有机械结构单元。功能替代型产品的设计就属于适应性设计,适应性设计根据创新程度可以申请发明专利或实用新型专利。

3. 变异性设计

在进行机电一体化系统变异性设计时,在产品设计方案和功能不变的情况下,仅改变现有产品的规格尺寸和外形设计等,使之适应于不同场合的要求。例如,便携式计算机的设计就属于变异性设计。变异性设计通常可以申请外观设计专利。

1.4.2 机电一体化系统的设计方法

1. 系统工程与并行工程

1) 系统工程

1978年,我国著名科学家钱学森指出:系统工程是组织管理系统的规划、研究、设计、制造、试验和使用的科学方法,是一种对所有系统都具有普遍意义的方法。它是以大型复杂系统为研究对象,按一定目的进行设计、开发、管理与控制,以期达到总体效果最优的理论与方法。一个系统的运行有两个相悖的规律。一是整体效应规律:系统各单元有机地组合成系统后,各单元的功能不仅相互叠加,而且相互辅助、相互促进与提高,使系统整体功能大于各单元功能的简单之和,即"整体大于部分和"。另一个相反的规律是系统内耗规律:由于各单元的差异,在组成系统后,若对各单元的协调不当或约束不力,会导致单元间的矛盾和摩擦,出现内耗,内耗过大,可能出现"整体小于部分和"的情况。机电一体化系统设计是一项系统工程,因此在设计时应自觉运用系统工程的观念和方法,把握好系统的组成和作用规律,以实现机电一体化系统功能的整体最优化。

2)并行工程

1988年,美国国家防御分析研究所完整提出了并行工程的概念,即"并行工程是集成地、并行地设计产品及其相关过程(包括制造过程和支持过程)的系统方法"。这种方法要求产品开发人员在一开始就考虑产品整个生命周期中从概念形成到产品报废的所有因素,包括质量、成本、进度计划和用户要求。并行工程的目标为提高质量、降低成本、缩短产品开发周期和产品上市时间。并行工程的具体做法是:在产品开发初期,组织多种职能协同工作的项目组,使有关人员从一开始就获得对新产品需求的要求和信息,积极研究涉及本部门的工作业务,并将所需要求提供给设计人员,使许多问题在开发早期就得到解决,从而保证设计的质量,避免大量的返工浪费。将并行工程的理念引入机电一体化系统的设计中,可以在设计系统时把握好整体性和协调性原则,对设计的成功起到关键性的作用。

2. 仿真设计

仿真设计是将仿真技术应用于设计过程,最终获得合理的设计。随着系统建模方法的发展,仿真设计在机电一体化系统设计中得到了广泛应用。仿真设计的基本步骤如下。

1)建立系统数学模型

机电一体化系统仿真设计的关键是建立逼近真实情况的仿真模型。仿真模型可以是物理模型,也可以是对物理模型进行抽象的数学模型。建立数学模型的基本方法主要有解析法和数值法两种,解析法用于可建立系统精确数学模型的简单系统,数值法用于无法建立系统精确数学模型的复杂系统。物理模型通常用于解决复杂系统的设计问题。例如,齿轮传动系统的动力学仿真,可以将齿轮轮齿简化为悬臂梁按照力学知识进行解析求解,也可以在动力学软件中建立齿轮对应的悬臂梁的结构进行分析计算,还可以直接建立齿轮的轮齿进行更真实的三维分析。

根据设计目的不同,仿真可以分为机械结构仿真、电路设计仿真、信号处理仿真和控制方法仿真等。其中,机械结构仿真又根据不同的物理场分为固体力学场仿真、流体力学场仿真、热学场仿真、电学场仿真、磁学场仿真和多场耦合仿真等。例如,电动机的设计需要进行转子-轴承系统的动力学仿真、电动机定子冷却与轴承润滑的流场仿真、温度场仿真、驱动电路仿真、定转子磁场仿真以及热固耦合变形分析、场路耦合电磁设计等。

广义的仿真技术还包括半物理仿真、实验仿真等,采用部分物理样机和控制程序相结合的仿真方法,或缩小比例的实验样机,实现对真实系统的设计研究。

2)开发系统仿真程序

仿真模型的求解首先需要选择合适的仿真算法及程序语言,将仿真模型转换为计算机程序。进行机械结构仿真的工具主要有SOLIDWORKS、PRO/E、ADAMS、ROMAX、ABAQUS、ANSYS、COMSOL等。电路设计仿真主要通过PROTEL、ORCAD等进行测控电路的仿真。信号处理仿真主要通过MATLAB、LABVIEW、PYTHON等进行动态信号处理算法的仿真。控制方法仿真主要通过C、MATLAB/SIMULINK、LABVIEW等进行各种控制方法的仿真。其中:通过C、MATLAB、PYTHON等语言开发程序难度较大,但灵活可控;而通过其他平台进行仿真容易上手,但可控性相对较差。

3）进行系统仿真计算

基于仿真程序，利用计算机完成计算，获得初步设计方案。对仿真模型的求解，根据所用的工具或平台不同，有些需要设计者自己编写求解代码，如 C 语言；有些也需要设计者自己编写求解程序，但相对简单，如 MATLAB；还有些无须设计者自己编写代码，只需按步骤进行操作，如 ANSYS。在进行仿真研究时，通常采用变量控制方法和优化设计方法。变量控制方法是保持其他参量不变，每次只改变一个参量来进行该参数取多个不同值的结果对比，以确定该参量对设计方案的影响规律和合理的取值范围；优化设计方法是将该参量作为优化参数，开发自动优化程序，通过计算机自动实现最优参数的求解和确定。

4）进行仿真结果评价

对仿真得出的初步设计方案需要进行综合评价与决策。评价的目标可以是体积/质量、性能或成本，以求得轻量化设计、性能最优设计或低成本设计，性能设计还存在单一性能最优或多个性能综合最优的问题。采用不同的工具或平台，评价方法略有差异，通过用 C、MATLAB 等编写代码的方式可以容易地自主设计评价方案，方案灵活可控；而通过 ADAMS、ANSYS 等平台，需要每次修改模型且求解过程是个"黑箱"，只能通过经验或多次尝试进行方案调整，以实现设计结果的评价。

仿真设计实例如图 1-5 所示。

> 【知识拓展】 有限元分析
>
> 有限元分析（FEA,finite element analysis）是利用数学近似的方法对真实物理系统（几何和载荷工况）进行模拟，利用简单而又相互作用的元素即单元，用有限数量的未知量去逼近无限数量的未知量。有限元分析将求解域看成由许多称为有限元的小的互连子域组成，对每一单元假定一个合适的近似解，然后推导求解这个域总的满足条件，从而得到问题的解。这个解不是准确解，而是近似解，因为实际问题被较简单的问题代替了。由于大多数实际问题难以得到准确解，而有限元不仅计算精度高，而且能适应各种复杂形状，因而有限元分析成为行之有效的工程分析手段。随着计算机技术的快速发展，有限元方法迅速从结构工程强度分析扩展到几乎所有的科学技术领域，成为一种丰富多彩、应用广泛并且实用高效的数值分析方法。

3. 可靠性设计

机电一体化系统的可靠性是指在规定条件和时间内完成规定功能的概率，可用系统的可靠度、失效率、寿命、维修度和有效度来评价。可靠性设计是指在系统设计过程中为消除潜在缺陷和薄弱环节、防止故障发生，以确保满足规定的固有可靠性要求所采取的技术活动。可靠性设计是可靠性工程的重要组成部分，是实现产品固有可靠性要求最关键的环节，是在可靠性分析的基础上通过制定和贯彻可靠性设计准则来实现的。在系统研制过程中，常用的可靠性设计原则和方法有元器件选择和控制、热设计、简化设计、降额设计、冗余和容错设计、环境防护设计、健壮设计和人为因素设计等。系统的可靠性设计贯穿设计、制造和使用等各个阶段，但主要取决于设计阶段。

1）可靠性设计的内容

可靠性设计的主要内容有以下三项。

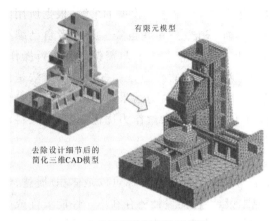

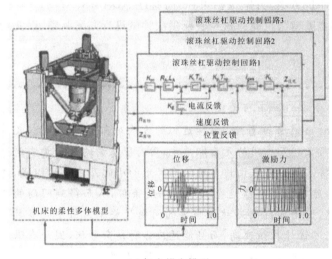

图 1-5　机床的动态和热设计模型

（1）建立可靠性模型，进行可靠性指标预计和分配。

要进行可靠性指标预计和分配，首先应建立可靠性模型。为了选择方案、预测可靠性水平、找出薄弱环节以及逐步合理地将可靠性指标分配到系统各个层面，应在系统设计阶段反复多次进行可靠性指标预计和分配。随着技术设计不断深入和成熟，建模和可靠性指标预计、分配也应不断修改和完善。

（2）进行各种可靠性分析。

进行故障模式影响和危机度分析、故障树分析、热分析、容差分析等，以发现和确定薄弱环节，在发现隐患后通过改进设计，消除隐患和薄弱环节。

（3）采取各种有效的可靠性设计方法。

制定和贯彻可靠性设计原则，把可靠性设计方法和系统性能设计结合，减少系统故障的发生，最终实现可靠性要求。

2) 提高可靠性的方法

进行机电一体化系统的开发性设计时,主要从以下三个方面提高可靠性。

(1) 系统的可靠性分析与预测。

对构成系统的部件和子系统进行分析,对影响系统功能的子系统应采取预防和提高可靠性的措施,在分析和预测中充分运用各种行之有效的方法,确保系统设计的可靠性。

(2) 提高系统薄弱环节的可靠性。

系统故障往往是由某个薄弱环节造成的,在设计时应根据具体情况采用不同措施提高薄弱环节的可靠性。例如,选择可靠性高的器件,采用冗余配置,加强对失效率高的器件的筛选和试验,采用最佳组合设计法等。

(3) 加强系统的可靠性管理。

机电一体化系统的特点是技术要求高、材料新、工艺新,所以它的可靠性管理工作更为重要。对大型机电一体化系统和精密机电一体化系统,应设立管理机构,按可靠性管理规程进行监管,确保所设计的系统可靠。

4. 反求设计

反求设计又称为逆向设计,属于反向推理、逆向思维体系。反求设计是以现代设计理论、方法和技术为基础,运用各种专业人员的工程设计经验、知识和创新思维,对已有产品或系统进行剖析、重构和再创造的一种设计方法。反求设计是设计者根据现有机电一体化系统的外在功能特性,利用现代设计理论和方法,设计能实现外在功能特性要求的内部子系统并构成整个机电一体化系统的设计。再具体一点,反求设计是设计者对产品实物样件表面进行数字化处理(数据采集、数据处理),并利用可实现逆向三维造型设计的软件来重新构造实物的CAD模型(曲面模型重构),并进一步用CAD/CAE/CAM系统实现分析、再设计、数控编程、数控加工的过程。反求设计广泛应用于曲线、曲面的设计,如凸轮、叶片、汽车轮廓和船体轮廓等。

1.5 机电一体化的现状与发展趋势

机电一体化是其他高新技术发展的基础,它的发展又依赖于其他相关技术的发展。可以预料,随着信息技术、材料技术、生物技术等新兴学科的飞速发展,在数控机床、机器人、微机械、家用智能设备、医疗设备、现代制造系统等产品及领域,机电一体化技术将得到更加蓬勃的发展。

1.5.1 机电一体化的发展现状

近年来,随着人工智能、大数据、云计算和物联网技术的巨大进步,催生了第四次工业革命——"工业4.0",在此背景下,机电一体化技术向大规模智能化方向发展。由于机电一体化技术对现代工业和技术发展具有巨大的推动力,因此世界各国均将它作为工业技术发展的重要战略之一,我国于2015年也制定了"中国制造2025"战略。表1-1详细对比了中国制造2025、德国工业4.0和美国制造业复兴的战略内容、特征等信息,从这些内容来看,整个工业领域正在经历一场制造业的大变革,这个大变革将引领传统制造业迈向定制化、信息化、数字化和绿色化。

表 1-1 中国、德国及美国制造战略对比

项目	中国制造 2025	德国工业 4.0	美国制造业复兴
发起者	工信部牵头,中国工程院起草	联邦教研部与联邦经济技术部资助,德国工程院、弗劳恩霍夫协会、西门子公司建议	智能制造领袖联盟(SMLC)、26家公司、8个生产财团、6所大学和1个政府实验室
发起时间	2015 年	2013 年	2011 年
定位	国家工业中长期发展战略	国家工业升级战略,第四次工业革命	美国"制造业回归"的一项重要内容
特点	信息化和工业化深度融合	制造业和信息化结合	工业互联网革命,倡导将人、数据和机器连接起来
目的	增强国家工业竞争力,在 2025 年迈向制造强国行列,建国 100 周年时占据世界强国领先地位	增强国家制造业竞争力	专注于制造业、出口、自由贸易和创新,提升美国竞争力
主题	互联网+智能制造	智能工厂、智能生产、智能物流	智能制造
实现方式	通过智能制造,带动产业数字化、智能化水平提高	通过价值网络实现横向集成、工程端到端数字集成横跨整个价值链、垂直集成和网络化制造系统	以"软"服务为主,注重软件、网络、大数据等对工业领域服务方式的颠覆

1.5.2 机电一体化的发展趋势

1. 智能化

智能化是机电一体化技术的重要发展方向。这里所说的"智能化"是对机器行为的描述,是在控制理论的基础上,吸收人工智能、运筹学、计算机科学、模糊数学、心理学、生理学和混合动力学等新思想、新方法,模拟人类智能,使机器具有判断推测、逻辑思维、自主决策等能力,以求得到更高的控制目标。诚然,使机电一体化产品具有与人类完全相同的智能是不可能的,但高性能、高速度微处理器可使机电一体化产品被赋予低级智能或人的部分智能。

2. 模块化

机电一体化产品的种类和生产厂家繁多,研制和开发具有标准机械接口、电气接口、动力接口、环境接口的机电一体化产品单元是复杂而又重要的任务。研制集减速、智能调速、电动机于一体的动力单元,具有视觉、图像处理、识别和测距的控制单元,以及各种能完成典型操作的机械装置等标准单元,有利于迅速开发出新的产品,同时可以扩大生产规模。标准的制定对于各种部件、单元的匹配和接口来说是非常重要和关键的,它的牵扯面广,有待进一步协调。无论是对生产标准机电一体化单元的企业来说,还是对生产机电一体化产品的企业来说,模块化都将为其带来好处。

3. 网络化

网络技术的兴起和飞速发展给科学技术、工业生产及人们的日常生活带来了巨大变革。各种网络将全球经济、生产连成一片,企业间的竞争也日益全球化。由于网络的普及和5G技术的兴起,基于网络的各种远程控制和监视技术方兴未艾,而远程控制的终端设备就是机电一体化产品。现场总线和局域网技术使家用电器网络化成为大势所趋,使人们在家里就能充分享受各种高技术带来的便利和快乐。机电一体化产品无疑正朝着网络化方向发展。

4. 微型化

微型化是指机电一体化向微型化和微观领域发展的趋势。国外将微型机电一体化产品称为微电子机械系统(MEMS)或微机电一体化系统,它泛指几何尺寸不超过 1 cm^3 的机电一体化产品,并向微米至纳米级发展。微机电一体化产品具有轻、薄、小、巧的特点,在生物医疗、军事、信息等方面具有无可比拟的优势。微机电一体化发展的瓶颈在于微机械技术。微机电一体化产品的加工采用精细加工技术,即超精密技术(包括光刻技术和蚀刻技术)。

5. 绿色化

机电一体化产品的绿色环保化主要是指使用时不污染生态环境,可回收利用,无公害。工业的发达给人类及其生活带来了巨大的变化:一方面,物质丰富,生活舒适;另一方面,资源减少,生态遭受到严重的污染。于是,人们呼吁保护环境资源,绿色产品应运而生,绿色化成为时代趋势。绿色产品在设计、制造、使用和销毁的生命周期中,符合特定的环境保护和人类的健康要求,对生态环境无害或危害极少,资源利用率较高。

6. 人性化

未来的机电一体化更加注重产品与人类的关系,机电一体化产品的最终使用者是人,如何赋予机电一体化产品人的智能、感情、人性显得越发重要,特别是家用机器人,它的最高境界就是人机一体化。另外,模仿生物生理研制各种机电一体化产品也是人性化的体现。

7. 集成化

集成化既包括各种分项技术的相互渗透、相互融合和各种产品不同结构的优化与复合,又包括在生产过程中同时处理加工、装配、检测和管理等多种工序。智能工厂和智能车间是集成化研究的重要对象。

【复习思考题】

[1] 机电一体化的含义是什么?如何理解机电一体化的内涵?
[2] 机电一体化系统包括哪些组成要素?各要素之间如何连接?
[3] 机电一体化系统有哪些共性技术?机电一体化技术与相近技术有何区别?
[4] 机电一体化系统有哪些设计方法?举一个例子谈一谈你对仿真设计的理解。
[5] 机电一体化技术的发展方向是什么?如何理解智能化的内涵?
[6] 请你以生产生活中常见的某一种机电一体化产品为例,分析其组成,研究其技术,思考其设计,预测其发展,并与大家分享。

参考文献

[1] 朱林.机电一体化系统设计[M].2版.北京:石油工业出版社,2008.
[2] 张曙,等.机床产品创新与设计[M].南京:东南大学出版社,2014.
[3] 西门子工业软件公司 西门子中央研究院.工业4.0实战:装备制造业数字化之道[M].北京:机械工业出版社,2015.
[4] 刘宏新.机电一体化技术[M].北京:机械工业出版社,2015.
[5] 文怀兴,夏田.数控机床系统设计[M].2版.北京:化学工业出版社,2011.
[6] 张建民.机电一体化系统设计[M].4版.北京:高等教育出版社,2014.

第 2 章 机电一体化系统总体设计

【工程背景】

机电一体化系统设计的第一个环节是总体设计。它是在具体设计之前,应用系统总体技术,从整体目标出发,本着简单、实用、经济、安全和美观等基本原则,对所要设计的机电一体化系统的各方面进行的综合性设计,是实现机电一体化产品整体优化设计的过程。市场竞争规律要求产品不仅具有高性能,而且有低价格,这就给产品设计人员提出了越来越高的要求。另一方面,种类繁多、性能各异的集成电路、传感器、新材料和新工艺等,给机电一体化产品设计人员提供了众多的可选方案,使设计工作具有更大的灵活性。充分利用这些条件,应用机电一体化技术,开发出满足市场需求的机电一体化产品,是机电一体化系统总体设计的重要任务。

机电一体化系统由机械系统、检测系统、动力系统和控制系统等子系统构成,机电一体化系统(产品)的设计过程是机电参数相互匹配与有机结合的过程:通过分析机电一体化产品的性能要求及各机、电组成单元的特性,选择最合理的单元组合方案,进行稳态设计和动态设计,最终实现机电一体化产品整体优化设计。

【内容提要】

本章主要讲述机电一体化系统设计依据及评价标准、机电一体化系统总体设计方法和机电有机结合方法。机电一体化系统总体设计包括系统原理方案设计、结构方案设计、测控方案设计;机电有机结合设计主要包括稳态设计和动态设计两方面。通过对本章的学习,学生应理解机电一体化系统总体设计方法,掌握机电一体化系统总体设计的基础知识和设计过程,会对机电一体化产品进行总体设计、稳态设计和动态设计。

【学习方法】

机电一体化系统总体设计是从整体目标出发,对所要设计的机电一体化系统的各方面进行的综合性设计。本章的学习以系统工程的思想和方法论为基础,学习过程中一定要总览全局,从"总工程师"的角度,对系统原理、结构、测控方案等进行综合分析,理论联系实际,查阅相关的资料文献,加深对机电一体化系统总体设计、稳态设计和动态设计的认识与理解。

2.1 机电一体化系统设计依据及评价标准

2.1.1 系统设计依据和技术指标的确定

机电一体化系统设计的第一个环节是系统总体设计。它是在具体设计之前,应用系统总体技术,从整体目标出发,本着简单、实用、经济、安全和美观等基本原则,对所要设计的机电一体化系统的各方面进行的综合性设计。机电一体化系统设计的依据包括功能性要求、安全性要求、经济性要求和可靠性要求等,机电一体化产品的性能指标应根据这些要求及生产者的设计和制造能力、市场需求等来确定。因此,技术指标既是设计的基本依据,又是检验成品质量的基本依据。

1. 系统设计依据

1) 功能性要求

产品的功能性要求是要求产品在预定的寿命期间内有效地实现其预期的全部功能和性能。每个产品都不可能包括所有功能,所以在设计时必须根据产品的经济价值做出取舍。

2) 技术指标要求

技术指标是指系统实现预定功能要求的度量指标。技术指标要求越高系统成本越高,因此要合理制定技术指标。

3) 安全性要求

安全性要求是保证产品在使用过程中不致因误操作或偶然故障而引起产品损坏或安全事故方面的指标。对于自动化程度较高的机电一体化产品来说,安全性指标尤为重要。

4) 经济性要求

经济性往往和实用性紧密相连,机电系统设计遵循实用、经济的原则,可避免不必要的浪费,避免以高代价换来功能多而又不实用的较复杂的机电系统,避免在操作使用、维护保养等诸多方面带来困难。

5) 可靠性要求

机电一体化系统的可靠性直接影响着系统的正常运转,是产品或系统在标准条件或时间内实现特定功能能力的体现,系统各元件可靠性之间存在"与"的联系。

6) 维修性要求

机电一体化系统要求易于维修,甚至具有故障预测功能,实现预知维护。

2. 技术参数和技术指标的确定

确定恰当的技术参数和技术指标是保证所设计的系统或产品质优价廉的前提。不同系统的主要技术参数或技术指标的内容会有很大的差异。例如机床设备,技术参数是指规格参数、运动参数、动力参数和结构参数等,规格参数是指机床加工或安装工件的最大尺寸,运动参数是设备的最高转速、最低转速等,动力参数是电动机功率、液压缸牵引力或伺服电动机额定转矩等,结构参数表明整体结构及主要零件结构尺寸等;检测仪器,技术参数是指测量范围、示值范围、放大率焦距等;工业机器人,主要技术参数是抓取质量、最大工作范围、运动速度等。

机电一体化系统的技术参数和技术指标,可根据系统的用途或系统输入量与输出量的特性等来确定。

1) 根据系统的用途来确定

用户在提出设备或产品的设计要求时,往往只提出使用要求,设计者必须将使用要求转换成设计工作所需要的技术参数和技术指标。这项工作有时很复杂,需要进行大量的试验、统计和研究。例如,设计一个代替人的上、下料工业机器人,对于抓取质量、工作范围、运动速度、定位精度等技术参数,应在对人在上、下料工作中遇到的各种情况进行分析、研究后确定。

2) 根据系统输入量与输出量的特性来确定

系统的输入量与输出量是物料流、能量流、信息流等,它们本身的性质、尺寸等都可能成为系统技术参数和技术指标的确定依据。例如主运动为回转运动的车床,主轴转速 n 与由材料决定的切削速度 v、被加工零件的直径 D 大小有关,即 $n=1\,000\,v/(\pi D)$。所以,根据切削速度和被加工零件的最大直径、最小直径,可以确定车床的最高转速、最低转速,并得出主轴转速范围。

2.1.2 系统评价标准

机电一体化的目的是提高系统(产品)的附加价值,所以附加价值就成了机电一体化系统(产品)的综合评价指标。机电一体化系统(产品)内部功能的主要评价内容如图 2-1 所示。

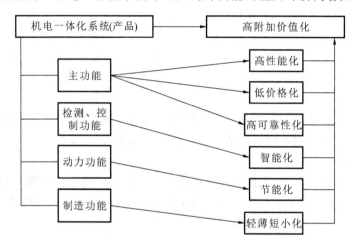

图 2-1 机电一体化系统(产品)内部功能的主要评价内容

系统评价主要涉及以下几个方面。

1. 技术性评价

1) 系统匹配性分析

机电一体化系统组成单元的性能参数相互协调匹配,是实现协调功能目标的合理有效的技术方法。例如,系统中各组成单元的精度设计应符合协调精度目标的要求,某一组成单元的设计精度低,系统整体精度将受到影响;某一单元精度过高,将提高成本消耗,并不能达到提高系统整体精度的目标。

2) 传感器分析

在机电一体化系统中,传感器的作用相当于系统感受器官,它能快速、精确地获取信息并能经受严酷环境的考验,是机电一体化产品中必不可少的器件之一,并且是机电一体系统达到高水平的保障。所以,选择合适的传感器对机电一体化系统有着至关重要的作用。传感器的主要指标包括精度、线性度、灵敏度、重复性、分辨力和漂移等。

3) 运动系统精度分析

在机电一体化系统中,运动系统精度是控制系统控制的目标,控制的目的是尽量便宜地获得能够满足期望精度、稳定性好且能快速响应目标值的系统。因此,运动系统精度是机电一体化系统的一个重要评价指标。

4) 运行稳定性分析

当系统的输入量发生变化或受干扰作用时,在输出量被迫离开原稳定值,过渡到另一个新的稳定状态的过程中,输出量是否超过预定限度,或出现非收敛性的状态,是系统稳定或不稳定的标志。系统稳定性设计指标有过渡过程时间、超调量、振荡次数、上升时间、滞后时间及静态误差等。运行稳定性是机电一体化系统重要的性能指标之一,运行稳定是机电一体化系统正常工作的首要条件。

2. 性能评价

1) 柔性、功能扩展分析

通过方案对比,分析产品结构的模块组件化程度,以不同的模块组合满足不同功能要求的适应性、功能扩展的可能性,并通过程序达到不同工作任务的范围和方便性要求,从而对设计方案的优劣做出评价和选择。

2) 操作性分析

先进的机电一体化产品设计方案,应注意建立完善的人机交互界面,自动显示系统工作状态和过程,通过文字和图形揭示操作顺序和内容,简化启动、关机、记录、数据处理、调节、控制、紧急处理等各种操作,并增加自检和故障诊断功能,从而降低操作的复杂性和劳动强度,提高使用方便性,减少人为因素的干扰,提高系统的工作质量、效率及可靠性。

3) 可靠性分析

可靠性在实际当中有着极其重要的作用。对于产品来说,可靠性问题与人身安全经济效益密切相关。提高产品的可靠性,可以防止故障和事故的发生,减少停机时间,提高产品的可用率。

3. 经济评价

经济评价包括成本指标、工艺性指标、标准化指标、美学指标、能耗指标等关系到产品能否进入市场并成为商品的技术指标。

2.1.3 系统可靠性评价

机电一体化系统的可靠性包含五个要素:对象、规定的工作时间、规定的工作条件、正常运行的功能以及概率。可靠性指标是产品可靠性的量化标尺,是进行可靠性分析的依据。系统可靠性评价方法如下。

1. 可靠度函数与失效概率

可靠度函数是产品在规定的条件和规定的时间 t 内完成规定功能的概率,以 $R(t)$ 表示;反之,不能完成规定功能的概率称为失效概率,以 $F(t)$ 表示。

$$R(t) = \frac{N(t)}{N(0)}$$

$$F(t) = \frac{n(t)}{N(0)}$$

式中:$N(t)$——工作到时间 t 时,有效产品的数量;

$n(t)$——工作到时间 t 时,已失效产品的数量;

$N(0)$——0 时刻产品的总数量。

如图 2-2 所示,以正态分布的失效分布为例,求出

$$F(t) = \int_0^t f(t) \mathrm{d}t$$

$$R(t) = 1 - F(t) = \int_t^\infty f(t) \mathrm{d}t$$

2. 失效率

产品工作到 t 时刻时,单位时间内失效产品数与尚

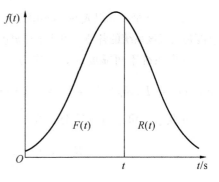

图 2-2 正态分布的失效分布

存的有效产品数的比值称为失效率。它以 $\lambda(t)$ 表示，反映任一时刻失效概率的变化情况。

$$\lambda(t) = \frac{\Delta n(t)}{N(t)\Delta t} = \frac{\dfrac{\Delta n(t)}{N(0)\Delta c}}{\dfrac{N(t)}{N(0)}} = \frac{f(t)}{R(t)}$$

3. 寿命

寿命常用平均寿命 $\overline{T}$ 表示。对不可修复产品，$\overline{T}$ 是指从开始使用到发生故障报废的平均有效时间。

$$\overline{T} = \frac{1}{N}\sum_{i=1}^{N} t_i$$

式中：t_i——第 i 个产品无故障工作时间；

N——被检测产品总数。

对可修复产品，$\overline{T}$ 是指一次故障到下一次故障的平均有效工作时间。

$$\overline{T} = \frac{1}{\sum_{i=1}^{n} n_i}\sum_{i=1}^{n}\sum_{j=1}^{n_i} t_{ij}$$

式中：t_{ij}——第 i 个产品从第 $j-1$ 次故障到第 j 次故障之间的有效工作时间；

n_i——第 i 个产品的故障次数。

4. 串联系统可靠性

对于由 n 个单元组成的串联系统，只有当这 n 个单元都正常工作时，该串联系统才正常工作。串联系统任一单元失效，都会引起系统失效。串联单元的失效是和事件，每一个串联单元可靠时系统才能可靠，串联系统可靠度是组成该系统的各独立单元可靠度的乘积。

串联系统可靠度计算公式为

$$R_{串联}(t) = P(x > t) = P(X_1 > t \cap X_2 > t \cap \cdots \cap X_n > t) = \prod_{i=1}^{n} P(X_i > t) = \prod_{i=1}^{n} R_i(t)$$

串联系统失效率计算公式为

$$\lambda_{串联}(t) = \sum_{i=1}^{n} \lambda_i(t)$$

式中：$\lambda_i(t)$——第 i 个单元的失效率。

5. 并联系统

对于由 n 个单元组成的并联系统，只有当这 n 个单元都失效时，该并联系统才失效。并联系统不可靠度是组成该系统的各独立单元不可靠度的乘积。

并联系统不可靠度计算公式为

$$F_{并联}(t) = P(X \leqslant t) = P(X_1 \leqslant t \cap X_2 \leqslant t \cap \cdots \cap X_n \leqslant t) = \prod_{i=1}^{n} P(X_i \leqslant t) = \prod_{i=1}^{n} F_i(t)$$

并联系统可靠度计算公式为

$$R_{并联}(t) = 1 - \prod_{i=1}^{n} F_i(t) = 1 - \prod_{i=1}^{n}[1 - R_i(t)]$$

【知识拓展】

可靠性分析在产品设计中的应用实例如图 2-3 所示。该液压系统的可靠度任务时间为 2 h,可靠性指标 $R=0.995$。图 2-4 所示为该液压系统的可靠性框图,据此可以列出各元部件的故障率,并计算出系统总故障率。根据统计得出该液压系统各元部件的故障率如表 2-1 所示。

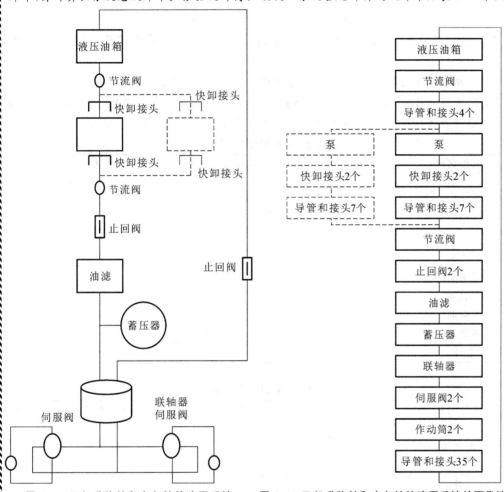

图 2-3 飞机升降舵和方向舵的液压系统　　图 2-4 飞机升降舵和方向舵的液压系统的可靠性框图

表 2-1 飞机升降舵和方向舵的液压系统各元部件的故障率和总故障率

元部件名称	数量	故障率/($\times 10^{-6}$/h)	总故障率/($\times 10^{-6}$/h)
液压油箱	1	50	50
节流阀	2	15	30
泵	1	1 875	1 875
快卸接头	2	120	240
止回阀	2	30	60
油滤	1	70	70
蓄压器	1	170	170
联轴器	1	205	205
伺服阀	2	360	720
作动筒	2	270	540
导管和接头	46	10	460
总计			4 420

由于它是串联系统，各元部件故障率均为常数，因此系统总故障率 λ 为

$$\lambda = \sum_{i=1}^{11} \lambda_i = (50+30+1\,875+\cdots+460)\times10^{-6}/\text{h} = 4\,420\times10^{-6}/\text{h}$$

该液压系统工作 2 h 的可靠度

$$R_{(2)} = \text{e}^{-2\lambda} = 0.991\,2 < R$$

可见，该液压系统不能满足规定的可靠度指标，必须找出薄弱环节，对原设计进行改进。

通过分析表 2-1 可知，整个系统中最薄弱的环节是泵，它的故障率所占的比例最大。但泵本身的可靠性以目前的技术水平还无法提高，只能采取余度技术。因此，改进设计时增加了图 2-5 中的虚线部分，其中串联部分和并联部分的故障率分别如表 2-2、表 2-3 所示。

表 2-2　串联部分的故障率

元部件名称	数　　量	故障率/($\times10^{-6}/\text{h}$)	总故障率/($\times10^{-6}/\text{h}$)
液压油箱	1	50	50
节流阀	2	15	30
止回阀	2	30	60
油滤	1	70	70
蓄压器	1	170	170
联轴器	1	205	205
伺服阀	2	360	720
作动筒	2	270	540
导管和接头	39	10	390
总计			2 235

表 2-3　并联部分的故障率

元部件名称	数　　量	故障率/($\times10^{-6}/\text{h}$)	总故障率/($\times10^{-6}/\text{h}$)
泵	1	1 875	1 875
快卸接头	2	120	240
导管和接头	7	10	70
总计			2 185

串联部分工作 2 h 的可靠度为

$$R_{\text{串}(2)} = \text{e}^{-2\,235\times10^{-6}\times2} = 0.995\,54$$

并联部分工作 2 h 的可靠度为

$$R_{\text{并}(2)} = 1-(1-\text{e}^{-2\,185\times10^{-6}\times2})^2 = 0.999\,98$$

此时，该液压系统 2 h 的可靠度为

$$R_{\text{总}} = R_{\text{串}(2)}\cdot R_{\text{并}(2)} = 0.995\,54\times0.999\,98 = 0.995\,52 > R$$

由上述分析可以看出，通过系统可靠性分析，可以找出设计薄弱环节，从而对设计薄弱环节进行改进，直到满足可靠性指标为止。

2.2 机电一体化系统总体设计方法

机电一体化系统是融合了机、电和其他技术的综合系统,技术的综合性和复杂性都比传统的机械系统高得多。随着相关技术的迅猛发展,为了保证设计的先进性,机电一体化系统设计要从思想、方法和技术各个层面上建立一套适应发展的理论和方法。

总体设计在整个设计过程中成为最关键的环节,决定机电一体化系统能否合理地有机结合多种技术并使一体化性能达到最佳。系统总体技术作为机电一体化共性关键技术之一,以系统工程的思想和方法论为基础,为系统的总体设计提供了正确的设计思想和有效的分析方法。采用系统总体技术,从整体目标出发,针对所要设计的机电一体化系统的各方面,综合分析机电一体化产品的性能要求及各机、电组成单元的特性,选择最合理的单元组合方案,将机电一体化共性关键技术综合应用,是系统总体设计的主要工作内容。

2.2.1 机电一体化系统总体设计步骤

总体设计对机电一体化系统的性能、尺寸、外形、质量及生产成本具有重大影响。因此,在机电一体化系统总体设计中要充分应用现代设计方法所提供的各种先进设计原理,综合利用机械、电子等关键技术并重视科学实验,力求在原理上新颖正确、在实践上可行、在技术上先进、在经济上合理。一般来讲,机电一体化系统总体设计应包括下述内容。

1. 准备技术资料

准备技术资料一般包括以下几点。

(1) 搜集国内外有关技术资料,包括现有同类产品资料、相关的理论研究成果和先进技术资料等。通过对这些技术资料进行分析比较,了解现有技术发展的水平和趋势。技术资料是确定产品技术构成的主要依据。

(2) 了解所设计产品的使用要求,包括功能、性能等方面的要求。此外,还应了解产品的极限工作环境、操作者的技术素质和用户的维修能力等方面的情况。使用要求是确定产品技术指标的主要依据。

(3) 了解生产单位的设备条件、工艺手段和生产基础等,将其作为研究具体结构方案的重要依据,以保证缩短设计和制造周期、降低生产成本、提高产品质量。

2. 确定性能指标

性能指标是满足使用要求的技术保证,主要应根据使用要求的具体项目来相应地确定,当然也受到制造水平和能力的约束。性能指标主要包括以下几项。

(1) 功能性指标。

功能性指标包括运动参数、动力参数、尺寸参数、品质指标等实现产品功能所必需的技术指标。

(2) 经济性指标。

经济性指标包括成本指标、工艺性指标、标准化指标、美学指标等关系到产品能否进入市场并成为商品的技术指标。

(3) 安全性指标。

安全性指标包括操作指标、自身保护指标和人员安全指标等保证在产品使用过程中不致因误操作或偶然故障而引起产品损坏或人身事故方面的技术指标。对于自动化程度较高的机电一体化产品,安全性指标尤为重要。

3. 拟定系统原理方案

机电一体化系统原理方案拟定是机电一体化系统总体设计的实质性内容,是总体设计的关键,要求充分发挥机电一体化系统设计的灵活性,根据产品的市场需求及所掌握的资料和技术,拟定出综合性能最好的机电一体化系统原理方案。

4. 初定系统主体结构方案

在机电一体化系统原理方案拟定之后,初步选出多种实现各环节功能和性能要求的可行的主体结构方案,并根据有关资料或通过与同类结构类比,定量地给出各结构方案对特征指标的影响程度或范围,必要时也可通过适当的实验来测定。将各环节主体结构方案进行适当组合,构成多个可行的系统主体结构方案,并使得各环节对特征指标的影响的总和不超过规定值。

5. 电路结构方案设计

在机电一体化系统设计中,检测系统和控制系统的电路结构方案设计可分为两大类。一类设计是选择式设计,即设计人员根据系统总体功能及单元性能要求,分别选择传感器、放大器、电源、驱动器、控制器、电动机及记录仪等,并进行合理的组合,以满足总体方案设计要求。另一类设计以设计为主,以选择单元为辅,设计人员必须根据系统总体功能、检测系统性能、控制系统性能进行设计,在设计中必须选择稳定性好、可靠性好、精度高的器件。电路结构方案设计要合理,并且设计抗干扰、过压保护和过流保护电路。对于电路结构布局,应把强电单元和弱电单元分开布置,布置走线要短,电路地线布置要正确合理。对于强电场干扰场合,电路结构设计应加入抗干扰元件并外加屏蔽罩,以有效提高系统的稳定性和可靠性。

6. 总体布局与环境设计

机电一体化系统总体布局设计是总体设计的重要环节。布局设计的任务是,确定系统各主要部件之间相对应的位置关系以及它们之间所需要的相对运动关系。布局设计是一个全局性的问题,它对产品的制造和使用特别是对维修、抗干扰、小型化等,都有很大影响。

7. 系统简图设计

在上述工作完成后,应根据系统的工作原理及工作流程画出它们的总体图,组成机、电控制系统有机结合的机电一体化系统简图。在系统简图设计中,执行系统应以机构运动简图或机构运动示意图表示,机械主系统应以结构原理草图表示,电路系统应以电路原理图表示,其他子系统可用方框图表示。

8. 总体方案的评价

根据上述系统简图,进行方案论证。论证时,应选定一个或几个评价指标,对多个可行方案进行单项校核或计算,求出各方案的评价指标值并进行比较和评价,从中选出最优者作为拟定的总体方案。

9. 总体设计报告

总结上述设计过程的各个方面,写出总体设计报告,为总体装配图和部件装配图的绘制做好准备。总体设计报告要突出设计重点,将所设计系统的特点阐述清楚,同时应列出所采取的措施及注意事项。

机电一体化系统总体设计流程如图 2-5 所示。总体设计为具体设计规定了总的基本原理、原则和布局,指导具体设计的进行;而具体设计是在总体设计的基础上进行的具体化。具体设计不断地丰富和修改总体设计,两者相辅相成、有机结合。因此,只有把总体设计和系统的观点贯穿产品开发的过程,才能保证最后的成功。

2.2.2 机电一体化系统原理方案设计

明确了设计对象的需求之后,就可以开始工作原理设计了,机电一体化系统原理方案设计是整个总体设计的关键,是具有战略性和方向性的设计工作。设计质量的优劣取决于设计人员能否有效地对系统的总功能进行合理的抽象和分解,能否合理地运用技术效应进行创新设计,是否勇于开拓新的领域和探索新的工作原理,使总体设计方案最佳化,从而形成总体方案的初步轮廓。

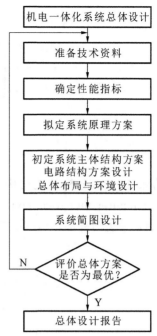

图 2-5 机电一体化系统总体设计流程

在机电一体化系统原理方案设计中,常用的方法有功能分析设计法、创造性方法、评价与决策方法、商品化设计方法、变型产品设计中的模块化方法和相似产品系列设计方法等。在此,仅介绍机电一体化系统原理方案设计的功能分析设计法。

机电一体化系统工作原理设计主要包括系统抽象化与系统总功能分解两个阶段。

1. 系统抽象化

机电一体化系统(产品)是由若干具有特定功能的机械与微电子要素组成的有机整体,具有满足人们使用要求的功能。根据功能不同,机电一体化系统利用能量使得机器运转,利用原材料生产产品,合理地利用信息将关于能量、生产方面的各种知识和技术进行融合,进而保证产品的数量和质量。因此,可以将系统抽象化为以下功能。

(1) 变换(加工、处理)功能。

(2) 传递(移动、输送)功能。

(3) 储存(保持、积蓄、记录)功能。

系统功能图如图 2-6 所示。以物料搬运、加工为主,输入物质(原料、毛坯等)、能量(电能、液能等)和信息(操作及控制指令等),经过加工处理,主要输出为改变了的物质的位置和形态的系统(或产品),称为加工机。例如,各种机床(切削机床、锻压设备、铸造设备、电加工设备、焊接设备、高频淬火设备等)、交通运输机械、食品加工机械、起重机械、纺织机械、印刷机械、轻工机械等,都是加工机。

以能量转换为主,输入能量(或物质)和信息,输出不同能量(或物质)的系统(或产品),称为动力机。在动力机中,输出机械能的为原动机,如电动机、水轮机、内燃机等。

以信息处理为主,输入信息和能量,主要输出某种信息(如数据、图像、文字、声音等)的系统(或产品),称为信息机。例如,各种仪器、仪表、办公机械等,都是信息机。

在分析机电一体化系统总功能时,根据系统输入和输出的原材料、能量和信息的差别与关

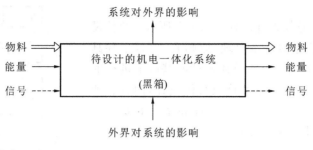

图 2-6 系统功能图

系,将系统分解,分析系统结构组成及子系统功能,得到系统工作原理方案。图 2-7 所示为 CNC(computer numerical control)数控机床功能图,图中左边为输入量,右边为输出量,上边及下边表示系统与外部环境间的相互作用。

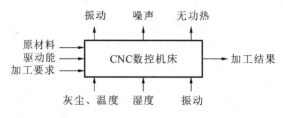

图 2-7 CNC 数控机床功能图

2. 系统总功能分解

为了分析机电一体化系统的子系统功能组成,需要统计实现工作对象转化的工作原理的相关信息。每一种工作对象的转化可以利用不同的工作原理来实现。例如圆柱齿轮切齿,可以采用滚、插、刨、铣等不同的加工方式。同样,圆柱齿轮测量可以采用整体误差测量、单项误差测量、展成测量、逐步测量,接触式测量、非接触式测量,机械式测量、电子式测量,对比式测量、直接测量等多种测量方式。不同的工作方式将使机电一体化系统具有不同的技术与经济效果。因此,可从各种可行的工作方式中选择最佳的工作方式。

一般情况下,机电一体化系统较为复杂,难以直接得到满足总功能的系统方案。因此,可以采用功能分解法,将系统总功能分解,建立功能结构图,这样既可显示各功能元、分功能与总功能之间的关系,又可通过各功能元之间的有机组合求得系统方案。

将总功能分解成复杂程度较低的子功能,并相应找出各子功能的原理方案,简化了实现总功能的原理构思。如果有些子功能还太复杂,则可将它进一步分解到较低层次的子功能。分解到最后的基本功能单元称为功能元。所以,功能结构图应从总功能开始,以下有一级子功能、二级子功能等,末端是功能元,前级功能是后级功能的目的功能,后级功能是前级功能的手段功能。另外,同一层次的功能单元组合起来,应能满足上一层功能的要求,最后合成的整体功能能满足系统的要求。至于对某个具体的技术系统来说,系统总功能需要分解到什么程度,则取决于在哪个层次上能找到相应的物理效应和结构来实现其功能要求。

CNC 数控机床总功能是利用控制系统逻辑地处理具有控制编码或其他符号指令规定的程序,并将其译码,使得机床动作并加工零件。该系统总功能可以分解为切削加工子功能、控制子功能、驱动子功能、监控检测子功能及编程子功能。

因此，CNC数控机床功能组成图如图2-8所示。CNC数控机床包括主机、数控装置、驱动装置、辅助装置、编程及其他附属设备。其中：主机是CNC数控机床的主体，包括床身、立柱、主轴、进给机构等，是用于完成各种切削加工的机械部件；数控装置是CNC数控机床的核心，包括硬件（印刷电路板、CRT显示器、钥匙盒、纸带阅读器等）以及相应的软件，用于输入数字化的零件程序，并完成输入信息的存储、数据的变换、插补运算，以及实现各种控制功能；驱动装置是CNC数控机床执行机构的驱动部件，包括主轴驱动单元、进给单元、主轴电动机及进给电动机等，它在数控装置的控制下通过电气或电液伺服系统实现主轴和进给驱动，当几个进给联动时，可以完成定位、直线、平面曲线和空间曲线的加工；辅助装置是指CNC数控机床的一些必要的配套部件，用以保证CNC数控机床的运行，如冷却装置、排屑装置、润滑装置、照明装置、监测装置等，不仅包括液压和气动装置、排屑装置、交换工作台、数控转台和数控分度头，还包括刀具及监控检测装置等；编程及其他附属设备用于在机外进行零件的程序编制、存储等。

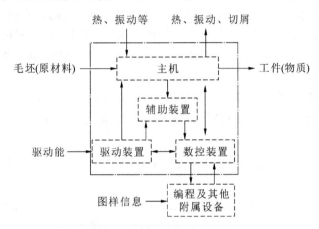

图2-8 CNC数控机床功能组成图

2.2.3 机电一体化系统结构方案设计

1. 内容和步骤

机电一体化系统原理方案确定之后，可以将系统的子系统分为两个方面。第一方面是机械子系统，如机械传动系统、导向系统、主轴组件等；第二方面是电气子系统，如控制用电动机、控制电路、检测传感器等。电气子系统可以直接选用市场上的成品，或者利用半成品组合而成。机械结构方案和总体方案根据机电一体化系统功能的改变，呈现出多样化特征。尽管为了满足机电一体化系统设计，各种机械中典型的标准组件已经商品化，但机械结构设计仍是机电一体化系统主体结构方案设计的重要内容。

系统结构方案设计的核心工作包括两个方面，分别为"质"的设计和"量"的设计。"质"的设计问题有两个，一是"定型"，即确定各元件的形态，把一维或两维的原理方案转化为三维的、有相应工作面的、可制造的形体；二是"方案设计"，即确定构成技术系统的元件数目及其相互间的配置。"量"的设计是定量计算尺寸，确定材料。

由于结构方案设计的复杂性和具体性，除了要求创新性以外，还需要进行与实践相结合的综合分析和校核工作。结构方案设计的步骤主要包括初步设计、详细设计和结构方案的完善与审核。

1) 初步设计

这一阶段主要是完成主功能载体的初步设计。一般把功能结构中对实现能量、物料或信号的转变有决定性意义的功能称为主功能,把满足主功能的构件称为主功能载体。对于某种主功能,可以由不同的功能载体来实现。首先,可以确定几种功能载体;然后,确定它们的主要工作面、形成及主要尺寸,按比例画出结构草图;最后,在几种结构草图中择优确定一个方案作为后继设计的基础。

2) 详细设计

这个阶段的第一步是进行副功能载体设计,在明确实现主功能需要哪些副功能载体的条件下,实现副功能尽量直接选用现有的结构,如选用标准件、通用件或从设计目录和手册中查找构件。第二步是进行主功能载体的详细设计。主功能载体的详细设计应遵循结构设计基本原则和原理。例如,摩擦形式如果处理得不好,由于动、静摩擦力差别太大,造成爬行,会影响控制系统工作的稳定性。因此,要选取满足工作要求的导轨,导轨副相对运动时的摩擦形式有滑动、滚动、液体静压滑动、气体静压滑动等几种,它们各有不同的优缺点,设计时可以根据需求,综合考虑各方面因素进行选择。第三步也即最后一步是进一步完善、补充结构草图,并对草图进行审核、评价。

3) 结构方案的完善与审核

这一阶段的任务是在前面阶段工作的基础上,对关键问题及薄弱环节进行优化设计,进行干扰和差错是否存在的分析,并进行经济分析,检查成本是否控制在预期目标内。

2. 基本要求

(1) 机械结构类型很多,选择主要结构方案时,必须保证满足系统所要求的精度、工作稳定可靠、制造工艺性好。

(2) 按运动学原则进行结构设计时,不允许有过多的约束。但当约束点有相对运动且载荷较大时,约束处变形大,易磨损,这时可以采用误差均化原理进行结构设计。这时可以允许有过多的约束。例如,滚动导轨中的多个滚动体,利用滚动体的弹性变形使滚动体直径的微小误差相互得到平均,从而保证导轨的导向精度。

(3) 结构设计简单化,提高系统可靠性。在满足系统总功能的条件下,力求整机、部件和零件的结构设计简单。机械系统一般为串联系统,组成系统的单元数目越少,则系统的可靠度越高,即零部件数量少,不仅可以提高产品的可靠度,还可以缩短加工、组装和生产准备周期,降低生产成本。在设计中,常采用一个零件担任几种功能的办法来达到减少零件数量的目的。

(4) 在进行总体结构设计时,传动链越短,传动误差越小,性能稳定性越好,精度越高。传统的机械传动直线进给系统,传动链由多级变速箱和运动转换装置组成,传动链较长,传动误差较大;数控直线进给系统,传动链中减少了多级变速箱,传动链长度减小,传动误差减少;甚至可以采用电动机直接驱动执行机构,使传动链最短,这是最理想的结构。进行机电一体化系统结构设计时,可以尽量使驱动系统的自动变速范围宽,且使运动形式与执行机构形式一致,这样就可以用最短的传动链,实现执行机构的运动要求。

(5) 在进行结构方案设计时,要尽量满足基准重合原则,这样可以减小由于基准不一致所带来的误差。常用的基准面有设计基面、工艺基面、测量基面和装配基面。基准统一,可以避免因基准面不同而造成的制造误差、测量误差和装配误差。

(6) 遵循"三化"原则。"三化"是指产品品种的系列化、产品零部件的通用化和产品零部件的标准化。这是一项重要的经济政策,也是产品结构设计的方向。系列化是指同类产品设计的系列化,目的是用最少的规格和形式,最大限度地满足市场的需要。标准化是对原材料、半成品及成品的统一规定。目前标准有国际标准、国家标准、部颁标准和企业标准。设计零部件时,应以标准为依据,并尽量加大标准件占零件总量的比例,这样可以使产品成本下降、生产周期缩短。通用化是指相同功能的零部件尺寸统一,可以被不同型号的同类产品使用。这样可以减少零部件品种,缩短设计、制造周期。在设计中采用标准化和通用化原则可以保证零部件的互换性,实现工艺过程典型化,有效地缩短制造周期,增大产量,并为以后的维护带来方便。

2.2.4 机电一体化系统测控方案设计

测控系统的设计是一个综合运用知识的过程,需要测试技术、计算机原理及接口、模拟电路与数字电路、软件设计方法及编程等方面的基本知识,此外还需要一定的生产工艺知识。因此,在测控系统设计过程中,经常需要各个专业人员密切配合。测控系统的基本原理图如图 2-9 所示。

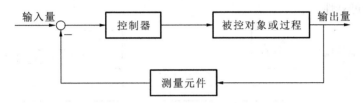

图 2-9 测控系统的基本原理图

1. 测控系统分类

1) 直接数字测控系统(DDC 系统)

DDC 系统结构图如图 2-10 所示。它是一种单机控制系统,具有规模小、结构简单、实用性强、价格低等优点,适合测控比较简单的被控对象或作为分布式控制系统的最小基本控制单元,它的缺点是可靠性差。

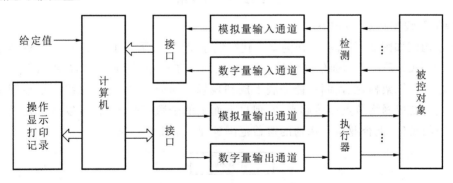

图 2-10 DDC 系统结构图

2) 监督测控系统(SCC 系统)

SCC 系统结构图如图 2-11 所示。它采用两级控制方式。第一级为 SCC 计算机控制。第二级有两种:模拟调节器控制和 DDC 计算机控制。当 SCC 系统中的计算机出现故障时,可由模拟调节器或 DDC 计算机独立完成操作,从而提高整个测控系统的可靠性。

3) 分布式测控系统(DCS)

DCS 结构图如图 2-12 所示。它的核心思想是集中管理、分散控制,即管理与控制相分离,上位机用于集中监视管理功能,若干台下位机下放分散到现场实现分布式控制,各上、下位机之

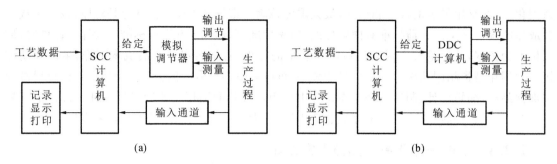

图 2-11 SCC 系统结构图

间用控制网络互连,以实现相互之间的信息传递。在 DCS 中,按地区把微处理器安装在测量装置与控制执行机构附近,将控制功能尽可能分散,将管理功能相对集中。这种分散化的控制方式能改善控制的可靠性。

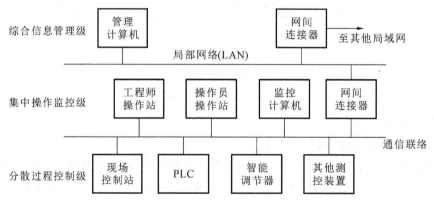

图 2-12 DCS 结构图

4) 现场总线控制系统(FCS)

FCS 结构图如图 2-13 所示。作为新一代控制系统,FCS 采用了基于开放式、标准化的通信技术,突破了 DCS 采用专用通信网络的局限,同时进一步变革了 DCS 中的"集散"系统结构,形成了全分布式系统架构,把控制功能彻底下放到现场。简而言之,现场总线是把控制系统最基础的现场设备变成网络节点连接起来,实现自下而上的全数字化通信,可以认为是通信总线在现场设备中的延伸,把企业信息沟通的覆盖范围延伸到了工业现场。

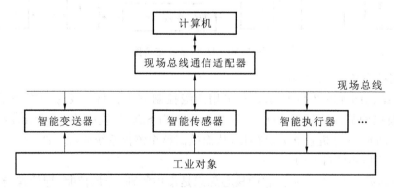

图 2-13 FCS 结构图

2. 测控系统设计步骤

在最大限度满足安全生产要求的前提下,按照可靠性、实用性、先进性、通用性、合理性和经济性等原则进行测控系统设计。测控系统设计主要步骤如下。

1) 了解测控对象的要求

首先,必须详细地了解测控对象对测控系统的要求。测控对象对测控系统的要求主要包括精度、稳定性、响应速度、可靠性等。

2) 测控系统总体方案确定

针对实际设计系统确定设计的测控总体方案,选择系统的结构形式,画出测控系统总体方案框图。

3) 选择传感器、控制执行机构或元件

根据设计要求及确定的测控系统总体方案,选择所需要的传感器和合适的控制执行机构或元件等。

4) 系统硬件电路设计

根据测控系统总体方案的要求,进行系统硬件设计和具体电路(信号调理电路、信号滤波电路和信号采集电路等)设计,尽量采用成熟的、经过实践考验的电路和环节,同时考虑新技术、新元器件、新工艺的应用。

5) 系统软件设计

按软件设计原则、方法及系统的要求进行应用程序设计,注意兼容性、可扩展性。

6) 系统测试

系统软、硬件设计完成并进行正确组装后,按设计任务的要求在实验室进行模拟实验,对测试系统进行性能测试、老化测试、抗腐蚀测试等,并根据测试结果改进测试系统。

7) 整理设计文档

在系统测试通过后,整理测控系统总体方案、硬件设计文档、软件设计文档等技术文档。

3. 测控系统方案设计

1) 系统总体方案设计

在确定测控系统总体方案时,对系统的软、硬件功能应做统一考虑。测控系统的功能哪些由硬件完成,哪些由软件实现,应该结合具体问题经过反复分析比较后确定。画出一个完整的测控系统原理框图,其中包括各种传感器、执行器、输入/输出通道的主要元器件、微机及外围设备。

2) 系统硬件方案设计

(1) 选择元器件。

选择元器件时,一般还要注意以下几点。

① 在满足技术要求的前提下尽可能选择价格低的元器件。

② 尽可能选用集成组件。

③ 尽可能选用单电源供电的组件,对只能采用电池供电的场合,必须选用低功耗器件。

④ 元器件的工作温度范围应大于使用环境的温度变化范围。

⑤ 系统中相关的器件要尽可能做到性能匹配。

(2) 硬件电路设计。

硬件电路设计要注意以下几点。

① 硬件电路结构要结合软件方案一并考虑,软件能实现的功能尽可能由软件来实现。

② 尽可能选用典型电路和集成电路。
③ 微机系统的扩展与外围设备的配置留有适当的余地,以便进行二次开发。
④ 在把设计好的单元电路与别的单元电路相连时要考虑它们是否能直接连接。
⑤ 在模拟信号传送距离较远时,要考虑以电流或频率信号传输代替以电压信号传输。
⑥ 可靠性设计和抗干扰设计。
（3）设计控制操作面板。

控制操作面板也称为控制操作台,是人机对话的纽带,也是测控系统中的重要设备。根据具体情况,控制操作面板可大可小,大到可以是一个庞大的操作台,小到只是几个功能键和开关。例如,在智能仪器中,控制操作面板都比较小。不同系统,控制操作面板可能差异很大,所以一般需要根据实际需要自行设计控制操作面板。在控制操作面板设计中,应遵循安全可靠、使用方便、操作简单、板面布局适宜且美观、符合人性工程学要求的原则。

3) 测控系统软件设计

测控系统软件设计通常的思路如下。
（1）分析问题,抽象出描述问题的数学模型。
（2）确定解决问题的算法和工作步骤。
（3）根据算法绘制程序流程图。
（4）分配存储空间,确定程序与数据区存储空间。
（5）编写源程序。
（6）程序静态检查。
（7）上机调试、修改,最终确定程序。

【知识拓展】 测控系统设计实例——电梯导轨巡检机器人测控系统

1. 电梯导轨巡检机器人

电梯导轨巡检机器人测控系统如图2-14所示。机器人通过强力磁轮吸附于电梯导轨,通过CAN总线接收上位机指令,在下位机控制器和直流电动机的驱动下上下运动。二维位置敏感探测器能探测到从底坑发射的铅垂激光束的光斑中心,最终计算得到电梯导轨直线度误差;激光测距传感器对导轨距离进行测量;随着机器人的爬行,安装在机器人上的数字光纤传感器和接近传感器分别测得导轨接头位置和固定支架位置;控制器把当前检测点的各种参数封装成信息帧,并发送给上位机,数据经处理后得到检测结果。

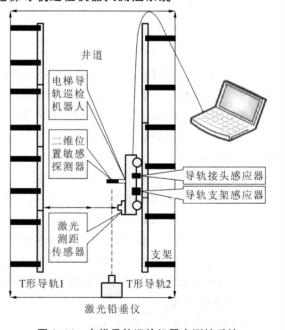

图 2-14　电梯导轨巡检机器人测控系统

2. 下位测控系统

电梯导轨巡检机器人的下位测控系统需要完成与上位机通信,接收控制命令和反馈控制状态,根据上位机命令控制机器人运行,并且采集传感器数据的任务,它最终将采集结果反馈给上位机。电梯导轨巡检机器人下位测控系统功能图如图 2-15 所示。

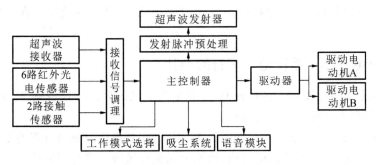

图 2-15 电梯导轨巡检机器人下位测控系统功能图

3. 电梯导轨巡检机器人测控系统软件设计

由于电梯导轨巡检机器人工作环境的特殊性(最大爬升高度 100 m,频繁启停,往复运动),一旦出现运动控制失效,甚至机器人脱轨掉落,将会对电梯导轨及电梯井造成损坏,影响电梯的正常运行。因此,电梯导轨巡检机器人测控系统需要在完成数据采集任务的同时,为机器人的安全运行提供可靠保障。为实现上述目标,电梯导轨巡检机器人测控系统在控制器软件系统设计上采用以下策略。

(1) 电动机运行控制采用芯片集成的 PWM 模块输出 PWM 信号,PWM 模块在参数设置好之后会自主持续输出 PWM 信号,不需要 CPU 干预。

(2) 与上位机的通信采用 CAN 总线,仅当系统收到上位机下发的命令时才执行相应的改变电动机运行状态和数据采集任务。

(3) 打开看门狗中断开关,当检测到系统异常时,在中断响应中锁死电动机,同时触发报警灯。在控制命令上,下位机只执行几个基本命令,包括电动机正转、反转、停转,上报系统状态,数据采集,上报数据采集结果。具体业务流程由上位机根据实际需要通过编程下发。这样可以简化下位机软件结构,提高下位机软件的鲁棒性。下位机软件流程如图 2-16 所示。

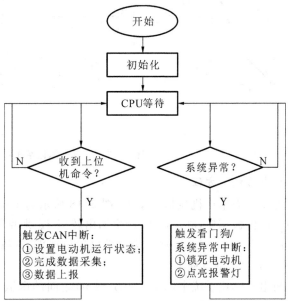

图 2-16 电梯导轨巡检机器人测控系统下位机软件流程

2.3 机电有机结合设计

机电一体化系统(产品)的设计过程是机电参数相互匹配与有机结合的过程。在确定设计方案后要进行定量的分析计算,包括稳态设计和动态设计,以减少设计的盲目性,缩短开发的周期。

2.3.1 机电一体化系统稳定运行的条件

机电一体化系统将电能转变为机械能,实现生产机械的启停和速度调节,满足各种生产工艺过程的要求,保证生产机械的正常运行。

机电一体化系统稳定性设计流程如图 2-17 所示,在分析电力拖动方程的基础上,根据生产机械的负载特性,选择合适类型的电动机,遵循电动机机械特性进行调速控制电路设计,通过逻辑控制满足生产工艺要求,并考虑生产过程协调和安全,达到机电一体化系统的平稳运行。

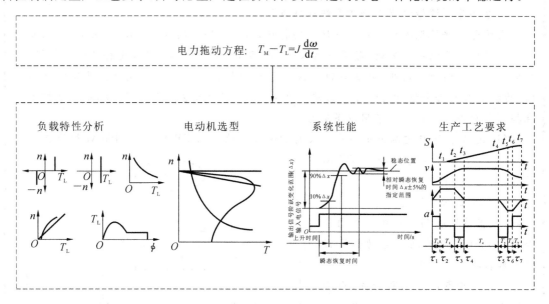

图 2-17 机电一体化系统稳定性设计流程

1. 电力拖动方程

电动机为生产机械提供动力,图 2-18 所示为单轴拖动系统,图中电动机 M 通过连接件直接与生产机械相连,电动机 M 产生输出转矩 T_M 来克服负载转矩 T_L,带动生产机械以角速度 ω(或 n)运动。图 2-18(b)所示为电动机输出转矩、负载转矩和速度的方向。

1) 电力拖动方程

机电一体化系统中,T_M、T_L、ω(或 n)之间的函数关系称为电力拖动方程。根据动力学原理,它们之间的函数关系如下。

$$T_M - T_L = J \frac{d\omega}{dt} = J \frac{2\pi}{60} \frac{dn}{dt}$$

式中:T_M——电动机的输出转矩(N·m);

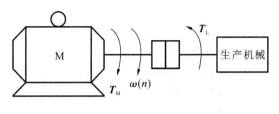 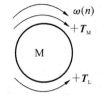

(a) 系统结构图　　　　　　　　(b) 转矩、速度方向

图 2-18　单轴拖动系统

T_L——负载转矩(N·m)；
J——机电一体化系统的转动惯量(kg·m²)；
ω——角速度(rad/s)；
n——速度(r/min)；
t——时间(s)。

可令 $T_d = T_M - T_L$，称为动态转矩。

2) 机电一体化系统的状态

电力拖动方程是研究机电一体化系统最基本的方程式，它决定着机电一体化系统运动的特征。机电一体化系统有两种不同的运动状态。

(1) 稳态（$T_M = T_L$）时。

$T_d = J\dfrac{d\omega}{dt}$，即 $\dfrac{d\omega}{dt} = 0$，ω 为常数，机电一体化系统以恒速运动，这种状态被称为稳态。

(2) 动态（$T_M \neq T_L$）时。

$T_M > T_L$ 时，$T_d = J\dfrac{d\omega}{dt} > 0$，即 $\dfrac{d\omega}{dt} > 0$，机电一体化系统加速运动。

$T_M < T_L$ 时，$T_d = J\dfrac{d\omega}{dt} < 0$，即 $\dfrac{d\omega}{dt} < 0$，机电一体化系统减速运动。

机电一体化系统处于加速或减速运动的这种状态被称为动态。

2. 生产机械的负载特性

同一轴上负载转矩和转速之间的函数关系，称为生产机械的负载特性。不同类型的生产机械在运动中受阻力的性质不同，负载特性也不同。生产机械的负载特性主要分为如下几种。

1) 恒转矩型负载特性

恒转矩负载特性又分为反抗性的恒转矩负载特性和位能性的恒转矩负载特性两种。前者的作用方向是随转动方向而改变的。摩擦负载转矩就具有这样的特性，摩擦负载转矩的方向总是与运动方向相反。具有这类负载特性的系统有物料移送机、皮带运输机、鼓风机等。后者的作用方向不随转动方向而变。相应的机电一体化系统有起重机的提升机构、高炉料车卷扬机构、矿井提升机构等。图 2-19(a)、(b)给出了这两种负载特性曲线。

2) 恒功率负载特性

负载功率基本保持不变的特性称为恒功率负载特性，如图 2-19(c)所示。许多加工机床均具有这种负载特性，粗加工时切削量较大，以低速运行；而精加工时切削量较小，以高速运行。一些机电一体化设备也具有恒功率负载特性，工作负载大时转速低，工作负载小时转速相应增高,负载转矩与转速成反比。

3) 负载转矩是转速函数的负载特性

有些机电一体系统的负载转矩与转速之间存在一定的函数关系。例如离心式鼓风机、水泵等按离心力原理工作的系统,负载转矩随转速的增大而增大。图 2-19(d)中曲线 1 为负载转矩与转速呈二次方关系,曲线 2 为负载转矩与转速呈线性关系。

4) 负载转矩是行程或转角函数的负载特性

某些机电一体化系统的负载转矩 T_L 与行程 s 和转角 ϕ 之间存在一定的函数关系,即呈 $T_L=f(s)$ 或 $T_L=f(\phi)$ 特性。带有连杆机构的系统大多具有这种特性。例如轧钢厂的剪切机、升降摆动台、翻钢机以及常见的活塞式空气压缩机、曲柄压力机等,它们的负载转矩都是随转角 ϕ 的变化而变化,如图 2-19(e)所示。

5) 负载转矩变化无规律的负载特性

有些负载转矩随时间做无规律随机变化,如冶金矿山中常用的破碎机和球磨机等,它们的负载转矩都是这样。

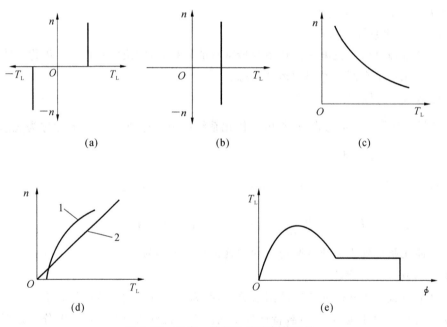

图 2-19 机电一体化系统的负载特性

3. 电动机的机械特性

电动机向生产机械提供一定的转矩,并使其能以一定的转速运转。电动机的机械特性是表征电动机轴上所产生的转矩 T_M 和相应转速 n 之间关系的特性,以函数 $n=f(T_M)$ 表示。研究电动机的机械特性对满足生产机械工艺要求,充分使用电动机功率和合理地设计电力拖动的控制和调速系统有着重要的意义。电动机根据所用电流的制式不同分为直流电动机和交流电动机。其中直流电动机又可根据励磁方式分为他励、串励、并励、复励 4 种形式。典型电动机的机械特性如图 2-20 所示。

4. 动态性能指标

稳定性是系统能正常工作的前提,控制系统在受到扰动的作用后,能自动返回到原来的平

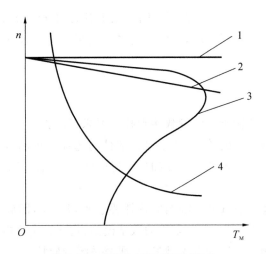

图 2-20 典型电动机的机械特性
1—同步电动机；2—直流他励电动机；3—异步电动机；4—直流串励电动机

衡状态，则系统是稳定的。一般在单位阶跃干扰的作用下，分析过渡过程的变化规律，并以此来评价系统的质量，主要指标有超调量、调节时间、振荡次数、延迟时间、上升时间、峰值时间等，如图 2-21 所示。

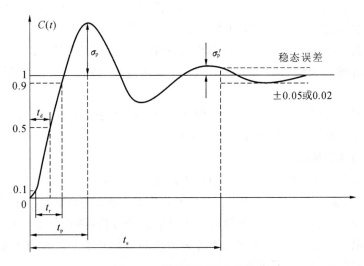

图 2-21 单位阶跃响应特性

（1）超调量：响应曲线第一次越过静态值达到峰值点时，越过部分的幅度与静态值之比，记为 σ_p。

（2）调节时间：响应曲线最后进入偏离静态值的误差为 ±5%（或 ±2%）的范围并且不再越出这个范围的时间，记为 t_s。

（3）振荡次数：响应曲线在 t_s 之前在静态值上下振荡的次数。

（4）延迟时间：响应曲线首次达到静态值的一半所需的时间，记为 t_d。

（5）上升时间：响应曲线首次从静态值的 10% 过渡到 90% 所需的时间，记为 t_r。

（6）峰值时间：响应曲线第一次达到峰值点的时间，记为 t_p。

系统动态特性可归结为:一是响应的快速性,由上升时间和峰值时间表示;二是对所期望响应的逼近性,由超调量和调节时间表示。由于这些性能指标常常彼此矛盾,因此必须加以折中处理。

2.3.2 稳态设计

稳态设计包括使系统的输出运动参数达到技术要求、动力元件(如电动机)的参数选择、功率(或转矩)的匹配与过载能力的验算、各主要元部件的选择与控制电路的设计、信号的有效传递、各级增益的分配、各级之间阻抗的匹配和抗干扰措施等,为后面动态设计中校正装置的引入留有余地。

机电一体化系统性能与负载和系统响应特性要求密切相关,因此,应在对机电一体化系统负载特性进行分析的基础上,建立各子系统的数学模型,构建整个机电一体化系统的控制模型,通过计算机仿真或试验测试方法确定关键参数,研究系统响应特性,为系统动态设计奠定基础。

1. 典型负载分析

被控对象(简称负载)的运动形式有直线运动、回转运动、间歇运动等,具体的负载往往比较复杂,为了便于分析,常将它分解为几种典型负载,结合系统的运动规律再将它们组合起来,使定量设计计算得以顺利进行。

被控对象与执行元件一般通过传动装置连接,执行元件的额定转矩、加减速控制及制动方案的选择,应与被控对象的固有参数(如质量、转动惯量等)相互匹配。因此,要将被控对象相关部件的固有参数及其所受的负载(力或转矩等)等效换算到执行元件的输出轴上,即计算执行元件输出轴承受的等效转动惯量和等效负载转矩(回转运动)或计算等效质量和等效力(直线运动)。

在设计系统时,应对被控对象及其运动做具体分析,从而获得负载的综合定量数值,为选择与之匹配的执行元件及进行动态设计分析打下基础。

2. 执行元件的匹配选择

伺服系统是由若干元部件组成的,其中有些元部件已有系列化商品供选用。为了降低机电一体化系统的成本、缩短设计与研制周期,应尽可能选用标准化零部件。拟定系统方案时,首先确定执行元件的类型,然后根据技术条件的要求进行综合分析,选择与被控对象及其负载相匹配的执行元件。电动机的转速、转矩和功率等参数应和被控对象的需要相匹配。因此,应选择与被控对象的需要相适应的执行元件。

3. 减速比的匹配选择与各级减速比的分配

减速比主要根据负载性质、脉冲当量和机电一体化系统的综合要求来选择确定,不仅要使减速比在一定条件下达到最佳,而且要使减速比满足脉冲当量与步距角之间的相应关系,还要使减速比同时满足最大转速要求等。减速比的确定方法有以下几种。

(1) 加速度最大。

(2) 最大输出速度。

(3) 满足送进系统传动基本要求的选择方法。

(4) 减速器输出轴转角误差最小原则。

(5) 对速度和加速度均有一定要求的选择方法。

4. 检测传感装置、信号转换电路、放大电路等的匹配设计

检测传感装置的精度（即分辨力）、不灵敏区等要适应系统整体的精度要求，在系统的工作范围内，检测传感装置的输入/输出应具有固定的线性特性，信号的转换要迅速及时，信噪比要大，装置的转动惯量及摩擦阻力矩要尽可能小，性能要稳定可靠等。

信号转换电路应尽量选用商品化的集成电路，要有足够的输入/输出通道，不仅要考虑与传感器输出阻抗的匹配，还要考虑与放大器的输入阻抗符合匹配要求。

各部分的设计计算必须从系统总体要求出发，考虑相邻部分的广义接口、信号的有效传递（防干扰措施）、输入/输出的阻抗匹配。总之，要使整个系统在各种运行条件下达到各项设计要求。

2.3.3 动态设计

稳态设计只是初步确定了系统的主回路，系统还很不完善。在稳态设计的基础上所建立的系统数学模型一般不能满足系统动态品质的要求，甚至是不稳定的。为此，必须进一步进行系统的动态设计。动态设计主要是设计校正装置，使系统满足动态技术指标要求，通常要利用计算机仿真技术进行辅助设计。

1. 系统建模基础

系统特性分析一般先根据系统组成建立系统的传递函数（即原始系统数学模型），再根据系统的传递函数分析系统的稳定性、系统过渡过程的品质（响应的快速性和振荡）及系统的稳态精度等特性。

机电一体化系统是采用多种技术组成的集合体，根据系统类型和建模目的选择了数学模型的种类后，要对系统进行功能分解，画出系统的结构连接图。对各子功能结构分别进行建模，再根据子功能结构之间的连接方式组合成整体数学模型。系统建模过程如图2-22所示。

图 2-22 系统建模过程

在建模过程中，系统功能分解的合理性很重要，原则上应使分解的功能既简单，又能形成具有输入/输出关系的独立结构。机电一体化系统的各子功能一般划分为控制、驱动、执行、传动、检测等部分。如果某子功能结构复杂，则可以继续分解。

机电一体化系统的建模主要是建立机理模型，即以各种物理原理建立系统参数或者变量之间的关系，并获得系统近似数学描述。机电一体化系统组成的功能结构主要为机械系统和电子系统。机械系统由质量块、惯量、阻尼器和弹簧组成，以力学基础理论建模。电子系统由电阻、电容、电感、电子器件组成，以电学和电子学理论为基础建模。系统中的传感器和执行元件基本有较完善的物理学理论描述。

机电一体化系统（或元件）的输入量（或称输入信号）和输出量（或称输出信号）可用时间函数描述，输入量与输出量之间的因果关系或者说系统（或元件）的运动特性可用微分方程描述。若设输入信号为 $r(t)$，输出信号为 $c(t)$，则描述系统（或元件）运动特性的微分方程的一般形式为

$$a_n \frac{d^n c(t)}{dt^n} + a_{n-1} \frac{a^{n-1} c(t)}{dt^{n-1}} + \cdots + a_0 c(t) = b_m \frac{d^m r(t)}{dt^m} + b_{m-1} \frac{d^{m-1} r(t)}{dt^{m-1}} + \cdots + b_0 r(t) \quad (2\text{-}1)$$

系统（或元件）的运动特性也可以用传递函数描述。线性定常系统（或元件）的传递函数定义为：在零初始值下，系统（或元件）的输出量拉氏变换与输入量拉氏变换之比。将式(2-1)中的各项在零初始值下进行拉氏变换，可得

$$(a_n s^n + a_{n-1} s^{n-1} + \cdots + a_1 s + a_0) C(s) = (b_m s^m + b_{m-1} s^{m-1} + \cdots + b_1 s + b_0) R(s) \quad (2\text{-}2)$$

由式(2-2)可得线性定常系统（或元件）传递函数的一般形式为

$$G(s) = \frac{C(s)}{R(s)} = \frac{b_m s^m + b_{m-1} s^{m-1} + \cdots + b_1 s + b_0}{a_n s^n + a_{n-1} s^{n-1} + \cdots + a_1 s + a_0} \quad (2\text{-}3)$$

当系统（或元件）的运动能够用有关定律（如电学、热学、力学等的某些定律）描述时，该系统（或元件）的传递函数就可用理论推导的方法求出。对那些无法用有关定律推导其传递函数的系统（或元件），可用实验法建立其传递函数。

2. 机械系统特性建模

机械系统是由轴、轴承、丝杠及连杆等机械零件构成的，功能是将一种机械量变换成与目的要求对应的另一种机械量。例如，有的连杆机构就是将回转运动变换为直线运动。机械系统在传递运动的同时还将进行力（或转矩）的传递。因此，机械系统的各构成零部件必须具有承受其所受力（或转矩）的足够强度和刚度。

机械系统关注的是物体在力的作用下的性能。牛顿力学是机械系统的基础，主要是牛顿第二定律，即物体加速度的大小跟作用力成正比，跟物体的质量成反比，加速度的方向跟作用力的方向相同。

1) 机械平移系统

机械平移系统的基本元件是质量块、阻尼器和弹簧。这三种基本元件的符号如图2-23所示。在图2-23中，$F(t)$表示外力，$x(t)$表示位移，m表示质量，f表示黏滞阻尼系数，K为弹簧刚度。

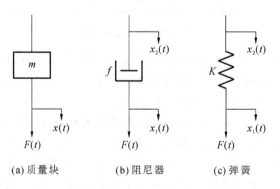

图 2-23 机械平移系统基本元件的符号

由图2-23可以得到质量块的数学模型为

$$F(t) = m \frac{d^2 x(t)}{dt} \quad (2\text{-}4)$$

阻尼器的数学模型为

$$F(t) = f \left[\frac{d x_1(t)}{dt} - \frac{d x_2(t)}{dt} \right] \quad (2\text{-}5)$$

弹簧的数学模型为

$$F(t) = K[x_1(t) - x_2(t)] \tag{2-6}$$

2）机械转动系统

机械转动系统的基本元件是转动惯量、阻尼器和弹簧。这三种基本元件的符号如图 2-24 所示。在图 2-24 中，$M(t)$ 表示外力，$\theta(t)$ 表示位移，J 表示转动惯量，f 表示黏滞阻尼系数，K 为弹簧刚度。

由图 2-24 可以得到转动惯量的数学模型为

$$M(t) = J\frac{\mathrm{d}^2\theta(t)}{\mathrm{d}t} \tag{2-7}$$

阻尼器的数学模型为

$$M(t) = f\left[\frac{\mathrm{d}\theta_1(t)}{\mathrm{d}t} - \frac{\mathrm{d}\theta_2(t)}{\mathrm{d}t}\right] \tag{2-8}$$

弹簧的数学模型为

$$M(t) = K[\theta_1(t) - \theta_2(t)] \tag{2-9}$$

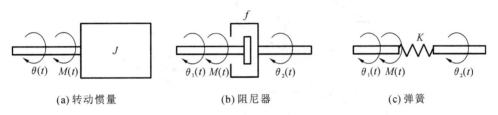

(a) 转动惯量　　　　　　(b) 阻尼器　　　　　　(c) 弹簧

图 2-24　机械转动系统基本元件的符号

3. 电子系统特性建模

传感器、电动机等耦合了电子系统和机械系统。电子系统由电阻、电容、电感、电子器件组成，以电学和电子学理论为基础建模。

电路分析是指在给定的电路图中，计算电路中所有的电压和电流的过程。该过程基于以基尔霍夫（Kirchhoff）命名的两个基本原理。

基尔霍夫电流定律：流入某节点的电流总和为零。

基尔霍夫电压定律：在某一闭环回路中所有的电压降之和为零。

下面以低通滤波器（电路见图 2-25）为例进行说明。根据基尔霍夫电压定律可以得到低通滤波器的微分方程式为

$$RC\frac{\mathrm{d}e_y}{\mathrm{d}t} + e_y = e_x \tag{2-10}$$

电路依靠电压和电流两个变量来传递参量，描述从电子到机械耦合的洛伦兹力定律和从机械到电子耦合的法拉第电磁感应定律。

1）洛伦兹力定律——由电向机耦合

洛伦兹力定律用来描述运动电荷在磁场中所受到的力，即磁场对运动电荷的作用力，如图 2-26 所示，作用力 $F=Bil$。力的方向从纸面向外，满足左手法则：食指指向电流的方向，中指指向磁场的方向，拇指的方向就是力的方向。在某些情况下，磁场方向和电流方向不成 $90°$，这时力的计算就要使用磁场的正交部分，$F=Bil\sin\varphi$（φ 为磁场方向与电流方向的锐角夹角）。

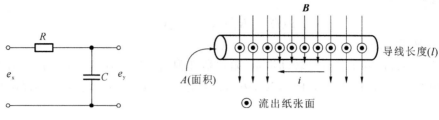

图 2-25 低通滤波器电路　　　图 2-26 洛伦兹力定律

2）法拉第电磁感应定律——由机向电耦合

法拉第电磁感应定律（见图 2-27）描述了一个运动线圈在磁场中的速度与线圈中的感应电压之间的关系——$V=Bl\dot{x}$。根据法拉第电磁感应定律，当导体运动时，闭环线圈中的感应生成电流和电压。在某些情况下，磁场方向和电流方向不成 90°，这时力的计算就要使用磁场的正交部分，$V=Bl\dot{x}\sin\varphi$（φ 为磁场方向与电流方向的锐角夹角）。

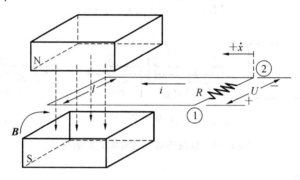

图 2-27 法拉第电磁感应定律

4. 动态设计方法

在系统建模的基础上，可以对系统进行动态设计。动态设计主要包括结构变形的消除方法、传动间隙的消除方法、系统调节方法。

1）克服结构变形对系统的影响

在进给传动系统中，进给系统的弹性变形直接影响系统的刚度、振动、运动精度和稳定性。机械传动系统的弹性变形与系统的结构、尺寸、材料性能和受力状况有关，机械传动系统的结构形式多种多样，因此分析起来相当复杂，在进行机电一体化系统动态设计时，需要考虑系统的刚度与谐振频率。

克服结构变形对系统影响的常用措施如下。

（1）提高传动刚度。

（2）提高机械阻尼，采用黏性联轴器，或在负载端设置液压阻尼器或电磁阻尼器。

（3）采用校正网络。

（4）应用综合速度反馈减小谐振。

2）克服传动间隙对系统的影响

理想的齿轮传动的输入与输出之间是线性关系，实际上，由于主动轮和从动轮之间间隙的存在和传动方向的变化，齿轮传动的输入转角和输出转角之间呈滞环特性。为了减小间隙对传动精度的影响,除尽可能地提高齿轮的加工精度外,装配时还应减小最后一级齿轮的传动间隙。

3)系统调节方法

当系统有输入或受到外部干扰时,系统的输出必将发生变化,由于系统中总是含有一些惯性或蓄能元件,系统的输出量不能立即变化到与外部干扰相对应的值。当系统不稳定或虽然稳定但过渡过程性能和稳态性能不能满足要求时,可先调整系统中的有关参数。如果仍不能满足使用要求,则需要设计校正网络。

(1) 古典控制理论。

古典控制理论主要研究单输入-单输出(SISO)线性定常系统,以传递函数作为描述系统的数学模型,以时域分析、频域分析和根轨迹分析为主要分析方法,进行稳定性、快速性、准确性分析。古典控制理论根据给定的特性指标,调整模型参数,设计校正网络,使系统的性能指标变好。常用的控制方式是 PID 控制、超前-滞后校正、前馈控制、串级控制、状态反馈等。其中以 PID 控制最为经典。PID 控制原理框图如图 2-28 所示。比例环节成比例地反映控制系统的偏差信号,偏差信号一旦产生,控制器立即产生控制作用,以减小偏差,但过大的比例增益会使调节过程出现较大的超调量,降低系统的稳定性。积分环节主要用于消除静差,提高系统的无差度,保证系统对设计值的无静差跟踪。微分环节能反映系统偏差信号的变化趋势,能产生超前的控制作用。

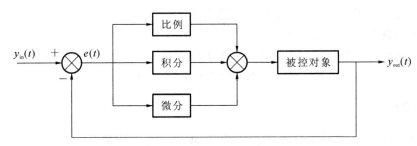

图 2-28 PID 控制原理框图

古典控制理论只能反映输入与输出间的关系(系统外部特性),难以揭示系统内部的结构和运行状态。

(2) 现代控制理论。

现代控制理论是以状态变量概念为基础,利用现代数学方法和计算机来分析、综合复杂控制系统的新理论,适用于多输入-多输出(MIMO)系统、线性或非线性系统、定常或时变系统、连续或离散系统。现代控制理论用状态空间法,将高阶微分方程转化为一阶微分方程组,用以描述系统的动态过程。状态空间法本质上是时域方法。现代控制理论着眼于系统的状态,通过揭示系统对控制作用和初始状态的依赖关系,在一定指标和限制条件下,使系统达到最佳状态,即实现最优控制,从理论上解决了系统在能控性、能观测性、稳定性等方面的问题。

现代控制理论研究内容非常广泛,主要包括多变量线性系统理论、最优控制理论、最优估计理论、系统辨识理论、自适应控制理论。

(3) 智能控制理论。

智能控制技术就是在无人干预的情况下能自主地驱动智能机器实现控制目标的技术,处于控制理论发展的高级阶段,主要研究具有不确定性的数学模型、高度的非线性和复杂的任务要求的系统。

智能控制是建立在被控动态过程的特征模式识别,基于知识、经验的推理及智能决策基础上的控制。智能控制研究的主要目标不再是被控对象,而是控制器本身。控制器不再是单一的数学模型,而是数学解析和知识系统相结合的广义模型,是多种学科知识相结合的控制系统。智能控制算法在对模糊控制、神经网络、专家系统和遗传算法等理论进行分析和研究的基础上,重点研究多种智能方法综合应用的集成智能控制算法,具有多模式、变结构、变参数等特点,可根据被控动态过程特征识别、学习并组织自身的控制模式,改变控制器的结构,调整控制器的参数。

通过机电有机结合设计,可综合分析机电一体化产品的性能要求及各机、电组成单元的特性,选择最合理的单元组合方案,实现机电一体化产品整体优化设计。这样虽然得到了一个较为详细的设计方案,但这种工程设计计算是近似的,只能作为工程实践的基础,系统的实际参数还要通过样机的试验和调试才能最终确定。

【复习思考题】

[1] 什么是机电一体化系统总体设计?机电一体化系统总体设计的主要内容有哪些?
[2] 试述机电一体化系统原理方案设计的步骤和方法。
[3] 试述机电一体化测控系统的设计步骤。
[4] 试述机电一体化系统主体结构方案设计基本要求。
[5] 试述负载等效换算的原理。
[6] 为什么要进行机电一体化系统动态设计?
[7] 机电一体化系统稳态设计和动态设计各包含哪些内容?

参考文献

[1] 朱林.机电一体化系统设计[M].2版.北京:石油工业出版社,2008.
[2] 刘宏新.机电一体化技术[M].北京:机械工业出版社,2015.
[3] 张建民,等.机电一体化系统设计[M].2版.北京:高等教育出版社,2001.
[4] 戴夫德斯·谢蒂,理查德 A.科尔克.机电一体化系统设计(原书第2版)[M].薛建彬,朱如鹏,译.北京:机械工业出版社,2016.

第3章 机电一体化机械系统设计

【工程背景】

机械系统是机电一体化的重要组成部分,是实现机电一体化产品功能最基本的部件。随着机械行业不断向前发展,各种新型技术不断创新,尤其是电子技术被广泛应用于机械系统,越来越多的机电一体化设备横空出世,有可上九天揽月的月球车,也有下五洋捉鳖的水下机器人。这些成果均是在满足对机械系统,特别是精密机械系统较高要求的前提下取得的。如今,与机械系统,特别是精密机械系统相关的技术广泛地应用于国民经济、国防等各个领域,如科学仪器、自动化仪表、精密加工机床、医疗器械、计算机外围设备、仿生技术中的机械臂机器人、宇航技术火箭卫星和测控伺服系统等。

【内容提要】

本章主要讲述机电一体化系统(精密)机械部件设计,使学生理解机电一体化系统机械部件的概念及任务。通过对本章的学习,学生应在机械系统力学特性基础上,掌握机械传动系统的类型、特点及要求,完成机械传动部件、导向机构及执行系统的设计。

【学习方法】

机电一体化机械系统的设计要考虑产品总体布局、机构选型、结构造型的合理化和最优化。对于本章的学习,建议将课内与课外、理论与实践结合起来,进行高精密仪器设备的机械系统分析,查阅相关的资料文献,以加深对典型(精密)机械系统的学习。

3.1 概 述

机械系统是机电一体化的重要组成部分,主要包括传动机构、执行机构和导向机构等部分,以及机座、支架、壳体等。机械系统的功能是将一种机械量变换成与目的要求相对应的另一种机械量,以完成规定的动作,传递功率、运动和信息,支承、连接相关部件等。在进行机械系统设计时,除考虑一般机械设计要求外,还需要考虑机械结构因素与整个伺服系统的性能参数、电气参数的匹配,以获得良好的伺服性能。

3.1.1 精密机械系统的特点及要求

机电一体化系统精密机械系统与一般机械系统应有区别,不能将它设计成简单、笨重的机械系统。除了要具有较高的定位精度等静态特性之外,机电一体化系统精密机械系统还应具有特别良好的动态响应特性,即动作响应要快、稳定性要好。这里所说的机械系统一般由减速装置、丝杠螺母副、蜗轮蜗杆副等各种线性传动部件,连杆机构、凸轮机构等非线性传动部件,导向支承部件、旋转支承部件、轴系及架体等机构组成。为确保机电一体化系统精密机械系统的传动精度和工作稳定性,在设计中,常提出无间隙、低摩擦、低惯量、高刚度、高谐振频率、适当的阻尼比等高要求。

为达到上述高要求,主要从以下几方面采取措施。

(1) 采用低摩擦阻力的传动部件和导向支承部件,如采用滚珠丝杠副、波动导向支承、动(静)压导向支承等。

(2) 缩短传动链,提高传动与支承刚度。例如:用加紧的方法提高滚珠丝杠副和滚动导轨副的传动与支承刚度;采用大扭矩、宽调速的直流或交流伺服电动机,将其直接与丝杠螺母副连接,以减少中间传动机构;在丝杠的支承设计中采用两端轴向预紧或预拉伸支承结构等。

(3) 选用最佳传动比,以达到提高系统的分辨率、减少等效到执行元件输出轴上的等效转动惯量的目的,尽可能提高加速能力。

(4) 缩小反向死区误差,如采取消除传动间隙、减少支承变形等措施。

(5) 改进支承及架体的结构设计,以提高刚性、减少振动、降低噪声。例如,选用复合材料等来提高刚度和强度,减轻质量,缩小体积使结构紧密化,以确保系统的小型化、轻量化、高速化和高可靠性化。

上述的措施反映了机电一体化系统设计的特点,精密机械系统设计要格外注意典型的传动部件、导向支承部件和旋转支承部件以及架体等的结构设计和选择问题,不满足上述静、动态特性要求的机械装置不能选用。

3.1.2 机械系统的组成

一个典型的机电一体化产品的机械系统主要包括以下几大部分。

1. 传动机构

机电一体化机械系统中的传动机构不仅仅是转速和转矩的变换器,而是已成为伺服系统的一部分。它要根据伺服控制的要求进行选择和设计,以满足整个机械系统良好的伺服性能要求。因此,传动机构不仅要满足传动精度的要求,而且要满足小型、轻量、高速、低噪声和高可靠性要求。

2. 执行机构

执行机构是用以完成操作任务的直接装置。执行机构根据操作指令的要求在动力源的带动下,完成预定的操作。一般要求它具有较高的灵敏度和精确度及良好的重复性和可靠性。计算机的强大功能使传统的作为动力源的电动机发展为具有变速与执行等多重功能的伺服电动机,从而大大地简化了传动机构和执行机构。

3. 导向机构

导向机构的作用是支承和导向,为机械系统中各运动装置能安全、准确地完成其特定方向的运动提供保障。导向机构通常包括导轨、轴承等。

除以上三个部分外,机电一体化系统的机械部分通常还包括机座、支架、壳体等。

3.2 机电一体化系统机械特性分析

机电一体化系统中各子系统的输入与输出之间不一定成比例关系,可具有某种频率特性

(动态特性或传递函数),即输出可能具有与输入完全不同的性质。机械系统一般都具有非线性环节,在非线性不能忽略时,只能用微分方程来研究其特性。

3.2.1 机械系统特性建模

机械系统是由轴、轴承、丝杠及连杆等机械零件构成的,它的功能是将一种机械量变换成与目的要求对应的另一种机械量。例如,有的连杆机构就是将回转运动变换为直线运动。机械系统在传递运动的同时还进行力(或转矩)的传递。因此,机械系统的各构成零部件必须具有承受其所受力(或转矩)的足够强度和刚度的尺寸。但尺寸一大,质量和转动惯量就大,系统的响应就慢。

如图 3-1(a)所示,输入为力 $F_x(t)$ 时,响应为 $F_y(t)$,或 $y(t)=f(x(t))$。系统负载质量和惯量不同,系统的响应快慢也不同。含有机械负载的机械系统的动态特性如图 3-1(b)所示。

如果是齿轮减速器,机构的运动变换函数 $y=f(x)=x/i$ 就是线性变换。由图 3-1(b)可知,$F_x=F_m+\frac{dy}{dx}F_y$。若只考虑机构的转动惯量 J_M,即 $F_x=F_m=J_M\ddot{x}$,则机构的动态特性为 $X(s)/F_x(s)=1/(J_M s^2)$;若只考虑负载的转动惯量 J_L,即 $F_x=\frac{dy}{dx}F_y=\frac{1}{i}\cdot J_L\ddot{y}$,则机构的动态特性为 $X(s)/F_x(s)=i^2/(J_L s^2)$。因此,机构总体的动态特性以传递函数形式可表示为

$$\frac{X(s)}{F_x(s)}=\frac{1}{[(J_M+J_L/i^2)s^2]} \tag{3-1}$$

如果运动变换是非线性变换,就不能用上述传递函数表示,只能用微分方程表示:

$$F_x=F_m(x,\dot{x},\ddot{x})+\frac{df(x)}{dt}F_y(y,\dot{y},\ddot{y}) \tag{3-2}$$

式中:$y=f(x)$,$\dot{y}=(\frac{df}{dt})\dot{x}$,$\ddot{y}=(\frac{df}{dx})\ddot{x}+(\frac{d^2f}{dx^2})\dot{x}^2$,$F_y=J_L\ddot{y}$,$F_M=J_m\ddot{x}$。

机构通过这样的线性变换或非线性变换可以产生各种各样的运动。在选择动力元件和给定运动指令时,一定要考虑伴随这些运动的动态特性。

机电一体化系统的传动机构有线性传动机构,也有非线性传动机构。常用的线性传动机构有齿轮传动机构、同步带传动机构等。

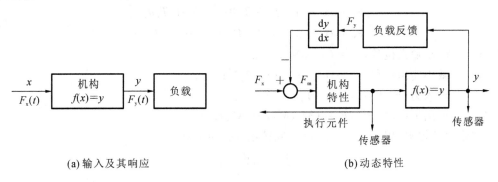

(a) 输入及其响应 (b) 动态特性

图 3-1 机械系统特性的一般表示

3.2.2 机构静力学特性分析

机构静力学特性分析所研究的问题如下。
(1) 机构输出端所受负载(力或转矩)向输入端的换算。
(2) 机构内部的摩擦力(或转矩)对输入端的影响。
(3) 求由上述各种力或重力加速度引起的机构内部各连杆、轴承等的受力。

其中,第一、第二个问题对研究机电一体化系统设计中的机电有机结合最重要;第三个问题是机构的强度、刚度设计中要研究的重要问题,此处予以省略。

1. 负载(力或转矩)向输入端的换算

当机构内部摩擦损失小时,应用虚功原理很容易进行这种换算。在图3-2所示的单输入-单输出系统中,设微小输入位移为 ∂x,由此产生的微小输出位移为 ∂y,则输入的功为 $F_x \partial x$,输出功为 $F_y \partial y$,如果忽略内部损失,则可得

$$F_x \partial x = F_y \partial y \tag{3-3}$$

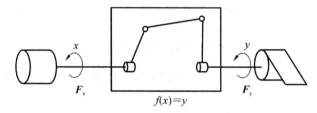

图 3-2 单输入-单输出系统

若机构的运动变换函数为 $y = f(x)$,则力的换算关系就可以写成

$$F_x = \frac{\partial y}{\partial x} F_y = \frac{\mathrm{d}y}{\mathrm{d}x} F_y \tag{3-4}$$

在机构学中,将 $\mathrm{d}y/\mathrm{d}x = 0$ 状态称为变点(方案点)。在 $\mathrm{d}y/\mathrm{d}x = 0$ 附近,用很小的 F_x 就可得到很大的 F_y。将 $\mathrm{d}y/\mathrm{d}x = \infty$ 的状态称为死点。在这种状态下,不论输入多大力(或转矩),也不会产生输出力(或转矩)。

对于图3-3所示的多输入-多输出系统,也可用虚功原理导出输入与输出的变换关系。应用虚功原理对多输入-多输出系统的负载(力或转矩)进行换算,则输入功的总和与输出功的总和分别为

$$\begin{cases} \boldsymbol{F}_x \cdot \partial \boldsymbol{x} = T_1 \partial \phi_1 + T_2 \partial \phi_2 + \cdots + T_n \partial \phi_n \\ \boldsymbol{F}_y \cdot \partial \boldsymbol{y} = M_1 \partial \theta_1 + M_2 \partial \theta_2 + \cdots + M_m \partial \theta_m \end{cases} \tag{3-5}$$

式中:$\partial \boldsymbol{x}$——微小输入位移,$\partial \boldsymbol{x} = (\partial \phi_1, \partial \phi_2, \cdots, \delta \phi_n)'$;

$\partial \boldsymbol{y}$——微小输出位移,$\partial \boldsymbol{y} = (\partial \theta_1, \partial \theta_2, \cdots, \partial \theta_m)'$;

$\boldsymbol{F}_x$——输入力(或转矩),$\boldsymbol{F}_x = (T_1, T_2, \cdots, T_n)'$;

$\boldsymbol{F}_y$——输出力(或转矩),$\boldsymbol{F}_y = (M_1, M_2, \cdots, M_m)'$。

若忽略内部损失,用 $\boldsymbol{F}_x$ 表示输入力(或转矩)时,可写成

$$\boldsymbol{F}_x = \left(\frac{\partial \boldsymbol{y}}{\partial \boldsymbol{x}}\right)' \boldsymbol{F}_y \tag{3-6}$$

式中:$\left(\frac{\partial \boldsymbol{y}}{\partial \boldsymbol{x}}\right)'$——力(或转矩)的变换系数,是 $n \times m$ 矩阵。

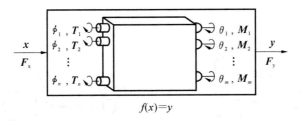

图 3-3 多输入-多输出系统

2. 机构内部摩擦力对输入端的影响

机构内部摩擦力的影响一般分为线性变换机构和非线性变换机构来研究。图 3-4 所示的滑动丝杠变换机构(又称滑动丝杠副)为线性变换机构,现以其为例分析滑动摩擦的影响。该机构的运动变换关系为 $y=(r_0\tan\beta)\phi$,其中 $2r_0$ 为丝杠螺纹中径,ϕ 为丝杠转角,β 为螺旋角。图 3-4 中,$T_x=F_x r_0$ 是使丝杠产生转动所需的转矩,F_y 为螺母所受的向上的推力。设摩擦系数为 μ,则沿螺纹表面丝杠对螺母的作用力(摩擦力)为 μF_n;设 F_n、μF_n 在 x、y 方向的分力为 F_x、F_y,则

$$\begin{cases} F_x = F_n\sin\beta + \mu F_n\cos\beta \\ F_y = F_n\cos\beta - \mu F_n\sin\beta \end{cases} \tag{3-7}$$

可以推出:

$$T_x = F_x r_0 = F_y r_0 \tan(\beta+\rho) \tag{3-8}$$

式中:ρ——摩擦角,$\rho=\arctan\mu$。

从 F_y 向 T_x 的变换系数为 $r_0\tan(\beta+\rho)$,由于摩擦阻力的存在,该值会有变化,但不受输入转角 ϕ 的影响。

以图 3-5 所示的曲柄滑块机构为例分析非线性变换机构中摩擦的影响。该机构的运动变换关系为 $y=a\cos\phi+\sqrt{b^2-a^2\sin^2\phi}$,设连杆 BC 作用于滑块的力为 F_c,固定杆 AC 支承滑块的力为 F_n,摩擦力为 μF_n,外负载力为 F_y,则

$$\begin{cases} F_n = F_c\sin\beta \\ F_y + \mu F_n = F_c\cos\beta \\ T = aF_c\sin(\phi+\beta) \end{cases} \tag{3-9}$$

式中:T——曲柄转矩(N·m);
   a——曲柄半径(m);
   ρ——摩擦角(°);
   β——连杆摆角(°);
   ϕ——曲柄摆角(°)。

解出:

$$T = \frac{a\cos\rho\sin(\varphi+\beta)}{\cos(\beta+\rho)} F_y$$

由于摩擦力的存在,从 F_y 向 T 的变换系数与 ϕ 有关,但 T 与 F_y 不是比例关系。当 $\beta+\rho<\pi/2$ 时,T 与 F_y 的比值是有限的,但当 $(\beta+\rho)\approx\pi/2$ 时,T 与 F_y 的比值会非常大。在这种状态下,运动部件是不能动的。摩擦力会使机电一体化系统的整体特性变差,因此要尽可能减小摩擦阻力。

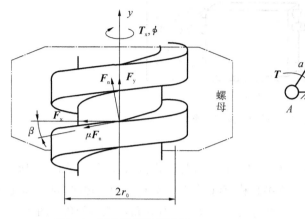

图 3-4 滑动丝杠变换机构

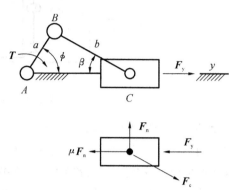

图 3-5 曲柄滑块机构

3.2.3 机构动力学特性分析

机构动力学主要研究构成机构要素的惯性和机构中各元部件弹性引起的振动。

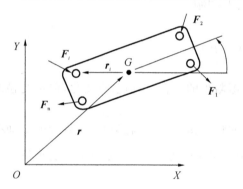

图 3-6 刚体平面运动的动力学

1. 平面运动机构要素的动态力及动态转矩

图 3-6 所示的刚体是平面运动机构的一个要素。图 3-6 中，G 为刚体重心，r 为重心的位置矢量，θ 为刚体回转角，r_i 为重心到受力点的位置矢量，m 为刚体质量，J 为刚体绕其重心的转动惯量。该刚体的平面运动可用平动 $r=(x,y)$ 与转角 θ 来表示。当刚体受到来自其他连杆的作用力 $F_1, F_2, \cdots, F_n$ 时，刚体重心 $r(t)$，转角 $\theta(t)$ 与力之间的关系可用下式表示。

$$F_d = \sum_i F_i = m\ddot{r} \qquad (3-10)$$

$$M_d = \sum_i r_i \times F_i = J\ddot{\theta} \qquad (3-11)$$

这是维持该机构要素的运动 (r,θ) 所必需的动态力矩 F_d 和动态转矩 M_d。

2. 机构输出端的弹性变形与动态特性

机械零件不管是连杆还是轴承受力后都有一定的变形。设零件受力 F 后变形量为 δ，弹性刚度为 $K=F/\delta$，刚度小，变形就大，零件的稳定性就差。刚度是影响运动精度的因素之一，系统高速运动时刚度甚至会使得系统产生振动，对系统的影响更大。

当机构的运动周期（或角频率）与系统内部的固有振动周期 τ_n 或固有振动频率 ω_n 一致时，会引起共振而导致机械破坏。机械系统设计中应该避免这种情况。

机构内的弹性可以通过建立模型换算到输出端，进而研究机构的动态特性。但是对于有的机构（或系统）的弹性（如多连杆机构连杆的弹性），由于难以建立模型，不能换算到输出端，常需要采用现代设计方法中的有限元分析方法进行计算。

3.2.4 机械传动系统的传动特性

1. 转动惯量

转动惯量是物体转动时惯性的度量,转动惯量越大,物件的转动状态就越不容易改变(变速)。利用能量守恒定律可以实现物体各种运动形式下的转动惯量的转换,将传动系统的各个运动部件的转动惯量折算到特定轴(一般是伺服电动机轴)上,然后将这些折算转动惯量(包括特定轴自身的转动惯量)求和,获得整个传动系统对特定轴的等效转动惯量。

传动系统折算到电动机轴上的转动惯量过大所产生的影响有:使电动机的机械负载增大;使机械传动系统的响应变慢;使系统的阻尼比减小,从而使系统的振荡增强、稳定性下降;使机械传动系统的固有频率下降,机械传动系统容易产生谐振,因而限制了伺服带宽,影响了伺服精度和响应速度。转动惯量的适当增大对改善低速爬行是有利的。

2. 惯量匹配原则

实践与理论分析表明,J_L/J_M 比值大小对伺服系统的性能有很大的影响,且与直流伺服电动机的种类及其应用场合有关,通常分为两种情况。

(1) 对于采用惯量较小的直流伺服电动机的伺服系统,J_L/J_M 比值通常推荐为

$$1 \leqslant J_L/J_M \leqslant 3 \tag{3-12}$$

当 $J_L/J_M > 3$ 时,对直流伺服电动机的灵敏度与响应时间有很大的影响,甚至会使伺服放大器不能在正常调节范围内工作。

小惯量直流伺服电动机的惯量 J_M 低至 5×10^{-3} kg·m²。小惯量直流伺服电动机的特点是转矩/惯量比值大,机械时间常数小,加减速能力强,所以它的动态性能好,响应快。但是,使用小惯量直流伺服电动机时,容易发生对电源频率的响应共振,当存在间隙、死区时容易造成振荡或蠕动,这才提出了"惯量匹配原则",并在数控机床伺服进给系统采用大惯量直流伺服电动机。

(2) 对于采用大惯量直流伺服电动机的伺服系统,J_L/J_M 比值通常推荐为

$$0.25 \leqslant J_L/J_M \leqslant 1 \tag{3-13}$$

所谓大惯量是相对小惯量而言的,其数值 $J_M = 0.1 \sim 0.6$ kg·m²。大惯量宽调速直流伺服电动机的特点是:惯量大,转矩大,且能在低速下提供额定转矩,常常不需要传动装置而与滚珠丝杠直接相连,而且受惯性负载的影响小,调速范围大;热时间常数有的长达 100 min,比小惯量电动机的热时间常数 $2 \sim 3$ min 长得多,并允许长时间的过载,即过载能力强;转矩/惯量比值高于普通电动机而低于小惯量直流伺服电动机,其快速性在使用上已经足够。因此,采用这种直流伺服电动机能获得优良的调速范围及刚度和动态性能。

3. 摩擦

当两物体有相对运动趋势或已产生相对运动时,它们的接触面间产生摩擦力。摩擦力可分为静摩擦力、库仑摩擦力和黏性摩擦力(动摩擦力=库仑摩擦力+黏性摩擦力)三种。

负载处于静止状态时,摩擦力为静摩擦力,它随着外力的增加而增加,最大值发生在运动前的瞬间。运动一开始,静摩擦力消失,静摩擦力立即下降为库仑摩擦力,大小为一常数 $F = \mu mg$;随着运动速度的增加,摩擦力线性增加,此时的摩擦力为黏性摩擦力(与速度成正比的阻尼称为黏性阻尼)。由此可见,仅黏性摩擦是线性的,静摩擦和库仑摩擦都是非线性的。

摩擦对机电一体化伺服传动系统的主要影响是：降低系统的响应速度；引起系统的动态滞后和产生系统误差；在接近非线性区，即低速时系统产生爬行现象。

机电一体化伺服传动系统中的摩擦力主要产生于导轨副，且摩擦特性随材料和表面形状的不同而有很大的差别。在使用中应尽可能减小静摩擦力与动摩擦力的差值，并使动摩擦力尽可能小且产生正斜率较小的变化，即尽量减小黏性摩擦力。适当增大系统的惯性 J 和黏性摩擦系数 f，有利于改善低速爬行现象，但惯性增大会引起伺服传动系统响应性能降低，增大黏性摩擦系数也会增加伺服传动系统的稳态误差，设计时应优化处理。

根据经验，克服摩擦力所需的电动机转矩 T_f 与电动机额定转矩 T_K 的关系为

$$0.2T_K < T_f < 0.3T_K \tag{3-14}$$

所以，要最大限度地消除摩擦力、节省电动机转矩，将节省的电动机转矩用于驱动负载。

4. 爬行

产生爬行现象的区域就是动静摩擦转变的非线性区，非线性区越宽，爬行现象就越严重。下面以爬行机理分析爬行现象。

图3-7所示是典型机械进给传动系统模型。当丝杠1作极低的匀速运动时，工作台2可能会出现一快一慢或跳跃式的运动，这种现象称为爬行。

1) 产生爬行现象的原因和过程

图3-8所示为爬行现象模型图。匀速运动的主动件1通过压缩弹簧推静止的运动件3，当运动件3受到的逐渐增大的弹簧力小于静摩擦力 F 时，运动件3不动。直到弹簧力刚刚大于 F 时，运动件3才开始运动，动摩擦力随着动摩擦系数的降低而变小，运动件3的速度相应增大，同时弹簧相应伸长，作用在运动件3上的弹簧力逐渐减小，运动件3产生负加速度，速度降低，动摩擦力相应增大，直到运动件3停止运动，主动件1这时再重新压缩弹簧，爬行现象进入下一个周期。

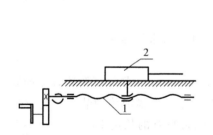

图3-7 典型机械进给传动系统模型
1—丝杠；2—工作台

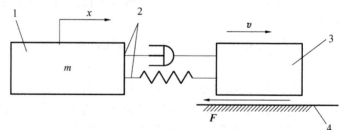

图3-8 爬行现象模型图
1—主动件；2—弹簧组件；3—运动件；4—工作台

由上述分析可知，低速爬行现象的产生与否主要取决于下列因素。

(1) 静摩擦力与动摩擦力之差。这个差值越大，越容易产生低速爬行现象。

(2) 进给传动系统的刚度 K。K 越小，越容易产生低速爬行现象。

(3) 运动速度。运动速度太低，容易产生低速爬行现象。

2) 不发生爬行的临界速度

不发生爬行的临界速度可按下式进行估算。

$$V_K = \frac{\Delta F}{\sqrt{4\pi \xi K m}} \tag{3-15}$$

式中：V_K——不发生爬行的临界速度（m/s）；

　　　ΔF——静、动摩擦力之差（N）；

　　　K——传动系统的刚度（N/m）；

　　　ξ——阻尼比；

　　　m——从动件的质量（kg）。

适当增大系统的惯性 J 和黏性摩擦系数 f 有利于降低系统的临界速度，有利于改善低速进给爬行现象，但惯性增大会导致伺服传动系统的响应性能降低，黏性摩擦系数增大也会增加伺服传动系统的稳态误差，设计时应优化处理。

3）实际工作中消除爬行现象的途径

（1）提高传动系统的刚度。

① 在条件允许的情况下，适当提高各传动件或组件的刚度，减小各传动轴的跨度，合理布置轴上零件的位置。例如，适当地增大传动丝杠的直径、缩短传动丝杠的长度、减小或消除各传动副之间的间隙。

② 尽量缩短传动链，减少传动件数，减小弹性变形量。

③ 合理分配传动比，使多数传动件受力较小、变形较小。

④ 对于丝杠螺母机构，应采用整体螺母结构，以提高丝杠螺母的接触刚度和传动刚度。

（2）减少摩擦力的变化。

① 用滚动摩擦、流体摩擦代替滑动摩擦，如采用滚珠丝杠、静压螺母、滚动导轨和静压导轨等。从根本上改变摩擦面间的摩擦性质，基本上可以消除爬行现象。

② 选择适当的摩擦副材料，降低摩擦系数。

③ 降低作用在导轨面的正压力，如减轻运动部件的质量，采用各种卸荷装置，以减小摩擦阻力。

④ 提高导轨的制造与装配质量、采用导轨油等。

综上所述，机电一体化系统对机械传动部件摩擦特性的要求为：静摩擦力尽可能小；静、动摩擦力的差值尽可能小；动摩擦力应为尽可能小的正斜率，因为负斜率易产生爬行，会降低系统的精度、缩短系统的使用寿命。

5．阻尼

机械部件振动时，金属材料内摩擦较小（附加的非金属减振材料内摩擦较大），运动副特别是导轨的摩擦阻尼是主要的。实际应用摩擦阻尼时，一般都将它简化为黏性摩擦的线性阻尼。

伺服机械传动系统总可以用二阶线性常微分方程来描述（大多数机械系统均可简化为二级系统），这样的环节称为二阶系统。从力学意义上讲，二阶系统是一个振荡环节。当机械传动系统产生振动时，系统中的阻尼比越大，系统的最大振幅就越小且衰减得越快。系统阻尼比为

$$\xi = \frac{B}{2\sqrt{mK}} \tag{3-16}$$

式中：B——黏性阻尼系数；

　　　m——系统的质量（kg）；

　　　K——系统的刚度。

阻尼比大小对机械传动系统的振动特性有不同的影响,具体如下。

(1) $\xi=0$ 时,系统处于等幅持续振荡状态,因此系统不能没有阻尼,任何机电系统都具有一定的阻尼。

(2) $\xi>1$ 称为过阻尼系统;$\xi=1$ 称为临界阻尼系统。系统在这两种情况下工作时不振荡,但响应速度慢。

(3) $0<\xi<1$ 称为欠阻尼系统。在 ξ 值为 $0.5\sim0.8$(即在 0.707 附近)范围内时,系统不但响应比在临界阻尼或过阻尼情况下快,而且能更快地达到稳定值。但当 $\xi<0.5$ 时,系统虽然响应更快,但振荡衰减得很慢。

在进行系统设计时,考虑综合性能指标,一般取 $\xi=0.5\sim0.8$。

6. 刚度

刚度是使弹性物体产生单位变形所需要的作用力。对于机械传动系统来说,刚度包括零件产生各种弹性变形的刚度和两个零件接触面的接触刚度,静态力与变形之比为静刚度;动态力(交变力、冲击力)与变形之比为动刚度。

当伺服电动机带动机械负载运动时,机械传动系统的所有元件都会受力而产生不同程度的弹性变形。弹性变形的程度可用刚度 K 表示。它将影响系统的固有频率。随着机电一体化技术的发展,机械系统弹性变形与谐振分析成为机械传动与结构设计中的一个重要问题。对于伺服机械传动系统,增大系统的传动刚度有以下好处。

(1) 可以减少系统的死区误差(失动量),有利于提高传动精度。

(2) 可以提高系统的固有频率,有利于提高系统的抗振性。

(3) 可以增加闭环控制系统的稳定性。

7. 谐振频率

根据自动控制理论,避免系统谐振,需使激励频率远离系统的固有频率,在不失真条件下应使 $\omega<0.3\omega_n$,通常可通过提高系统刚度、调整机械构件质量和自激频率提高系统的防谐振能力。通常可通过采用弹性模量高的材料,合理选择零件的截面形状和尺寸,对齿轮、丝杠、轴承施加预紧力等方法提高系统的刚度。在不改变系统固有频率的情况下,通过增大阻尼比也能有效抑制谐振。

当输入信号的激励的频率等于系统的谐振频率,即

$$\omega=\omega_n\sqrt{1-2\xi^2} \tag{3-17}$$

$$A(\omega)=\frac{1}{2\xi\sqrt{1-\xi^2}} \tag{3-18}$$

时,系统会产生共振,从而不能正常工作。在实际应用中,在不产生误解的情况下,常用固有频率近似谐振频率(随着阻尼比 ξ 的增大,固有频率与谐振频率的差距越来越大),此时:

$$\omega=\omega_n \tag{3-19}$$

$$A(\omega)=\frac{1}{2\xi} \tag{3-20}$$

对于质量为 m、拉压刚度系数为 K 的单自由度直线运动弹性系统,其固有频率为

$$\omega_n=\sqrt{\frac{K}{m}} \tag{3-21}$$

对于转动惯量为 J、扭转刚度系数为 K 的单自由度旋转运动弹性系统,其固有频率为

$$\omega_{n} = \sqrt{\frac{K}{J}} \tag{3-22}$$

固有频率的大小不同将影响闭环系统的稳定性和开环系统中死区误差的值。

对于闭环系统,要求机械传动系统中的最低固有频率(最低共振频率)必须大于电气驱动部件的固有频率。表 3-1 所示为进给驱动系统中各最低固有频率的相互关系。

表 3-1　进给驱动系统各最低固有频率的相互关系

位置调节环的最低固有频率 ω_{OP}	40～120 rad/s
电气驱动(速度环)的最低固有频率 ω_{OA}	2～3ω_{OP}
机械传动系统中的最低固有频率 ω_{OI}	2～3ω_{OA}
其他机械部件的最低固有频率 ω_{Oi}	2～3ω_{OI}

对于机械传动系统,它的固有频率取决于系统各环节的刚度及惯量。因此,在机械传动系统的结构设计中,应尽量降低惯量、提高刚度,以达到提高机械传动系统固有频率的目的。

对于开环伺服系统,虽然稳定性不是主要问题,但是若传动系统的固有频率太低,则也容易引起振动,从而影响系统的工作效果。一般要求机械传动系统最低固有频率大于或等于 300 rad/s,其他机械系统的最低固有频率大于或等于 600 rad/s。

8. 间隙

机械传动装置一般都存在传动间隙,如齿轮传动的齿侧间隙、丝杠螺母的传动间隙等。这些间隙是造成死区误差(不灵敏区)的原因之一。对于伺服机械传动系统,由于传动精度是重要的指标,故应尽量减小或消除间隙,保证系统的精度和稳定性。

系统闭环以外的间隙,对系统稳定性无影响,但影响到伺服精度。由于齿隙、丝杠螺母间隙的存在,传动装置在逆运行时会出现回程误差,使得输出与输入间出现非线性,输出滞后输入,影响系统的精度。系统闭环内的间隙在控制系统有效控制范围内对系统精度、稳定性影响较小,且反馈通道上的间隙要比前向通道上的间隙对系统的影响较大。

3.3　机械传动系统设计

机械传动系统是指把动力机产生的机械能传送到执行机构上去的中间装置,使执行元件与负载之间在转矩与转速方面得到最佳匹配。

3.3.1　机械传动系统的功能和要求及伺服机械系统的特点

1. 机械传动系统的功能

对于工作机中的传动机构,既要求能实现运动转换,又要求能实现动力转换;对于信息机中的传动机构,主要要求实现运动的转换;对于动力传动机构,只需要克服惯性力(力矩)和各种摩擦力(力矩)以及较小的工作负载即可。机电一体化系统的传动机构及其功能如表 3-2 所示。

表 3-2 机电一体化系统的传动机构及其功能

传动机构	基本功能					
	运动的转换				动力的转换	
	形式	行程	方向	速度	大小	形式
丝杠螺母机构	▲				▲	▲
齿轮传动机构			▲	▲	▲	
齿轮齿条传动机构	▲					▲
链轮链条传动机构	▲					
带传动机构			▲	▲		
缆绳、绳轮杠杆机构	▲	▲	▲	▲	▲	▲
连杆机构		▲	▲	▲		
凸轮机构	▲	▲		▲		
摩擦轮传动机构			▲	▲	▲	
万向节传动机构			▲			
软轴传动机构						
蜗轮蜗杆机构			▲	▲	▲	
间歇机构	▲					

从表 3-2 中可以看出,传动机构至少可以满足一项或可以同时满足几项功能的要求。例如:齿轮齿条传动机构既可将直线运动或回转运动转换为回转运动或直线运动,又可将直线驱动力或转矩转换为转矩或直线驱动力;带传动机构、蜗轮蜗杆机构及各类齿轮减速器(如谐波齿轮减速器)既可进行升速或降速,也可进行转矩大小的转换。

2. 机械传动系统的要求

机械传动部件对伺服系统的伺服特性有很大影响,特别是其传动类型、传动方式、传动刚性以及传动的可靠性,对机电一体化系统的精度、稳定性和快速响应性有重大影响。随着机电一体化技术的发展,要求传动机构不断适应新的技术要求。具体体现在以下三个方面。

(1) 精密化。

对于某种特定的机电一体化产品来说,应根据其性能的需要提出适当的精密度要求,虽然不是越精密越好,但由于要适应产品的高定位精度等性能的要求,对机械传动机构的精密度要求越来越高。

(2) 高速化。

产品工作效率的高低直接与机械传动部分的运动速度相关。因此,机械传动机构应能适应高速运动的要求。

(3) 小型化、轻量化。

随着机电一体化系统(或产品)精密化、高速化的发展,必然要求其传动机构小型化、轻量化,以提高运动灵敏度(响应性)、减小冲击、降低能耗。为了与电子部件的微型化相适应,也要尽可能做到使机械传动部件短小轻薄化。

3. 伺服机械系统的特点

为了实现精密传动及控制，目前常用伺服机械系统。伺服机械系统是指以机械运动量作为控制对象的自动控制系统，又称为随动系统。伺服机械系统中所采用的机械传动装置，简称为伺服机械传动系统。它是伺服机械系统的一个组成环节，广泛应用于数控机床、计算机外部设备、工业机器人等机电一体化系统中。

伺服机械传动系统是整个伺服机械系统的一个组成环节，作用是传递扭矩、转速和进行运动转换，使伺服电动机和负载之间的转矩与转速得到匹配。伺服机械传动系统往往将伺服电动机输出轴的高转速、低转矩转换成为负载轴所要求的低转速、高转矩或将回转运动转换成直线运动。伺服机械传动系统大功率传动装置，既要考虑强度、刚度，也要考虑精度、惯量、摩擦、阻尼等因素；小功率传动装置主要考虑精度、惯量、摩擦、刚度、阻尼等因素。伺服机械系统需求系统无间隙、低摩擦、低惯量、高刚度、高谐振频率、有适当的阻尼比。

本书将机械传动系统分为精密机械传动系统和非精密机械传动系统。精密机械传动系统主要包括丝杠螺母机构、滚珠花键传动机构、齿轮传动机构、谐波齿轮传动机构；非精密机械传动系统主要包括挠性传动机构、软轴传动机构、联轴器传动机构及间歇传动机构等。

3.3.2 丝杠螺母机构

1. 丝杠螺母机构的类型及传动形式

丝杠螺母机构又称螺旋传动机构。它主要用来将旋转运动变为直线运动或将直线运动变为旋转运动。既有以传递能量为主的丝杠螺母机构（如螺旋压力机、千斤顶等），也有以传递运动为主的丝杠螺母机构（如工作台的进给丝杠），还有调整零件之间相对位置的丝杠螺母机构（螺旋传动机构）等。

丝杠螺母机构有滑动和滚动之分。滑动丝杠螺母机构结构简单、加工方便、制造成本低，具有自锁功能，但其摩擦阻力大，传动效率低（30%~40%）。滚动丝杠螺母机构虽然结构复杂、制造成本高，但具有摩擦阻力小、传动效率高（92%~98%）等优点，因此在机电一体化系统中得到了广泛应用。

根据丝杠和螺母相对运动的组合情况，丝杠螺母机构基本传动形式有图 3-9 所示的 4 种类型。

(1) 螺母固定、丝杠转动并移动，如图 3-9(a)所示。该传动形式因螺母本身起着支承作用，消除了丝杠轴承可能产生的附加轴向窜动，结构较简单，可获得较高的传动精度，但其轴向尺寸不宜太长，否则刚性较差，因此只适用于行程较小的场合。

(2) 丝杠转动、螺母移动，如图 3-9(b)所示。该传动形式需要限制螺母的转动，故需要导向装置。这种传动形式结构紧凑，丝杠刚性较好，适用于工作行程较大的场合。

(3) 螺母转动、丝杠移动，如图 3-9(c)所示。该传动形式需要限制螺母的移动和丝杠的转动，由于结构较复杂且占用轴向空间较大，故应用较少。

(4) 丝杠固定、螺母转动并移动，如图 3-9(d)所示。该传动形式结构简单、紧凑，但在多数情况下使用极不方便，故很少应用。

此外，还有差动传动形式，它的传动原理如图 3-10 所示。采用该传动形式的丝杠螺母机构丝杠上有基本导程（或螺距）不同的（如 l_{01}、l_{02}）两段螺纹，两段螺纹的旋向相同。当丝杠 2 转动

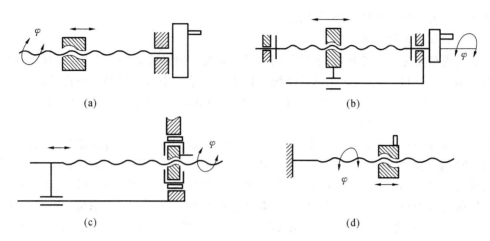

图 3-9 丝杠螺母机构基本传动形式

时,可动螺母 1 的移动距离 $s=n(l_{01}-l_{02})$(n 为丝杠转速)。如果两基本导程相差较小,则可获得较小的位移 s。因此,这种传动形式多用于各种微动机构中。

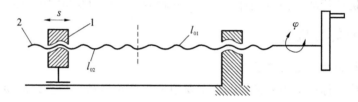

图 3-10 差动传动原理

1—可动螺母;2—丝杠

2. 滚珠丝杠传动机构

1) 滚珠丝杠传动机构的组成及特点

滚珠丝杠传动机构又称滚动丝杠副。滚珠丝杠是将回转运动转换为直线运动,或将直线运动转换为回转运动的理想产品。具有螺旋槽的丝杠与螺母之间装有中间传动元件——滚珠,滚珠丝杠是滚珠螺丝的进一步延伸和发展,将轴承由滚动动作变成滑动动作。由于具有很小的摩擦阻力,滚珠丝杠被广泛应用于各种工业设备和精密仪器,也是精密机械上最常使用的传动元件。

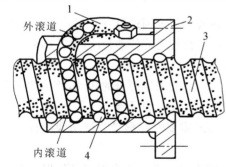

图 3-11 滚珠丝杠传动机构构成原理

1—反向器;2—螺母;3—丝杠;4—滚珠

如图 3-11 所示,滚珠丝杠传动机构由反向器(滚珠循环反向装置)1、螺母 2、丝杠 3 和滚珠 4 等四个部分组成。丝杠或者螺母转动时,带动滚珠沿螺纹滚道滚动,滚珠在丝杠上滚过数圈后,通过回程引导装置,逐个地滚回到丝杠和螺母之间,构成了一个闭合的循环回路。丝杠和螺母之间为滚动摩擦。

滚珠丝杠传动机构的特点主要有以下几方面。

(1) 传动效率高、摩擦损失小:传动效率相当于普通滑动丝杠传动机构(传动效率为 0.2~0.4)的 3~4 倍。滚珠丝杠传动机构相对于滑动丝杠传动机构来说,仅用较小的扭矩就能获得较大的轴向推力,功率损耗只有滑动丝杠传动机构的 1/4~1/3,

这在机械传动小型化、快速响应及节省能源等方面，都具有重要意义。

(2) 传动可逆性、非自锁性：普通的螺旋传动是指正传动，即把回转运动转换为直线运动；而滚珠丝杠传动机构不仅能实现正传动，还能实现逆传动（将直线运动转换为旋转运动），而且逆传动效率同样可在 90% 以上。滚珠丝杠传动机构传动的特点有助于使用滚珠丝杠传动机构开拓新的机械传动系统，但另一方面滚珠丝杠传动机构的应用范围受到限制，在一些不允许产生逆运动的地方，如横梁的升降系统等，必须增设制动或自锁机构才可使用滚珠丝杠传动机构。

(3) 传动精度高：滚珠丝杠传动机构属于精密机械传动机构，丝杠与螺母经过淬硬和精磨后，本身就具有较高的定位精度和进给精度。采用专门的设计，滚珠丝杠传动机构可以调整到完全消除轴向间隙，而且可以施加适当的预紧力，在不增加驱动力矩和基本不降低传动效率的前提下，提高滚珠丝杠传动机构的轴向刚度，进一步提高滚珠丝杠传动机构的正向、反向传动精度。滚珠丝杠传动机构的摩擦损失小，本身温度变化很小，丝杠尺寸稳定，有利于提高传动精度。由于滚动摩擦的启动摩擦阻力很小，所以滚珠丝杠传动机构的动作灵敏，且滚动摩擦阻力几乎与运动速度无关，这样就可以保证运动的平稳性，即使在低速下，仍可获得均匀的运动，保证了较高的传动精度。

(4) 磨损小、使用寿命长：滚动磨损要比滑动磨损小得多，而且滚珠、丝杠和螺母都经过淬硬，所以滚珠丝杠传动机构长期使用仍能保持精度，工作寿命比滑动丝杠传动机构高 5～6 倍。

2) 滚珠丝杠传动机构滚珠的循环方式

滚珠的循环方式主要有内循环及外循环两种类型。

(1) 内循环。

滚珠始终与丝杠表面保持接触的循环称为内循环。内循环以一圈为循环，因而回路短，滚珠少，滚珠的流畅性好，灵敏度高，效率高，径向尺寸小，零件少，装配简单。内循环的缺点是反向器的回珠槽具有空间曲面，加工较复杂。内循环适用于高速、高灵敏度、高刚度的精密进给系统中。

采用内循环方式的滚珠在循环过程中始终与丝杠表面保持接触，如图 3-12 所示。在螺母 1 的侧面孔内装有接通相邻滚道的反向器 3，利用反向器 3 引导滚珠 2 越过丝杠 4 的螺旋顶部进入相邻滚道，形成一个循环回路。一般在同一螺母上装有 2～4 个滚珠用反向器，并将其沿螺母圆周均匀分布。

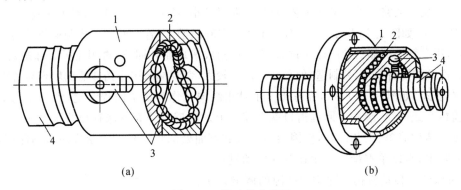

图 3-12　滚珠的内循环

1—螺母；2—滚珠；3—反向器；4—丝杠

装有浮动式反向器的内循环滚珠丝杠螺母机构如图 3-13 所示。它的结构特点是浮动式反向器 1 与滚珠螺母上的安装孔有 0.01～0.015 mm 的配合间隙，浮动式反向器弧面上加工有圆弧槽，槽内安装拱形片簧4,外有弹簧套2,借助拱形片簧4的弹力,始终给浮动式反向器1一个径向推力,使位于回珠圆弧槽内的滚珠与丝杠3表面保持一定的压力,从而使槽内滚珠代替定位键而对浮动式反向器1起到自定位作用。这种反向器的优点是:在高频浮动中达到回珠圆弧槽进出口的自动对接,通道流畅,摩擦特性较好,更适用于高速、高灵敏度、高刚性的精密进给系统。

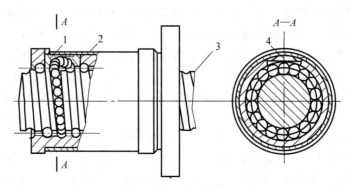

图 3-13 装有浮动式反向器的内循环滚珠丝杠螺母机构
1—浮动式反向器;2—弹簧套;3—丝杠;4—拱形片簧

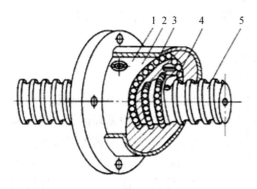

图 3-14 螺旋槽式外循环结构
1—套筒;2—螺母;3—滚珠;4—挡珠器;5—丝杠

（2）外循环。

滚珠在循环过程中有时与丝杠表面脱离接触的循环称为外循环。采用外循环时,滚珠循环回路长,流畅性差,效率低,工艺简单,螺母的径向尺寸大,易于制造,挡珠器刚性差,易磨损。外循环按结构形式可分为螺旋槽式、插管式和端盖式三种。

① 螺旋槽式:如图 3-14 所示,在螺母 2 外圆柱表面上铣出螺旋凹槽,槽两端钻出两个通孔与螺旋滚道相切,螺旋滚道内装入两个挡珠器 4 以引导滚珠 3 通过这两个孔,同时用套筒 1 盖住螺旋凹槽,构成滚珠循环回路。螺旋槽式工艺简单,径向尺寸小,易于制造,但挡珠器刚性差,易磨损。

② 插管式:如图 3-15 所示,用一弯管 1 代替螺旋凹槽,弯管 1 两端插入与螺纹滚道 5 相切的两个内孔,用弯管 1 端部引导滚珠 4 进入弯管 1,构成滚珠循环回路,再用压板 2 和螺钉将弯管 1 固定。插管式结构简单,容易制造,但是径向尺寸较大,弯管端部用作挡珠器比较容易磨损。

③ 端盖式:如图 3-16 所示,在螺母 1 上钻出纵向孔作为滚子回程滚道,螺母 1 两端装有两块扇形盖板 2 或套筒,滚珠的回程道口就在盖板上。滚道半径为滚珠直径的 1.4~1.6 倍。

端盖式结构简单、工艺性好,但因滚道连接和弯曲处圆角不易准确制作而影响性能,故应用较少。实际中,常以单螺母形式用作升降传动机构。

3）滚珠丝杠传动机构消除轴向间隙的调整方法

滚珠丝杠传动机构在承受负载时,滚珠与滚道接触点处将产生弹性变形。换向时,滚珠丝杠传动机构轴向间隙会引起空回,且是非连续的,既影响传动精度,又影响系统的动态性能。轴向间隙调整的目的是保证反向传动精度;预紧的目的是消除轴向间隙,提高传动刚度。轴向间隙的调整主要有双螺母螺纹预紧调整式、双螺母齿差预紧调整式、双螺母垫片预紧调整式、弹簧式自动预紧调整式和单螺母丝杠副的预紧调整式五种方法。

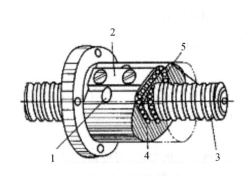

图 3-15　插管式外循环结构
1—弯管；2—压板；3—丝杠；4—滚珠；5—螺纹滚道

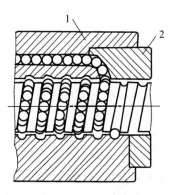

图 3-16　端盖式外循环结构
1—螺母；2—扇形盖板

(1) 双螺母螺纹预紧调整式。

双螺母螺纹预紧调整式如图 3-17 所示。滚珠螺母 3 的外端有凸缘，而滚珠螺母 4 的外端虽无凸缘，但制有螺纹，并通过两个圆螺母固定。调整时，旋转调整螺母 2 消除轴向间隙并产生一定的预紧力，然后用锁紧螺母 1 锁紧。预紧后两个滚珠螺母中的滚珠相向受力，从而消除轴向间隙。双螺母螺纹预紧调整式的特点是：结构简单，刚性好，预紧可靠，使用中调整方便，但不能精确定量地进行调整。

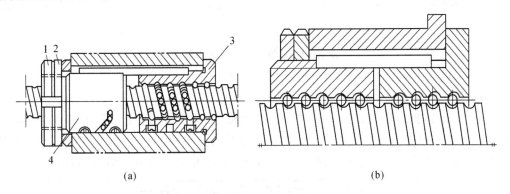

图 3-17　双螺母螺纹预紧调整式
1—锁紧螺母；2—调整螺母；3，4—滚珠螺母

(2) 双螺母齿差预紧调整式。

双螺母齿差预紧调整式如图 3-18 所示。丝杠 4 两端分别有一个制有圆柱齿轮的滚珠螺母 3，两者齿数相差一个齿（齿数 z_1、z_2，且 $z_2-z_1=1$），两端的两个内齿轮 2 与上述圆柱齿轮相啮合，并用螺钉和定位销固定在套筒 1 上。调整时，先取下两端的内齿轮 2，在两个滚珠螺母 3 相对于套筒 1 向同一方向同时转动一个齿后固定，一个滚珠螺母相对于另一个滚珠螺母产生相对角位移，使两个滚珠螺母产生相对移动，从而消除轴向间隙并产生一定的预紧力。

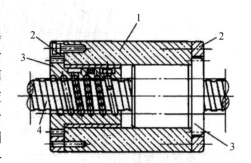

图 3-18　双螺母齿差预紧调整式
1—套筒；2—内齿轮；3—滚珠螺母；4—丝杠

双螺母齿差预紧调整式的特点是:可实现定量调整,使用时调整较方便,调整精度很高,可进行精密微调(如 0.002 mm),工作可靠,但结构复杂,加工工艺和装配性能较差。

当两个螺母按同方向转过一个齿时,所产生的相对轴向位移为

$$s = \left(\frac{1}{z_1} - \frac{1}{z_2}\right)np \tag{3-23}$$

式中:n——滚珠螺母同方向转过的齿数;

p——丝杠的导程。

若 $z_1=99, z_2=100, n=1, p=6$ mm,则 $s=0.6$ μm。

(3) 双螺母垫片预紧调整式。

双螺母垫片预紧调整式如图 3-19 所示。调整垫片 1 的厚度,可使两螺母 2 产生相对位移,以达到消除轴向间隙、产生预紧力的目的。双螺母垫片预紧调整式的特点是:结构简单,刚度高,预紧可靠,但使用中调整不方便。

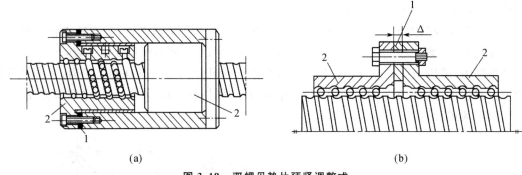

图 3-19 双螺母垫片预紧调整式

1—垫片;2—螺母

(4) 弹簧式自动预紧调整式。

弹簧式自动预紧调整式如图 3-20 所示。两螺母一个活动,另一个固定,用弹簧使其间始终具有产生轴向位移的推动力,从而获得预紧力。弹簧式自动调整预紧式的特点是:能消除使用过程中因磨损或弹性变形产生的间隙,但结构复杂、轴向刚度低,适用于轻载场合。

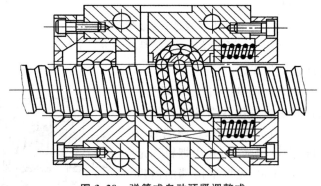

图 3-20 弹簧式自动预紧调整式

(5) 单螺母丝杠副的预紧调整式。

单螺母丝杠副的轴向间隙消除相对困难些。目前单螺母丝杠副常用的消隙方法主要是单螺母变位螺距预加负荷(单螺母变位导程自预紧式)和单螺母螺钉预紧(单螺母滚珠过盈预紧

式）。图 3-21 所示为单螺母变位导程自预紧式。它是在滚珠螺母体内的两列循环滚珠链之间，在内螺纹滚道轴向制作一个 ΔL_0 的导程突变量，从而使两列滚珠产生轴向错位而实现预紧，预紧力的大小取决于 ΔL_0 和单列滚珠的径向间隙。它的特点是：结构简单、紧凑，但使用中不能调整，且制造困难。单螺母滚珠过盈预紧式的工作原理是：螺母在专业厂完成精磨之后，沿径向开一个薄槽，通过内六角螺钉实现间隙调整和预紧。

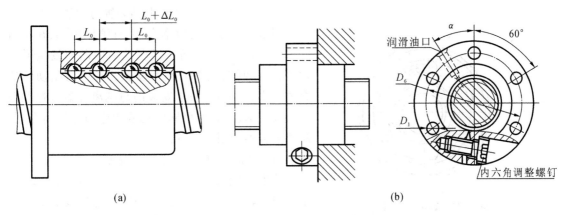

(a)　　　　　　　　　　　　　　　　(b)

图 3-21　单螺母变位导程自预紧式

4）滚珠丝杠传动机构的支承方式及其特点

滚珠丝杠传动机构的四种典型支承方式及其特点如表 3-3 所示。

表 3-3　滚珠丝杠传动机构的四种典型支承方式及其特点

序号	支承方式	简图	特点	支承系数 压杆稳定 f_k	支承系数 临界转速 f_c
1	单推-单推 J-J		①轴向刚度较高； ②预拉伸安装时，需加载荷较大，轴承寿命比支承方式 2 低； ③适用于中速、高精度场合，并可用双推-单推组合	1	3.142
2	双推-双推 F-F		①轴向刚度最高； ②预拉伸安装时，需加载荷较小，轴承寿命较高； ③适用高速、高刚度、高精度场合	4	4.730
3	双推-简支 F-S		①轴向刚度不高，且轴向刚度与螺母位置有关； ②双推端可预拉伸安装； ③适用于中速、精度较高的长丝杠	2	3.927
4	双推-自由 F-O		①轴向刚度低，且轴向刚度与螺母位置有关； ②双推端可预拉伸安装； ③适用于中小载荷和低速场合，更适用于垂直安装的短丝杠	0.25	1.875

第一种支承方式的预紧轴承将会引起卸载,甚至产生轴向间隙,此时与第三、四种支承方式类似。对于第二种支承方式,它的卸载结果可能在两端支承中造成预紧力的不对称,且只能允许在某个伸长范围内,即要严格限制其温升,故这种高刚度、高精度的支承方式更适用于精密丝杠传动系统。普通机械常用第三、四种支承方式,采用第三、四种支承方式费用比较低廉,前者用于长丝杠,后者用于短丝杠。

5) 滚珠丝杠传动机构制动装置与润滑

因滚珠丝杠传动效率高、无自锁作用,故在垂直安装状态,必须设置防止因驱动力中断而发生逆传动的自锁、制动或重力平衡装置。常用的制动装置有体积小、质量轻、易于安装的超越离合器。选购滚珠丝杠传动机构时,可同时选购相应的超越离合器。超越离合器如图3-22所示。

(1) 单推-单推式支承的简易制动装置。

单推-单推式支承的简易制动装置如图3-23所示。当主轴7作上、下进给运动时,电磁线圈2通电并吸引铁芯1,从而打开摩擦离合器4,此时电动机5通过减速齿轮、滚珠丝杠传动机构6带动运动部件(主轴)7作垂直上下运动。当电动机与断电时,电磁线圈2也同时断电,在弹簧3的作用下,摩擦离合器4压紧制动轮,使滚珠丝杠传动机构不能自由转动,从而防止运动部件因自重而下降。

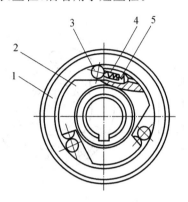

图3-22 超越离合器

1—外圈;2—行星轮;3—滚柱;4—活销;5—弹簧

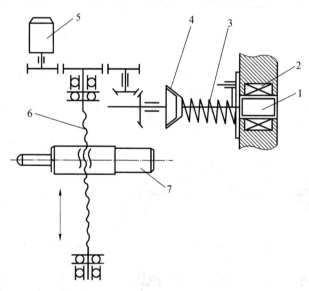

图3-23 单推-单推式支承的简易制动装置

1—铁芯;2—电磁线圈;3—弹簧;4—摩擦离合器;5—电动机;6—滚珠丝杠传动机构;7—主轴

(2) 滚珠丝杠传动机构的密封与润滑。

可用防尘密封圈或防护套密封来防止灰尘及杂质进入滚珠丝杠传动机构,使用润滑剂来提高滚珠丝杠传动机构的耐磨性及传动效率,从而维持滚珠丝杠传动机构的传动精度,延长滚珠丝杠传动机构的使用寿命。密封圈有非接触式和接触式两种,将密封圈装在滚珠螺母的两端即可。非接触式密封圈通常用聚氯乙烯等塑料制成,它的内孔螺纹表面与丝杠螺纹之间略有间隙,故它又称迷宫式密封圈。接触式密封圈用具有弹性的耐油橡胶或尼龙等材料制成,因此有接触压力并产生一定的摩擦力矩,但防尘效果好。常用的润滑剂有润滑油和润滑脂两类。润滑脂一般在装配时放进滚珠螺母滚道内起到定期润滑的作用。使用润滑油时应注意经常通过注油孔注油。

防护套可防止尘土及杂质进入滚珠丝杠传动机构从而影响其传动精度。防护套主要有折叠式密封套、伸缩套管和伸缩挡板。制作防护套的材料有耐油塑料、人造革等。图 3-24 为防护套示例。

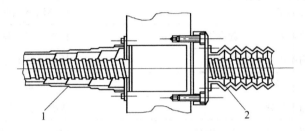

图 3-24　防护套示例

1—螺旋弹簧钢带式伸缩套管；2—波纹管密封套

6) 滚珠丝杠传动机构故障诊断

滚珠丝杠传动机构故障大部分是由运动质量下降、反向间隙过大、机械爬行、润滑不良等原因造成的。表 3-4 所示为滚珠丝杠传动机构常见故障及其诊断方法。

表 3-4　滚珠丝杠传动机构常见故障及其诊断方法

序号	故障现象	故障原因	排除方法
1	加工件粗糙度值高	导轨的润滑油不足够,致使溜板爬行	加润滑油,排除润滑故障
		滚珠丝杠有局部拉毛或研损	更换或修理丝杠
		丝杠轴承损坏,运动不平稳	更换损坏轴承
		伺服电动机未调整好,增益过大	调整伺服电动机控制系统
2	反向误差大,加工精度不稳定	丝杠轴联轴器锥套松动	重新紧固并用百分表反复测试
		丝杠轴滑板配合压板过紧或过松	重新调整或修研压板,0.03 mm 塞尺塞不入为合格
		丝杠轴滑板配合楔铁过紧或过松	重新调整或修研楔铁,使接触率在 70% 以上,0.03 mm 塞尺塞不入为合格
		滚珠丝杠预紧力过紧或过松	调整预紧力,检查轴向窜动值,使其误差不大于 0.015 mm
		滚珠丝杠螺母端面与结合面不垂直,结合过松	修理、调整或加垫处理
		丝杠支座轴承预紧过紧或过松	修理、调整
		滚珠丝杠制造误差大或有轴向窜动	通过控制系统自动补偿消除间隙,用仪器测量并调整丝杠以消除轴向窜动
		润滑油不足或没有	调节至各导轨面均有润滑油
		其他机械干涉	排除干涉部位

续表

序号	故障现象	故障原因	排除方法
3	滚珠丝杠在运转中转矩过大	滑板配合压板过紧或研损	重新调整或修研压板,0.04 mm塞尺塞不入为合格
		滚珠丝杠螺母反向器损坏,滚珠丝杠卡死或轴端螺母预紧力过大	修复或更换丝杠并精心调整
		丝杠研损	更换丝杠
		伺服电动机与滚珠丝杠的连接不同轴	调整同轴度并紧固连接座
		无润滑油	调整润滑油路
		超程开关失灵造成机械故障	检查故障并排除
		伺服电动机过热报警	检查故障并排除
4	丝杠螺母润滑不良	分油器不分油	检查定量分油器
		油管堵塞	清除污物,使油管畅通
5	滚珠丝杠传动机构噪声	滚珠丝杠轴承压盖压合不良	调整压盖,使其压紧轴承
		滚珠丝杠润滑不良	检查分油器和油路,使润滑油充足
		滚珠破损	更换滚珠
		伺服电动机与丝杠联轴器松动	拧紧联轴器,锁紧螺钉

3.3.3 滚珠花键传动机构

滚珠花键传动机构又称滚珠花键副,由花键轴、花键套、循环装置及滚珠等组成,如图3-25所示。在花键轴8的外圆上,配置有等分的三条凸缘。凸缘的两侧就是花键轴的滚道。同样,花键套上也有相对应的六条滚道。滚珠就位于花键轴和花键套的滚道之间。于是,滚动花键副内就形成了六列负荷滚珠,每三列传递一个方向的力矩。当花键轴8与花键套4作相对转动或相对直线运动时,滚珠就在滚道和保持架1内的通道中循环运动。因此,花键套与花键轴之间既可作灵敏、轻便的相对直线运动,也可以轴带套或以套带轴作回转运动。所以,滚动花键传动机构既是一种传动装置,又是一种新颖的直线运动支承。

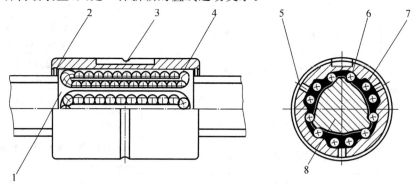

图3-25 滚珠花键传动机构

1—保持架;2—橡皮密封圈;3—键槽;4—花键套;5—油孔;6—负荷滚珠列;7—退出滚珠列;8—花键轴

花键套开有键槽以备连接其他传动件。滚珠花键传动目前广泛地用于镗床、钻床、组合机床等机床的主轴部件,各类测量仪器、自动绘图仪中的精密导向机构,压力机、自动搬运机等机械的导向轴,各类变速装置及刀架的精密分度轴以及各类工业机器人的执行机构等中。

3.3.4 齿轮传动机构

齿轮传动是机电一体化机械传动系统中应用最广泛的一种机械传动。机电一体化机械传动系统通常用齿轮传动机构传递转矩、转速和位移,使电动机和滚珠丝杠传动机构及工作台之间的转矩、转速和位移得到匹配。所以,齿轮传动机构的设计是伺服机械传动系统设计的一个重要部分,齿轮传动机构在各类型机电一体化机械传动系统中得到广泛使用。

1. 齿轮传动机构的特点

对机电一体化机械传动系统总的要求是精度高、稳定性好、响应快。而齿轮传动机构相当于机电一体化机械传动系统中的一个一阶惯性环节或二阶振荡环节,对上述性能影响很大,因此,在设计精密齿轮传动机构时,应充分考虑到齿轮传动机构的特点。

(1) 传动精度高:带传动不能保证准确的传动比,链传动也不能实现恒定的瞬时传动比,但现代常用的渐开线齿轮的传动比在理论上是准确、恒定不变的。

(2) 适用范围宽:齿轮传动传递的功率范围极宽,可以从 0.001 W 到 60000 kW;圆周速度可以很低,也可高达 150 m/s,带传动、链传动均难以比拟。

(3) 可以实现平行轴、相交轴、交错轴等空间任意两轴间的传动,这也是带传动、链传动做不到的。

(4) 工作可靠,使用寿命长。

(5) 传动效率较高,一般为 0.94~0.99。

(6) 制造和安装要求较高,因而成本也较高。

(7) 对环境条件要求较严,除少数低速、低精度的情况以外,一般需要安置在箱罩中防尘防垢,还需要重视润滑。

(8) 不适用于相距较远的两轴间的传动。

(9) 减振性和抗冲击性不如带传动等柔性传动好。

2. 齿轮传动间隙的调整方法

齿轮传动机构在机电一体化系统中起传递转矩和转速,并使动力元件与负载之间的转矩和转速得到匹配的作用。通过齿轮传动,可以使动力元件输出轴的高速低转矩转换成负载轴的低速高转矩。例如,在开环控制伺服机械传动系统中,由于步进电动机静转矩较小,常采用一对齿轮降速,达到转矩和转速的匹配。在齿轮传动机构设计中,还要考虑刚度、强度、传动精度、转动惯量和摩擦等因素,以满足机电一体化系统精度高、稳定性好、响应快的要求。因此,伺服机械传动系统中常采用无侧隙齿轮传动,以消除齿轮传动的齿侧间隙造成的传动不稳定和换向死区误差。下面介绍几种消除齿轮传动间隙的常用方法。

1) 圆柱齿轮传动间隙的调整方法

(1) 偏心套(轴)调整法。

偏心套式间隙消除机构如图 3-26 所示。将相互啮合一对齿轮中的一个齿轮 4 装在电动机输出轴上,并将电动机 2 安装在偏心套 1(或偏心轴)上,通过转动偏心套 1(偏心轴)的转角,就可调节两啮合齿轮的中心距,从而消除圆柱齿轮正、反转时的齿侧间隙。偏心套(轴)调整法的特点是:结构简单,但侧隙不能自动补偿。

(2) 轴向垫片调整法。

圆柱齿轮轴向垫片间隙消除机构如图 3-27 所示。齿轮 1 和 2 相啮合,其分度圆弧齿厚沿轴线方向略有锥度,这样就可以用轴向垫片 3 使齿轮 2 沿轴向移动,从而消除两齿轮的齿侧间隙。装配时,轴向垫片 3 的厚度应使得齿轮 1 和 2 之间既齿侧间隙小,又运转灵活。轴向垫片调整法的特点同偏心套(轴)调整法。

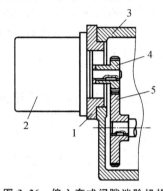

图 3-26　偏心套式间隙消除机构

1—偏心套;2—电动机;3—减速箱;4,5—减速齿轮

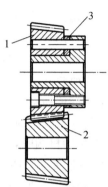

图 3-27　圆柱齿轮轴向垫片间隙消除机构

1,2—齿轮;3—轴向垫片

(3) 双片薄齿轮错齿调整法。

这种消除齿侧间隙方法的原理是将其中一个齿轮做成宽齿轮,另一个齿轮用两片薄齿轮组成,采取措施使一个薄齿轮的左齿侧和另一个薄齿轮的右齿侧分别紧贴在宽齿轮齿槽的左、右两侧,以消除齿侧间隙,反向时不会出现死区。具体调整措施如下。

① 周向弹簧式:如图 3-28 所示,在两个薄齿轮 3 和 4 上各开了几条周向圆弧槽,并在薄齿轮 3 和 4 的端面上有安装弹簧 2 的短柱 1,在弹簧 2 的作用下使薄齿轮 3 和 4 错位,从而消除齿侧间隙。这种结构形式中的弹簧 2 的拉力必须足以克服驱动转矩才能起作用。该方法由于受到周向圆弧槽及弹簧尺寸的限制,故仅适用于读数装置而不适用于驱动装置。

② 可调拉簧式:如图 3-29 所示,在两个薄齿轮 1 和 2 上装有凸耳 3,弹簧 4 的一端钩在凸耳 3 上,另一端钩在螺钉 7 上。弹簧 4 的拉力大小可通过用螺母 5 调节螺钉 7 的伸出长度来调整,调整好后再用螺母 6 锁紧。

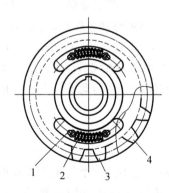

图 3-28　薄片齿轮周向拉簧错齿调隙机构

1—短杠;2—弹簧;3,4—薄齿轮

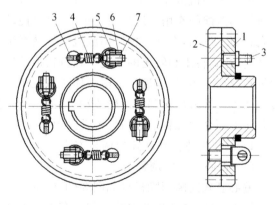

图 3-29　可调拉簧式调隙机构

1,2—薄齿轮;3—凸耳;4—弹簧;5,6—螺母;7—螺钉

2) 斜齿轮传动间隙的调整方法

消除斜齿轮传动齿轮侧隙的方法与上述错齿调整法基本相同,也是用两个薄齿轮与一个宽齿轮啮合,只是在两个薄片斜齿轮中间隔开了一小段距离,其螺旋线便错开了。图 3-30(a)所示是薄片错齿调隙机构,它的特点是:结构比较简单,但调整较费时,且齿侧间隙不能自动补偿。图 3-30(b)所示是轴向压簧错齿调隙机构,它的齿侧间隙可以自动补偿,但轴向尺寸较大,结构欠紧凑。

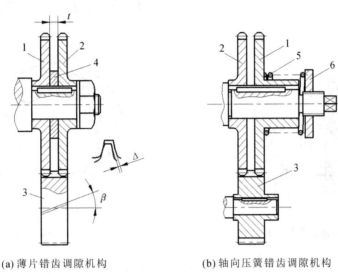

(a)薄片错齿调隙机构　　　　(b)轴向压簧错齿调隙机构

图 3-30　斜齿轮调隙机构

1,2—薄片齿轮;3—宽齿轮;4—调整螺母;5—弹簧;6—垫片

3) 锥齿轮传动间隙的调整方法

(1) 轴向压簧调整法。

锥齿轮轴向压簧调隙机构如图 3-31 所示。在锥齿轮 4 的传动轴 7 上装有压簧 5,压簧 5 的轴向力大小由螺母 6 调节。锥齿轮 4 在压簧 5 的作用下可轴向移动,从而消除了其与啮合的锥齿轮 1 之间的齿侧间隙。

(2) 周向弹簧调整法。

锥齿轮周向弹簧调隙机构如图 3-32 所示。将与锥齿轮 3 啮合的齿轮做成大、小两片(1、2),在大片锥齿轮 1 上制有三个周向圆弧槽 8,小片锥齿轮 2 的端面制有三个可伸入周向圆弧槽 8 的凸爪 7。弹簧 5 装在周向圆弧槽 8 中,一端顶在凸爪 7 上,另一端顶在镶在周向圆弧槽 8 中的镶块 4 上;止动螺钉 6 装配时用,安装完毕将其卸下,则大、小片锥齿轮 1、2 在弹簧力的作用下错齿,从而达到消除齿侧间隙的目的。

4) 齿轮齿条传动间隙的调整方法

在机电一体化产品中,大行程传动机构往往采用齿轮齿条传动方式,因为齿轮齿条传动的刚度、精度和工作性能不会因行程增大而明显降低,但它与其他齿轮传动一样也存在齿侧间隙,应采取消隙措施。当传动负载小时,可采用双片薄齿轮错齿调整法,使两个薄齿轮的齿侧分别紧贴齿条的齿槽两相应侧面,以消除齿侧间隙。当传动负载大时,可采用双齿轮调整法。如图 3-33 所示,小齿轮 1、6 分别与齿条 7 啮合,与小齿轮 1、6 分别同轴的大齿轮 2、5 分别与齿轮 3 啮合,通过预载装置 4 向齿轮 3 预加负载,使大齿轮 2、5 同时向两个相反方向转动,从而带动小齿轮 1、6 转动,小齿轮 1、6 的齿面便分别紧贴在齿条 7 齿槽的左、右侧,消除了齿侧间隙。

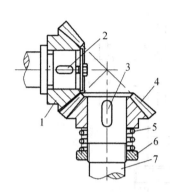

图 3-31 锥齿轮轴向压簧调隙机构
1,4—锥齿轮;2,3—键;5—压簧;6—螺母;7—传动轴

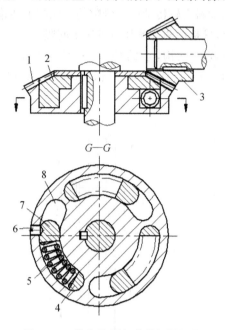

图 3-32 锥齿轮周向弹簧调隙机构
1—大片锥齿轮;2—小片锥齿轮;3—锥齿轮;4—镶块;
5—弹簧;6—止动螺钉;7—凸爪;8—周向圆弧槽

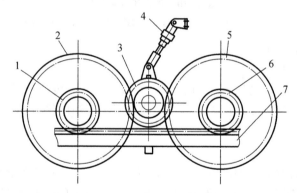

图 3-33 齿轮齿条的双齿轮调隙机构
1,6—小齿轮;2,5—大齿轮;3—齿轮;4—预载装置;7—齿条

3.3.5 谐波齿轮传动机构

谐波齿轮传动是依靠柔性齿轮所产生的可控制弹性变形波,引起齿间的相对位移来传递动力和运动的。谐波齿轮传动具有结构简单、传动比大(几十到几百)、传动精度高、回程误差小、噪声低、传动平稳、承载能力强、效率高等优点,在工业机器人、航空器、火箭等机电一体化系统中日益得到广泛的应用。

1. 谐波齿轮传动机构的组成

谐波减速器主要由以下三个基本构件组成。

(1) 带有内齿圈的刚性齿轮(刚轮)。它相当于行星系中的中心轮。
(2) 带有外齿圈的柔性齿轮(柔轮)。它相当于行星齿轮。
(3) 波发生器。它相当于行星架。

图 3-34 所示为谐波齿轮传动示意图。柔轮具有外齿,刚轮具有内齿,它们的齿形为三角形或渐开线形,齿距相等,但齿数不同,刚轮的齿数 z_g 比柔轮齿数 z_r 多。柔轮的轮缘极薄,刚度很小,在未装配前,柔轮是圆形的。由于波形发生器的直径比柔轮内圆的直径略大,所以波形发生器装入柔轮的内圆时,就迫使柔轮变形(呈椭圆形)。在椭圆长轴的两端(图中 A 点、B 点),刚轮与柔轮轮齿完全啮合;在椭圆短轴两端(图中 C 点、D 点),两轮轮齿完全分离;在长、短轴之间齿处于半啮合状态,即一部分正在啮入,一部分正在脱出。

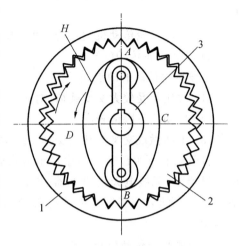

图 3-34 谐波齿轮传动示意图
1—刚轮;2—柔轮;3—波发生器

2. 谐波齿轮传动的工作原理

波加速器传动原理在于柔性齿轮与刚性齿轮具有齿数差。波发生器连续转动时,迫使柔轮不断产生变形,使两轮轮齿在进行啮入、啮合、啮出、脱开、再啮入,周而复始的过程中不断改变各自的工作状态,从而实现柔轮相对刚轮沿波发生器 H 相反方向的缓慢旋转,产生了所谓的错齿运动,从而实现了波发生器与柔轮的运动传递。工作时,固定刚轮,由电动机带动波发生器转动,柔轮作为从动轮,输出转动,带动负载运动。在传动过程中,波发生器转一周,柔轮上某点变形的循环次数称为波数,以 n 表示。常用的波发生器有双波发生器和三波发生器两种。

因为齿数不一样,所以当啮合点从 0°(此处是内齿与外齿几个齿啮合在一起)转动一些角度的时候,内齿和外齿不可能完全啮合。假设内齿和外齿的齿数完全一样,波发生器转动 90°使得 90°位置的齿啮合时,原来在 0°啮合的齿(内外)位置是不变的,然而两个齿轮齿数不一样,所以 0°的内齿会随着波发生器的转动向反方向转动。

3. 谐波齿轮传动的特点

1) 谐波齿轮传动的优点

与一般齿轮传动相比,谐波齿轮传动具有以下优点。

(1) 传动比大:单级谐波齿轮传动的传动比为 70~500,多级和复式谐波齿轮传动的传动比更大,可在 30 000 以上,谐波齿轮传动不仅可用于减速,还可用于增速。

(2) 承载能力大:谐波齿轮传动同时啮合的齿数多(可为柔轮或刚轮齿数的 30%~40%),因此能承受大的载荷。

(3) 传动精度高:谐波齿轮传动由于啮合齿数较多,因而误差得到均化;同时,通过调整,齿侧间隙较小,回差较小,因而谐波齿轮传动的传动精度高。

(4) 可以向密封空间传递运动或动力:当柔轮被固定后,谐波齿轮传动机构既可以作为密封传动装置的壳体,又可以产生弹性变形,即完成错齿运动,从而达到传递运动或动力的目的。因此,它可以用来驱动在高真空、有原子辐射或其他有害介质的空间工作的传动机构。这一特点是现有其他传动机构所无法比拟的。

(5) 传动平稳:谐波齿轮传动基本上无冲击振动。这是因为齿的啮入与啮出按正弦规律变化,无突变载荷和冲击,磨损小,无噪声。

(6) 传动效率较高:单级谐波齿轮传动的效率一般在 69%～96%范围内,谐波齿轮传动机构寿命长。

(7) 谐波齿轮传动机构结构简单,体积小,质量小。

2) 谐波齿轮传动的缺点

谐波齿轮传动的缺点如下。

(1) 柔轮承受较大交变载荷,对柔轮材料抗疲劳强度、加工和热处理要求较高,工艺复杂。

(2) 传动比下限值较高。

(3) 不能做成交叉轴和相交轴的结构。

目前已有不少厂家专门生产谐波齿轮传动机构,并形成了系列化。谐波齿轮传动机构常用于机器人、无线电天线伸缩器、手摇式谐波传动增速发电机、雷达、射电望远镜、卫星通信地面站天线的方位和俯仰传动机构、电子仪器、仪表、精密分度机构、小侧隙和零侧隙传动机构等中。

4. 谐波齿轮传动的传动比计算

谐波齿轮传动传动比的计算与行星齿轮轮系传动比的计算相似,由于

$$i_{rg}^{H} = \frac{\omega_r - \omega_H}{\omega_g - \omega_H} = \frac{z_g}{z_r} \tag{3-24}$$

式中:ω_g、ω_r、ω_H——刚轮、柔轮和波形发生器的角速度;

z_g、z_r——刚轮和柔轮的齿数。

(1) 当柔轮固定时,$\omega_r = 0$,则

$$i_{rg}^{H} = \frac{0 - \omega_H}{\omega_g - \omega_H} = \frac{z_g}{z_r}, \quad \frac{\omega_g}{\omega_H} = 1 - \frac{z_r}{z_g} = \frac{z_g - z_r}{z_g}, \quad i_{Hg} = \frac{\omega_H}{\omega_g} = \frac{z_g}{z_g - z_r}$$

当 $z_r = 200$、$z_g = 202$ 时,$i_{Hg} = 101$,结果为正值,说明刚轮与波形发生器转向相同。

(2) 当刚轮固定时,$\omega_g = 0$,则

$$i_{rg}^{H} = \frac{\omega_r - \omega_H}{0 - \omega_H} = \frac{z_g}{z_r}, \quad \frac{\omega_r}{\omega_H} = 1 - \frac{z_g}{z_r} = \frac{z_r - z_g}{z_r}, \quad i_{Hr} = \frac{\omega_H}{\omega_r} = \frac{z_r}{z_r - z_g}$$

当 $z_r = 200$、$z_g = 202$ 时,$i_{Hr} = -100$,结果为负值,说明柔轮与波形发生器转向相反。

单级谐波齿轮传动的传动比可按表 3-5 计算。

表 3-5 单级谐波齿轮传动的传动比

三个基本构件			传动比计算	功能	输入与输出运动的方向关系
固定	输入	输出			
刚轮 2	波发生器 H	柔轮 1	$i_{H1}^{2} = -z_r/(z_g - z_r)$	减速	异向
刚轮 2	柔轮 1	波发生器 H	$i_{1H}^{2} = -(z_g - z_r)/z_r$	增速	异向
柔轮 1	波发生器 H	刚轮 2	$i_{H2}^{1} = z_g/(z_g - z_r)$	减速	同向
柔轮 1	刚轮 2	波发生器 H	$i_{2H}^{1} = (z_g - z_r)/z_g$	增速	同向

图 3-35(a)所示为波发生器输入、刚轮固定、柔轮输出工作图,图 3-35(b)所示为波发生器输入、柔轮固定、刚轮输出工作图。

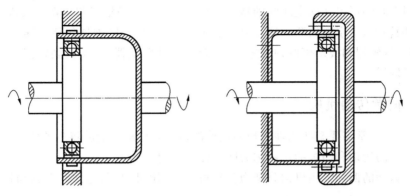

(a) 波发生器输入、刚轮固定、柔轮输出　　(b) 波发生器输入、柔轮固定、刚轮输出

图 3-35　谐波齿轮传动的传动比计算图

3.3.6　挠性传动机构

挠性传动机构是一种常见的机械传动机构,通常由两个或多个传动轮和挠性件组成,通过挠性件在传动轮之间传递运动和动力。根据挠性件的类型,挠性传动主要有同步齿形带传动、链传动和绳传动等,它们的传动轮分别为带轮、链轮和绳轮,挠性件分别为传递带、传递链和传动绳。按工作原理来分,挠性传动又分为摩擦型传动和啮合型传动。对于摩擦型传动,工作前挠性件以一定的张紧力张紧在传动轮上,工作时靠挠性件与传动轮接触的摩擦力传递运动和动力。啮合型传动靠特殊形状的挠性件与传动轮轮齿相互啮合传动。在带传动、链传动和绳传动中,带传动有摩擦型带传动和啮合型带传动,链传动属于啮合型传动,绳传动一般为摩擦型传动。

3.3.7　软轴传动机构

软轴传动机构通常由钢丝软轴、软管、软轴接头和软管接头等几个部分组成。按照用途不同,软轴传动机构又分功率型(G型)和控制型(K型)两种。钢丝软轴是由几层紧密缠在一起的弹簧钢丝层构成的,相邻层的缠绕方向相反,工作时相邻两层钢丝中的一层趋于拧紧,另一层趋于放松,以使各层钢丝间趋于压紧,传递转矩。钢丝软轴主要用于两个传动零件的轴线不在同一直线上,或工作时彼此要求有相对运动的空间传动,也适用于受连续振动的场合,用以缓和冲击。软轴传动适用于可移式机械化工具、主轴可调位的机床、混凝土振动器、砂轮机、医疗器械,以及里程表遥控仪等中。

软轴传动机构安装简便、结构紧凑、工作适应性较强,适用于高转速、小转矩场合。当转速低、转矩大时,软轴传动机构从动轴的转速往往不均匀,且扭转刚度也不易保证。

3.3.8　联轴器传动机构

联轴器传动机构是用来连接进给机构的两根轴使之一起回转,以传递扭矩和运动的一种装置。机器运转时,被连接的两轴不能分离,只有停车后,将联轴器拆开,两轴才能脱开。

目前联轴器的类型繁多,有液压式、电磁式和机械式。其中,机械式联轴器是应用最广泛的一种。它借助机械构件相互间的机械作用力来传递扭矩,大致可做如下划分:刚性联轴器和弹性联轴器。刚性联轴器包括固定式联轴器(套筒联轴器、凸缘联轴器和夹壳联轴器等)和可移式联轴器(齿轮联轴器、十字滑块联轴器和万向联轴器等)。弹性联轴器包括金属弹性联轴器(簧片联轴器、膜片联轴器和波形管联轴器等)和非金属弹性联轴器(轮胎式联轴器、整圈橡胶联轴器和橡胶块联轴器)。

3.3.9 间歇传动机构

在各类机械中,常需要某些构件实现周期性的运动和停歇。能够将主动件的连续运动转换成从动件有规律的运动和停歇的机构称为间歇传动机构。

实现间歇运动的四种常用机构分别为棘轮机构、槽轮机构、凸轮式间歇运动机构和不完全齿轮机构。

3.4 执行系统设计

执行系统是直接用来完成各种工艺动作或生产过程的系统。执行系统要根据控制指令,用动力系统提供的能量和动力,通过传动系统的传动,直接完成系统预定的工作任务。执行系统的方案设计是机电一体化系统总体方案设计中极其重要又极富创造性的环节,直接影响机电一体化系统的性能、结构、尺寸、质量及使用效果等。

3.4.1 执行系统的功能及对执行系统的要求

1. 执行系统的功能

执行系统的任务就是实现机电一体化系统(或产品)的目的。对于机电一体化产品,执行系统的功能主要体现在以下方面。

(1) 作用于外界,完成预定的操作过程,如机器人的手部完成工件夹放、操持焊枪进行焊接、车床的主轴和刀架完成切削加工、缝纫机的机头穿针引线、打印机的打印机构完成打印操作等。

(2) 作用于机器内部,完成某种控制动作,如照相机的自动对焦机构、自动机中的离合器移动机构、自动秤的秤锤移动机构等。

2. 对执行系统的要求

一般来说,工作机的执行系统要对外界做功,因此,必须实现一定的运动和传递必要的动力;信息机的执行系统所传递的动力虽小,但对所实现运动的要求很高。执行系统设计的优劣直接影响机电一体化产品的功能和性能。执行系统必须满足以下要求。

1) 实现预期精度的运动

为了使执行系统完成工作任务,执行构件必须实现预期的运动。这不仅要满足运动或动作形式的要求,而且要保证一定的精度。但盲目地提高精度,无疑会导致成本提高,增加制造和安装调试的难度。因此,设计执行机构时,应根据实际需要来定出适当的精度。

2) 有足够的强度与刚度

动力型执行系统中的每一个零部件都应有足够的强度和刚度。强度不足会导致零部件的损坏,使执行系统工作中断。刚度不足会产生过大的弹性变形,也会使执行系统不能正常工作。

但强度和刚度的计算并非对任何执行系统都是必需的,对受力较小、主要是实现动作的执行系统,零部件的尺寸通常根据工作和结构的需要确定。

3) 各执行机构间的运动要协调

在设计相互联系型执行系统时,要保证各执行机构间运动的协调与配合,以防止因动作不协调而造成执行机构的相互碰撞、干涉或工序倒置等事故。因此,在设计相互联系型执行系统时,需要绘制工作循环图来表明各个执行机构中执行构件运动的先后次序、起止时间和工作范围等,以保证各执行机构间运动的协调与配合。

4) 结构合理、造型美观、制造与安装方便

在满足零部件强度、刚度及精度要求的同时,设计中也应充分考虑它们的结构工艺性,使其便于制造和安装。要从材料选择、确定制造过程和方法着手,以期用最少的成本制造出合格的、造型美观的产品。

5) 工作安全可靠、使用寿命长

工作安全可靠、使用寿命长,即在一定的使用期限内和预定环境下,能正常工作,不出故障,使用安全,便于维护和管理。执行系统的使用寿命与组成执行系统的零部件的寿命有关。一般以最主要、最关键零部件的使用寿命来确定执行系统的寿命。

除上述要求外,根据执行系统的工作环境不同,对执行机构还可能有防锈、防腐和耐高温等要求。由于执行机构通常都是外露的,且往往处于机电一体化系统的工作危险区,因此还需对执行机构设置必要的安全防护装置。

3.4.2 执行系统的分类及特点

执行系统可按对运动和动力的要求不同分为动作型、动力型及动作-动力型,按执行系统中执行机构数及其相互间的联系情况分为单一型、相互独立型与相互联系型。表3-6给出了执行系统的分类、特点和应用实例。

表3-6 执行系统的分类、特点和应用实例

类别		特点	应用实例
按执行系统对运动和动力的要求	动作型	要求执行系统实现预期精度的动作(位移、速度、加速度等),而对执行系统中各构件的强度、刚度无特殊要求	缝纫机、包糖机、印刷机等
	动力型	要求执行系统能克服较大的生产阻力,做一定的功,故对执行系统中的各构件的强度、刚度有严格要求,但对运动精度无特殊要求	曲柄压力机、冲床、推土机、挖掘机、碎石机等
	动作-动力型	要求执行系统既能实现预期精度的动作,又能克服较大的生产阻力,做一定的功	滚齿机、插齿机等
按系统执行机构数及其相互间的联系情况	单一型	执行系统中只有一个执行机构工作	搅拌机、碎石机、皮带输送机等
	相互独立型	执行系统中有多个执行机构在工作,但它们之间相互独立,没有运动的联系和制约	外圆磨床的磨削进给与砂轮转动,起重机的起吊和行走动作等
	相互联系型	执行系统中有多个执行机构在工作,而且它们有运动的联系和制约	印刷机、包装机、缝纫机、纺织机等

3.4.3 执行系统设计步骤及方法

执行系统设计的过程和内容如图 3-36 所示。

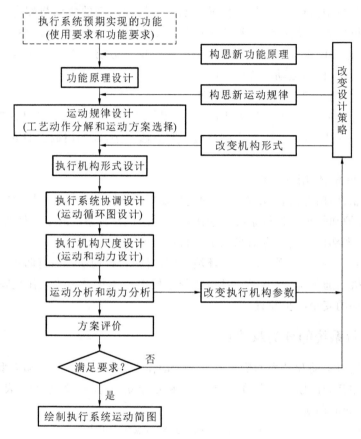

图 3-36 执行系统设计的过程和内容

通常执行系统设计要经过以下主要步骤。

1. 功能原理设计

根据执行系统预期实现的功能，考虑选择何种工作原理来实现这一功能要求，构思出所有可能的功能原理，加以分析比较，并根据使用要求或者工艺要求，从中选择出既能很好地满足功能要求、工艺动作又简单的工作原理。例如，在设计洗衣机时，按揉搓原理设计，要设计模仿人手的机械手，难度大；按刷擦原理设计，难把衣物各处都刷洗到；按摇打原理设计，易损伤衣物。目前设计出的滚筒洗衣机既满足功能要求，工艺动作又简单。这种洗衣机最大的优点是：对衣物的磨损率低，而且不缠绕衣物、洗净度高，还可以加热消毒、省水等。因此，滚筒洗衣机迅速占领了市场。

2. 运动规律设计

运动规律设计包含两个方面的内容：工艺动作分解和运动方案选择。工艺动作分解是运动规律设计的基础。工艺动作分解的方法不同，得到的运动规律和运动方案也不同。同一个工艺动作可以分解成各种简单运动，它们在很大程度上决定了执行系统的特点、性能和复杂程度。在进行运动规律设计时，应综合考虑各方面的因素，根据实际情况对各种运动方案加以认真分析和比较，从中选出最佳运动方案。

3. 执行机构形式设计

执行机构的作用是传递和变换运动,而实现某种运动变换可选择的执行机构并不是唯一的,需要进行分析、比较,合理选择。设计时,一方面,要根据执行构件的运动或动作、受力大小、速度快慢等条件,并结合执行机构的工作特点进行综合分析,在满足运动要求的前提下,尽可能地缩短运动链,使执行机构和零部件数减少,从而提高机械效率,降低成本。另一方面,应优先选用结构简单、工作可靠、便于制造和效率高的执行机构。

执行机构选型时,要利用发散思维方法,将前人创造发明的各种执行机构按照运动特性或动作功能进行分类,然后根据设计对象中执行构件所需要的运动特性或动作功能进行搜索、选择、比较和评价,选出合适的执行机构形式。表3-7所示是常见运动特性及其对应的执行机构。

表 3-7 常见运动特性及其对应的执行机构

运动特性		执行机构
连续转动	定传动比匀速	平行四杆机构、双万向联轴器机构、轮系、谐波齿轮传动机构、摩擦传动机构、挠性传动机构等
	变传动比匀速	轴向滑移圆柱齿轮机构、混合轮系变速机构、摩擦传动机构、行星无级变速机构、挠性无级变速机构等
	非匀速	双曲柄机构、转动导杆机构、单万向联轴器机构、非圆齿轮机构、某些组合机构等
往复运动	往复移动	曲柄滑块机构、移动导杆机构、正弦机构、移动从动件凸轮机构、齿轮齿条传动机构、楔块机构、螺旋机构、气动机构、液压机构等
	往复摆动	曲柄摇杆机构、双摇杆机构、摆动导杆机构、空间连杆机构、摆动从动件凸轮机构、某些组合机构等
间歇运动	间歇转动	棘轮机构、槽轮机构、不完全齿轮机构、凸轮式间歇运动机构、某些组合机构等
	间歇摆动	特殊形式的连杆机构、摆动从动件凸轮机构、齿轮-连杆组合机构、利用连杆曲线圆弧段或直线段组成的多杆机构等
	间歇移动	棘齿条机构、摩擦传动机构、从动件作间歇往复运动的凸轮机构、反凸轮机构、气动机构、液压机构、移动杆有间歇的斜面机构等
预定轨迹	直线轨迹	连杆近似直线机构、八杆精确直线机构、某些组合机构等
	曲线轨迹	利用连杆曲线实现预定轨迹的多杆机构、凸轮-连杆组合机构、行星轮系与连杆组合机构等
特殊运动要求	换向	双向式棘轮机构、定轴轮系(三星轮换向机构)等
	超越	齿式棘轮机构、摩擦式棘轮机构等
	过载保护	带传动机构、摩擦传动机构等
	……	……

4. 执行构件设计

在机电一体化系统中,执行构件直接与工作对象接触,由于工作对象各不相同,执行构件的形状与结构多种多样。

(1) 模仿人和其他生物的肢体或器官。这是最原始也是最巧妙的方法,如机器人的手部、腕部、臂部及其关节模仿人的肢体。某些机器人的脚模仿蜘蛛、螃蟹等多脚动物的脚等。

(2) 根据工作对象的外形特征和物理化学特征确定执行构件的形状和结构。大多数执行构件均是如此。例如,机床的主轴与刀架、汽车的车轮等,与人和其他生物的肢体或器官毫无相似之处。

5. 绘制工作循环图

在设计多个需要协同工作的执行机构时,要绘制工作循环图以表达和校核各执行构件间的协调与配合。首先要搞清楚各执行构件在完成工作时的作用和动作过程,运动或动作的先后顺序、起止时间及运动或动作范围,有必要时还要给出它们的位移、速度和加速度,再根据上述的运动数据绘制工作循环图。

6. 运动分析及强度、刚度计算

有关内容在"机械原理""机械设计""材料力学"等课程中都已详细地讨论过。这里要强调的是:在设计中,执行机构和执行构件还应满足耐磨损和振动稳定性等方面的要求,而且在高温下工作时,还应考虑材料热力学性能的影响。

3.4.4 运动循环图的绘制方法

在根据功能要求选定了执行机构的形式和驱动方式后,还必须使所设计的执行机构以一定的次序协调动作,以便统一于整个机电一体化系统,完成预定的生产过程或满足产品的功能要求。

机电一体化系统中,各执行机构的运动往往是周期性的,经过一定的时间间隔后,执行机构的位移、速度等运动参数周期重复,即完成一个个运动循环。在每一个循环内可分为工作行程、空行程和停歇阶段,所需时间的总和称为执行机构的运动循环周期。

为了使执行机构能按功能要求以一定的次序运动,大多数执行机构常常采用微机或机械的方式集中或分散控制。因此,有必要在分析功能要求的基础上制定运动循环图。由运动循环图可以看出所设计机电一体化系统的各执行机构以怎样的次序对产品进行加工。正确的运动循环图设计可以保证生产设备具有较高的生产率和较低的能耗。

运动循环图通常可以用三种形式表示,即直线式、圆周式和直角坐标式。表 3-8 所示为三种形式运动循环图的绘制方法及其特点。

表 3-8 三种形式运动循环图的绘制方法及其特点

形式	绘制方法	特点
直线式	将在一个运动循环中执行系统各执行构件各行程区段的起止时间和先后顺序按比例绘制在直线坐标轴上	绘制方法简单,能清楚表示一个运动循环中各执行构件运动的顺序和时间关系;直观性差,不能显示各执行构件的运动规律
圆周式	以极坐标系原点为圆心作若干同心圆,每个圆环代表一个执行构件,由各相应圆环引径向直线表示各执行构件不同运动状态的起始和终止位置	能比较直观地看出各执行机构主动件在主轴或分配轴上的相位;当执行机构多时,同心圆太多,不直观,无法显示各执行构件的运动规律
直角坐标式	用横坐标表示执行系统主轴或分配轴转角,用纵坐标表示各执行构件的角位移或线位移,各区段之间用直线相连	不仅能清楚地表示各执行构件动作的先后顺序,而且能表示各执行构件在各区段的运动状态

1. 单个执行机构的运动循环图

为了设计执行系统的运动循环图,首先应绘制执行机构的运动循环图,而执行机构的运动循环图主要根据功能要求进行设计。

执行机构的运动循环周期一般由三个部分组成。图 3-37 所示为一步进式送料机构,它的

运动循环周期 T_p 为

$$T_p = T_k + T_d + T_o \qquad (3\text{-}25)$$

式中：T_k——执行机构工作（前进）行程的时间(s)；

T_d——执行机构空回（后退）行程的时间(s)；

T_o——执行机构停留的时间(s)。

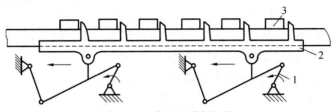

图 3-37　步进式送料机构

1—连杆机构；2—步进梁；3—工件

步进式送料机构的三种运动循环图如图 3-38 所示。其中，图 3-38(a)所示为该执行机构停留(T_o)、前进(T_k)、后退(T_d)三个阶段的直线式运动循环图，从图中可以看出这些运动状态在整个运动循环内的相互关系及时间。图 3-38(b)所示为该执行机构的圆周式运动循环图，它将运动循环各运动区段的时间及顺序按比例绘制在圆形坐标上，这对具有多个回转执行机构的执行系统设计尤其合适，因为 360°圆形坐标正好与轴的一整转一致。图 3-38(c)所示为该执行机构的直角坐标式运动循环图，这种运动循环图表示法不仅表示了各运动区段的时间及次序，还表示了该运动机构的运动状态。例如，平行于横坐标的水平线区段表示该执行机构处于不动的停顿状态；上升区段表示该执行机构前进，前进的快慢取决于该段曲线的斜率；而下降区段表示该执行机构后退。各段曲线究竟符合何种规律，需要视工作要求、运动学或动力学特性等多方面因素确定。

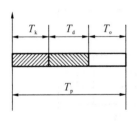

(a) 直线式运动循环图

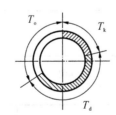

(b) 圆周式运动循环图

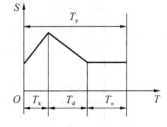

(c) 直角坐标式运动循环图

图 3-38　步进式送料机构的三种运动循环图

2. 执行系统的运动循环图（多个执行机构的运动循环图）

执行系统的运动循环图是将各执行机构的运动循环图按同一时间（或转角）的刻度，绘在一起的总图，并且它以某一主要执行机构的工作起点为基准，表示出各执行机构相对于该主要执行机构的运动循环的先后次序。它也可以用相应的执行机构的运动循环图的三种形式来表示。

图 3-39 所示是一个由凸轮控制的销钉切制机执行机构的运动简图和运动循环图。它的工作过程如下。

坯料 8 由送料机构送入，坯料 8 的长度由受凸轮 2 控制的挡块 6 来确定，凸轮 2 还控制割刀 7 将加工好的销钉切割下来，坯料 8 的夹紧与放松由凸轮 1 控制，凸轮 3 带动刀架完成车外圆和倒角。该执行机构以分配轴 11 为定标构件,它转一周为一个工作循环,凸轮 1、2 和 3 在分配轴转一周过程中的工作循环如下。

(1) 凸轮 1 的工作循环:从动杆升程(夹头 10 夹紧坯料 8)—停留(坯料待加工)—回程(松料)—停留等待(送料)。

(2) 凸轮 2 的工作循环:从动杆升程(割刀 7 割下已加工好的销钉)—回程Ⅰ(退回割刀)—停留(挡块 6 挡料)——回程Ⅱ(退回挡块)—停留(等待车外圆和倒角)。

(3) 凸轮 3 的工作循环:从动杆升程(车外圆和倒角)—回程(退回车外圆刀 4 和倒角刀 5)—停留(等待割刀割下销钉及后一个坯料送进)。

按上述的工艺过程和各控制凸轮的运动循环,可以画出运动循环图。图 3-39(b)给出了矩形运动循环图(实质上是直线式表示)。水平方向表示凸轮轴的旋转角,纵向分为三部分,分别表示凸轮机构 1、2 和 3 的工作循环过程。每一个凸轮机构所控制的动作及对应的凸轮旋转角,均清楚地表明在运动循环图中。

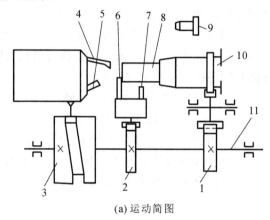

(a) 运动简图

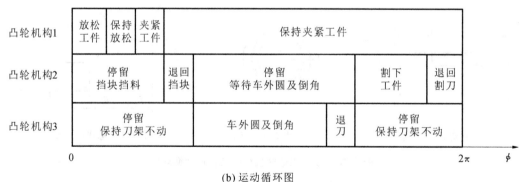

(b) 运动循环图

图 3-39 由凸轮控制的销钉切制机执行机构的运动简图和运动循环图
1—摆动从动杆盘形凸轮;2,3—移动从动杆盘形凸轮;4—车外圆刀;
5—倒角刀;6—挡块;7—割刀;8—坯料;9—销钉;10—夹头;11—分配轴

3.4.5 运动循环图的设计与计算

1. 执行机构运动循环图的设计步骤

图 3-40 所示为一打印记(或压痕)机执行机构。打印头 1 在操作系统的控制下,完成对产品 2 的打印。下面就以该执行机构为例来说明运动循环图的设计与计算步骤。

(1) 确定打印头运动循环。若给定打印记机的生产纲领为 4 500 件/班,则理论生产率 Q_T 为

$$Q_T = \frac{4\,500}{8 \times 60} \text{件/min} = 9.4 \text{件/min}$$

可取 $Q_T=10$ 件/min。打印记机执行机构的工作循环时间 T_p 为

$$T_p = 0.1 \text{ min} = 6 \text{ s}$$

(2) 确定运动循环组成区段。根据打印记的工艺功能要求,打印头的运动循环由下列四段组成:T_k——打印头向下接近产品;T_s——打印头打印记时的停留;T_d——打印头的向上返回;T_o——打印头在初始位置上的停留。因此,有

$$T_p = T_k + T_d + T_o + T_s \tag{3-26}$$

(3) 确定运动循环内各区段时间及分配轴转角。根据工艺要求,打印头应在产品上停留的时间 T_s 为

$$T_s = 2 \text{ s}$$

相应的 T_k 和 T_d 可根据该执行机构可能的运动规律初步确定为 $T_k=2$ s,$T_d=1$ s,于是得 $T_o=1$ s。

(4) 绘制该执行机构运动循环图,根据以上计算结果绘成直角坐标式运动循环图,如图 3-41 所示。

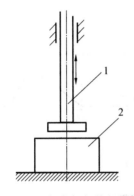

图 3-40 打印记机执行机构
1—打印头;2—产品

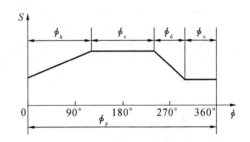

图 3-41 打印记机执行机构的运动循环图

2. 执行系统运动循环图的设计与计算

合理地设计执行系统的运动循环图是提高执行系统理论生产率的一个重要途径。在确定执行系统的工艺原理及执行机构的运动循环后,应着手设计执行系统的运动循环图。

执行系统运动循环图设计的主要任务就是建立各执行机构运动循环之间的正确关系,也就是各执行机构运动的同步化或协调化,从而最大限度地缩短工作循环时间。因此,执行系统运动循环图实质上就是各执行机构的同步图。

在执行系统中,各执行机构运动的同步化有以下两种不同情况。

(1) 运动循环的时间同步化:执行机构之间的运动只具有时间上的顺序关系,而无空间上的干涉关系。

(2) 运动循环的空间同步化:执行机构之间的运动既具有时间上的顺序关系,又具有空间上的干涉关系。

1) 执行机构运动循环的时间同步化设计

将图 3-37 所示步进式送料机构和图 3-40 所示打印记机执行机构组合，就得到了一个完整的打印记机，如图 3-42 所示，它是一个由两执行机构组成的执行系统。该执行系统完整的工艺过程为：推进机构 1 首先把产品 3 送至被打印记的位置，然后打印头向下动作，完成打印记操作；在打印头 2 退回原位时，推进机构 1 再推送下一个产品向前，把已打好印记的产品顶走，打印头再下落。如此反复循环，完成自动打印记的功能。执行机构 1 和 2 对产品 3 顺序作用，它们的运动只有时间上的顺序关系，空间轨迹不可能发生干涉。

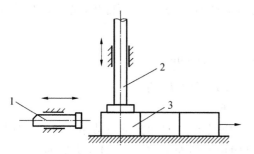

图 3-42 打印记机的工作原理图
1—推进机构；2—打印头；3—产品

假设执行机构 1 和 2 的运动规律已按工艺要求基本确定，它们的运动循环如图 3-43(a)、图 3-43(b) 所示。这两个执行机构的工作循环时间分别为 T_{p1} 和 T_{p2}，并假设 $T_{p1}=T_{p2}$。

按照简单的办法来安排，这两个执行机构的运动顺序是：执行机构 1 的运动完成之后，执行机构 2 才能开始运动，而在执行机构 2 的运动完成之后，执行机构 1 才能开始下一次运动。这时工件打印记机的循环图将如图 3-43(c) 所示。打印记机总的工作循环为最长的工作循环，即

$$T_{pmax} = T_{p1} + T_{p2} \tag{3-27}$$

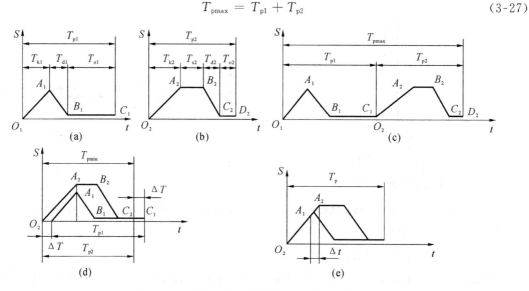

图 3-43 打印记机运动循环图的时间同步化

显然，这种循环是不合理的。实际上，两个执行机构在空间轨迹上没有干涉现象，可以同时进行。根据打印要求，只要执行机构 1 把产品推到打印记位置时，执行机构 2 就可以在这一瞬时与产品接触实现打印。因此，两执行机构运动循环在时间上的联系点由运动循环图上的 A_1 与 A_2 两点决定，即执行机构 1 与执行机构 2 同时达到加工位置处，是它们在运动时间联系上的极限情况。这时具有图 3-43(d) 所示的运动循环图，打印记机工作循环时间 T_{pmin} 具有最小值。图中的 $\Delta T(=T_{k2}-T_{k1})$ 是一段额外的停歇时间。这一停歇时间可以从 T_{p1} 中取得，并可使工作循环时间与两个执行机构的循环时间相等，即

$$T_{pmin} = T_{p1} = T_{p2} \tag{3-28}$$

但是，许多实际因素，如执行机构运动规律的误差、执行机构运动副的间隙、执行机构构件的变形、执行机构的调整安装误差等，使得按 A_1 和 A_2 重合的极限情况设计的运动循环图是不可靠的。因此，必须使执行机构 1 的 A_1 点在时间上超前于执行机构 2 的 A_2 点，避免发生由于上述误差因素造成执行机构 1 没有达到 A_1 点，执行机构 2 已达到 A_2 点的干涉现象，因而得到具有运动超前量 Δt 的循环图，如图 3-43(e) 所示。Δt 的大小应根据实际可能的误差因素综合地加以确定。对于这个实例，$\Delta t = \Delta T$，但也可以不相等。对于 $\Delta t \leqslant \Delta T$ 的情况，工作循环时间 $T_p = T_{pmin}$；反之，有 $T_p > T_{pmin}$。

总之，对于具有时间上顺序关系的执行机构，根据各执行机构的运动循环图，就可以进行运动循环图的同步化设计，使执行系统的总工作循环时间尽可能缩短，以便提高生产率。

2) 执行机构运动循环的空间同步化设计

图 3-44 所示的是对产品进行加工操作的具有两执行机构(1 和 2)的执行系统。该执行系统的两执行机构之间的运动循环出现空间干涉的情况。执行机构 1 和 2 在对产品 3 进行顺序作用时，它们的作用头 H 和 K 的运动轨迹将在 M 点发生干涉。

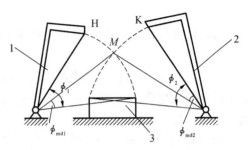

图 3-44 具有空间干涉的执行机构
1,2—执行机构；3—产品

因此，当对两个执行机构的运动循环进行同步化设计时，必须首先确定出两个执行机构可能发生干涉的位置 M 的坐标。

干涉点无法通过图 3-45(a) 所示的两个执行机构的运动循环图来确定，必须绘制图 3-45(b) 所示的执行机构位移曲线。只有根据工艺原理图和执行机构的位移图才能确定干涉点 M 的位置。

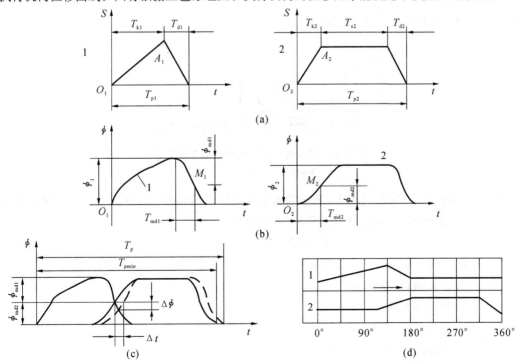

图 3-45 执行机构运动循环的空间同步化设计

由图 3-44 可知,干涉点 M 相当于执行机构 1 从加工位置返回 ϕ_{md1} 角时和执行机构 2 从初始位置前进 ϕ_{md2} 角时两执行机构所处的位置。于是在执行机构位移曲线图 3-45(b)上,从 O_1 点和 O_2 点算起,分别求得相应的 ϕ_{md1} 和 ϕ_{md2} 的两个点 M_1 和 M_2。若令位移曲线上的 M_1 与 M_2 相重合,则得到图 3-45(c)所示的图形,这相当于两执行机构的运动在 M 点发生干涉的极限情况,从而得到两执行机构经过空间同步化后的最小工作循环 T_{pmin}。同样,考虑到执行机构运动的错移量 $\Delta\phi$,使执行机构 2 的位移曲线向右移到虚线所示位置,相当于右移的时间为 Δt,合理的工作循环为

$$T_p = T_{pmin} + \Delta t \tag{3-29}$$

按执行机构位移图各区段位置数据,可得到经空间同步化的工作循环图,如图 3-45(d)所示。

总之,只有通过对执行机构的运动循环或位移曲线进行分析研究,并对运动循环进行时间和空间的同步化后,才能得到所设计设备或产品的运动循环图。所设计设备或产品的运动循环图既可用分析法求得,也可用作图法求得。通常,作图法比较直观和简单,特别是当执行机构较多时,作图法更为直观、方便,因而采用较多。

3.4.6 常用的典型精密执行系统

1. 微动执行机构

微动执行机构是一种能在一定的范围内精确、微量地移动到给定的位置或实现特定的进给运动的机构。

1) 热变形式微动执行机构

热变形式微动执行机构利用电热元件作为动力源,由电热元件通电后产生的热变形实现微小位移。它的工作原理如图 3-46 所示。

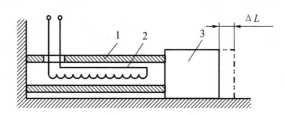

图 3-46 热变形式微动执行机构工作原理
1—传动杆;2—电阻丝;3—运动件

传动杆 1 的一端固定在机座上,另一端固定在沿导轨移动的运动件 3 上。电阻丝 2 通电加热时,传动杆 1 受热伸长,伸长量 ΔL(单位为 mm)为

$$\Delta L = \alpha L(t_1 - t_0) = \alpha L \Delta t \tag{3-30}$$

式中:α——传动杆 1 材料的线性膨胀系数(mm/℃);

L——传动杆的长度(mm);

t_1——加热后的温度(℃);

t_0——加热前的温度(℃);

Δt——加热前后的温度差(℃)。

热变形式微动执行机构具有高刚度和无间隙的优点,并可通过控制加热电流来得到所需微

量位移;但由于热惯性以及冷却速度难以精确控制等原因,这种微动执行机构只适用于行程较短、频率不高的场合。

2) 磁致伸缩式微动执行机构

磁致伸缩式微动执行机构利用某些材料在磁场作用下具有改变尺寸的磁致伸缩效应,来实现微量位移。它的工作原理如图 3-47 所示。

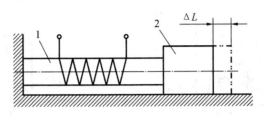

图 3-47 磁致伸缩式微动执行机构工作原理
1—磁致伸缩棒;2—运动件

磁致伸缩棒 1 左端固定在机座上,右端与运动件 2 相连;绕在磁致伸缩棒 1 外的磁致线圈通电励磁后,在磁场作用下,磁致伸缩棒 1 产生伸缩变形而使运动件 2 实现微量移动。通过改变磁致线圈的通电电流来改变磁场强度,使磁致伸缩棒 1 产生不同的伸缩变形,从而运动件 2 可得到不同的位移量。在磁场作用下,磁致伸缩棒的变形量 ΔL(单位为 μm)为

$$\Delta L = \pm \lambda L \tag{3-31}$$

式中:λ——材料磁致伸缩系数($\mu m/m$);

L——磁致伸缩棒被磁化部分的长度(m)。

磁致伸缩式微动执行机构的特征为:重复精度高,无间隙,刚度好,转动惯量小,工作稳定性好,结构简单、紧凑;但由于工程材料的磁致伸缩量有限,该微动执行机构所提供的位移量很小,如 100 mm 长的铁钴矾棒,只能伸长 7 μm,因而该微动执行机构适用于精确位移调整、切削刀具的磨损补偿及自动调节系统中。

2. 工业机器人末端执行机构

工业机器人是一种自动控制、可重复编程、多功能、多自由度的操作机,是能搬运物料、工件或操作工具以及完成其他各种作业的高精密机电一体化设备。工业机器人末端执行机构装在工业机器人手腕的前端,是直接实现操作功能的机构。工业机器人末端执行机构因用途不同而结构各异。工业机器人末端执行机构一般可分为三大类:机械夹持器、特种末端执行机构、万能手(或灵巧手)。

1) 机械夹持器

机械夹持器是工业机器人中最常用的一种末端执行机构。它常用压缩空气作动力源,经传动机构实现手指的运动。

(1) 机械夹持器应具备的基本功能。

机械夹持器首先应具有夹持和松开的功能。机械夹持器夹持工件时,应有一定的力约束和形状约束,以保证被夹工件在移动、停留和装入过程中不改变姿态。当需要松开工件时,机械夹持器应完全松开工件。另外,它还应保证工件夹持姿态的几何偏差在给定的公差带内。

(2) 机械夹持器的分类和结构形式。根据夹持工件时运动轨迹的不同,机械夹持器分为以下几种。

① 圆弧开合型:在传动机构带动下,机械夹持器手指指端的运动轨迹为圆弧,如图3-48所示。图3-48(a)采用凸轮机构作为传动机构,图3-48(b)采用连杆机构作为传动机构。圆弧开合型机械夹持器工作时,两手指绕指支点作圆弧运动,同时对工件进行夹紧和定心。圆弧开合型机械夹持器对工件被夹持部位的尺寸有严格要求,否则可能会造成工件状态失常。

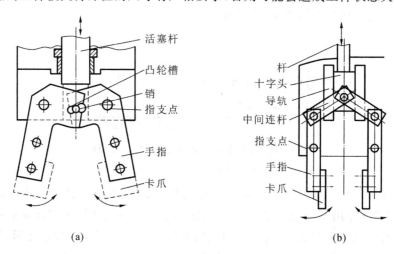

图3-48 圆弧开合型机械夹持器

② 圆弧平行开合型:两手指工作时作平行开合运动,而指端运动轨迹为一圆弧。图3-49所示的机械夹持器是采用平行四边形传动机构带动手指的平行开合的两种情况,其中图3-49(a)所示机构在夹持时指端前进,图3-49(b)所示机构在夹持时指端后退。

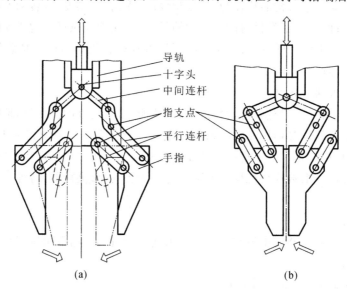

图3-49 圆弧平行开合型机械夹持器

③ 直线平行开合型:两手指的运动轨迹为直线,且两手指夹持面始终保持平行,如图3-50所示。图3-50(a)采用凸轮机构实现两手指的平行开合,在各手指的滑动块上开有斜形凸轮槽,当活塞杆上下运动时,通过装在其末端的滚子在凸轮槽中运动,实现手指的平行夹持运动。图3-50(b)采用齿轮齿条传动机构,当活塞杆末端的齿条带动齿轮旋转时,手指上的齿条作直

线运动,从而使两手指平行开合,以夹持工件。

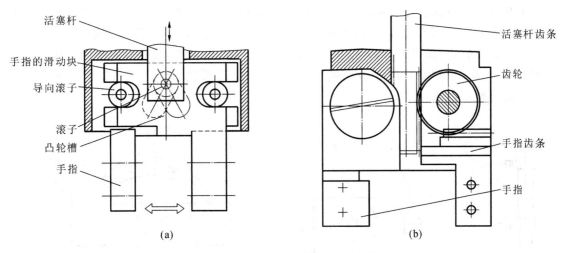

图 3-50 直线平行开合型机械夹持器

机械夹持器根据作业需要形式繁多,有时为了抓取形体特别复杂的工件,还设计有特种手指机构夹持器,如具有钢丝绳滑轮机构的多关节柔性手指夹持器、膨胀式橡胶手袋手指夹持器等。

2) 特种末端执行机构

特种末端执行机构供工业机器人完成某类特定的作业使用。图 3-51 列举了一些特种末端执行机构的应用实例。

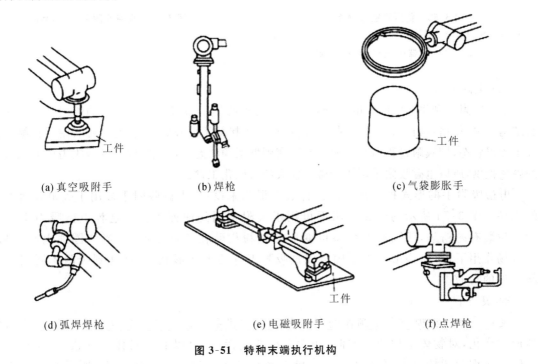

图 3-51 特种末端执行机构

下面简单介绍其中的两种。

(1) 真空吸附手。

工业机器人中常把真空吸附手与负压发生器组成一个工作系统,如图 3-52 所示,控制电磁换向阀开合可实现工件的吸附和脱开。真空吸附手结构简单,价格低廉,且吸附作业具有一定柔顺性(见图 3-53),即使工件有尺寸偏差和位置偏差,真空吸附手的动作也不会受到影响。真空吸附手常用于小件搬运,也可根据工件形状、尺寸、质量不同将多个真空吸附手组合使用。

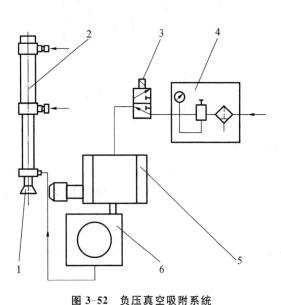

图 3-52　负压真空吸附系统
1—真空吸附手;2—送进缸;3—电磁换向阀;4—调压单元;
5—负压发生器;6—空气净化过滤器

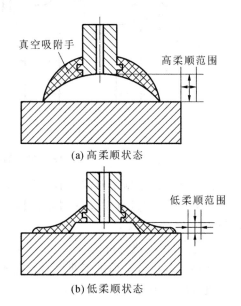

图 3-53　真空吸附手的柔顺性

(2) 电磁吸附手。

电磁吸附手利用通电线圈的磁场对可磁化材料的作用力来实现对工件的吸附作用。它具有结构简单、价格低廉等特点,吸附工件的过程从不接触工件开始,工件与电磁吸附手接触之前处于漂浮状态,即吸附过程由高柔顺状态突变到低柔顺状态。电磁吸附手的吸附力由通电线圈的磁场提供,所以电磁吸附手可用于搬运较大的可磁化工件。

电磁吸附手的形式根据被吸附工件表面形状来设计,电磁吸附手多用于吸附表面平坦的工件。图 3-54 所示的电磁吸附手可用于吸附不同的曲面工件。这种电磁吸附手在吸附部位装有磁粉袋,线圈通电前将可变形的磁粉袋贴在工件表面上,当线圈通电励磁后,在磁场作用下,磁粉袋端部外形固定成被吸附工件的表面形状,从而达到吸附不同表面形状工件的目的。

3) 灵巧手

灵巧手是一种模仿人手制作的多指多关节的机器人末端执行机构。它可以适应物体外形的变化,对物体施加任意方向、任意大小的夹持力,可以满足对任意形状、不同材质的物体的操作和抓持要求,但它的控制、操作系统技术难度较大。图 3-55 所示为灵巧手的实例。

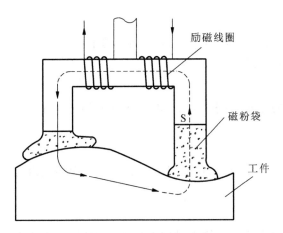

图 3-54 具有磁粉带的电磁吸附手

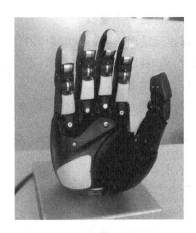

图 3-55 灵巧手

3.5 导向与支承系统设计

3.5.1 导轨副的功能及要求

导轨主要用来支承和引导运动部件沿一定的轨道运动。导轨副包括运动导轨和支承导轨两个部分,运动的一方叫作运动导轨,不动的一方叫作支承导轨。运动导轨相对于支承导轨运动,通常作直线运动和回转运动。各种机械运行时,由导轨副保证执行构件的正确运动轨迹,并影响执行构件的运动特性。支承导轨用以支承和约束运动,使运动部件按功能要求作正确运动。因此,导轨副设计时要考虑以下几个方面的要求。

1. 导向精度

导向精度主要是指运动导轨沿支承导轨运动的直线度或圆度。影响它的因素有导轨的几何精度、接触精度、结构形式、刚度、热变形、装配质量,以及液体动压和静压导轨的油膜厚度、油膜刚度等。

2. 耐磨性

耐磨性表征导轨在长期使用过程中能否保持一定的导向精度。由于导轨在工作过程中难免有所磨损,所以应力求减小导轨的磨损量,并在磨损后能自动补偿或便于调整。

3. 疲劳和压溃

过载或接触应力不均匀使导轨表面产生弹性变形,导轨反复运行多次后就会形成疲劳点,出现塑性变形,导轨表面因龟裂、剥落而出现凹坑,这种现象就是压溃。疲劳和压溃是滚动导轨失效的主要原因,为此,应控制滚动导轨承受的最大载荷和受载的均匀性。

4. 刚度

导轨受力变形会影响导轨的导向精度及部件之间的相对位置,因此要求导轨应有足够的刚度。为了减轻或平衡外力的影响,可采用加大导轨尺寸或添加辅助导轨的方法提高导轨的刚度。

5. 低速运动平稳性

低速运动时,作为运动部件的运动导轨易产生爬行现象。低速运动的平稳性与导轨的结构和润滑、动、静摩擦系数的差值,以及导轨的刚度等有关。

6. 结构工艺性

设计导轨时,要注意制造、调整和维修的方便,力求结构简单,工艺性及经济性好。

3.5.2 导轨副的组合形式

常用导轨副有双矩形组合、双三角形组合、矩形-三角形组合、三角形-平面导轨组合、燕尾形导轨及其组合五种形式。

1. 双矩形组合

两条矩形导轨的组合突出了矩形导轨的优缺点。侧面导向有以下两种组合:宽式组合,两导向侧面间的距离大,承受力矩时,双矩形组合产生的摩擦力矩较小,考虑到热变形,导向面间隙较大,影响导向精度;窄式组合,两导向侧面间的距离小,导向面间隙较小。承受力矩时,双矩形组合产生的摩擦力矩较大,可能产生自锁。

2. 双三角形组合

两条三角形导轨的组合突出了三角形导轨的优缺点,但工艺性差,多用于高精度机械。

3. 矩形-三角形组合

矩形-三角形组合导向性优于双矩形组合,承载能力优于双三角形组合,工艺性介于二者之间,应用广泛。但要注意,采用这种形式,若两条导轨上的载荷相等,则摩擦力不等,使磨损量不同,破坏了两导轨的等高性。

4. 三角形-平面导轨组合

采用这种形式的导轨具有三角形组合导轨和矩形组合导轨的基本特点,但由于没有闭合导轨装置,因此只能用于受力向下的场合。对于三角形和矩形组合导轨、三角形和平面组合导轨,由于三角形和矩形(或平面)组合导轨的摩擦阻力不相等,因此在布置牵引力的位置时,应使导轨摩擦阻力的合力与牵引力在同一直线上,否则就会产生力矩,使三角形导轨对角接触,影响运动部件的导向精度和运动的灵活性。

5. 燕尾形导轨及其组合

燕尾形组合导轨的特点是制造、调试方便。燕尾形导轨与矩形导轨组合兼有调整方便和能承受较大力矩的优点,多用于横梁、立柱和摇臂等导轨。

导轨的结构与组合如图 3-56 所示。

3.5.3 导轨副间隙调整

为了保证导轨正常工作,导轨滑动表面之间应保持适当的间隙。导轨的间隙过小,会增大摩擦阻力;导轨的间隙过大,会降低导向精度。如果导轨的间隙依靠刮研来保证,要费很大的劳动量,而且导轨经长期使用后,会因磨损而增大间隙,需要及时调整,故导轨应有间隙调整装置。矩形导轨需要在垂直和水平两个方向上调整间隙。

导轨间隙常用的调整方法有压板法和镶条法两种。对于燕尾形导轨,可采用镶条(垫片)法同时调整垂直和水平两个方向的间隙(见图 3-57)。对于矩形导轨,可采用修刮压板、修刮调整

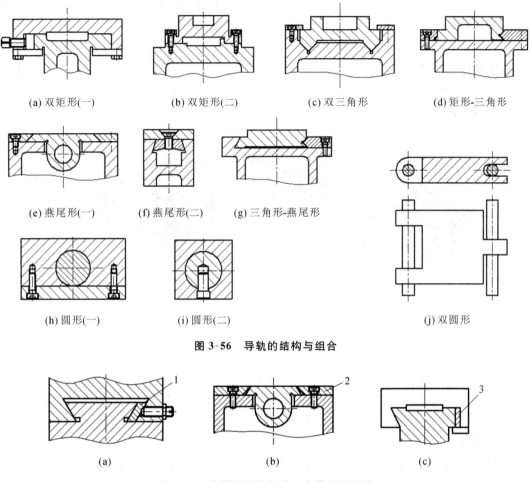

图 3-56 导轨的结构与组合

图 3-57 燕尾形导轨及其组合的间隙调整

1—斜镶条；2—压板；3—直镶条

垫片的厚度或调整螺钉的方法进行间隙的调整（见图 3-58）。

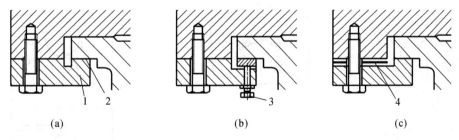

图 3-58 矩形导轨垂直方向间隙的调整

1—压板；2—结合面；3—调整螺钉；4—调整垫片

3.5.4 滚动导轨及其分类

滚动导轨是在作相对直线运动的两导轨面之间加入滚动体，变滑动摩擦为滚动摩擦的一种直线运动支承。滚动导轨的优点是：摩擦系数小，运动灵活；动、静摩擦系数基本相同，因而启动阻力小,不易产生爬行现象;可以预紧,刚度高;寿命长;精度高;润滑方便,一次装填,长期使用。滚动导轨大致有以下几种分类方法。

1. 按滚动体的形状分类

按滚动体的形状分类,滚动导轨可分为钢珠式和滚柱式两种。滚动直线导轨的结构如图3-59所示。滚柱式由于为线接触,具有较高的承载能力,但摩擦力也较大,同时加工装配也相对复杂。目前使用较多的是钢珠式。

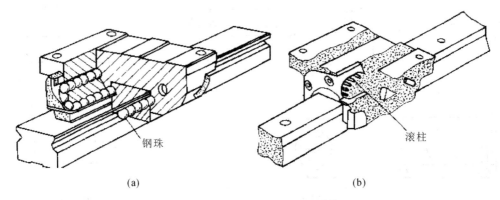

图3-59 滚动直线导轨的结构

2. 按导轨截面形状分类

按导轨截面形状分类,滚动导轨可分为矩形和梯形两种。滚动直线导轨的截面形状如图3-60所示。四方向等载荷式导轨截面为矩形,承载时各方向受力大小相等。导轨截面为梯形,导轨能承受较大的垂直载荷,而其他方向的承载能力较低,但对安装基准的误差调节能力较强。

3. 按滚道沟槽形状分类

按滚道沟槽形状分类,滚动导轨可分为单圆弧和双圆弧两种。滚动直线导轨的滚道沟槽形状如图3-61所示。单圆弧沟槽为两点接触,双圆弧沟槽为四点接触。前者运动摩擦和安装基准平均作用比后者要小,但静刚度比后者稍差。

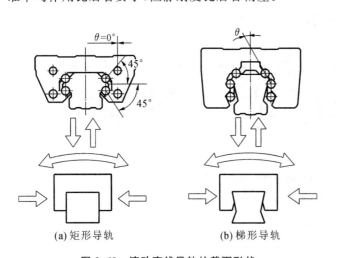

图3-60 滚动直线导轨的截面形状

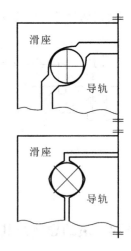

图3-61 滚动直线导轨的滚道沟槽形状

3.5.5 轴承及其分类

1.轴系用轴承的类型

滚动轴承是广泛应用的机械支承。滚动轴承主要由滚动体支承轴上的负荷,并与机座作相对旋转、摆动等运动,以求在较小的摩擦力矩下,达到传递功率的目的。

轴系组件所用的轴承有滚动轴承和滑动轴承两大类。随着机床精度要求的提高和变速范围的扩大,简单的滑动轴承难以满足要求,滚动轴承的应用越来越广。滚动轴承不断发展,不仅在性能上基本满足使用要求,而且由专业工厂大量生产,因此质量容易控制。但滑动轴承所具有的工作平稳和抗振性好特点,是滚动轴承所难以代替的,所以出现了各种多楔动压轴承及静压轴承,使滑动轴承的应用范围在不断扩大,尤其在一些精密机械设备上,各种新式的滑动轴承得到了广泛应用。常见主轴滚动轴承配置形式及工作性能如表3-9所示。

表3-9 常见主轴滚动轴承配置形式及工作性能

序号	轴承配置形式	前支承轴承型号 径向	前支承轴承型号 轴向	后支承轴承型号 径向	后支承轴承型号 轴向	前支承载能力 径向	前支承载能力 轴向	刚度 径向	刚度 轴向	振摆 径向	振摆 轴向	温升 总的	温升 前支承	极限转速	热变形前端位移
1		NN3000	230000	NN3000		1.0	1.0	1.0	1.0	1.0	1.0	1.0	1.0	1.0	1.0
2		NN3000	5100两个	NN3000		1.0	1.0	0.9	3.0	1.0	1.0	1.15	1.2	0.65	1.0
3		NN3000		30000两个			0.6		0.7		1.0	0.6	0.5	1.0	3.0
4		3000		3000		0.8	1.0	0.7	1.0	1.0	1.0	0.8	0.75	0.6	0.8
5		3500		3000		1.5	1.0	1.13	1.0	1.0	1.0	1.4	1.4	0.6	0.8	0.8
6		30000两个		30000两个		0.7	0.7	0.45	1.0	1.0	1.0	0.7	0.5	1.2	0.8
7		30000两个		30000两个		0.7	1.0	0.35	2.0	1.0	1.0	0.6	0.5	1.2	0.8
8		30000两个	5100	30000	8000	0.7	1.0	0.35	1.5	1.0	1.0	0.85	0.7	0.75	0.8
9		84000	5100	84000	8000	0.6	1.0	1.0	1.5	1.0	1.0	1.1	1.0	0.5	0.9

注:设这些主轴组件结构尺寸大致相同,将第一种轴承配置形式的工作性能指标均设为1.0,其他轴承配置形式的性能指标值均以第一种轴承配置为参考。

一般根据轴承的工作条件、受力情况和寿命要求,同时考虑轴承的组合条件来选择轴承。一般的轴承选用流程如图3-62所示。滚动轴承所受载荷的大小、方向和性质,是选择滚动轴承类型的主要依据。在一般情况下,滚子轴承的负荷能力比球轴承大。

2.其他轴承

1) 非标滚动轴承

非标滚动轴承是适应轴承精度要求较高,结构尺寸较小或因特殊要求而未能采用标准轴承而自行设计的。图3-63所示为微型滚动轴承。图3-63(a)、(b)所示微型滚动轴承具有杯形外圈而没有内圈,锥形轴颈与滚珠直接接触,轴向间隙由弹簧或螺母调整。图3-63(c)所示微型滚动轴承采用碟形垫圈来消除轴向间隙,垫圈的作用力比作用在轴承上的最大轴向力大2~3倍。

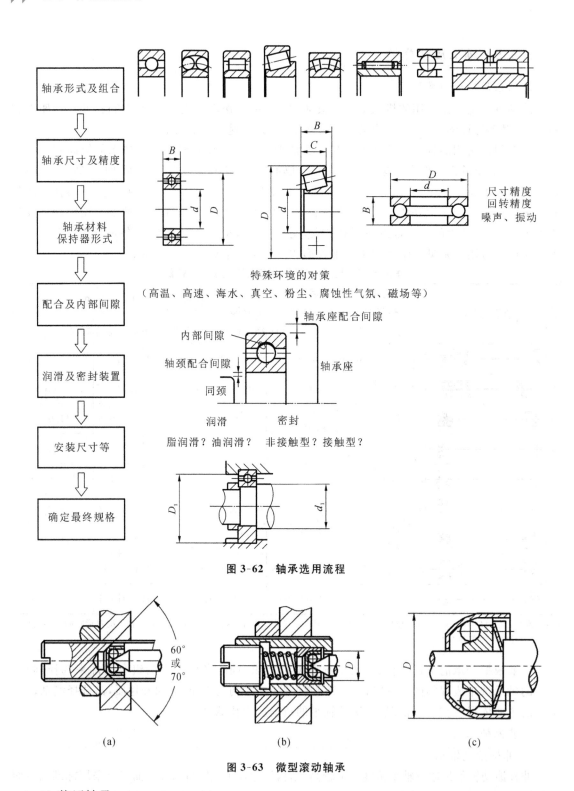

图 3-62 轴承选用流程

图 3-63 微型滚动轴承

2）静压轴承

滑动轴承阻尼性能好，支承精度高，具有良好的抗振性和运动平稳性。按照液体介质的不同，目前使用的轴承有液体滑动轴承和气体滑动轴承两大类。按油膜和气膜压强的形成方法，又有动压轴承、静压轴承和动静压相结合的轴承之分。

动压轴承是在轴旋转时,油(气)被带入轴与轴承间所形成的楔形间隙中,间隙逐渐变窄,使压强升高,将轴浮起而形成油(气)楔,以承受载荷。它的承载能力与滑动表面的线速度成正比,低速时承载能力很低。因此,动压轴承只适用于速度很高且速度变化不大的场合。

静压轴承是利用外部供油(气)装置将具有一定压力的液(气)体通过油(气)孔通入轴套油(气)腔,将轴浮起而形成压力油(气)膜,以承受载荷。它的承载能力与滑动表面的线速度无关。因此,静压轴承广泛应用于低、中速、大载荷,高精度的机器中。它具有刚度大、精度高、抗振性好、摩擦阻力小等优点。

液体静压轴承工作原理如图 3-64 所示。油腔 1 为轴套 8 内面上的凹入部分。静压轴承包围油腔的四周称为封油面,封油面与运动表面构成的间隙称为油膜厚度。为了承载,需要流量补偿。补偿流量的机构称为补偿元件,也称节流器,如图 3-64 中右侧所示。压力油经节流器第一次节流后流入油腔,又经封油面第二次节流后从轴向(端面)和周向(回油槽 7)流入油箱。

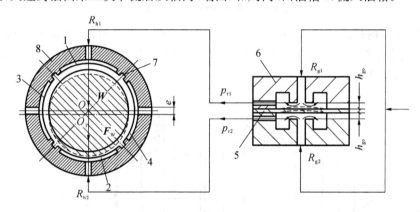

图 3-64 液体静压轴承工作原理

1,2,3,4—油腔;5—金属薄膜;6—圆盒;7—回油槽;8—轴套

3) 磁悬浮轴承

磁悬浮轴承利用磁力作用将转子悬浮于空中,使转子与定子之间没有机械接触。磁悬浮轴承的工作原理是:磁感应线与磁浮线垂直,轴芯与磁浮线是平行的,所以转子就固定在运转的轨道上,利用几乎是无负载的轴芯往反磁浮线方向顶撑,使整个转子悬空在固定运转轨道上。

磁悬浮轴承的工作原理如图 3-65 所示。径向磁悬浮轴承由转子和定子两个部分组成。定子部分装上电磁体,以保持转子悬浮在磁场中。转子转动时,由位移传感器检测转子偏心,并通过反馈与基准信号(转子的理想位置)进行比较,调节器根据偏差信号产生调节信号,并把调节信号送到功率放大器以改变电磁体(定子)的电流,从而改变磁悬浮力的大小,使转子恢复到理想位置。

3.5.6 典型主轴结构

图 3-66(a)所示为一精密分度头主轴系统。它采用的是密珠轴承,主轴由止推密珠轴承 2、4 和径向密珠轴承 1、3 组成。

这种轴承所用滚珠数量多且接近多头螺旋排列。由于密集的滚珠有误差平均效应,减小了局部误差对主轴轴心位置的影响,故主轴回转精度有所提高;每个滚珠公转时沿着自己的滚道滚动而不相重复,减小了滚道的磨损,主轴回转精度可长期保持。实践证明,提高滚珠密集度有

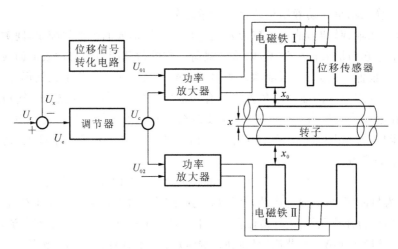

图 3-65 磁悬浮轴承的工作原理

利于主轴回转精度的提高,但过度地增加滚珠会增大摩擦转矩。因此,在保证主轴运转灵活的前提下,尽量增多滚珠。图 3-66(b)所示为止推密珠轴承保持架孔的分布,图 3-66(c)所示为径向密珠轴承保持架孔的分布情况。

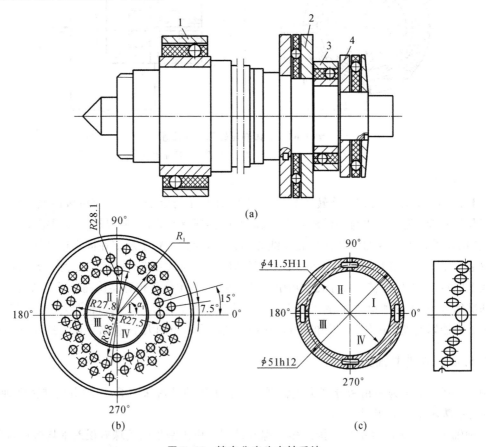

图 3-66 精密分度头主轴系统

1,3—径向密珠轴承;2,4—止推密珠轴承

【复习思考题】

[1] 试述传统的机械(或机电)系统和机电一体化系统的异同点。

[2] 与对一般的机械系统相比,对机电一体化系统的精密机械系统有哪些要求?

[3] 对机电一体化系统精密机械系统的传动精度和工作稳定性有哪些要求?保障措施有哪些?

[4] 试述机电一体化机械系统的组成及各部分的作用。

[5] 机械传动系统的传动特性有哪些?各有何特点?

[6] 对机械传动系统的要求有哪些?

[7] 滚珠的循环方式主要有哪些?各有何特点?

[8] 滚珠丝杠传动机构消除轴向间隙的方法有哪些?

[9] 直齿轮、斜齿轮及锥齿轮传动间隙的调整方法有哪些?

[10] 简述谐波齿轮传动机构的组成及特点。

[11] 谐波齿轮传动机构的传动比如何计算?

[12] 设有一谐波齿轮减速器,其减速比为100,柔轮齿数为99,当刚轮固定时,试求该谐波减速器的刚轮齿数及输出轴的转动方向(与输入轴的转向相比较)。

[13] 在执行系统设计中,运动循环图的作用是什么?它有哪些类型?各有何特点?

[14] 找一个机电一体化产品,分析其执行系统,分析该执行系统运动规律,并画出该执行系统的运动循环图。

[15] 导轨副常用的组合形式有哪些?

[16] 导轨副间隙调整方法有哪些?

参考文献

[1] 高安邦,胡乃文.机电一体化系统设计及实例解析[M].北京:化学工业出版社,2019.

[2] 冯清秀,邓星钟,等.机电传动控制[M].5版.武汉:华中科技大学出版社,2011.

[3] 戴夫德斯·谢蒂,理查德 A.科尔克.机电一体化系统设计(原书第2版)[M].薛建彬,朱如鹏,译.北京:机械工业出版社,2016.

[4] 朱林.机电一体化系统设计[M].2版.北京:石油工业出版社,2008.

[5] 张建民,等.机电一体化系统设计[M].2版.北京:高等教育出版社,2001.

第4章　机电一体化动力系统设计

【工程背景】

动力系统是机电一体化系统的心脏,承担着为系统提供能源和动力的任务。随着伺服技术的发展,系统对动力元件的要求越来越高,要求动力元件达到更高的精度、稳定性并具有更好的响应特性,高性能机电一体化产品更是对动力元件的性能提出了挑战。电力电子技术和现代控制理论的发展,使得动力元件的驱动和控制方法更多、结构更复杂。因此,在选型或使用的过程中,不但要熟悉各种动力元件的原理和特性,而且要掌握其驱动和控制方法,根据工程实际需要,合理、正确地选择、使用动力元件。

【内容提要】

本章主要讲述机电一体化系统中动力系统的特性和驱动方法,使学生了解伺服系统的基本概念,掌握电气类动力元件的原理和特性,掌握动力元件的驱动和控制方法,掌握动力元件的选型原则和控制用电动机的选型方法。

【学习方法】

对于本章内容的学习,建议学生多查阅相关的资料文献,包括参看网上大量的各类动力元件资料,分析各类机电一体化系统中动力元件的选用依据,加深对不同类型动力元件特性的理解,并及时复习前期相关的课程内容。

4.1　动力元件的分类

动力系统的主要任务是为总系统提供能量和动力,使系统正常运行,用尽可能少的输入动力,获得尽可能大的输出功率。在机电一体化系统中,驱动执行机构运动的部件是各种类型的动力元件,如电动机、液压马达、气动马达和内燃机等。数控机床的主轴转动、工作台的进给运动以及工业机器人手臂升降、回转和伸缩运动等需要动力元件进行驱动。

动力元件在机电一体化系统中处于机械执行机构与微电子控制装置之间,能在电子控制装置的控制下,将输入的各种形式的能量转换为机械能。现在大多数动力元件已作为系列化商品生产,可以作为标准组件选用和外购。

根据使用能量的不同,动力元件可以分为电气式、液压式和气压式等几种类型,如图4-1所示。电气式动力元件将电能变成电磁力,并用该电磁力驱动执行机构运动。液压式动力元件先将电能变换为液压能并用电磁阀改变压力油的流向,从而驱动执行机构运动。气压式动力元件与液压式动力元件的原理相同,只是将介质由液体改为气体。其他动力元件与使用材料有关,如双金属片、形状记忆合金或压电元件。

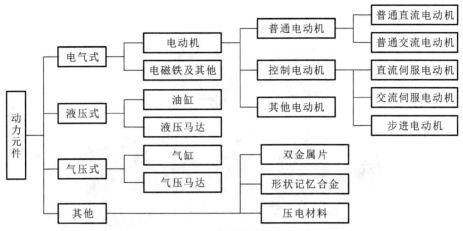

图 4-1　动力元件的分类

1. 电气式动力元件

电气式动力元件包括各种电动机、电磁铁等。其中,利用电磁力的电动机因简单、实用而成为常用的动力元件。电动机按不同的使用电源可分为直流电动机和交流电动机两大类,按控制方式又可以分为普通电动机、控制用电动机和其他电动机。

2. 液压式动力元件

液压式动力元件主要有各种油缸、液压马达等,其中油缸占绝大多数。目前,已研制出各种数字式液压动力元件,如电液伺服马达和电液步进马达。这两种液压马达的最大优点是转矩比电动机的转矩大,可以直接驱动执行机构,转矩惯量比大,过载能力强,适用于重载的高变速驱动。液压式动力元件在强力驱动和高精度定位时性能好,而且使用方便。一般的电液伺服系统可采用电液伺服阀控制油缸的往复运动。

3. 气压式动力元件

气压式动力元件除了工作介质是压缩空气外,与液压式动力元件基本一样。典型的气压式动力元件有气缸、气压马达等。气压驱动虽可得到较大的驱动力、行程和速度,但由于空气黏性差,具有可压缩性,故不能在定位精度较高的场合使用。

4.2　电动机的主要特性

4.2.1　直流电动机

1. 直流电动机的结构和工作原理

1) 结构

直流电动机主要由转子、定子、换向器和电刷等构成,如图 4-2 所示。定子部分主要由定子铁芯和绕在上面的励磁绕组两个部分组成;转子部分主要由电枢铁芯和电枢绕组两个部分组成;换向器由很多彼此绝缘的铜片组合而成,铜片又称为换向片,每个换向片都与电枢绕组连接;电刷装置包括电刷与电刷座,固定在机座上,换向器与电刷保持滑动接触,以便将电枢和外电路接通。

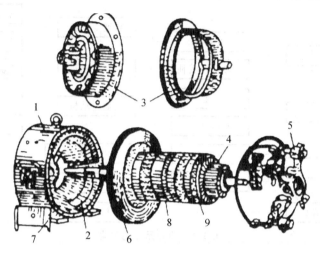

图 4-2　直流电动机结构图

1—机座;2—励磁绕组;3—轴承端盖;4—换向器;5—电刷;6—风扇;7—主磁极;8—电枢铁芯;9—电枢绕组

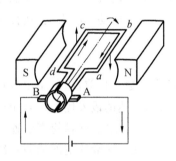

图 4-3　直流电动机工作原理图

2) 工作原理

直流电动机的工作原理是:通电电枢绕组在定子绕组磁场的作用下产生电磁转矩,驱动电枢旋转,从而将电能转换为机械能。如图 4-3 所示,直流电源接在电刷 A、B 之间而使电流通入电枢线圈,电枢线圈 ab 段中的电流方向是由 b 至 a,cd 段中的电流方向是由 d 至 c,使两个边上受到电磁力的方向相反,电枢绕组受到顺时针方向的电磁转矩的作用,电枢顺时针转动。电枢线圈旋转之后,当 ab 段旋转至 S 极一侧,cd 段旋转至 N 极一侧时,由于换向器的作用,ab 段中的电流方向是由 a 至 b,cd 段中的电流方向是由 c 至 d,电磁力和电磁转矩的方向保持不变。

2. 直流电动机的分类

直流电动机按定子励磁绕组的励磁方式不同可分为四类:直流他励电动机、直流并励电动机、直流串励电动机和直流复励电动机。它们的结构和特点如表 4-1 所示。

表 4-1　直流电动机按励磁方式不同的分类

类　　别	特　　点	结构原理图
直流他励电动机	励磁绕组由外加电源单独供电,励磁电流与电枢两端电压或电枢电流无关	
直流并励电动机	励磁绕组与电枢绕组并联,由外部电源一起供电,励磁电流与电枢两端电压或电枢电流有关	

续表

类别	特点	结构原理图
直流串励电动机	励磁绕组与电枢绕组串联,由外部电源一起供电,励磁电流与电枢两端电压或电枢电流有关	
直流复励电动机	励磁绕组分为两个部分,一部分与电枢绕组并联,另一部分与电枢绕组并联,励磁电流与电枢两端电压或电枢电流有关	

3. 直流电动机的机械特性

1) 机械特性及其一般公式

电动机的机械特性指的是电动机轴转速与输出电磁转矩之间的函数关系。

不同励磁方式的直流电动机,运行特性也不尽相同。下面主要介绍应用较多的直流他励电动机的机械特性。

图 4-4 所示为直流他励电动机的电路原理图。左边电路部分为电枢回路,右边部分为励磁回路。

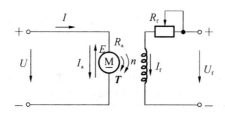

图 4-4 直流他励电动机的原理电路图

直流他励电动机电枢回路的电压平衡方程式为

$$U = E + I_a R_a \tag{4-1}$$

式中:U——电枢电压;

E——电枢感应电动势;

I_a——电枢电流;

R_a——电枢回路内阻。

当定子绕组励磁磁通 Φ 恒定时,电枢绕组的感应电动势与电动机转速成正比,即

$$E = K_e \Phi n \tag{4-2}$$

式中:K_e——电动势常数;

E——电枢感应电动势;

n——电动机转速。

电动机的电磁转矩为

$$T = K_m \Phi I_a \tag{4-3}$$

式中：T——电动机电磁转矩；

K_m——转矩常数。

上述三式联立，即可得出直流他励电动机的转速公式，即机械特性一般公式，即

$$n = \frac{U}{K_e \Phi} - \frac{R_a}{K_e K_m \Phi^2} T \tag{4-4}$$

当励磁电流为定值，励磁磁通不变时，电动机的机械特性曲线如图 4-5 所示。

由电动机机械特性曲线可得以下电动机的机械特性参数。

(1) 理想空载转速。

转矩 $T=0$ 时的转速称为理想空载转速，用 n_0 表示。根据式(4-4)可得

$$n_0 = \frac{U}{K_e \Phi} \tag{4-5}$$

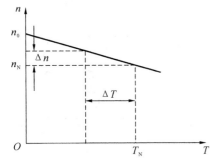

图 4-5 直流他励电动机的机械特性图

实际上，直流他励电动机总存在空载制动转矩，靠电动机本身的作用是不可能使转速上升到理想空载转速的，"理想"的含义就在这里。

(2) 转速降落。

$$\Delta n = n_0 - n = \frac{R_a}{K_e K_m \Phi^2} T \tag{4-6}$$

(3) 机械特性硬度。

机械特性硬度即电动机转矩变化与转速变化的比值。电动机机械特性硬度的计算公式为

$$\beta = \frac{dT}{dn} = \frac{\Delta T}{\Delta n} \times 100\% \tag{4-7}$$

根据机械特性硬度值的不同，可将电动机机械特性分为三类，如表 4-2 所示。

表 4-2 电动机机械特性分类

类别	β	举例
绝对硬特性	趋近于无穷	交流同步电动机的机械特性
硬特性	不小于 10	直流他励电动机的机械特性，交流异步电动机机械特性的上半部
软特性	小于 10	直流串励电动机和直流复励电动机的机械特性

实际中，应根据生产机械和工艺过程的具体要求来决定选用何种机械特性的电动机。例如，一般金属切削机床、连续式冷轧机、造纸机等需要选用硬特性的电动机；而起重机、电车等需要选用软特性的电动机。

2) 固有机械特性

直流他励电动机的固有机械特性指的是在额定条件（额定电压 U_N 和额定磁通 Φ_N）下，且电枢回路不外接电阻时的转速-转矩函数关系，即

$$n = \frac{U_N}{K_e \Phi_N} - \frac{R_a}{K_e K_m \Phi_N^2} T \tag{4-8}$$

根据直流他励电动机的铭牌数据求出 n_0、T_N 和 n_N，并考虑正、反转不同状态，即可得到

直流他励电动机正反转时的固有机械特性曲线,如图 4-6 所示。

3) 人为机械特性

人为机械特性是指人为地改变直流电动机的参数,如电枢电压 U、励磁磁通 Φ 或电枢回路串接附加电阻 R_{ad} 时所得到的机械特性。

(1) 改变电枢电压的人为机械特性。

当改变电枢电压时,直流他励电动机的机械特性公式变为

$$n = \frac{U}{K_e \Phi_N} - \frac{R_a}{K_e K_m \Phi_N^2} T \qquad (4-9)$$

随电枢电压变化,直流他励电动机的理想空载转速改变,但转速降不变,因此机械特性曲线变为一平行于固有机械特性曲线的曲线簇,如图 4-7 所示。

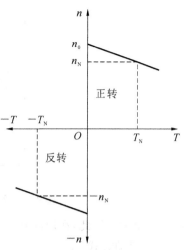

图 4-6 直流他励电动机正反转时的固有机械特性

(2) 电枢回路中串接附加电阻的人为机械特性。

当电枢回路中串接附加电阻 R_{ad} 后,直流他励电动机机械特性公式变为

$$n = \frac{U_N}{K_e \Phi_N} - \frac{R_a + R_{ad}}{K_e K_m \Phi_N^2} T \qquad (4-10)$$

电枢回路串接附加电阻后,直流他励电动机的理想空载转速不变,但转速降增大,因此,机械特性曲线变为图 4-8 所示的曲线簇。

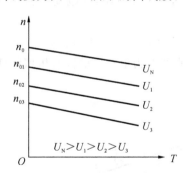

图 4-7 改变电枢电压时直流他励电动机的机械特性

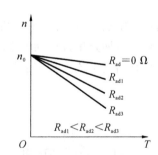

图 4-8 电枢回路串接电阻时直流他励电动机的机械特性

(3) 改变励磁磁通时的人为机械特性。

当改变励磁磁通 Φ 时,直流他励电动机的机械特性公式变为

$$n = \frac{U_N}{K_e \Phi} - \frac{R_a}{K_e K_m \Phi^2} T \qquad (4-11)$$

随着励磁磁通的降低,直流他励电动机的理想空载转速和转速降增大,启动电流不变,启动转矩而减小,因此,机械特性曲线变为图 4-9 所示的曲线簇。

4. 直流电动机的启动特性和启动方式

1) 启动特性

电动机的启动就是施加电源,使电动机转子转动起来,达到要求转速的过程。

直流电动机电枢绕组内阻很小,启动电流很大,过大的启动电流对电动机、机械系统及电网

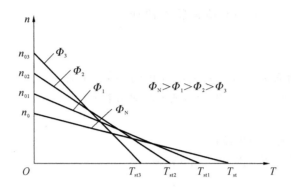

图 4-9 改变励磁磁通时直流他励电动机的人为机械特性

的危害很大。因此,在启动直流电动机时必须限制电枢电流。

2) 启动方式

直流电动机的启动方式通常有降压启动和电枢回路串电阻启动两种方式。

(1) 降压启动。

降压启动是在电动机启动时,降低供电电压,降低启动电流,随着转速的升高,反电势增大,再逐步提高供电电压,最后达到额定电压时,电动机达到所要求的转速。

(2) 电枢回路串电阻启动。

电枢回路串电阻启动是在电动机启动时,在电枢回路串接启动电阻,此时启动电流将受外加启动电阻的限制,随着转速的升高,反电势增大,逐步切除外加电阻,使电动机达到所要求的转速。

电枢回路串电阻启动时,直流电动机电枢回路及启动过程如图 4-10 所示。图 4-10(b)中直线 1 为电动机电枢回路串接启动电阻时的机械特性,直线 2 为电动机的固有机械特性。启动电阻的大小是保证启动电流为额定值的两倍。

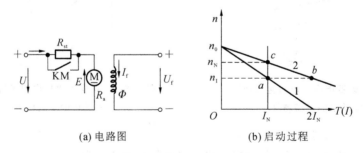

(a) 电路图　　　(b) 启动过程

图 4-10 具有一段启动电阻的直流电动机电枢回路及启动过程

电枢回路接入电网时,KM 断开,电动机工作在机械特性曲线 1 上,在动态转矩的作用下,电动机的速度上升。

当速度上升到 a 点时,KM 闭合,电动机的机械特性曲线变为曲线 2。由于在切换电阻的瞬间,机械惯性的作用使电动机的转速不能突变,在此瞬间速度维持不变,即电动机的工作点从 a 点切换到 b 点,在动态转矩的作用下,电动机的速度继续上升直到稳定点 c。

从图 4-10(b)中不难看出:当电动机的工作点从 a 点切换到 b 点时,冲击电流仍很大。为了解决这个问题,通常采用逐级切除启动电阻的方法来实现。图 4-11 所示是具有三段启动电阻的直流电动机电枢回路及启动过程。

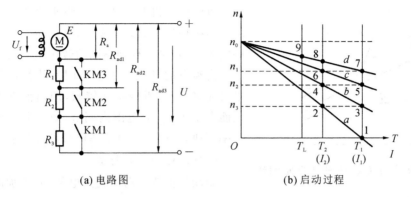

(a) 电路图 　　　　　　　(b) 启动过程

图 4-11　具有三段启动电阻的直流电动机电枢回路及启动过程

5. 直流电动机的调速特性

由直流他励电动机机械特性公式可知,改变串入电枢回路的电阻、改变电枢电压或主磁通,均可改变电动机的转速,以达到速度调节的要求。

1) 改变电枢回路外串电阻

电枢回路串接电阻后,直流电动机的机械特性如图 4-12 所示。由机械特性曲线可看出,在一定的负载转矩下,串入不同的电阻,直流电动机可以得到不同的转速。例如,在电阻分别为 R_a、R_1、R_2、R_3 的情况下,可以分别得到与稳定工作点 A、C、D 和 E 对应的不同的转速。

直流电动机改变电枢回路串接电阻调速的特点是:机械特性较软,且电阻愈大,机械特性愈软,稳定度愈低;空载或轻载时,调速范围不大;实现无级调速困难;在调速电阻上消耗大量电能等。因此,直流电动机的这种调速方式目前已很少采用,仅在起重机、卷扬机等低速运转时间不长的传动系统中采用。

2) 改变电枢电压

直流电动机改变电枢电压调速的特性如图 4-13 所示。由机械特性曲线可看出,在一定的负载转矩下,在电枢两端加上不同的电压 U_N、U_1、U_2、U_3,直流电动机可以分别得到与稳定工作点 a、b、c 和 d 对应的不同的转速。

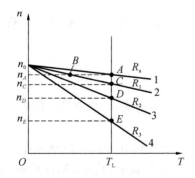

图 4-12　直流电动机电枢回路串电阻调速的特性

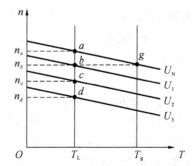

图 4-13　直流电动机改变电枢电压调速的特性

直流电动机改变电枢电压调速的特点是:可以实现平滑无级调速;机械硬度不变,调速稳定度较高;转矩不变,属于恒转矩调速,适用于对恒转矩负载进行调速。

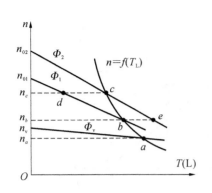

图 4-14 直流电动机改变主磁通调速的特性

3) 改变主磁通

直流电动机改变主磁通调速的特性如图 4-14 所示。由机械特性曲线可看出,在一定的负载功率下,不同的主磁通,可以得到不同的转速 n_a、n_b、n_c。

直流电动机改变主磁通调速的特点是:可以实现平滑无级调速;机械特性较软,调速范围不大;主磁通只能在小于 $\varPhi_N$ 的范围内调节,属于弱磁调速;属于恒功率调速,适用于对恒功率负载进行调速。

6. 直流电动机的制动

制动是指使电动机脱离电网,并外加阻力转矩,使电动机迅速停车。

直流电动机制动有反馈制动、反接制动和能耗制动三种形式。这里仅介绍直流电动机制动的相关概念,具体制动方法可参看相关参考文献。

反馈制动就是再生制动,此时电动机处于发电状态,将动能转变为电能,回馈电网,从而实现减速的目的。

反接制动是指将电动机的电枢电压反接,并在电枢回路中串入电阻,又称为电源反接制动。在反接制动期间,电源仍输入功率,负载释放的动能和电磁功率均消耗在电阻上。反接制动适用于快速停转并反转的场合,对设备的冲击力大。

能耗制动是指对运行中的电动机突然断开电枢电源,然后在电枢回路串入制动电阻,从而使电枢绕组的惯性能量消耗在电阻上,使电动机快速制动。

4.2.2 交流电动机

交流电动机采用电网交流电供电。与直流电动机相比,交流电动机结构简单、转速高、容量大,具有较好的动态特性和静态特性。交流电动机是工业生产中应用最广的电动机。

按照工作原理,交流电动机可分为异步电动机和同步电动机。异步电动机转子转速与同步转速存在转速差,而同步电动机转子转速与同步转速相同。

1. 三相异步电动机

1) 结构

三相异步电动机主要由定子和转子两个部分组成,如图 4-15 所示。三相异步电动机的定子和转子之间有一定的气隙。

(1) 定子。

定子由定子铁芯、定子绕组以及机座组成。

定子铁芯是磁路的一部分,由硅钢片叠压而成,片与片之间绝缘,以减少涡流损耗。定子铁芯硅钢片的内圆冲有定子槽,槽中安放线圈,如图 4-16 所示。

定子绕组是电动机的电路部分。三相异步电动机的定子绕组分为对称地分布在定子铁芯上的三个部分,称为三相绕组。这三个部分分别用 AX、BY、CZ 表示,其中,A、B、C 称为首端,而 X、Y、Z 称为末端。三相绕组接入三相交流电源,三相绕组中的电流使定子铁芯中产生旋转磁场。

机座主要用于固定与支承定子铁芯。

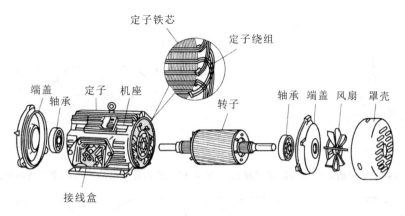

图 4-15 三相异步电动机的结构

（2）转子。

转子由转子铁芯与转子绕组组成。

转子铁芯也是电动机磁路的一部分，由硅钢片叠压而成。转子铁芯装在转轴上，如图 4-16 所示。

异步电动机转子绕组多采用鼠笼式和线绕式两种形式。因此，异步电动机按绕组形式的不同分为鼠笼式异步电动机和线绕式异步电动机两种。线绕式和鼠笼式两种异步电动机的转子构造虽然不同，但工作原理是一致的。转子的作用是产生转子电流，即产生电磁转矩。

鼠笼式异步电动机转子绕组是在转子铁芯槽里插入铜条，再将全部铜条两端焊在两个铜端环上而组成的，如图 4-17(a)所示，小型鼠笼式异步电动机转子绕组多用铝离心浇铸而成，如图 4-17(b)所示。

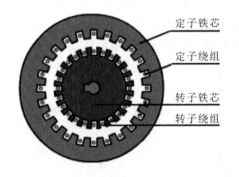

图 4-16 三相异步电动机定子和转子的硅钢片

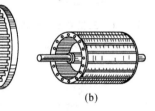

图 4-17 鼠笼式异步电动机转子

线绕式异步电动机转子绕组由线圈组成绕组放入转子铁芯槽内，并分为三相对称绕组，与定子产生的磁极数相同。

2）工作原理

三相异步电动机的工作原理是基于定子旋转磁场和转子电流的相互作用。

当定子绕组采用星形连接（见图 4-18）时，在定子绕组中通以交流电，各相定子绕组中的电流如图 4-19 所示。

根据右手螺旋法则可确定三相绕组中电流产生的磁场，当三相绕组中的电流以正弦规律变化时，磁场的方向也在空间不断旋转，因此定子中会生成一个旋转磁场，如图 4-20 所示。

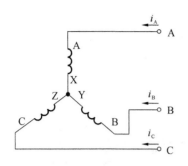
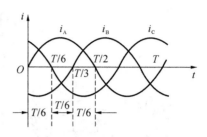

图 4-18 三相异步电动机定子绕组的星形接法　　图 4-19 三相异步电动机各相定子绕组中的电流波形

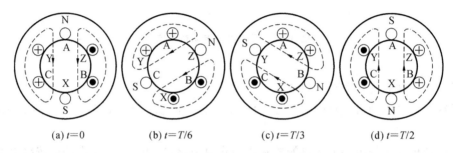

(a) $t=0$　　(b) $t=T/6$　　(c) $t=T/3$　　(d) $t=T/2$

图 4-20 三相异步电动机的两极旋转磁场

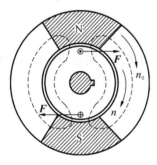

图 4-21 三相异步电动机工作原理示意图

图 4-21 所示为三相异步电动机的工作原理示意图。图 4-21 假设三相异步电动机的定子只有一对磁极,转子只有一匝绕组。

在旋转磁场的作用下,转子导体切割磁力线,因而在导体内产生感应电动势,从而产生感应电流。根据安培力定律,转子电流与旋转磁场相互作用产生电磁力(方向用左手定则确定),在转子轴上形成电磁转矩,转矩的作用方向与旋转磁场的旋转方向相同。转子受转矩的作用,按旋转磁场的旋转方向旋转。转子的旋转速度称为电动机的转速。

旋转磁场相对于定子的转速称为同步转速,用 n_0 表示,计算公式为

$$n_0 = \frac{60f}{p} \tag{4-12}$$

式中:f——输入的电源频率;

p——电动机的极对数。

转速差与同步转速的比值称为转差率,用 S 表示,计算公式为

$$S = \frac{n_0 - n}{n_0} \tag{4-13}$$

式中:n——定子的转速。

3) 机械特性

(1) 转矩特性和机械特性。

三相异步电动机的电磁转矩如式(4-10)所示。

$$T = K \frac{SR_2 U^2}{R_2^2 + (SX_{20})^2} \tag{4-14}$$

式中：K——与电动机结构参数、电源频率有关的常数；

S——转差率；

R_2——转子每相绕组的电阻；

U——电源电压；

X_{20}——$n=0$ 时转子每相绕组的感抗。

由式(4-13)和式(4-14)可得到三相异步电动机的机械特性。机械特性分为固有机械特性和人为机械特性两种。

（2）固有机械特性。

固有机械特性是三相异步电动机在额定电压和额定频率下，用规定的接线方式，定子和转子电路中不串接任何电阻或电抗器时的机械特性，如图4-22所示。图4-22中有理想空载工作点、额定工作点、启动工作点和临界工作点四个特殊工作点。

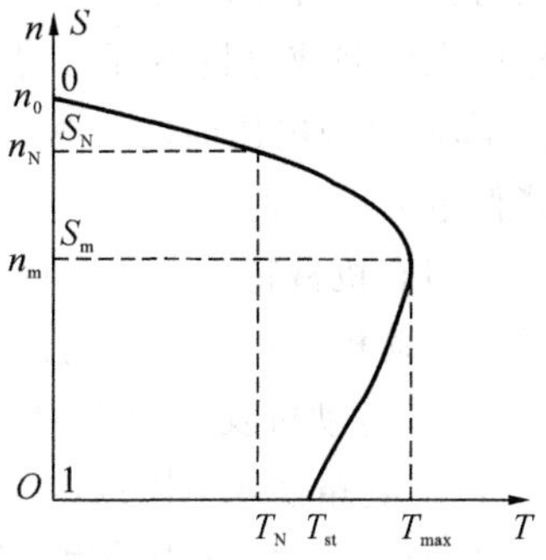

在理想空载工作点，$T=0$，$n=n_0$，$S=0$，电动机的转速为理想空载转速 n_0。

在额定工作点，$T=T_N$，$n=n_N$，$S=S_N$，额定转矩和额定转差率分别为

$$T_N = 9.55 \frac{P_N}{n_N} \tag{4-15}$$

图 4-22 三相异步电动机的固有机械特性

式中：T_N——电动机的额定输出转矩；

P_N——电动机的额定功率；

n_N——电动机的额定转速。

$$S_N = \frac{n_0 - n_N}{n_0} \tag{4-16}$$

式中：S_N——电动机的额定转差率。

在启动工作点，$T=T_{st}$，$n=0$，$S=1$。

启动转矩计算公式为

$$T_{st} = K \frac{R_2 U^2}{R_2^2 + X_{20}^2} \tag{4-17}$$

启动能力系数是启动转矩与额定转矩之比。启动能力系数表征电动机启动能力的大小，用 λ_{st} 表示，计算公式为

$$\lambda_{st} = \frac{T_{st}}{T_N} \tag{4-18}$$

在临界工作点，$T=T_{max}$，$n=n_m$，$S=S_m$。

临界转差率 S_m 计算公式为

$$S_m = \frac{R_2}{X_{20}} \tag{4-19}$$

将 S_m 代入转矩公式中，即可得最大转矩 T_{max} 为

$$T_{max} = K \frac{U^2}{2X_{20}} \tag{4-20}$$

过载能力系数是最大电磁转矩与额定转矩之比。过载能力系数表征电动机能够承受冲击负载的能力大小,用 λ_m 表示,计算公式为

$$\lambda_m = \frac{T_{max}}{T_N} \tag{4-21}$$

在实际应用中,用前文所述的转矩公式计算机械特性比较烦琐,因此它可转化为最大转矩 T_{max} 和临界转差率 S_m 表示的形式,如式(4-22)所示。

$$T = \frac{2T_{max}}{\dfrac{S}{S_m} + \dfrac{S_m}{S}} \tag{4-22}$$

式(4-22)为转矩-转差率特性的实用表达式,也叫规格化转矩-转差率特性。

(3) 人为机械特性。

人为机械特性是改变异步电动机定子电压、定子电源频率、定子电路串入电阻或电抗器、转子电路串入电阻或电抗器等时得到的机械特性。

① 降低电源电压时的人为机械特性。

降低电源电压时,n_0、S_m 不变,但最大转矩 T_{max}、启动转矩 T_{st} 会降低,因此得到的机械特性曲线相比固有机械特性曲线会向左侧移动,如图 4-23 所示。

异步电动机对电网电压的波动非常敏感,电压降低太多,会大大降低它的过载能力与启动转矩,甚至使电动机发生带不动负载或者根本不能启动的现象。

② 定子电路接入电阻或电抗器时的人为机械特性。

在电动机定子电路中外串电阻或电抗器后,定子外串电阻或电抗器产生的压降致使定子绕组相电压降低,电动机人为机械特性与降低电源电压时类似,如图 4-24 所示。

图 4-24 中,曲线 1 为降低电源电压的人为机械特性,曲线 2 为定子电路串入电阻或电抗器的人为机械特性。从图 4-24 中可看出,定子电路串入电阻或电抗器后,电动机最大转矩要比降低电源电压时的最大转矩大。因为电动机启动后,随着转速的上升和启动电流的减小,串入电阻或电抗器上的压降减小,加到电动机定子绕组上的端电压自动增大,使得最大转矩增大;而降低电源电压,在整个启动过程中,定子绕组的端电压是恒定不变的。

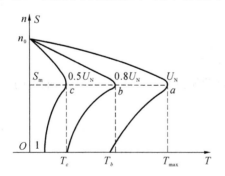

图 4-23 三相异步电动机改变电源电压时的人为机械特性

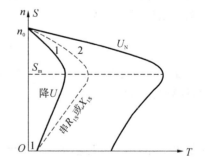

图 4-24 三相异步电动机定子电路外接电阻或电抗器时的人为机械特性

③ 改变定子电源频率时的人为特性。

改变定子电源频率时,如果保持 T_{max} 不变,需要同时改变电源电压,使 U/f 为定值。因此,随着定子电源频率的降低,电动机的理想空载转速降低,临界转差率变大,最大转矩基本不变,如图 4-25 所示。

④ 转子电路串电阻时的人为特性。

转子电路串入电阻(见图 4-26(a))对理想空载转速、最大转矩没有影响，但临界转差率增大，电动机机械特性较软，如图 4-26(b)所示。

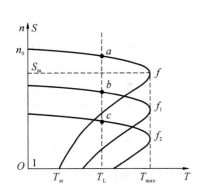

图 4-25 三相异步电动机改变定子电源频率时的人为机械特性($f > f_1 > f_2$)

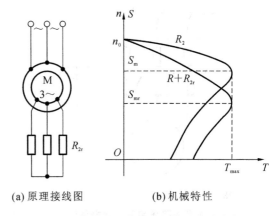

图 4-26 线绕式异步电动机转子电路串电阻

4) 交流电动机的启动特性

(1) 机械系统对电动机启动特性的主要要求。

① 有足够大的启动转矩，保证生产机械能正常启动。

② 在满足启动转矩要求的前提下，启动电流越小越好。

(2) 异步电动机的启动特性。

异步电动机启动时，启动电流大，启动转矩小，如图 4-27 所示。异步电动机的启动特性和机械系统的要求是相互矛盾的，因此异步电动机需要根据具体情况采取不同的启动方式。

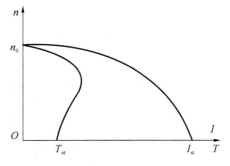

图 4-27 异步电动机的固有启动特性

(3) 鼠笼式异步电动机的启动方式。

鼠笼式异步电动机的启动主要有直接启动和降压启动两种方式。

① 直接启动(全压启动)。

直接启动就是将电动机的定子绕组通过闸刀开关或接触器直接接入电源，在额定电压下进行启动运行。

② 定子串电阻或电抗器降压启动。

鼠笼式异步电动机采用定子串电阻或电抗器的降压启动原理接线图如图 4-28 所示。

启动时，接触器 KM1 断开，KM 闭合，将启动电阻 R_{st} 串入定子电路，使启动电流减小；待转速上升到一定程度后再将 KM1 闭合，R_{st} 被短接，电动机接上全部电压而趋于稳定运行。

③ Y-△降压启动。

Y-△降压启动适用于电动机运行时定子绕组接成三角形的情况，原理接线图如图 4-29 所示。

启动时，触点 KM 和 KM1 闭合，KM2 断开，将定子绕组接成星形接入电网；待转速上升到一定程度后再将 KM1 断开、KM2 闭合，将定子绕组接成三角形接入电网，电动机完成启动过程。

④ 自耦变压器降压启动。

鼠笼式异步电动机自耦变压器降压启动的原理接线图和一相电路图如图 4-30 所示。

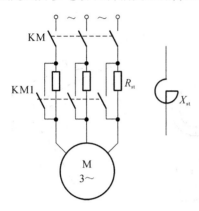

图 4-28 鼠笼式异步电动机采用定子串电阻或电抗器的降压启动原理接线图

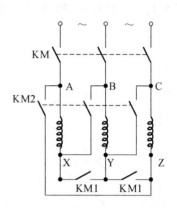

图 4-29 鼠笼式异步电动机 Y-△降压启动原理接线图

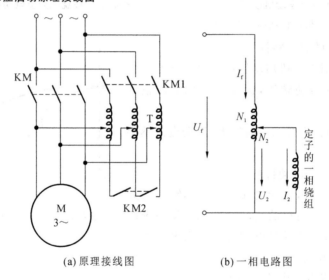

(a) 原理接线图　　(b) 一相电路图

图 4-30 鼠笼式异步电动机自耦变压器降压启动的原理接线图和一相电路图

启动时，KM1，KM2 闭合，KM 断开，三相自耦变压器 T 的三个绕组连成星形接于三相电源，使接于自耦变压器副边的电动机降压启动；当转速上升到一定值后，KM1，KM2 断开，三相自耦变压器 T 被切除，同时 KM 闭合，电动机接上全电压运行。

鼠笼式异步电动机启动方法的比较如表 4-3 所示。

表 4-3 鼠笼式异步电动机启动方法的比较

启动方法	U'_{st}/U_N	I'_{st}/I_{st}	T'_{st}/T_{st}	优　点	缺　点
直接启动	1	1	1	无须附加设备	启动电流大，只在电源容量允许的情况下采用
定子串电阻或电抗器降压启动	0.80	0.80	0.64	结构简单，启动电流较小	启动转矩小，适用于空载或轻载场合
	0.65	0.65	0.42		
	0.50	0.50	0.25		

续表

启动方法	U_{st}/U_N	I'_{st}/I_{st}	T'_{st}/T_{st}	优 点	缺 点
Y-△降压启动	0.57	0.33	0.33	结构简单,经济,启动电流小	启动转矩小,启动电压不能调节,适用于空载或轻载场合
自耦变压器降压启动	0.80	0.64	0.64	启动电流较小	结构复杂,启动转矩小,适用于空载或轻载场合
	0.65	0.42	0.42		
	0.50	0.25	0.25		

5) 交流电动机的调速特性

根据转差率及同步转速的计算公式,可得交流电动机的转速公式如式(4-23)所示。

$$n = n_0(1-S) = \frac{60f}{p}(1-S) \qquad (4-23)$$

由式(4-23)可知,交流电动机转速随定子电源频率、磁极对数和转差率的变化而变化,因此它的调速方法主要有变频调速、变极对数调速和变转差率调速三种。其中,变频调速调速范围大、精度高,是目前交流电动机应用最广的调速方法。这里仅介绍变频调速特性。

交流电动机的转速与定子电源频率成正比,改变定子电源频率即可连续改变交流电动机的转速。改变定子电源频率可以实现无级调速。交流电动机改变定子电源频率后的机械特性如图 4-31 所示。由图 4-31 可知,交流电动机的机械特性较硬。

6) 交流电动机的制动方法

与直流电动机一样,交流电动机的制动方法也有反馈制动、反接制动和能耗制动三种形式。具体内容可参看相关资料。

2. 同步电动机

同步电动机是三相交流电动机。它由于转子转速与同步转速相同,因此称为"同步电动机"。同步电动机通常分为旋转磁极式和旋转电枢式。旋转磁极式同步电动机按照转子磁场形成方式又分为励磁式和永磁式。励磁式转子磁场由直流励磁绕组产生,而永磁式转子磁场由永磁体产生。下面以励磁式同步电动机为例,阐述同步电动机的基本结构、工作原理及机械特性。

1) 结构

励磁式同步电动机由定子和转子两个部分组成,定子主要由定子铁芯、定子绕组和机座组成,转子由主磁极、直流励磁绕组、电刷和集电环等组成,如图 4-32 所示。

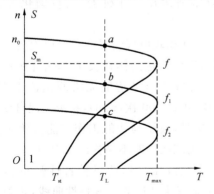

图 4-31 交流电动机改变定子电源频率后的机械特性

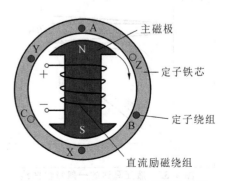

图 4-32 励磁式同步电动机的结构图

2) 工作原理和特性

同步电动机的工作原理是磁场的相互作用。励磁式同步电动机工作原理图如图 4-33 所示。当定子绕组通以三相交流电时，气隙中便会产生旋转磁场，旋转磁场的转速为同步转速；而转子直流励磁绕组通以直流电后，又会产生极性不变的静止磁场。由于磁场的相互作用，转子磁场在定子旋转磁场的带动下以同步转速旋转，旋转速度计算公式为

$$n = n_0 = \frac{60f}{p} \tag{4-24}$$

当定子电源频率和转子极对数一定时，同步电动机转子转速是定值，不会随着外加负载转矩的变化而变化，具有恒定转速的特性，电动机的机械特性曲线是平行于横轴的直线，如图 4-34 所示。

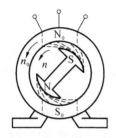

图 4-33 励磁式同步电动机工作原理图

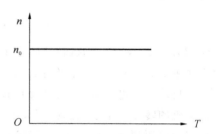

图 4-34 同步电动机的机械特性

4.3 液压马达与气动马达的主要特性

4.3.1 液压马达及其主要特性

液压马达以液体作为工作介质，是把液压能转变成旋转机械能的一种能量转换装置。它可以分为两类：一类是高速小转矩液压马达，它的转速一般为 300～3 000 r/min 或更高，转矩在几百牛·米以下；另一类是低速大转矩液压马达，它的转速一般低于 300 r/min，转矩为几百至几万牛·米。

根据结构形式不同，液压马达又可以分为齿轮式、叶片式、钢球式、柱塞式等几种。齿轮式液压马达和钢球式液压马达使用较少，轴向柱塞式液压马达在机床液压系统中应用较多，叶片式摆动液压马达在工业机器人、自动化等领域应用较多。

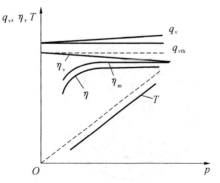

图 4-35 液压马达的一般特性曲线

液压马达相较电气装置能产生更大的动力。在同等功率下，液压马达的体积较小、质量轻（只有电动机的 12% 左右）；液压马达的无级调速范围大，换向平稳、速度快（可达 500 次/min），易于实现自动控制和过载保护。但是，液压马达的工作性能依赖于整个液压传动系统，出现故障时不易找出原因，且造价较高。

不同类型液压马达的机械特性是不相同的。图 4-35 所示是液压马达的一般特性曲线，它表示液压马

达流量、效率、转矩与工作压力之间的关系。

4.3.2 气动马达及其主要特性

气动马达是把压缩空气的压力能转换成机械能的能量转换装置,它的工作原理类似于液压马达,只是工作介质为压缩空气。

按工作原理,气动马达可以分为容积式和透平式两大类。其中容积式气动马达有叶片式(单向回转式、双向回转式、双作用双向式)、活塞式(轴向活塞式、径向活塞式)、齿轮式(双齿轮式、多齿轮式)和摆动式(单叶片式、双叶片式、齿轮齿条式)四种类型。透平式气动马达一般很少应用。

叶片式气动马达的结构及工作原理示意图如图4-36所示。叶片式气动马达一般有3~10个叶片,叶片安装在转子的径向槽内,转子装在偏心的定子内。压缩空气进入定子腔后,产生旋转力矩。压缩空气经进气口1,通过机体上的孔道2进入定子。在机体与定子的气道结合处装有密封圈3,以防止漏气。进入定子的压缩空气在定子喷口4处射向叶片5,促使叶片5带动转子6回转,废气从定子排气口7,通过机体排气口8而排出。定子内的残余气体通过孔道9、10、11,最后从12处排出。在需要改变气动马达的旋转方向时,压缩空气由排气口12进入(如虚线箭头所示),通过孔道11、10、9而进入定子。废气仍旧从定子排气口7,通过机体排气口8排出,定子内的残余气体经由定子喷口4、密封圈3、孔道2、进气口1排出。

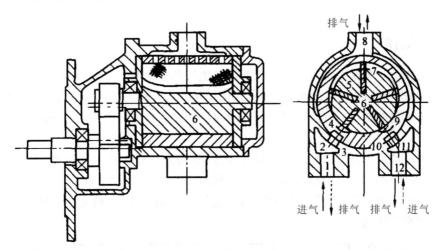

图4-36 叶片式气动马达的结构及工作原理示意图

1—进气口;2,9,10,11—孔道;3—密封圈;4—定子喷口;5—叶片;6—转子;7—定子排气口;8—机体排气口;12—排气口

图4-37所示是叶片式气动马达的特性曲线,它是在一定工作压力下作出的。当工作压力不变时,叶片式气动马达的转矩T、转速n及功率P均随外载荷的变化而变化。由特性曲线可知,气动马达的转矩随着转速的增大而下降。当转速达最大值$n=n_{max}$时,转矩为零,气动马达空转,输出功率为零。当外加载荷转矩等于气动马达最大转矩T_{max}时,转速为零,气动马达停转,这时输出功率也为零。当外加载荷转矩等于气动马达最大转矩的一半,即$T_{max}/2$时,气压马达的转速为最大转速的一半,即$n_{max}/2$,此时气动马达的输出功率达最大值。通常,这就是所要求的气动马达的额定功率。

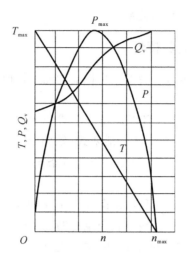

图 4-37 叶片式气动马达的特性曲线

T—转矩特性曲线；P—功率特性曲线；Q_v—耗气量特性曲线

4.4 伺服动力元件及驱动

4.4.1 概述

伺服一词来源于英文单词"servo"，即系统跟随外部输入指令实现期望的输出。在自动控制系统中，把输出量能以一定准确度跟随输入量变化的系统称为随动系统或伺服系统。伺服系统起初应用于火炮控制，如今已广泛应用于数控机床、计算机外部设备、工业机器人等机电一体化系统中。

伺服系统一般由控制器、比较元件、执行元件、检测元件和被控对象构成，如图 4-38 所示。其中：比较元件将输入量与系统反馈量相比较，获得偏差信号；控制器根据偏差值，调节控制量；执行元件是各种动力元件，按控制量的要求，驱动被控对象工作；检测元件对输出量进行测量，并将结果反馈至系统输入端。

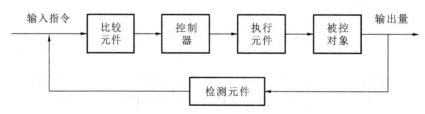

图 4-38 伺服系统原理图

机电一体化系统对伺服系统的要求主要涉及精度、稳定性、响应特性、调速能力和负载能力五个方面。

（1）精度高：输出量跟随输入量变化的精确程度要高。

（2）稳定性好：在给定输入或外界干扰的作用下，能在短暂的调节过程后到达新的稳定状态或者回复到原有平衡状态。

(3) 响应快：输出量随输入指令信号的变化要快。

(4) 调速范围宽：在承担全部工作负载的条件下，应具有宽的调速范围，以适应各种工况的需要。

(5) 负载能力强：能在足够宽的调速范围内，承担全部工作负载。

4.4.2 伺服系统的分类

伺服系统按照不同标准有多种分类方式。

1. 按控制原理分类

按控制原理可以将伺服系统分为开环控制伺服系统、半闭环控制伺服系统和闭环控制伺服系统。

开环控制伺服系统主要采用步进电动机作为动力元件，系统中不要求位置检测与反馈控制。步进电动机每接受一个指令脉冲，电动机轴就转过一个步距角，驱动机械系统运动。开环控制伺服系统的精度低于闭环控制伺服系统，且主要取决于步进电动机与机械传动机构。

半闭环控制伺服系统是指在电动机轴上安装检测装置，并按反馈控制原理构成的伺服系统。由于检测装置安装在电动机轴上，机械传动装置不包括在控制环内，所以机械传动误差没有反馈，半闭环控制伺服系统的位置精度与开环控制伺服系统相当。由于驱动功率大，响应速度快，半闭环控制伺服系统得到广泛的应用。

闭环控制伺服系统是指在系统的输出端安装检测装置，并将检测信号反馈至系统输入端的伺服系统。它由于机械传动装置也包括在控制环内，因此可以校正机械系统由刚度、间隙、惯量、摩擦及制造精度导致的误差，取得较高的传动精度，但稳定性会受到影响，给设计和调整带来困难，所以设计闭环控制伺服系统时应综合考虑机电参数的各种特性，以求获得良好的系统特性。

2. 按执行元件分类

按执行元件可以将伺服系统分为电气伺服系统和电液伺服系统。

电液伺服系统采用电液伺服马达或电液步进马达作为执行元件，具有低速输出转矩大、反应快和速度平稳的优点，但液压系统容易发生故障，难以维护。

电气伺服系统采用直流伺服电动机、交流伺服电动机或步进电动机作为执行元件，维护方便，可靠性高。

4.4.3 常用的伺服动力元件

伺服系统中的执行元件分为电气式、液压式和气动式三类。电气式执行元件是各类控制用电动机，主要有直流伺服电动机、交流伺服电动机和步进电动机等。这类电动机在很宽的速度和负载范围内，可以完成连续而精确的运动变化，响应特性远优于传统的直流或交流调速电动机，在各种自动控制系统中得到日益广泛的应用。

通过电压、电流、频率（包括指令脉冲）等控制，控制用电动机（伺服电动机）可以方便地实现定速、变速驱动或者反复启停，而驱动的精度随驱动对象的不同而不同。而且，目标运动不同，电动机及其控制方式也不同。步进电动机的开环方式、其他电动机的半闭环和全闭环方式是控制用电动机的基本控制方式。

控制用电动机是伺服系统的重要组成部分,它的性能直接影响伺服系统的性能。因此,除了要求稳速运转之外,还要求控制用电动机具有良好的加速、减速和伺服等动态性能。

通常伺服系统对控制用电动机的基本要求有以下几个方面。

(1) 性能密度大,即惯量小、动力大、体积小、质量轻。性能密度可以用功率密度 P_G 和比功率 dP/dt 这两个性能指标来表示。电动机功率密度的计算公式为

$$P_G = \frac{P}{m} \quad (4-25)$$

式中:P——电动机的功率(kW);

m——电动机的质量(kg)。

电动机比功率的计算公式为

$$\frac{dP}{dt} = \frac{T_N^2}{J_m} \quad (4-26)$$

式中:T_N——电动机的转矩(N·m);

J_m——电动机转子的转动惯量(kg·m²)。

(2) 快速性好,即加速转矩大,频响特性好。

(3) 位置控制精度高,调速范围宽,低速运行平稳无爬行现象,分辨力高,振动噪声小。

(4) 适应启停频繁的工作要求。

(5) 可靠性高,寿命长。

在不同的应用场合,对控制用电动机的性能和功率密度的要求有所不同。对于启停频率低(如每分钟几十次),但要求低速运行时平稳和扭矩脉动小、高速运行时振动和噪声小、在整个调速范围内均可稳定运动的系统(如机器人的驱动系统),控制用电动机的功率密度是主要的性能指标;对于启停频率高(如每分钟数百次),但不特别要求低速平稳性的机电设备,如高速打印机、绘图机、打孔机、集成电路焊接装置等,比功率是控制用电动机主要的性能指标。在额定输出功率相同的条件下,无刷伺服电动机的比功率最高,比功率由高到低依次为步进电动机、直流伺服电动机、交流伺服电动机。各种控制用电动机的特点及应用举例如表 4-4 所示。

表 4-4 伺服电动机的特点及应用举例

种类		主要特点	应用实例
有刷直流伺服电动机		高响应特性,高功率密度(体积小、质量轻),可实现高精度数字控制,接触换向部件(电刷与整流子)需要维护	NC 机械、机器人、计算机外围设备、办公设备、音响、音像设备、计测设备等
无刷直流伺服电动机(晶体管式)		无接触换向部件,需要磁极位置检测器,具有有刷直流伺服电动机的全部优点	音响、音像设备、计算机外围设备等
交流伺服电动机	永磁同步型	无接触换向部件,需要磁极位置检测器(如同轴编码器等),具有直流伺服电动机的全部优点	NC 机械(进给运动)、机器人等
	感应型(矢量控制)	对定子电流的激励分量和转矩分量分别进行控制,具有直流伺服电动机的全部优点	NC 机械(主轴运动)
步进电动机		转角与控制脉冲数成比例,可构成直接数字控制系统;有定位转矩;可构成廉价的开环控制伺服系统	计算机外围设备、办公设备、数控装置

4.4.4 步进电动机

1. 步进电动机概述

步进电动机是一种将电脉冲信号转换成机械位移的机电执行元件。当一个电脉冲信号施加于电动机的控制绕组时,电动机轴就转过一个固定的角度(步距角),顺序连续地输入电脉冲信号,电动机轴一步接一步地运转。步进电动机轴的角位移与输入脉冲数严格成正比,且运行中无累积误差。

通过改变电脉冲信号的频率和数量及电动机绕组通电顺序,步进电动机能方便地实现调速、定位和转向控制,而且在开环控制下可以精确定位,因此广泛应用在数字控制的各个领域。但是步进电动机在使用中不能达到很高的转速(一般小于 2 000 r/min),存在低频振荡、高频失步等缺陷。

2. 步进电动机的分类

步进电动机的种类很多。它按工作原理分为反应式步进电动机、永磁式步进电动机、混合式步进电动机,按输出转矩大小分为快速步进电动机、功率步进电动机,按励磁绕组相数分为二相步进电动机、三相步进电动机、四相步进电动机、五相步进电动机、六相步进电动机、八相步进电动机等,按定子排列分为轴向式步进电动机和径向式步进电动机。

1) 按工作原理分类

(1) 可变磁阻(VR)式步进电动机。

可变磁阻式步进电动机的定子、转子均由软磁材料冲制、叠压而成。定子上安装多相励磁绕组,均匀分布若干大磁极,每个大磁极上有数个小齿和槽。转子上无绕组,转子圆周外表面均匀分布若干齿和槽。可变磁阻式步进电动机由定子绕组通电激磁产生的反应转矩推动转子转动,因而也称反应式步进电动机。这类步进电动机结构简单,工作可靠,运行频率高,步距角小(0.09°～9°)。目前有些数控机床及工业机器人采用这类步进电动机。

(2) 永磁(PM)式步进电动机。

永磁式步进电动机的转子采用永磁铁,在圆周上进行多极磁化,它的转动靠与定子绕组所产生的电磁力相互吸引或排斥来实现。这类步进电动机控制功率小,效率高,造价低,转子为永磁铁,因而无励磁时也具有保持力,但由于转子极数受磁钢加工限制,因而步距角较大(7.5°～18°),电动机频率响应较低,常使用在记录仪、空调机等速度较低的场合。

(3) 混合(HB)式步进电动机。

混合式步进电动机也称永磁反应式步进电动机,它的定子与可变磁阻式步进电动机的定子类似,磁极上有控制绕组,极靴表面上有小齿;转子由永磁铁芯构成,同样切有小齿。由于是永磁铁,转子齿带有固定极性。这类步进电动机既具有可变磁阻式步进电动机步距角小、工作频率高的特点,又有永磁式步进电动机控制功率小、无励磁时具有转矩定位的优点,但结构复杂,成本相对也高。

2) 按输出转矩分类

(1) 快速步进电动机。

快速步进电动机启动频率高、响应快,但输出转矩小,只能带动较小负载。当负载较大时,它应与液压扭矩放大器相连组成电液步进电动机,以提高输出转矩及功率。

(2)功率步进电动机。

功率步进电动机的输出转矩大于 10 N·m,它可直接驱动工作台,从而简化了结构,提高了精度。目前微机改造机床的开环控制伺服系统一般采用功率步进电动机。

3. 步进电动机的结构和工作原理

1) 结构

在结构上,步进电动机由定子和转子组成。三相反应式步进电动机结构示意图如图 4-39 所示。

定子部分由定子铁芯、定子绕组、绝缘材料等组成。定子铁芯是由硅钢片叠压而成的有齿的圆环状铁芯,每对磁极上绕有励磁绕组,由外部电脉冲信号对各相绕组轮流励磁。磁极上开有齿槽。

转子部分由转子铁芯、转轴等组成。转子铁芯是由硅钢片或软磁材料叠压而成的齿形铁芯。转子上有凸齿。

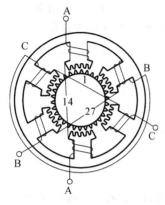

图 4-39 三相反应式步进电动机结构示意图

2) 工作原理

步进电动机的工作原理就是电磁铁的作用原理,即当某相定子激磁以后,能吸引邻近的转子,使转子的极齿与定子的极齿对齐。

以三相反应式步进电动机为例,假设每个定子磁极有一个齿,转子有四个齿,它的具体工作原理如图 4-40 所示。

(1) A 相通电,B、C 两相断电,转子 1、3 齿按磁阻最小路径被 A 相磁极产生的电磁转矩吸引过去,当转子 1、3 齿与 A 相对齐时,转动停止。

(2) B 相通电,A、C 两相断电,磁极 B 又把距它最近的一对齿 2、4 吸引过来,使转子按逆时针方向转过 30°。

(3) C 相通电,A、B 两相断电,转子又逆时针旋转 30°。

因此,若定子线组按 A—B—C—A……顺序通电,转子就按逆时针方向转动,每步转 30°。若改变定子线组的通电顺序,按 A—C—B—A……使定子绕组通电,步进电动机就按顺时针方向转动,每步转同样 30°。

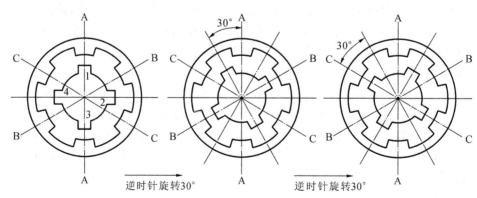

图 4-40 三相反应式步进电动机工作原理

4. 步进电动机的通电方式

步进电动机励磁绕组的通电方式不同,所获得的步距角也不同。以三相步进电动机为例,它的通电方式主要有单拍、双拍及单双拍等。单是指每次绕组通电切换前后只有一相绕组通电,双是指每次绕组通电切换前后有两相绕相通电;步进电动机从一种通电状态转换到另一种通电状态叫作一拍。

1) 单拍通电方式

按 A—B—C—A 的顺序使三相定子绕组依次轮流通电,转子将一步步转动,设此时转子按逆时针方向转动,在单相通电方式下,在转换时,一个绕组断电而另一绕组刚开始通电,在高速时易失步,且单一绕组吸引转子,在平衡位置易振荡,因此单拍通电方式目前很少采用。

2) 双拍通电方式

通电按 AB—BC—CA—AB 顺序,每拍都有两相同时通电,在状态变换时,总有一组持续通电。因此,在双拍通电方式下,步进电动机运转平稳,输出转矩较单拍通电方式要大,但发热也相对较大。

3) 单双拍通电方式

通电按 A—AB—B—BC—C—CA—A 顺序,每一拍有一相持续通电。因此,在单双拍通电方式下,步进电动机运转平稳,转换频率也可提高一倍,每拍转过的角度为单拍通电方式和双拍通电方式的一半,实际使用中这种通电方式应用最广。

步进电动机的励磁相数通常为三相,实际应用中还有四相、五相、六相甚至八相,通电方式也相应有很多种。相数越多,在相同工作频率下,每相导通电流时间加长,各相平均电流会高些,有利于提高步进电动机的转矩。但相数越多,步进电动机结构越复杂,体积越庞大,控制元件增多,成本提高。因此,实际使用三相至六相的步进电动机较多。

5. 步进电动机的主要特性

1) 步距角 α

每输入一个电脉冲信号,转子所转过角度称为步距角,用 α 表示,且

$$\alpha = \frac{360°}{kZm} \tag{4-27}$$

式中:k——通电方式,单拍、双拍时,$k=1$;单双拍时,$k=2$;

Z——转子的步数(转子齿数);

m——定子相数。

2) 步距角误差 $\Delta\alpha$

步距角误差是指理论步距角和空载时实际步距角之差。步距角误差随步进电动机制造精度的不同而不同,一般为 ±10′ 左右,但由于步进电动机每转一转又恢复原来位置,故步距角误差不会累积。

3) 最高启动频率 f_q

最高启动频率是指步进电动机从静止状态不丢步地突然启动,并进入正常运行的最高频率(突跳频率),用 f_q 表示。最高启动频率分空载和有载两种,它们都与负载惯量有关,随负载惯量的增大而减小。

4) 最高连续工作频率 f_{max}

最高连续工作频率是指步进电动机在额定状态下逐渐升速,逐渐达到的不丢步的最高连续工作频率,用 f_{max} 表示。f_{max} 远大于 f_q,通常为 f_q 的十几倍。

5) 静态矩角特性

空载时,当步进电动机某相始终导通时,转子的齿与该相定子对齐。这时转子上没有力矩输出,

处于静态。如果此时转子承受一定的负载,定子和转子之间就有一角位移 θ,步进电动机即产生一抗衡负载转矩的电磁转矩 T_j 以保持平衡。T_j 称为静态转矩,θ 称为失调角。当 $\theta=\pm 90°$ 时,静态转矩 T_j 等于最大转矩 T_{jmax}。T_j 与 θ 之间关系大致为一条正弦曲线,如图 4-41 所示。该曲线反映了步进电动机的静态矩角特性。在某一通电方式下各相矩角总和称为静态矩角特性曲线族。通常,静态矩角特性曲线族的每一曲线依次错开的角度为 $2\pi/m$,当通电方式为三相单三拍时,$\theta=2\pi/3$。

静态矩角特性曲线 A 和曲线 B 的交点对应的转矩 T_q 是步进运行状态的最大启动转矩。通常可采用增加电动机相数和采用不同运行方式的方法来提高 T_q。

6) 动态矩频特性

动态矩频特性是指步进电动机运行时,输出转矩 T 与输入脉冲频率 f 之间的关系。步进电动机动态矩频特性曲线如图 4-42 所示。动态矩频特性对快速动作及工作可靠性的影响很大,与步进电动机本身的特性、负载特性、驱动方式等有关。

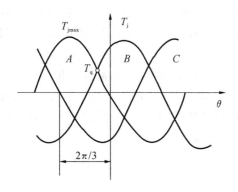

图 4-41 步进电动机静态矩角特性曲线族

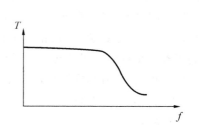

图 4-42 步进电动机动态矩频特性曲线

6. 步进电动机的驱动

步进电动机的运行要求足够功率的电脉冲信号按一定的顺序分配到各相绕组,驱动转子按要求转动,需要专门的驱动电源。驱动电源包含脉冲分配(环形分配)和功率放大两个部分,如图 4-43 所示。

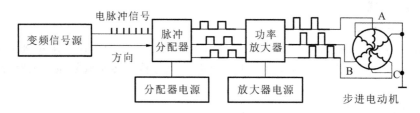

图 4-43 步进电动机驱动电源原理图

1) 脉冲分配器

脉冲分配器的作用是将脉冲信号按通电次序分配至步进电动机各相绕组。脉冲分配可由硬件或软件方法实现。硬件环形分配器有较好的响应速度,且具有直观、维护方便等优点。软件环形分配可以充分利用计算机资源,降低成本,但受到微型计算机运算速度的限制,有时难以满足实时性的要求。

(1) 硬件环形分配器。

硬件环形分配器通常由集成电路构成,目前市场上有多种产品可供选择。

CH250 是国产的三相反应式步进电动机硬件环形分配器的专用集成电路芯片,通过 CH250 控制端的不同接法可以组成三相双三拍和三相六拍的工作方式。CH250 的外形和三相六拍接线图如图 4-44 所示。

CH250 主要管脚的作用如下。

A、B、C:硬件环形分配器的三个输出端,经功率放大后接到电动机的三相绕组上。

R、R*:复位端,R 为三相双三拍复位端,R* 为三相六拍复位端,先将对应的复位端接入高电平,使其进入工作状态,若为"10",则为三相双三拍工作方式;若为"01",则为三相六拍工作方式。

CL、EN:进给脉冲输入端和允许端,进给脉冲由 CL 输入,只有 EN=1 时,脉冲上升沿使硬件环形分配器工作;CH250 也允许以 EN 端作脉冲输入端,此时,只有 CL=0 时,脉冲下降沿使硬件环形分配器工作。不符合上述规定,硬件环形分配器状态锁定(保持)。

J_{3L}、J_{3r}、J_{6L}、J_{6r}:分别为在三相双三拍、三相六拍方式下时步进电动机正、反转的控制端。

U_D、U_S:电源端。

CH250 通过进给脉冲输入端控制步进速度,通过方向输入端控制转向,并通过与步进电动机相数相同的输出端分别控制电动机的各相。

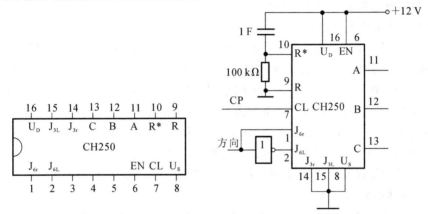

图 4-44　CH250 的外形和三相六拍接线图

(2) 软件环形分配。

软件环形分配的方法是利用计算机程序来设定硬件接口的位状态,从而产生一定的脉冲输出。采用不同的计算机和接口器件,软件环形分配有不同的实现方式。

图 4-45 所示是采用单片机实现的步进电动机驱动电路框图。8031 单片机 P1.0、P1.1、P1.2 三个引脚分别与步进电动机 A、B、C 三相绕组连接。引脚输出的电平信号经功率放大后,可为相应绕组通电。只要按照表 4-5,按顺序置位三个引脚的高、低电平状态,即可实现三相六拍方式的脉冲分配。

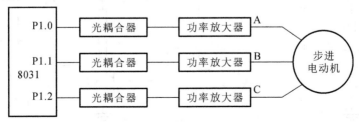

图 4-45　采用单片机实现的步进电动机驱动电路框图

表 4-5 计算机的三相六拍环形分配

| 步序 | | 通电相 | 工作状态 | | | CBA | 数值(16进制) |
正转	反转		C	B	A		
1	6	A	0	0	1	001	01H
2	5	AB	0	1	1	011	03H
3	4	B	0	1	0	010	02H
4	3	BC	1	1	0	110	06H
5	2	C	1	0	0	100	04H
6	1	CA	1	0	1	101	05H

编写单片机程序，将 01H、03H、02H、06H、04H、05H 存放在 EPROM 中，按顺序读取表 4-5 中的内容，输出到 P1 端口，即可实现电动机正转，反向读取则电动机反转，读取的频率决定步进电动机的转速。

2) 功率放大器

功率放大器是由以功率晶体管为核心的放大电路组成的。功率放大器的作用是将环形分配器输出的 TTL 电平信号放大为几安至十几安的电流，并送至步进电动机的各绕组。步进电动机常见的驱动电路主要有以下几种。

(1) 单电压功率放大电路。

图 4-46 所示是单电压供电控制步进电动机一个绕组的驱动电路。电路中，U_{IN} 是步进电动机的控制脉冲信号，控制着功率晶体管 VT 的通断。L、R_L 是步进电动机一相绕组的电路参数，R_C 是外接电阻，起限流作用，并联电容 C 是为了减小回路的时间常数，使回路电流上升沿变陡，提高步进电动机的高频性能，提高步进电动机的转矩。VD 是续流二极管，起保护功率晶体管 VT 的作用，在 VT 由导通到截止瞬间释放步进电动机电感产生的反电势。R_d 用来减小放电回路的时间常数，使绕组中电流脉冲的后沿变陡。此电路结构简单，不足之处是 R_C 消耗能量大，电流脉冲前后沿还不够陡，在改善了高频性能后，低频工作时会使振荡有所增加，使低频特性变坏。

(2) 高低压功率放大电路。

图 4-47 所示是一种高低压功率放大电路。它采用两套电源给步进电动机的绕组供电，一套是高压电源，另一套是低压电源。电路电源 U_1 为高电压，为 80~150 V；U_2 为低电压电源，为 5~20 V。

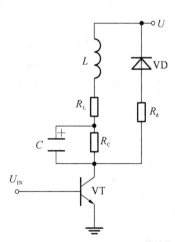

图 4-46 单电压功率放大电路

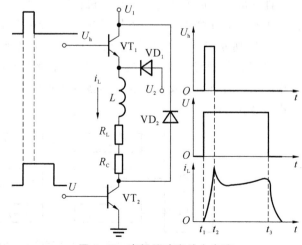

图 4-47 高低压功率放大电路

当指令脉冲到来时,脉冲的上升沿使 VT$_1$ 和 VT$_2$ 同时导通。二极管 VD$_1$ 的作用使绕组只加上高电压 U_1,使绕组的电流很快达到规定值。绕组的电流到达规定值后,VT$_1$ 的输入脉冲先变成下降沿,使 VT$_1$ 截止,步进电动机由低电压 U_2 供电,维持规定电流值,直到 VT$_2$ 输入脉冲下降沿到来,VT$_2$ 截止。下一绕组循环这一过程。高低压功率放大电路由于采用高压驱动,电流增长快,绕组电流前沿变陡,提高了电动机的工作频率和高频时的转矩,同时由于额定电流由低电压维持,只需阻值较小的限流电阻 R_C,故功耗较低。高低压功率放大电路的不足之处是在高低压衔接处的电流波形在顶部有下凹,影响步进电动机运行的平稳性。

(3) 斩波恒流功率放大电路。

斩波恒流功率放大电路如图 4-48 所示。该电路的特点是工作时 U_{in} 端输入方波步进信号。当 U_{in} 为"0"电平时,由与门 A$_2$ 输出的 U_b 为"0"电平,功率管(达林顿管)VT 截止,绕组 W 上无电流通过,采样电阻上 R_3 上无反馈电压,A$_1$ 放大器输出高电平;而当 U_{in} 为高电平时,由与门 A$_2$ 输出的 U_b 也是高电平,功率管 VT 导通,绕组 W 上有电流,采样电阻上 R_3 上出现反馈电压 U_f,由分压电阻 R_1、R_2 得到设定电压与反馈电压之差,来决定 A$_1$ 输出电平的高低,决定 U_{in} 信号能否通过与门 A$_2$。若 $U_{ref} > U_f$ 时,U_{in} 信号通过与门,形成 U_b 正脉冲,打开功率管 VT;反之,$U_{ref} < U_f$ 时,U_{in} 信号被截止,无 U_b 正脉冲,功率管 VT 截止。这样,在一个 U_{in} 脉冲内,功率管 VT 会多次通断,使绕组电流在设定值上下波动,如图 4-48 所示。由于电流波形顶波呈锯齿形波动,故斩波恒流功率放大电路有时会产生巨大的电噪声。

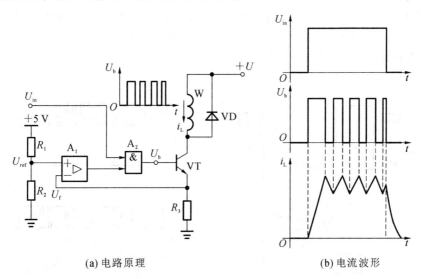

(a) 电路原理　　　　　(b) 电流波形

图 4-48　斩波恒流功率放大电路

斩波恒流功率放大电路中绕组上的电流不随步进电动机的转速而变化,从而保证在很大的频率范围内,步进电动机都输出恒定的转矩。斩波恒流功率放大电路虽然复杂,但绕组的脉冲电流边沿陡,由于采样电阻 R_3 的阻值很小(一般小于 1 Ω),所以主回路电阻较小,系统的时间常数较小,反应较快,功耗小、效率高。斩波恒流功率放大电路在实际中经常使用。

3) 细分驱动电路

前述的各种驱动电路均按步进电动机工作方式轮流给各相绕组供电,每换一次相,步进电动机就转动一步,即每拍步进电动机转子转过一个步距角。如果在一拍中,通电相的电流不是一次达到最大值,而是分成多次,每次使绕组电流增加一些,绕组电流相应地分步增加到额定值。同样,绕组电流的下降也分多次完成,使由导通变为截止的那一相不是一下子截止,而是使电流分步降到零。这样,在一个整步距内就会增加若干新的稳定点,从而达到细分的目的。如果把额定电流分成 n 个级别分别进行通电,转子就以 n 个通电级别所决定的步数来完成原有一个步距角所转过的角度,使原来的每个脉冲走一个步距角,变成了每个脉冲走 $1/n$ 个步距角,即把原来一个步距角细分成 n 份,从而提高步进电动机的精度。我们把这种控制方法称为步进电动机的细分控制。要实现细分,需要将绕组中的矩形电流波变成阶梯形电流波。阶梯波控制信号可由很多方法产生。图 4-49 所示为一种恒频脉宽调制细分驱动电路。

在原来的一个输入脉冲信号的宽度内,把电流按线性(或正弦规律)分成 n 份。由数字控制信号经 D/A 转换器转换得到绕组电流控制电压 U_s。D 触发器的触发脉冲信号 U_m 可由计算机(或单片机)提供。D/A 转换器接收到数字信号后,将它转换成相应的模拟信号电压 U_s 并加在运算放大器 Q 的同相输入端。由于这时绕组中电流还没跟上,所以 $U_f < U_s$。运算放大器 Q 输出高电平,D 触发器在高频触发脉冲 U_m 的控制下,H 端输出高电平,使功率晶体管 VT_1 和 VT_2 导通,步进电动机绕组中的电流迅速上升。当绕组电流上升到一定值时,$U_f > U_s$,运算放大器 Q 输出低电平,D 触发器清零,VT_1 和 VT_2 截止。以后当 U_s 不变时,由于运算放大器 Q 和触发器 D 构成的斩波控制电路的作用,绕组电流在一定值处上下波动,即绕组电流稳定在一个新台阶上。当稳定一段时间后,再给 D/A 转换器输入一个增加的电流数字信号,并启动 D/A 转换器,这样 U_s 上升一个台阶,和前述过程一样,绕组电流也跟着上一个阶梯。当减小 D/A 转换器的输入数字信号时,U_s 下降一个阶梯,绕组电流也跟着下降一个阶梯。由此,这种细分驱动电源既能实现细分,又能保证每一个阶梯电流的恒定。

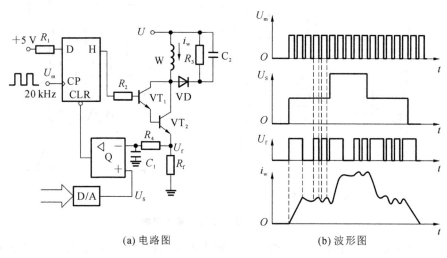

图 4-49 恒频脉宽调制细分驱动电路

细分数的大小取决于 D/A 转换器转换的精度,若为 8 位 D/A 转换器,细分数的值为 00H~FFH。若要每个阶梯的电流值相等,则要求细分的步数必须能被 255 整除,此时的细分数可能为 3,5,15,17,51,85。只要在细分控制中改变每次突变的数值,就可以实现不同的细分控制。

总之,步进电动机细分后,由 n 微步来完成原来一步距所转过的角度,所以在步进电动机和机械系统不变的情况下,通过细分驱动可得到更小的脉冲当量,因而提高定位精度。在细分控制下,绕组电流由小均匀增到最大,或由最大均匀减到最小,避免了电流冲击,基本消除了步进电动机低速振动,使步进电动机低速运转平稳、无噪声。步进电动机细分控制在实际中得到广泛应用。

4.4.5 直流伺服电动机

直流伺服电动机具有良好的机械特性和调节特性。虽然当前交流伺服电动机已占主导地位,但在某些场合,直流伺服电动机仍在使用。

20世纪70年代研制成功了大惯量宽调速直流伺服电动机。它在结构上采取了一些措施,尽量提高转矩,改善动态特性,既具有一般直流电动机的各项优点,又具有小惯量直流电动机的快速反应性能,易与较大的负载惯量匹配,能较好地满足伺服驱动的要求,因此,在数控机床、工业机器人等机电一体化产品中得到了广泛的应用。

1. 宽调速直流伺服电动机的结构和特点

宽调速直流伺服电动机按电枢的结构与形状可分为平滑电枢型、空心电枢型和有槽电枢型等,按定子磁场产生方式可分为电激磁型和永久磁铁型两种。电激磁型结构的特点是激磁量便于调整,易于安排补偿绕组和换向极,电动机的换向性能得到改善,成本低,可以在较宽的速度范围内得到恒转矩特性。

永久磁铁型结构一般没有换向极和补偿绕组,电动机的换向性能受到一定限制,但它不需要激磁功率,因而效率高,电动机在低速时能输出较大转矩。此外,这种结构温升低,电动机直径可以做得小些,加上目前永磁材料性能不断提高,成本逐渐下降,故此结构用得较多。

永久磁铁型宽调速直流伺服电动机的结构如图4-50所示。电动机定子采用矫顽力大、不易去磁的永磁材料,转子直径大并且有槽,因而热容量大,而且结构上又采用了通常凸极式和隐极式永磁电动机磁路的组合,提高了电动机气隙磁密。在电动机尾部通常装有低纹波(纹波系数一般在2%以下)的测速发电机用以作为闭环控制伺服系统必不可少的速度反馈元件,这样不仅使用方便,而且保证了安装精度。

宽调速直流伺服电动机由于在结构上采取了上述措施,因而性能上有以下特点。

(1) 电动机输出转矩大:在相同的转子外径和电枢电流情况下,所设计的转矩系数较大,故可产生较大转矩,使电动机转矩和惯量的比值增大,因而可满足较快的加减速要求;在低速时,能输出较大转矩,能直接驱动丝杠、简化结构、降低成本且提高精度。

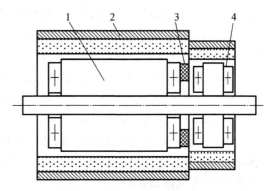

图4-50 永久磁铁型宽调速直流伺服电动机的结构
1—转子;2—定子(永磁体);
3—电刷;4—测速发电机

(2) 电动机过载能力强:电动机转子有槽,热容量大,因而热时间常数大,耐热性能好,可以过载运行几十分钟。

(3) 动态响应性能好:电动机定子采用高性能永磁材料,具有很大的矫顽力和足够的厚度,提高了电动机的效率,而且又没有激磁损耗,去磁临界电流可取得偏大,能产生10~15倍的瞬时转矩,而不出现退磁现象,从而使动态响应性能大大提高。

(4) 低速运转平稳:电动机转子直径大,电动机槽数和换向片数可以增多,使电动机输出力矩波动减小,有利于电动机低速运转平稳。

(5) 易于调试:电动机转子惯量较大,外界负载转动惯量对伺服系统的影响相对减小,工作稳定。

此外,宽调速直流伺服电动机还配有高精度低纹波的测速发电机、旋转变压器(或编码盘)及制动器,为速度环提供了较高的增益,能获得优良的低速刚度和动态性能,因而宽调速直流伺服电动机是目前机电一体化闭环或半闭环控制伺服系统中应用最广、最多的控制用电动机。

2. 宽调速直流伺服电动机的工作特性

宽调速直流伺服电动机的工作特性是由一些参数和特性曲线所限定的。电动机转矩和转速随运行条件的变化而变化。图 4-51 所示为 FB-15 型宽调速直流伺服电动机的转矩-转速特性曲线,也称工作曲线。图 4-51 中 a、b、c、d、e 五条曲线组成了电动机的三个区域,描述了电动机输出转矩和转速之间的关系。在连续工作区内,转速和转矩的任何组合都可使电动机长时间连续工作;而在断续工作区,电动机只允许短时间工作或周期

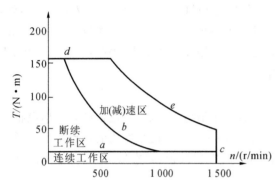

图 4-51 FB-15 型宽调速直流伺服电动机的转矩-转速特性曲线

间歇工作,即工作一段时间停歇一段时间,间歇循环允许工作时间的长短因载荷大小而异。在加(减)速区,电动机处于加(减)速工作状态下。

曲线 a 为电动机温度限制曲线。在此曲线上,电动机达到绝缘所允许的极限值,故只允许电动机在此曲线下长时间连续运行。曲线 c 为电动机最高转速限制曲线。随着转速上升,电枢电压升高,整流子片间电压加大,超过一定值有发生环火的危险。转矩曲线 d 中最大转矩主要受永磁材料的去磁特性限制,当去磁超过某值后,铁氧体磁性发生变化。

3. 直流伺服电动机的调速驱动

直流伺服电动机用直流供电,调节直流伺服电动机的转速和方向时,需要对直流电压的大小和方向进行控制。目前直流伺服电动机常用可控硅(SCR)直流调速驱动和晶体管脉宽调制(PWM)直流调速驱动两种调速驱动方式。

1) 可控硅直流调速驱动

可控硅又称为晶闸管,是一种大功率的半导体器件。它既有单向导电的整流作用,又有可控的开关作用,可以用作整流电路给直流电动机供电。若将专用的触发电路与整流电路相结合,可以实现直流电动机的调速。

可控硅直流调速驱动具有以下特点。

(1) 可控硅是半控型器件,只能控制其开通,不能控制其关断。

(2) 可控硅的工作频率也不能太高(<400 Hz),这限制了它的应用。

(3) 通态损耗小,控制功率大。

(4) 可控硅作开关使用时,没有机械抖动现象。

20 世纪 70 年代后期,可关断晶闸管(GTO)、功率晶闸管(GTR)、功率场控晶体管(功率

MOS-FET)等全控型(既可控制开通又可控制关断)器件及其模块的出现和实用化使得对电能的控制和转换进入崭新的领域。特别是20世纪80年代出现的绝缘门极双极晶体管(IGBT),它兼有GTR和功率MOS-FET两者的全部优点,因而获得广泛的应用。

图4-52是普通晶闸管的结构示意图和图形符号。它是PNPN四层半层体三端器件,有三个PN结——J_1、J_2、J_3,以及三个引出电极——A(阳极)、K(阴极)、G(门极,也称控制级)。普通晶闸管的等效电路如图4-53所示。门极电流I_G的注入,使T_2产生I_{C2},I_{C2}又使T_1产生I_{C1},这进一步增大了T_2的基极电流,从而加速了晶闸管的饱和导通。对图4-53进行分析可得出如下三点结论。

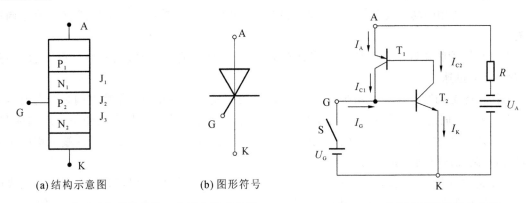

图4-52 普通晶闸管的结构示意图和图形符号　　图4-53 普通晶闸管的等效电路

第一,晶闸管导通必须具备两个条件:一是阳极A与阴极K之间要加正向电压(图中为U_A);二是门极G与阴极K之间也要有足够的正向电压和正向电流(图中为U_G和I_G)。

第二,晶闸管一旦导通,门极即失去控制作用,只要维持阳极电位高于阴极电位和阳极电流I_A大于维持电流I_H,就可继续导通晶闸管。

第三,为使晶闸管关断,必须使阳极电流I_A减小到维持电流I_H以下,这只有采用使阳极电压减小到零或者反向的方法来实现。

普通晶闸管可以用于可控整流(AC-DC)电路、逆变(DC-AC)电路和其他开关电路。图4-54所示是单相全控桥式整流电路。图4-55所示为单相全控桥式整流电路整流电压波形,其中U_G是触发脉冲波形,α为触发角,由触发电路提供。所以单相全控桥式整流电路的控制实际上就是触发控制角α的控制,在直流电动机的调速过程中实际上也是通过调整α角来进行控制的。

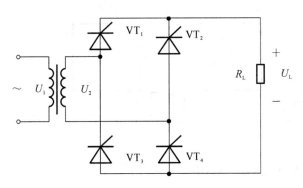 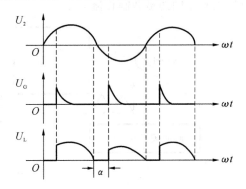

图4-54 单相全控桥式整流电路　　图4-55 单相全控桥式整流电路整流电压波形

2) 晶体管脉宽调制直流调速驱动

与可控硅直流调速相比,晶体管脉宽调制直流调速具有以下特点。

(1) 系统主电源采用整流滤波,对电网波形的影响小,几乎不产生谐波影响。

(2) 由于晶体管开关工作频率很高(在 2 kHz 左右),因此系统的响应速度和稳速精度等性能指标都较好。

(3) 电枢电流的脉动量小,容易连续,不必外加滤波电抗器系统也可平稳工作。

(4) 系统的调速范围很宽,并使传动装置具有较好的线性,使用宽调速直流伺服电动机,可达 1 000 倍以上调速范围。

(5) 系统使用的功率元件少,线路简单,用 4 个功率三极管就可组成可逆式直流脉宽调速系统。

由于晶体管脉宽调制直流调速系统具有上述特点,所以它一出现就得到广泛的应用和重视,发展非常迅速。

晶体管脉宽调制直流调速系统的工作原理是:利用晶体管的开关工作特性调制恒定电压的直流源,按一个固定的频率来接通与断开放大器,并根据外加控制信号来改变一个周期内"接通"与"断开"时间的长短,使加在电动机电枢上电压的占空比改变,即改变电枢两端平均电压大小,从而达到控制电动机转速的目的。

晶体宽脉宽调制直流调速系统的关键是如何产生 PWM 信号。PWM 放大器即可完成此项功能。它由脉冲频率发生器、电压—脉冲变换器、分配器、功率放大器等部分组成,如图 4-56 所示。

脉冲频率发生器可以是三角波脉冲发生器或锯齿波脉冲发生器,它的作用是产生一个频率固定的调制信号 U_0。电压—脉冲变换器的作用是将外加直流控制电平信号 U_e 与脉冲频率发生器送来的调制信号 U_0 在其中混合后,产生一个宽度被调制了的开关脉冲信号。分配器的作用是将电压-脉冲变换器输出的开关脉冲信号按一定的逻辑关系分别送到功率放大器的各个晶体管基极,以保证各晶体管协调工作。功率放大器对宽度被调制了的开关脉冲信号进行功率放大,以驱动主电路的功率晶体管。

图 4-57 所示是一个电压-脉冲变换器线路及调制原理的波形图。当控制电压 U_e 为零时,输出电压 U_A 和 U_B 的脉冲宽度相同,且等于 $T/2$(T 为三角波的周期)。当 U_e 为正时,U_A 的宽度大于 $T/2$,U_B 的宽度小于 $T/2$,如图 4-57(b)所示;当 U_e 为负时,情况相反。由此可得到 U_A、U_B 两种不同的被调制直流电压。

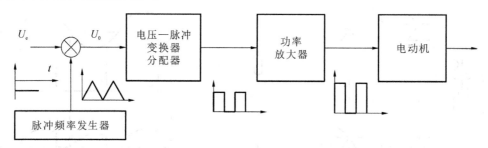

图 4-56 PWM 放大器结构框图

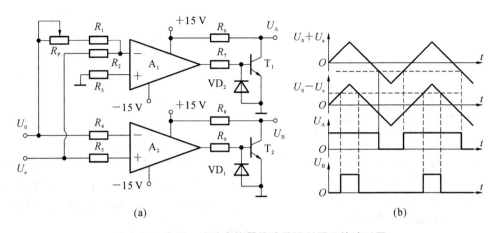

图 4-57　电压一脉冲变换器线路及调制原理的波形图

4.4.6　交流伺服电动机

直流伺服电动机具有电刷和整流子，尺寸较大，且必须经常维修，使用环境受到一定的影响，特别是其容量较小，受换向器限制，电枢电压较低，很多特性参数随转速而变化，这限制了直流伺服电动机向高转速、大容量发展。交流调速系统是在20世纪60年代末随着电子技术的发展而出现的。20世纪70年代后，大规模集成电路、计算机控制技术及现代控制理论的发展与应用，为交流伺服电动机的快速发展创造了有利条件。特别是变频调速技术、矢量控制技术的应用，使得交流伺服调速逐步具备了调速范围宽、稳速精度高、动态响应快以及四象限可逆运行等良好的技术性能，在调速性能方面已可与直流伺服调速相媲美，并在逐步取代直流伺服调速。

1. 交流伺服电动机的结构特点

交流伺服电动机的类型有永磁同步交流伺服电动机（SM）和感应异步交流伺服电动机（IM）。其中：永磁同步交流伺服电动机具备十分优良的低速性能，可以实现弱磁高速控制，调速范围宽广，动态特性和效率都很高，已经成为伺服系统的主流之选；而感应异步交流伺服电动机虽然结构坚固、制造简单、价格低廉，但是在特性上和效率上与永磁同步交流伺服电动机存在差距，只在大功率场合得到重视。

交流伺服电动机的结构特点是：采用了全封闭无刷构造，以适应实际生产环境，不需要定期检查和维修；定子省去了铸件壳体，结构紧凑，外形小，质量轻（只有同类直流伺服电动机的75%~90%）；定子铁芯较一般电动机的定子铁芯开槽多且深，定子铁芯绝缘可靠，磁场均匀；可对定子铁芯直接冷却，散热效果好，因而传给系统部分的热量小，提高了整个系统的可靠性；转子采用具有精密磁极形状的永久磁铁，因而可实现高扭矩、惯量比，动态响应好，运动平稳；同轴安装有高精度的脉冲编码器作为检测元件。交流伺服电动机以高性能、大容量日益受到广泛的重视和应用。

2. 交流伺服电动机的技术规格及特性简介

对于交流伺服电动机的功率范围，当前100~2000 W是主流，大约占整个伺服市场的70%，10 kW以下的品种占到90%。对于交流伺服电动机的转速范围，大约50%的用户需要3 000 r/min以内的电动机，40%需要转速为3 000~6 000 r/min的电动机，不到10%的人需要

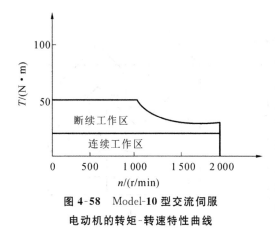

图 4-58 Model-10 型交流伺服电动机的转矩-转速特性曲线

10 000 r/min 及以上转速的电动机。

现以数控机床使用较多的 Model-10 型交流伺服电动机为例,介绍交流伺服电动机的规格及工作特性。Model-10 型交流伺服电动机的功率为 1.8 kW,额定转矩为 11.8 N·m,最大转矩为 78 N·m,最高转速为 2 000 r/min,转子惯量为 0.001 0 kg·m^2,系统时间常数为 10 ms,质量为 23 kg。与直流伺服电动机一样,交流伺服电动机的工作特性同样取决于某些参数及特性曲线。Model-10 型交流伺服电动机的转矩-转速特性曲线如图 4-58 所示。

3. 交流伺服电动机的变频调速

根据交流电动机转速公式,采用改变电动机极对数 p、转差率 S 或电动机的外加电源频率(定子供电频率)f 等三种方法,都可以改变交流电动机的转速。目前高性能的交流调速系统大都采用均匀改变外加电源频率 f 这一方法来平滑地改变电动机的转速。为了保持在调速时电动机的最大转矩不变,需要维持磁通恒定,要求定子供电电压做相应调节。因此,对交流电动机供电的变频器(VFD)一般都要求兼有调压和调频两种功能。近年来,晶闸管以及大功率晶体管等半导体电力开关问世,它们具有接近理想开关的性能,促使变频器迅速发展。通过改变定子电压 U 及定子供电频率 f 的不同比例关系,获得不同的变频调速方法,从而研制了各种类型的大容量、高性能变频器,使交流电动机调速系统在工业中得到推广应用。

1)变频器的类型和特点

对交流电动机实现变频调速的装置称为变频器。变频器的功能是将电网电压提供的恒压恒频交流电变换为变压变频交流电,变频伴随变压,对交流电动机实现无级变速。变频可分为交—交变频和交—直—交变频两种,如图 4-59 所示。

交—交变频(见图 4-59(a))利用可控硅整流器直接将工频交流电(频率 50 Hz)变成频率较低的脉动交流电,正组输出正脉冲,反组输出负脉冲,这个脉动交流电的基波就是所需的变频电压。但采用这种变频方法所得到的交流电波动比较大,而且最大频率即为变频器输入的工频电压频率。

交—直—交变频(见图 4-59(b))先将交流电整流成直流电,然后将直流电压变成矩形脉冲电压,这个矩形脉冲波的基波就是所需的变频电压。采用这种变频方法所得交流电的波动小,而且调频范围比较宽,调节线性度好。交—直—交变频器根据中间直流电压是否可调可分为中间直流电压可调的 PWM 逆变器型变频器和中间直流电压固定的 PWM 逆变器型变频器,根据中间直流电路上的储能元件是大电容还是大电感可分为电压型变频器和电流型变频器。

采用了脉冲宽度调制逆变器的变频器简称 PWM 变频器。PWM 的调制方法有很多,正弦波调制方法是应用最广泛的一种。它简称 SPWM,即通过改变 PWM 输出的脉冲宽度,使输出电压的平均值接近正弦波。SPWM 变频器是目前应用最广、最基本的一种交—直—交电压型变频器,这种变频器结构简单,电网功率因数接近 1,且不受逆变器负载大小的影响,系统动态

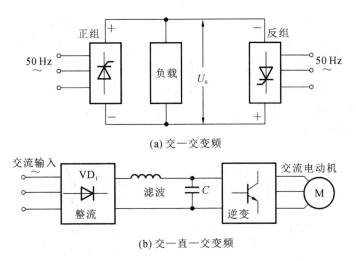

(a) 交—交变频

(b) 交—直—交变频

图 4-59　两种变频方式

响应快,输出波形好,使电动机可在近似正弦波的交变电压下运行,脉动转矩小,扩展了调速范围,提高了调速性能,得到了广泛应用。

2) SPWM 波调制原理

变频器实现变频调压的关键是逆变器控制端获得要求的控制波形(即 SPWM 波),如图 4-60所示。SPWM 波的形成原理是:把一个正弦半波分成 N 等分,然后把每一等分的正弦曲线与横坐标所包围的面积都用一个与此面积相等的高矩形脉冲来代替,这样可得到 N 个等高而不等宽的脉冲;这 N 个脉冲对应着一个正弦波的半周,对正弦波的负半周也进行同样的处理,得到相应的 $2N$ 个脉冲,这就是与正弦波等效的正弦脉宽调制波,即 SPWM 波。

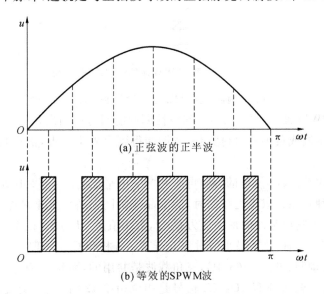

(a) 正弦波的正半波

(b) 等效的SPWM波

图 4-60　与正弦波等效的矩形脉冲波

SPWM 波可采用模拟电路、以"调制"方法实现。在直流电动机 PWM 调速系统中,PWM 输出电压由三角载波调制直流电压得到。同理,在交流 SPWM 变频调试系统中,输出电压 U_o

由三角载波调制正弦电压得到,如图 4-61 所示。在图 4-61 中,U_t 为三角载波信号,U_1 为某相正弦控制波。通过比较器对两个信号进行比较后,输出脉宽与正弦控制波成比例的方波。$U_1 > U_t$ 时,比较器输出端为高电平;$U_1 < U_t$ 时,比较器输出端为低电平。SPWM 波的输出电压 U_o 是一个幅值相等、宽度不等的方波信号。信号各脉冲的面积与正弦波下的面积成比例,所以脉宽基本上按正弦分布,方波信号的基波是等效正弦波。用这个输出方波信号经功率放大后作为交流伺服电动机的相电压(电流),改变正弦基波的频率就可改变电动机相电压(电流)的频率,从而实现调频调速的目的。

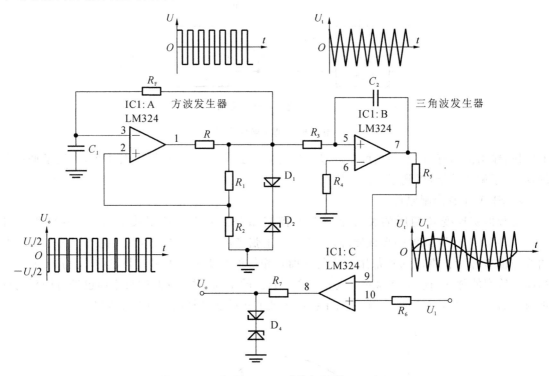

图 4-61 双极型 SPWM 波的调制原理(一相)

在调制过程中,可以是双极性调制,也可以是单极性调制。在双极性调制过程中,同时得到正负完整的输出 SPWM 波(见图 4-61)。双极性调制能同时调制出正半波和负半波;而单极性调制只能调制出正半波或负半波,再把调制波倒相得到另外半波形,然后相加得到一个完整的 SPWM 波。

在图 4-61 中,比较器输出 U_o 的"高"电平和"低"电平控制图 4-62 中功率晶体管的基极,即控制它的通和断两种状态。双极型控制时,功率晶体管同一桥臂上下两个开关器件交替通断。从图 4-61 中可以看到输出脉冲的最大值为 $U_s/2$,最小值是 $-U_s/2$。以图 4-62 中的 A 相为例,当处于最大值时 VT_1 导通,处于最小值时 VT_4 导通。B 相和 C 相同理。

在三相 SPWM 调制(见图 4-63 中),三角载波是共用的,而每一相有一个输入正弦信号和一个 SPWM 调制器。输入的 U_a、U_b、U_c 信号是相位相差 120°的正弦交流信号,它们的幅值和频率都是可调的,用以改变输出的等效正弦波(U_{0a}、U_{0b}、U_{0c})的幅值和频率,实现对电动机的控制。

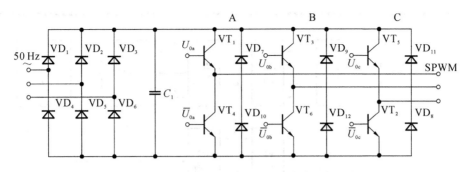

图 4-62 双极型 SPWM 通用型功率放大主回路

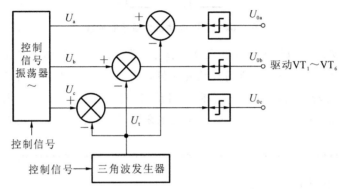

图 4-63 三相 SPWM 波调制原理框图

3) SPWM 变频器的功率放大

SPWM 波经功率放大后才能驱动电动机。图 4-62 左侧是桥式整流电路,用以将工频交流电变成直流电;右侧是逆变器,用 $VT_1 \sim VT_6$ 六个功率晶体管把直流电变成脉宽按正弦规律变化的等效正弦交流电,用以驱动交流伺服电动机。来自控制电路的三相 SPWM 波 U_{0a}、U_{0b}、U_{0c} 及它们的反向波 $\overline{U}_{0a}$、$\overline{U}_{0b}$、$\overline{U}_{0c}$ 控制 $VT_1 \sim VT_6$ 的基极,作为逆变器功率开关的驱动控制信号。$VD_7 \sim VD_{12}$ 是续流二极管,用来导通电动机绕组产生的反电动势。放大电路的右端接在电动机上。由于电动机绕组电感的滤波作用,放大电路的电流变成正弦波。三相输出电压(电流)在相位上彼此相差 120°。

【知识拓展】 交流伺服电动机矢量控制

1. 矢量控制思想

通过控制励磁电流和电枢电流,直流电动机可以方便地实现转矩控制;而交流电动机难以实现转矩控制。因此,对于交流电动机转矩,出现了矢量控制的方法。矢量控制的基本思想就是把交流电动机等效成直流电动机,以交流电动机转子磁场定向,把定子电流向量分解成与转子磁场方向相平行的磁化电流分量和相垂直的转矩电流分量,使其分别对应直流电动机中的励磁电流和电枢电流,从而采用直流电动机的控制方法来控制交流电动机。

2. 矢量控制原理

交流电动机矢量控制原理如图 4-64 所示。

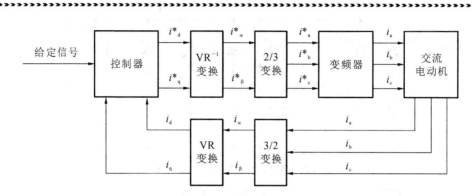

图 4-64　交流电动机矢量控制原理

将检测到的交流电动机定子三相电流 i_a、i_b、i_c 通过三相—二相坐标变换,等效成两相静止坐标系下的两相电流 i_α、i_β;再通过旋转变换,等效成同步旋转坐标系下的直流电流 i_d、i_q;然后按照直流电动机的控制方法,求得控制量 i_d^*、i_q^*;再经过相应的旋转反变换、二相—三相变换及变频器,得到加在绕组上的三相交流分量,从而实现对交流电动机的矢量控制。

4.4.7　直线电动机

1. 直线电动机的特点

直线电动机是利用电能直接产生直线运动的电气装置。可以把直线电动机看作是旋转电动机沿径向剖开拉直而成的,如图 4-65 所示。近年来,世界各国开发出许多具有实用价值的直线电动机的机型,并已广泛应用在机电一体化产品中,如用于自动化仪表系统、计算机辅助设备、自动化机床以及其他科学仪器的自动控制系统等中。由于结构上的改变,直线电动机具有以下的优点。

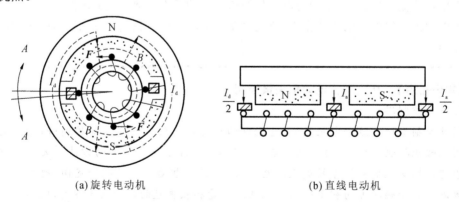

(a) 旋转电动机　　　　　　　　　　(b) 直线电动机

图 4-65　旋转电动机演变成直线电动机

(1) 结构简单:在需要直线运动的场合,采用直线电动机即可实现直接传动,而不需要将旋转运动转换成直线运动的中间转换机构,使得总体结构得到简化,体积小。

(2) 应用范围广、适应性强:直线电动机本身结构简单,容易做到无刷无接触运动,密封性好,在恶劣环境中照常使用,适应性强。

(3) 反应速度快,灵敏度高,随动性好。

(4) 额定值高,冷却条件好,特别是长次级接近常温状态,因此线负荷和电流密度都可以取得很高。

(5) 有精密定位和自锁能力:直线电动机和控制线路相配合,可做到微米级的位移精度和自锁能力;直线电动机与微处理机相结合,可提供较精确与稳定的位置,并能控制速度和加速度。

(6) 工作稳定可靠,寿命长:直线电动机是一种直传动的特种电动机,可实现无接触传递,故障少,不怕振动和冲击,因而稳定可靠,寿命长。

目前,主要应用的直线电动机机型有直线直流电动机、直线感应电动机以及直线步进电动机。

2. 直线电动机的分类

1) 直线直流电动机

图 4-66 所示是直线直流电动机的工作原理。移动线圈 2 可沿软铁棍 3 轴向自由移动。在移动线圈 2 的行程范围内,永久磁铁给予它大致均匀的磁场 B_δ。当移动线圈 2 中通入直流电流 I_d 时,载有电流的导体在磁场中就会受到电磁力 F 的作用。只要线圈受到的电磁力 F 大于线圈支架上存在的静摩擦力 F_s,就可使移动线圈 2 产生直线运动。

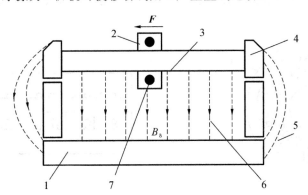

图 4-66 直线直流电动机的工作原理

1—软铁板;2—移动线圈;3—软铁棍;4—斜极块;5—漏磁通;6—磁通平行线;7—I_d 电流通入线圈

为了使磁极和电枢能够在一定范围内保持恒定的相对作用和直线运动,必须使电枢和磁极的长度不同,因而产生了长电枢型直线直流电动机和长磁极型直线直流电动机。图 4-67 所示为双边型长电枢多极直线直流电动机。将长电枢固定不动,磁极做成可以移动的形式的直线直流电动机称为长电枢动极型多极直线直流电动机。当然,磁极也可做成动圈式的。一般直线直流电动机都做成双边的,双边型直线直流电动机的电枢在磁场中所受到的总推力(F_1+F_2)大,且磁场对称,不存在单边磁拉力。

直线直流电动机运行效率高,控制比较方便灵活,和闭环控制伺服系统结合在一起,可精密地控制位移,而且直线直流电动机的速度和加速度控制范围广,调速平滑性好。但是直线直流电动机由于有电枢和电刷,维护和保养尚有一定的困难。

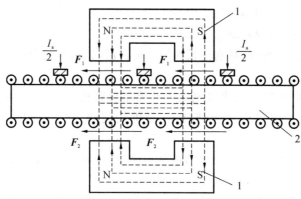

图 4-67 双边型长电枢多极直线直流电动机

1—磁极；2—电枢

2) 直线感应电动机

与直线直流电动机一样，若把旋转感应电动机（见图 4-68(a)）沿径向剖开，并将电动机的圆周拉平展开，则可将旋转感应电动机演变成扁平形直线感应电动机（图 4-68(b)）。由原来定子演变而来的一侧称为直线感应电动机的初级；由鼠笼式转子演变而来的一侧称为直线感应电动机的次级。原来沿电动机圆周空气隙旋转磁场，现在随着电动机圆周的拉平而成直线后，变成了平移磁场。由此，电动机也由旋转运动变成了直线运动。直线感应电动机的工作原理和对应的旋转感应电动机相似。

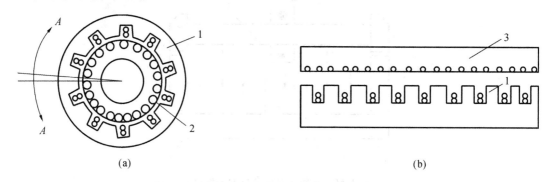

图 4-68 旋转感应电动机演变成直线感应电动机

1—初级；2—鼠笼转子（次级）；3—次级

为了实现在一定范围内的直线运动，初级 1 和次级 2 也不能一样长。同样，为了消除初、次级之间的单边磁拉力，减轻次级质量，直线感应电动机通常也做成双边型的，如图 4-69 所示。

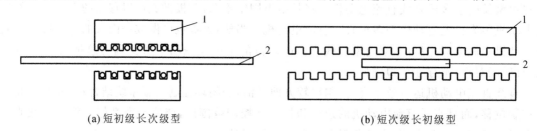

(a) 短初级长次级型　　　　　　　　　　　　(b) 短次级长初级型

图 4-69 双边型直线感应电动机

1—初级；2—次级

直线感应电动机也可做成圆筒形(或称为管形)结构。圆筒形直线感应电动机是由旋转感应电动机演变过来的,演变过程如图 4-70 所示。图 4-70(a)表示旋转感应电动机定子绕组所构成的磁场极性分布情况。图 4-70(b)表示转变为扁平形直线感应电动机后,初级绕组所产生的磁极极性分布情况。然后将扁平形直线感应电动机沿着和直线运动相垂直的方向卷接成圆筒形,就变成图 4-70(c)所示的圆筒形直线感应电动机。圆筒形结构磁路对称性好,铁芯和线圈利用率高,所以推力与动子质量的比值最大。由旋转感应电动机演变而来的这种直线感应电动机也称为直线交流感应电动机。

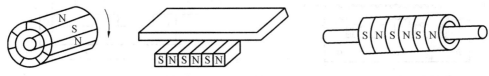

(a) 旋转感应电动机　　(b) 扁平形直线感应电动机　　(c) 圆筒形直线感应电动机

图 4-70　直线感应电动机演变过程

3) 直线步进电动机

使用直线步进电动机可以实现用一种直线运动的高速度、高精度、高可靠性的数字直线随动系统调节装置,来取代过去那种间接地由旋转运动转换而来的直线驱动方式。此外,直线步进电动机在不需要闭环控制的条件下,能够提供一定精度、可靠的位置和速度控制。直线步进电动机的工作原理与旋转步进电动机相似,它们都是一种机电转换元件。只是直线步进电动机将输入的电脉冲信号转换成相应的直线位移而不是角度位移,即在直线步进电动机上外加一个电脉冲时,产生直线运动一步,直线步进电动机的运动形式是直线步进,输入的电脉冲可由数字控制器或微处理机来提供。

直线步进电动机按作用原理可分为变磁阻式和混合式两种。变磁阻式直线步进电动机的结构示意图如图 4-71 所示。定子 2 是一条矩形叠片式铁芯。一对绕有三相绕组的 E 形铁芯对称地安装在条形定子铁芯两边。两个 E 形铁芯组成了一个可沿轴向移动的电枢(动子 1)。定子和动子的上都开有槽齿,定子和动子的齿间关系如图 4-72 所示。通常三相直线步进电动机的动子极距可用下列公式表示:

$$P_t = (M + 1/3)\tau_t \tag{4-28}$$

式中: P_t ——动子极距(m);

M ——任意正整数;

τ_t ——定子齿距(m)。

每输入一个电脉冲,动子在空间移动的距离称为步距。每改变一次通电状态,动子移动一步(也称运行一拍)。如果运行 m_1 拍后,动子正好移动一个定子齿距 τ_t,则分辨力为 $R = \tau_t/m_1$。因此,增加运行拍数可提高位移的分辨力。

混合式直线步进电动机是利用永磁铁供磁和电流激磁相互结合的方案来产生电磁推力的,与一般步进电动机一样,混合式直线步进电动机通常也采用两相同时激磁的方法来使运动平稳、电磁推力增大。混合式直线步进电动机也可采用细分电路来提高分辨力。

直线步进电动机也有单边型、双边扁平形和圆筒形结构。直线步进电动机的直线步进运动可以是单轴向运动,也可以是双轴向或三轴向运动。

直线电动机的类型还有压电直线电动机、直线悬浮电动机(电磁轴承)及直线振荡电动机等。

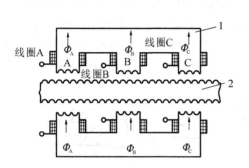
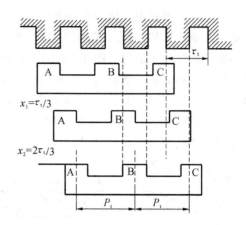

图 4-71 变磁阻式直线步进电动机的结构示意图　　图 4-72 变磁阻式直线步进电动机定子和动子的齿间关系
1—动子；2—定子

【知识拓展】　超声波电动机

超声波电动机也称压电电动机，是一种全新概念的电动机。通常它的工作频率在 20 kHz 以上，由此得名超声波电动机。

在结构上，超声波电动机由定子和转子组成。定子由压电材料和弹性体组成；转子为一块金属板，金属板上覆有耐磨材料；定子和转子在压力的作用下互相接触。超声波电动机的工作原理是压电材料的逆压电效应。定子中的压电元件受到高频交流电的作用时，会使弹性体产生振动，通过定子与转子之间的摩擦力，将振动传递给转子，驱动转子运动。

超声波电动机具有低速大转矩；体积小、质量轻；反应快、控制性能好；无电磁干扰；停转时有保持转矩等特点。在航空航天、机器人、医疗器械、微机械等领域，超声波电动机已得到成功应用。

4.5　动力元件建模

机电一体化系统中常用的动力元件是电气式动力元件，它的输入为电信号，输出为机械量（位移、力等）。图 4-73 所示为由动力元件构成的驱动系统。它由驱动电路、电气—机械变换器（直流伺服电动机）、机械量变换器（如减速器）组成。由于机电一体化系统一般需要将电气—机械变换的状态（电流、速度）进行反馈，机械量变换器以及与其相连接的机构的特性改变了电气—机械变换装置的状态，因此，动力元件的动态特性不单纯是它本身的特性，应该将动力元件的动态特性和由其构成的驱动系统中机构的动态特性结合起来分析，不能简单地将动力元件的传递函数只

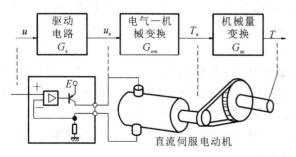

图 4-73　由动力元件构成的驱动系统

写成各部分的乘积(即不能写成 $G_s = G_e \cdot G_{em} \cdot G_m$)。

电气式动力元件有多种,如前面介绍的直流伺服电动机、交流伺服电动机、步进电动机、直线电动机以及压电式动力元件等。动力元件电气—机械变换的基本原理是电磁变换和压电变换,与前面介绍的变换器的变换原理相同。此外,形状记忆合金动力元件也可以认为是通过电-热-变形,具有电气-机械变换功能的一种电气式动力元件。上述这些动力元件可以用于闭环控制(反馈控制)或开环控制中。下面介绍最基本的电磁变换动力元件的动态特性。

图 4-74(a)、(b)所示为直流伺服电动机工作原理和电路。图 4-74(a)、(b)中,电动机线圈的电流为 i,L 与 R 为线圈的电感与电阻,电动机的输入电压为 u,折算到电动机转子轴上的等效负载转动惯量为 J_M,电动机输出转矩和角速度分别为 T 和 ω,e 为电动机线圈的反电动势,于是有

$$\begin{cases} L\dfrac{\mathrm{d}i}{\mathrm{d}t} + Ri = u - e \\ e = K_E \omega \\ T = K_T i \end{cases} \tag{4-29}$$

式中:K_E——电枢的电势常数;

K_T——电枢的转矩常数。

动力元件的角速度由机构的动态特性 G_M 确定,即

$$\omega = G_M(s) T \tag{4-30}$$

在上述方程中,如果机构具有非线性,拉普拉斯变换算子 s(或 $1/s$)可看成微分(或积分)符号。由上述各式可画出图 4-74(c)所示的框图,动力元件输出 ω 与输入电压 u 之间的传递函数为

$$\frac{\Omega(s)}{U(s)} = \frac{K_T G_M}{G_M K_T K_E + Ls + R} \tag{4-31}$$

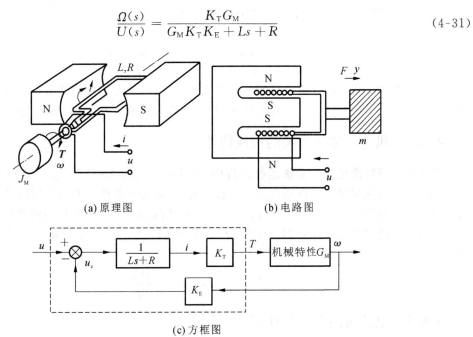

(a) 原理图　　(b) 电路图

(c) 方框图

图 4-74　电磁感应式动力元件

如果机构只有惯性负载,则 $G_M = 1/(J_M s)$,于是有

$$\frac{\Omega(s)}{U(s)} = \frac{K_T}{(Ls+R)J_M s + K_T K_E} \tag{4-32}$$

作为电磁感应式动力元件,交流伺服电动机具有上述二次滞后特性。

4.6 动力元件的选择与计算

4.6.1 概述

设计机电一体化系统时,选用何种形式的动力元件主要从以下三个方面进行分析比较:首先,分析系统的负载特性和要求,包括系统的载荷特性、工作制度、结构布置和工作环境等;其次,分析动力元件本身的机械特性,包括动力元件的功率、转矩、转速等特性,以及动力元件所能适应的工作环境,应使动力元件的机械特性与系统的负载特性相匹配;最后,进行经济性的比较,当同时可用多种类型的动力元件进行驱动时,经济性的分析是必不可少的,经济性的比较包括能源的供应和消耗的对比,动力元件的制造、运行和维修成本的对比等。

除此之外,有些动力元件的选择还要考虑对环境的污染,包括空气污染和噪声污染等。例如,室内工作的系统使用内燃机作为动力元件就不合适。

根据各类动力元件的特点,选择时可进行各种方案的比较。首先确定动力元件的类型,然后根据系统的负载特性计算动力元件的容量。有时也可先预选动力元件,在产品设计出来后再进行校核。

动力元件的容量通常是指其功率的大小。动力元件的功率 P、转矩 T 与转速 n 之间的关系为

$$P = \frac{T \cdot n}{9\,549} \quad \text{或} \quad T = \frac{9\,549P}{n} \tag{4-33}$$

动力元件的容量一般是由负载所需功率或转矩确定,动力元件的转速与动力元件至执行机构之间的传动方案选择有关。具有变速装置时,动力元件的转速可高于或低于系统的转速。

4.6.2 机电一体化系统的负载特性

系统的负载特性是指在系统运行过程中,系统的运动参数(位移、速度等)和力能参数(转矩、功率等)的变化规律。选择动力元件的容量时,主要考虑系统输入动力端的转矩 T_z、功率 P_z 与转速 n 之间的关系,即 $T_z = f(n)$、$P_z = f(n)$。所选的动力元件应与这些特性相适应。若系统执行机构端部的转矩和功率分别为 T_z' 和 P_z',中间传动系统的传动比为 i,系统的总效率为 η,那么 T_z 和 P_z 分别为

$$T_z = \frac{T_z'}{i\eta}, \quad P_z = \frac{P_z'}{\eta} \tag{4-34}$$

4.6.3 电动机的选择和计算

1. 控制用电动机的转矩计算

通过分析系统的负载特性和要求确定电动机的类型后,就要分析系统的负载特性,计算电

动机的容量,从而使电动机的机械特性与系统的负载特性相匹配。电动机的容量一般是根据负载所需功率或转矩确定的。现以切削机床类机电一体化系统为例介绍电动机的选择和计算。

控制用电动机的负载转矩可以按下面方法来计算。

快速空载启动时所需转矩 T_1 为

$$T_1 = T_{amax} + T_f + T_o \tag{4-35}$$

最大切削负载时所需转矩 T_2 为

$$T_2 = T_{at} + T_{ft} + T_o + T_t \tag{4-36}$$

上两式中:T_{amax}——空载启动时折算到电动机轴上的最大加速转矩(N·m);

T_f——空载时折算到电动机轴上的摩擦转矩(N·m);

T_{ft}——工作时折算到电动机轴上的摩擦转矩(N·m);

T_o——由于滚珠丝杠预紧折算到电动机轴上的附加摩擦转矩(N·m);

T_{at}——工作时折算到电动机轴上的加速转矩(N·m);

T_t——工作时折算到电动机轴上的负载转矩(N·m)。

考虑到传动系统的总效率 η(一般取 $\eta = 0.6 \sim 0.8$),空载启动时所需转矩 $T_{\sum 1}$ 和最大切削负载时所需转矩 $T_{\sum 2}$ 分别为

$$T_{\sum 1} = \frac{T_1}{\eta} \tag{4-37}$$

$$T_{\sum 2} = \frac{T_2}{\eta} \tag{4-38}$$

当采用滚珠丝杠螺母传动时,折算到电动机轴上的加速转矩 T_a 为

$$T_a = J_{eq}^k \varepsilon = J_{eq}^k \frac{\omega_m}{\tau} = J_{eq}^k \frac{2\pi n_m}{60\tau} = \frac{J_{eq}^k n_m}{9.6\tau} \tag{4-39}$$

式中:J_{eq}^k——折算到电动机轴上的总转动惯量(kg·m²);

τ——系统时间常数(s),包括机械时间常数和电气时间常数;

n_m——电动机的转速(r/min)。

2. 直流(交流)伺服电动机的选择和计算

1) 转动惯量匹配验算

在数控机床进给伺服系统的设计中,最终折算到电动机轴上的负载惯量 J_L 与电动机自身的转动惯量 J_M 的比值,应控制在一定的范围内,既不能太大,也不能太小。如果这个比值太大,则进给伺服系统的动态特性主要取决于负载特性。此时,工作条件(如工作台位置、切削参数)的变化将引起负载质量、刚度、阻尼等的变化,会使整个系统的综合性能变差;如果这个比值太小,则表明电动机的选择或进给传动系统的设计不太合理,经济性较差。为了使系统的负载惯量达到较合理的匹配,一般将该比值控制在式(4-40)所规定的范围内,即

$$0.25 \leqslant J_L/J_M \leqslant 1 \tag{4-40}$$

值得指出的是,负载惯量值对电动机的灵敏度和快速移动时间有很大影响。对于大的负载惯量,当指令速度变化时,电动机达到指令速度的时间需要长些。如果负载惯量达到转子惯量的三倍,则电动机的灵敏度受到影响;当负载惯量大于转子惯量的三倍的,电动机的响应时间降低很多;而当负载惯量大大超过转子惯量时,伺服放大器不能在正常调节范围内调整,必须避免使用这种负载惯量。

2) 转矩匹配验算

为了保证进给伺服系统的正常工作,伺服电动机的启动转矩 T_q 和额定转矩 T_m 应满足下列关系。

在空载加速启动时,

$$T_q \geqslant T_{\sum 1} \tag{4-41}$$

工作(切削)时,

$$T_q \geqslant T_{\sum 2}, \quad T_m \geqslant T_{\sum 2} \tag{4-42}$$

3) 过热验算

当负载转矩为变量时,可用等效法求负载转矩的等效转矩 T_{cq}。

$$T_{eq} = \sqrt{\frac{T_1^2 t_1 + T_2^2 t_2 + \cdots}{t_1 + t_2 + \cdots}} \tag{4-43}$$

式中：$t_1, t_2, \cdots$——时间间隔,在此时间间隔内的负载转矩分别为 $T_1, T_2, \cdots$。

所选电动机不过热的条件为

$$T_m \geqslant T_{eq} \tag{4-44}$$

$$P_m \geqslant P_{cq} \tag{4-45}$$

$$P_{eq} = \frac{T_{eq} n_m}{9.55} \tag{4-46}$$

上三式中：n_m——电动机的额定转速(r/min);

P_{eq}——由等效转矩换算的电动机功率(kW);

T_m——电动机的额定转矩(N·m);

P_m——电动机的额定功率(kW)。

4) 过载验算

应使瞬时最大负载转矩 $T_{\sum 2}$ 与电动机的额定转矩 T_m 的比值不大于某一系数,即

$$\frac{T_{\sum 2}}{T_m} \leqslant k_m \tag{4-47}$$

式中：k_m——电动机的过载系数。

具体的交流或直流伺服电动机技术参数参考生产厂家的产品规格说明书等资料。

3. 步进电动机的选择和计算

1) 选型应考虑的问题

在一般情况下,步进电动机的选型考虑以下三个方面的问题。

(1) 步距角要满足传动系统脉冲当量的要求。

(2) 最大静转矩要满足进给传动系统的快速空载启动转矩要求。

(3) 启动矩频特性和工作矩频特性必须满足进给传动系统对启动转矩与启动频率、工作运行转矩与运行频率的要求。

2) 选型步骤

一般按照以下步骤来选取步进电动机。

(1) 确定脉冲当量。

初选步进电动机脉冲当量应该根据进给传动系统的精度要求来确定。对于开环控制伺服系统来说,步进电动机的脉冲当量一般取为 0.005~0.01 mm。步进电动机的脉冲当量取得太

大,无法满足系统精度要求;取得太小,或者机械系统难以实现,或者对系统的精度和动态特性提出过高要求,使经济性降低。

初选步进电动机主要是选择电动机的类型和步距角。目前,步进电动机有三种类型可供选择:一是反应式步进电动机,反应式步进电动机步距角小,运行频率高,价格较低,但功耗较大;二是永磁式步进电动机,永磁式步进电动机功耗较小,断电后仍有制动转矩,但步距角较大,启动和运行频率较低;三是混合式步进电动机,它具备上述两种步进电动机的优点,但价格较高。

各种步进电动机的产品技术资料中都给出了步进电动机的通电方式和步距角等主要技术参数以供选用。

(2) 计算减速器的传动比。

减速器的传动比可按式(4-48)计算,

$$i = \frac{\alpha S}{360°\delta} \tag{4-48}$$

式中:α——步进电动机的步距角(°/脉冲);

S——滚珠丝杠的基本导程(mm);

δ——机床执行部件的脉冲当量(mm/脉冲)。

在步进电动机的步距角 α、滚珠丝杠的基本导程 S 和机床执行部件的脉冲当量 δ 确定后,传动比 i 通常不等于 1,这表明在采用步进电动机作为驱动装置的进给传动系统中,电动机轴与滚珠丝杠轴不能直接连接,必须由一个减速装置来过渡。当传动比 i 不大时,可以采用同步带或一级齿轮传动;当传动比 i 较大时,可以采用多级齿轮副传动。

(3) 根据机械结构,计算折算到步进电动机轴上的等效转动惯量。

(4) 计算折算到步进电动机轴上的最大等效负载转矩。

计算空载快速启动和最大工作负载状态下的等效负载转矩 T_1 和 T_2,选取两者中的较大者作为最大等效负载转矩 T_{eq}。

(5) 确定最大静转矩。

将上步求出的最大等效负载转矩乘以一个安全系数 K,作为步进电动机的最大静转矩。对于开环控制而言,K 值一般取 $2.5\sim 4$。

(6) 步进电动机性能校核。

① 最快工进速度时,步进电动机输出转矩校核。

由最快工进移动速度 v_{maxf} 和系统脉冲当量 δ 算出对应的运行频率 f_{maxf},如式(4-49)所示。

$$f_{maxf} = \frac{v_{maxf}}{60\delta} \tag{4-49}$$

然后,从步进电动机矩频特性曲线上找出所对应的输出转矩,校核其是否大于最大工作负载转矩。

② 最快空载移动时,步进电动机输出转矩校核。

由最快空载移动速度和系统脉冲当量 δ 仿照式(4-49),算出步进电动机对应的运行频率,从步进电动机矩频特性曲线上找出所对应的输出转矩,校核其是否大于最大快速启动负载转矩。

③ 最快空载移动时,步进电动机运行频率校核。

由最快空载移动速度和系统脉冲当量 δ 算出步进电动机对应的运行频率,校核其是否大于电动机的极限空载运行频率。

④ 启动频率校核。

步进电动机克服惯性负载的启动频率可通过式(4-50)估算。

$$f_L = \frac{f_q}{\sqrt{1+J_L/J_M}} \tag{4-50}$$

式中：f_q——空载启动频率；

J_L——步进电动机轴等效的惯性负载转动惯量；

J_M——步进电动机转子转动惯量。

由式(4-50)可知,步进电动机克服惯性负载的启动频率 f_L 小于空载启动频率 f_q,要想保证步进电动机启动时不失步,步进电动机任何时候的启动频率都必须小于 f_L。

(7) 惯量匹配。

由于步进电动机惯量较小,匹配时一般推荐

$$1 \leqslant J_L/J_M \leqslant 3 \tag{4-51}$$

4. 其他类型动力元件的选择和计算

1) 液压马达的选择和计算

高速小转矩液压马达的共同特点是外形尺寸和转动惯量小,换向灵敏度高,适用于要求转矩小、转速高、换向频繁以及安装尺寸受到一定限制的机电设备。通常,当负载转矩较小,要求转速较高和压力小于 14 MPa 时,可选用齿轮式液压马达或叶片式液压马达;当压力超过 14 MPa 时,可选择轴向柱塞式液压马达。

低速大转矩液压马达的共同特点是排量大、转速低,可以直接与执行机构相连,不需要减速装置,从而可大大简化传动系统。目前低速大转矩液压马达在矿山设备和工程设备中普遍应用。表 4-6 列出了三种常用低速大转矩液压马达的主要性能。

表 4-6 三种常用低速大转矩液压马达的主要性能

性　　能	双斜盘轴向柱塞式液压马达	单作用径向柱塞式液压马达	内曲线多作用式径向柱塞液压马达
常用工作压力/MPa	16～32	12～20	16～32
流量/(L/min)	0.25～25	0.1～10	0.25～50
最低转速/(r/min)	2～4	5～10	可达 0.5
容积效率	0.90～0.98	0.85～0.95	0.90～0.96
总效率	高	较高	较低
质量与转矩之比	较大	较小	小
启动转矩	较大	曲轴连杆式:较小 静力平衡式:较大	大
滑移量	小	较大	大
转速范围/(r/min)	3～1 200	5～600	0.5～200
外形尺寸	较小	较大	小
工艺性	结构简单,易加工	一般	结构复杂,难加工

一般来说,对于低速稳定性要求不高、外形尺寸不受严格限制的场合,可采用结构简单的单作用径向柱塞式液压马达(即曲轴连杆式径向柱塞液压马达和静力平衡式径向柱塞液压马达);对于要求转速范围较宽、径向尺寸较小、轴向尺寸稍大的场合,可以采用双斜盘轴向柱塞式液压马达;对于要求传递转矩大、低速稳定性好、体积小、质量轻的场合,通常采用内曲线多作用式径向柱塞液压马达。

对负载转矩较大而要求的转速较低的情况,可直接采用低速大转矩液压马达加减速器组合和高速小转矩液压马达加减速器组合两种驱动方案。一般情况下,采用低速大转矩液压马达的可靠性较高,低速大转矩液压马达使用寿命较长,结构比较简单,便于布置和维修,总效率比高速小转矩液压马达加减速器的效率高,但低速大转矩液压马达由于输出轴转矩大,使用的制动器尺寸也较大。这两种驱动方案在质量上基本相近,若高速小转矩液压马达配用一齿差减速器,则比采用低速大转矩液压马达时的质量要轻些。

当液压马达的类型选定后,便可按式(4-52)计算所需液压马达的排量 q。

$$q = \frac{2\pi T_{\max}}{p\eta_{\mathrm{m}}} \quad (4\text{-}52)$$

式中:$T_{\max}$——液压马达的最大负载转矩(N·m);
p——拟定的系统工作压力(MPa);
η_{m}——液压马达的机械效率。

根据拟定采用的液压马达类型和通过计算得到的排量,可选参数较为接近的液压马达,然后按选定的液压马达的排量,计算出液压马达的实际流量 Q_{v}。

$$Q_{\mathrm{v}} = \frac{q\, n_{\max}}{\eta_{\mathrm{v}}} \times 10^{-3} \quad (4\text{-}53)$$

式中:q——选定的液压马达的排量(mL/r);
$n_{\max}$——液压马达的最高转速(r/min);
η_{v}——液压马达的容积效率。

所得 Q_{v} 值是进行系统设计和选择油泵时的重要参数。

2) 气动马达的选择

选择气动马达要从负载特性角度考虑。气动马达在变负载场合使用时,主要考虑的因素是速度的范围及满足工作情况所需的转矩。气动马达在均衡负载下使用时,工作速度是一个重要的因素。由表4-7可知,叶片式气动马达比活塞式气动马达转速高、结构简单,但它的启动转矩小,在低速工作时空气消耗量大。因此,当工作速度低于空载速度的25%时,最好选用活塞式气动马达。

气动马达的选择和计算比较简单,先根据负载所需的转速和最大转矩计算出所需的功率,然后选择相应功率的气动马达,进而可根据气动马达的气压和耗气量设计气路系统。

表4-7 叶片式气动马达与活塞式气动马达特性比较

比较项目	叶 片 式	活 塞 式
转速	转速高,可达 25 000 r/min	转速比叶片式气动马达低,100~1 300 r/min(最大 6 000 r/min)
功率	0.7~18 kW	0.15~18 kW

续表

比较项目	叶片式	活塞式
单位质量功率	单位质量所产生的功率大,所以相同功率的条件下,叶片式气动马达比活塞式气动马达质量轻	单位质量的输出功率小,质量较大
启动性能	启动转矩比活塞式气动马达小	启动、低速工作性能好,能在低速及其他任何速度下拖动负载,尤其适用于要求低速与大启动转矩的场合
耗气量	低速工作时,空气消耗量比活塞式气动马达大。大型叶片式气动马达的耗气量为 1.4 m³/kW,小型叶片式气动马达的耗气量为 1.9~2.3 m³/kW	在低速时能较好地控制速度,而且空气消耗量也比叶片式气动马达少。大型活塞式气动马达的耗气量为 0.9~1.4 m³/kW,小型活塞式气动马达的耗气量为 1.7~2.3 m³/kW
外形尺寸	没有配气机构和曲轴连杆机构,结构比较简单,外形尺寸小	有配气机构及曲轴连杆机构,结构比较复杂,制造工艺比叶片式气动马达复杂,外形尺寸大
工作稳定性	由于没有曲轴连杆机构,叶片式气动马达的旋转部分能够均衡运转,因而工作比较稳定	旋转部分均衡运转状况比叶片式气动马达差,但工作稳定性能满足使用要求
维修	检修维护要求比活塞式气动马达高	检修维护要求较低

4.7 机电一体化动力系统设计实例

数控机床纵向进给装置设计方案如图 4-75 所示。该装置采用步进电动机作为执行元件,经同步带和滚珠丝杠传动,驱动刀架实现纵向进给运动。若要求实现纵向进给脉冲当量 $\delta = 0.005$ mm/脉冲,纵向空载最快移动速度 3 000 mm/min,最快工进速度 800 mm/min,进给方向的最大工作载荷 $F_f = 935.69$ N,垂直方向最大工作负载 $F_C = 2 673.4$ N,应如何选择步进电动机的型号?

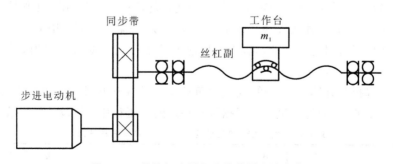

图 4-75 数控机床纵向进给装置设计方案

1. 确定脉冲当量,初选电动机

根据要求,确定脉冲当量 $\delta = 0.005$ mm/脉冲。初步选择永磁反应式(混合式)步进电动机,型号为 130BYG5501,技术参数如表 4-8 所示。

表 4-8　130BYG5501 型步进电动机技术参数

型号	相数	步距角/(°)	电压/V	电流/A	最大静转矩/(N·m)	空载启动频率/Hz	空载运行频率/Hz	转动惯量/(kg·cm²)
130BYG5501	5	0.36/0.72	120～310	5	20	1 800	20 000	33

2. 计算传动比

已知 $\delta=0.005$ mm/脉冲,步进电动机步距角 $\alpha=0.36°$,滚珠丝杠导程 $P_h(S)=6$ mm,由式 (4-48)计算可得传动部件传动比为

$$i = \frac{\alpha S}{360°\delta} = \frac{0.36° \times 6}{360° \times 0.005} = 1.2$$

3. 计算施加在步进电动机转轴上的总转动惯量 J_{eq}

根据传动比设计传动系统。各传动部件的参数如下:滚珠丝杠的公称直径 $d_0=40$ mm,总长(带接杆)$l=1\,560$ mm,导程 $P_h=6$ mm,材料密度 7.85×10^{-3} kg/cm³;纵向移动部件总重量 $G=1\,300$ N;同步带减速箱大带轮宽度 28 mm,节径 54.57 mm,孔径 30 mm,轮毂外径 42 mm,宽度 14 mm;小带轮宽度 28 mm,节径 45.48 mm,孔径 19 mm,轮毂外径 29 mm,宽度 12 mm;传动比 $i=1.2$。

由此,可以得到各个零部件的转动惯量如下。

(1) 滚珠丝杠的转动惯量 $J_S=30.78$ kg·cm²。
(2) 拖板折算到丝杠上的转动惯量 $J_W=1.21$ kg·cm²。
(3) 小带轮的转动惯量 $J_{Z1}=0.95$ kg·cm²。
(4) 大带轮的转动惯量 $J_{Z2}=1.99$ kg·cm²。
(5) 电动机转子的转动惯量 $J_M=33.0$ kg·cm²。

步进电动机轴上的等效转动惯量为

$$J_{eq} = J_M + J_{Z1} + \frac{J_S + J_W + J_{Z2}}{i^2} = 57.55 \text{ kg·cm}^2$$

4. 计算步进电动机转轴上的等效负载转矩 T_{eq}

步进电动机转轴上的等效负载转矩 T_{eq} 的计算,需要考虑快速空载启动和最大工作负载两种情况。

1) 快速空载启动时电动机转轴所承受的负载转矩 T_1

快速空载启动时的负载转矩包括快速空载启动时折算到电动机转轴上的最大加速转矩 T_{amax}、移动部件运动时折算到电动机转轴上的摩擦转矩 T_f、滚珠丝杠预紧后折算到电动机转轴上的附加摩擦转矩 T_0。

因为 T_0 很小,所以可以忽略不计。由式(4-35)可得

$$T_1 = T_{amax} + T_f \tag{4-54}$$

对应电动机纵向空载最快移动速度的最高转速为

$$n_m = \frac{v_{max}\alpha}{360\delta} = \frac{3\,000 \times 0.36°}{360° \times 0.005} \text{ r/min} = 600 \text{ r/min}$$

设步进电动机由静止到加速至 n_m 转速所需时间 $\tau=0.4$ s,由式(4-39)求得

$$T_{\text{amax}} = J_{\text{eq}} \frac{2\pi n_{\text{m}}}{60\tau} = 57.55 \times 10^{-4} \times \frac{2 \times 3.14 \times 600}{60 \times 0.4} \text{ N} \cdot \text{m} = 0.904 \text{ N} \cdot \text{m}$$

折算到电动机转轴上的摩擦转矩为

$$T_{\text{f}} = \frac{\mu(F_{\text{C}} + G)P_{\text{h}}}{2\pi i} \tag{4-55}$$

式中：μ——导轨的摩擦系数，滑动导轨取 0.16；

F_{C}——垂直方向的工作负载，空载时取 0；

η——Z 向传动链总效率，取 0.7。

于是得

$$T_{\text{f}} = \frac{0.16 \times (0 + 1\,300) \times 0.006}{2 \times 3.14 \times 1.2} \text{ N} \cdot \text{m} = 0.166 \text{ N} \cdot \text{m}$$

最后由式(4-54)求得快速空载启动时电动机转轴所承受的负载转矩为

$$T_1 = T_{\text{amax}} + T_{\text{f}} = 0.904 \text{ N} \cdot \text{m} + 0.166 \text{ N} \cdot \text{m} = 1.07 \text{ N} \cdot \text{m}$$

2) 最大工作负载状态下电动机转轴所承受的负载转矩 T_2

最大工作负载状态下电动机转轴所承受的负载转矩包括折算到电动机转轴上的最大工作负载转矩 T_{t}、移动部件运动时折算到电动机转轴上的摩擦转矩 T_{f}、滚珠丝杠预紧后折算到电动机转轴上的附加摩擦转矩 T_0。T_0 相对很小，忽略不计，于是有

$$T_2 = T_{\text{t}} + T_{\text{f}} \tag{4-56}$$

其中，折算到电动机转轴上的最大工作负载转矩 T_{t} 为

$$T_{\text{t}} = \frac{F_{\text{f}} P_{\text{h}}}{2\pi i} = \frac{935.69 \times 0.006}{2 \times 3.14 \times 1.2} \text{ N} \cdot \text{m} = 0.745 \text{ N} \cdot \text{m}$$

垂直方向最大工作负载 $F_{\text{C}} = 2\,673.4$ N 时，移动部件运动时折算到电动机转轴上的摩擦转矩为

$$T_{\text{f}} = \frac{\mu(F_{\text{C}} + G)P_{\text{h}}}{2\pi i} = \frac{0.16 \times (2\,673.4 + 1\,300) \times 0.006}{2 \times 3.14 \times 1.2} \text{ N} \cdot \text{m} = 0.51 \text{ N} \cdot \text{m}$$

最后由式(4-56)求得最大工作负载状态下电动机转轴所承受的负载转矩为

$$T_2 = T_{\text{t}} + T_{\text{f}} = 0.745 \text{ N} \cdot \text{m} + 0.51 \text{ N} \cdot \text{m} = 1.255 \text{ N} \cdot \text{m}$$

若取传动效率为 0.7，则

$$T_{\sum 1} = \frac{T_1}{0.7} = \frac{1.07}{0.7} \text{ N} \cdot \text{m} = 1.53 \text{ N} \cdot \text{m}$$

$$T_{\sum 2} = \frac{T_2}{0.7} = \frac{1.255}{0.7} \text{ N} \cdot \text{m} = 1.79 \text{ N} \cdot \text{m}$$

5. 确定最大静转矩

根据算出的 $T_{\sum 1}$ 和 $T_{\sum 2}$ 确定最大静转矩为

$$T_{\text{jmax}} = 4 \times \max\{T_{\sum 1}, T_{\sum 2}\} = 7.16 \text{ N} \cdot \text{m}$$

对于前面预选的 130BYG5501 型步进电动机，由表 4-5 可知，它的最大静转矩 $T_{\text{jmax}} = 20$ N·m，满足要求。

6. 步进电动机的性能校核

1) 最快工进速度时电动机输出转矩校核

电动机纵向最快工进速度 $v_{\text{maxf}} = 800$ mm/min，脉冲当量 $\delta = 0.005$ mm/脉冲，由式(4-49)

可求出电动机对应的运行频率为

$$f_{\text{maxf}} = \frac{800}{60 \times 0.005} \text{ Hz} \approx 2\,666 \text{ Hz}$$

从 130BYG5501 型步进电动机的运行矩频特性(见图 4-76)可以看出,在此频率下,电动机的输出转矩约为 16 N·m,远远大于最大工作负载转矩 1.79 N·m,满足要求。

2) 最快空载移动时电动机输出转矩校核

电动机纵向最快空载移动速度 $v_{\text{max}} = 3\,000$ mm/min,由式(4-49)可求出电动机对应的运行频率为

$$f_{\text{max}} = \frac{3\,000}{60 \times 0.005} \text{ Hz} = 10\,000 \text{ Hz}$$

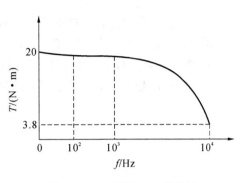

图 4-76 130BYG5501 型步进电动机的矩频特性曲线

由图 4-76 查得,在此频率下,电动机的输出转矩为 3.8 N·m,大于快速空载启动时的负载转矩 $T_{\text{eq}} = 1.07$ N·m,满足要求。

3) 最快空载移动时电动机运行频率校核

最快空载移动速度 $v_{\text{max}} = 3\,000$ mm/min 对应的电动机运行频率 $f_{\text{max}} = 10\,000$ Hz。查表 4-8 可知 130BYG5501 型步进电动机的极限运行频率为 20 000 Hz,可见没有超出上限。

4) 启动频率的计算

已知电动机转轴上的总转动惯量 $J_L = 57.55$ kg·cm²,电动机转子自身的转动惯量 $J_M = 33$ kg·cm²,查表 4-8 可知电动机转轴不带任何负载时的最大空载启动频率 $f_{\text{max}} = 1\,800$ Hz。由式(4-50)可以求出步进电动机克服惯性负载的启动频率为

$$f_L = \frac{f_q}{\sqrt{1 + J_L/J_m}} = 1\,087 \text{ Hz}$$

上式说明,要想保证步进电动机启动时不失步,任何时候的启动频率都必须小于 1 087 Hz。实际上,在采用软件升降频时,启动频率选得很低,通常只有 100 Hz(即 100 脉冲/s)。

综上所述,本例中 Z 向进给系统选用 130BYG5501 型步进电动机可以满足设计要求。

7. 惯量匹配

$J_L/J_m = 57.55/33 = 1.74$,$1 \leqslant 1.74 \leqslant 3$,满足惯量匹配条件。

【复习思考题】

[1] 试述步进电动机的工作原理、特性和通电方式。
[2] 试述步进电动机的细分驱动。
[3] 试述直流伺服电动机的工作原理、机械特性。
[4] 试述直流伺服电动机的调速方法。
[5] 试述三相异步交流电动机的工作原理、机械特性及调速方法。
[6] 试述交流伺服电动机 SPWM 调速原理。
[7] 控制用电动机的选择应包括哪些具体内容?

参考文献

[1] 朱林.机电一体化系统设计[M].2版.北京:石油工业出版社,2008.
[2] 冯清秀,邓星钟,等.机电传动控制[M].5版.北京:华中科技大学出版社,2011.
[3] 马宏伟.数控技术[M].2版.北京:电子工业出版社,2014.
[4] 尹志强,等.机电一体化系统设计课程设计指导书[M].北京:机械工业出版社,2007.
[5] 吴新开.超声波电动机原理与控制[M].北京:中国电力出版社,2009.

第5章　机电一体化检测系统设计

【工程背景】

传感器与检测单元是机电一体化系统的感受器官。该环节与机电一体化系统的输入端相连并将检测到的信息输送至后续的自动控制或健康监测单元。传感与检测是实现自动控制、自动调节和健康监测的关键环节，检测精度的高低直接影响机电一体化系统的性能优劣。现代工程技术要求传感器能够快速、精确地获取信息，并能经受各种严酷工况的考验。不少机电一体化系统无法达到满意的效果或无法实现预期设计的关键原因在于没有合适的传感器。因此，大力开展传感器及检测单元研发对现代机电一体化系统的创新发展具有极其重要的现实意义。此外，信息处理是检测系统的重要功能，包括信息的识别、运算和存储等，特别是信息识别，它扮演着重要角色。信息分析与处理是否准确、可靠和快速，直接影响机电一体化系统的性能。智能传感器及智能信息处理技术已经成为当前机电一体化系统最热门的研究方向之一。

【内容提要】

本章主要讲述传感器的基本概念，机械控制、健康监测和智能系统常用传感器，检测系统设计与分析，现代信息处理技术及智能传感器应用，使学生理解检测系统设计方法，掌握传感器与检测系统设计基本概念与基础知识，熟悉数控机床和机器人等检测系统设计。

【学习方法】

本章内容涉及传感、检测、信息处理和计算机网络等多学科先进技术，检测系统是当前机电一体化系统中发展最快、最活跃的领域，是智能系统的关键组成部分。对于本章的学习，建议学生将课内与课外、理论与实践结合起来，通过查阅相关的资料文献，运用网上丰富的数控机床、机器人检测控制和应用方面的资源，加深对典型机电一体化系统中传感器和检测系统的理解。

5.1　概　　述

传感器与检测系统是机电一体化系统的重要组成部分。传感器是系统性能或状态的感受元件，在传感器的基础上构建的检测系统是实现系统自动控制或健康监测的关键环节，它的检测精度和效率直接影响着机电一体化系统的控制精度或诊断准确率和实效性。随着智能制造技术的深入推进，机电一体化系统对检测系统提出了更高要求，设计或选用合适的传感器、对传感器采集的信息进行有效处理、获取信息背后的物理本质，以及构建适应复杂系统的智能传感器网络，成为现代传感器与检测系统设计的关键。

5.1.1 传感器的基本概念

1. 传感器的定义

无论是用于系统自动控制还是用于健康状态监测,传感器的定义并无差别。传感器是以一定的精确度把被测量转换为与之有确定关系、便于应用的某种物理量的测量器件或装置。

传感器定义的主要内涵是:传感器是测量装置,能够完成检测任务;传感器的输入量是某种被测量,可能是物理量,也可能是化学量、生物量等;传感器的输出量是某种便于传输、转换、处理和显示的物理量,如光学量、电学量等,其中电学量居多;传感器的输出量与输入量之间具有单值确定的对应关系,并具有一定的精确度。

传感器在国内外不同领域有不同叫法,常见的中文名称有传感器、敏感器件、探测器等,常见的英文名称有 transducer、sensor、sensitive element、detector 等。

2. 传感器的组成

传感器一般由敏感元件和转换元件两个部分组成。敏感元件是传感器中能够直接感受或响应被测量的部分。转换元件是传感器中能够将敏感元件感受或响应的被测量转换成适合传输或测量的电信号的部分。

传感器的输出信号一般都很微弱,需要相应的转换电路将其变为易于传输、转换、处理和显示的物理量形式。此外,除了能量转换型传感器外,大多数传感器还需要外加辅助电源用以提供必要的能量,所以传感器通常还有转换电路和辅助电源两个部分。

3. 传感器的种类

传感器的分类目前尚无统一标准,它通常可按被检测量、所用材料、工作机理和能量传递方式等分类。

按被检测量,传感器可分为物理量传感器、化学量传感器和生物量传感器。每类传感器又可分为若干族,如物理量传感器有射线传感器、声学传感器、电学传感器、磁学传感器、光学传感器、热学传感器和力学传感器。每一族又分为若干组,如力学传感器有位置/位移传感器、速度/加速度传感器、力/力矩/压力传感器。

按所用材料,传感器可分为半导体传感器、光纤传感器和石墨烯传感器等。

按工作机理,传感器可分为结构型传感器、物性型传感器和复合型传感器。结构型传感器是利用物理学中场定律和运动定律构成的传感器。物性型传感器是利用物质法则即物质本身性能常数构成的传感器。复合型传感器是利用中间转换环节与物性型传感器复合而成的传感器。

按能量传递方式,传感器可分为有源传感器和无源传感器。前者把被测非电量转换为电能输出,如超声波压/电转换、热电偶热/电转换传感器和光电池光/电转换传感器。后者把被测非电量转换为电参量输出,如硅基力敏传感器、热电阻传感器和湿度传感器。

按输出信号形式分类,传感器可分为模拟传感器和数字传感器。前者将被测量以连续变量形式输出;后者将被测量以数字量形式输出,分为计数和编码两种。

按所测信息种类,传感器可分为内部信息传感器和外部信息传感器。前者用于检测系统自身行为和动作(用于自动控制),如位移、转速;后者用于检测作用对象和外部信息,如抓取力、障碍物,设备的振动、温升(用于健康监测)。

除上述分类,当具体使用传感器进行一项检测任务时,涉及传感器安装在哪里,由此传感器有直接测量传感器和间接测量传感器。间接测量是一种常用的有效替代方案。

5.1.2 传感器的指标及选型

进行机电一体化系统设计时,通常根据检测需求来选择合适的传感器,因此设计人员必须明确传感器的特性和性能指标。传感器特性是指输入量与输出量之间的对应关系,分为静态特性和动态特性。静态特性是输入不随时间变化而变化的特性,表示在被测量各个值处于稳定状态下传感器输入与输出之间的关系。动态特性是输入随时间变化而变化的特性,表示传感器对随时间变化的输入量的响应特性。通常,传感器输入和输出之间的关系可用微分方程描述。在理论上,将微分方程中一阶及一阶以上微分项取为零时,可得到系统的静态特性,因此静态特性是动态特性的特例。

1. 传感器的静态特性和性能指标

传感器静态特性的主要指标有线性度、灵敏度、迟滞(回差)、重复性、稳定性和分辨力等。

在静态情况下,用户希望传感器的输入与输出之间具有唯一对应关系,且最好是线性关系,但传感器本身的迟滞、蠕变和摩擦等导致输入和输出不会完全符合理想的线性关系。此时,常用直线或多段折线替代实际曲线,这称作直线拟合。校准曲线与拟合直线的偏差称为传感器的线性度或非线性误差。

灵敏度是指传感器输出变化量与引起该变化的输入变化量的比值。

迟滞是指传感器输入量增大和输入量减小的实际特性曲线的不重合程度。

重复性是指传感器在同一工作条件下输入按同一方向连续多次变动时所测得的多个特性曲线的不重合程度。

稳定性由传感器的时漂和温漂反映。时漂是指在温度恒定和某一固定输入下传感器输出量在较长时间内的变化情况。温漂是指在某一固定输入下传感器输出量随外界温度变化而变化的情况。零漂是指传感器在零输入下输出量的变化情况,包括零输入的时漂和温漂。

分辨力是指传感器能检测到的最小输入增量。

2. 传感器的动态特性和性能指标

在实际测量中,很多传感器处于动态条件下,被测量以各种形式随时间变化,此时输出量也是时间的函数,它们之间的关系采用动态特性描述。

研究传感器的动态特性,可从时域和频域两个方面入手:在时域内研究传感器对阶跃函数、脉冲函数、斜坡函数等的响应特性,在频域内研究传感器对正弦函数的频率响应特性。采用阶跃输入研究时域动态特性时,用上升时间、响应时间、过冲量(超调量)综合描述传感器的频域动态特性;采用正弦输入研究频域动态特性时,用幅频特性和相频特性描述传感器的频域动态特性,其中关键特性是响应频带宽度即带宽。

一个传感器的动态特性可用一个 n 阶常系数线性微分方程描述。方程阶数 n 是由传感器的结构和工作原理决定的。常见传感器的阶数一般是一阶或二阶。对微分方程进行数学变换,可得到传递函数或频率响应函数,进而可方便地研究传感器的动态特性。对一阶传感器,动态特性描述主要是确定时间常数;对二阶传感器,动态特性描述主要是确定固有频率和阻尼比。

3. 传感器选型的基本要素

传感器的原理和结构千差万别。根据测量目的、测量对象及测量环境合理选用传感器,是检测系统设计面临的首要问题。

1) 根据测量对象与测量环境确定传感器的类型

要进行某一具体测量,首先要考虑采用何种原理的传感器。采用何种原理的传感器,需要分析多方面因素后确定。即使测量同一物理量,也有多种原理的传感器可供选用,哪一种原理的传感器更合适,需要根据被测量的特点和传感器的使用条件考虑以下一些问题:量程大小、被测位置对传感器体积的要求、测量方式为接触还是非接触、信号的引出方法是有线还是无线。在综合考虑上述问题之后,确定选用何种类型的传感器,然后考虑传感器的具体性能指标。

2) 灵敏度的选择

通常,在传感器的线性范围内,希望传感器的灵敏度越高越好。只有灵敏度高时,与被测量变化对应的输出信号的值才比较大,更有利于信号处理。但要注意的是,传感器的灵敏度高,与被测量无关的外界噪声也易混入,也会被放大,从而影响测量精度。因此,要求传感器本身应具有较高的信噪比,尽量减少从外界引入干扰信号。传感器的灵敏度具有方向性,当被测量是单向量,且对方向性要求较高时,应选择其他方向灵敏度小的传感器;当被测量是多维向量时,要求传感器的交叉灵敏度越小越好。

3) 频率响应特性

传感器的频率响应特性决定了被测量的频率范围,传感器应在允许的频率范围内保持不失真测量条件。传感器频率响应高,可测信号频率范围就宽。由于受到结构特性的影响,机械系统惯性较大,固有频率低的传感器可测信号的频率较低。在动态测量中,应根据信号的特点(稳态、瞬态、随机等)等确定传感器的频率响应特性,进而选取合适的传感器,以免产生过大的误差。

4) 线性范围

从理论上讲,在传感器的线性范围内,传感器的灵敏度保持定值。线性范围越宽,传感器量程越大,且能保证一定测量精度。选择传感器时,传感器的种类确定后,首先要看其量程是否满足要求。实际上,任何传感器都不能保证绝对的线性,线性度是相对的。当要求测量精度较低时,在一定范围内,可将非线性误差较小的传感器近似看作线性传感器,这给测量带来方便。

5) 稳定性

使用一段时间后,传感器的性能保持不变化的能力就是稳定性。影响传感器稳定性的因素除传感器本身结构外,主要是使用环境。因此,要使传感器具有良好的稳定性,传感器需要有较强的环境适应能力。选择传感器之前,应对传感器的使用环境进行调查,并根据具体使用环境选择合适的传感器,或采取适当措施减小环境对传感器的影响。传感器的稳定性有定量指标,在超过使用期后,重新标定才能使用。某些要求传感器能长期使用而又不轻易更换或标定的场合,对所选传感器的稳定性要求更严格,传感器要能经受住长时间考验。

6) 精度

精度是传感器的重要性能指标。如果测量目的是定性分析,则宜选用重复精度高的传感器,不宜选用绝对量值精度高的传感器;如果测量目的是定量分析,需要获得精确的测量值,宜选用精度等级能满足要求的传感器。当然,传感器的精度越高,传感器的价格越昂贵。因此,传感器的精度选取以满足整个检测系统的精度要求为主要目的。

5.1.3 传感器的发展趋势

近年来,传感器和检测技术得到了快速、稳步的发展,特别是物联网的兴起、"互联网+"的应用,给传感器的发展创造了很好的机遇,传感器和检测技术展现出以下发展趋势。

1) 系统化

系统化是不把传感器或检测技术作为一个单独器件或技术考虑,而是按照信息论和系统论要求,用工程研究方法,强调传感器和检测技术发展的系统性和协同性,将传感器视为信息识别和处理技术的一个重要组成部分,使检测技术与计算机技术、通信技术协同发展,系统地考虑检测技术、计算机技术和通信技术之间的独立性、相融性和依存性。智能化、网络化的传感器正是这种发展趋势的重要标志。

2) 新型化

新型化是利用新原理、新效应、新技术等制作新的传感器,如纳米技术、量子效应等,也包括研发具有特种用途、用于特种环境、采用特种工艺的传感器,如在高温、高压、耐腐蚀、强辐射等环境下使用的传感器。

3) 微型化

微型化是传感器敏感元件特征尺寸从毫米级到微米级再到纳米级,具有尺寸上的微型性和性能上的优越性、要素上的集成性和用途上的多样性、功能上的系统性和结构上的复合性。微型化传感器制备工艺涉及 MEMS(micro-electro mechanical systems)、IC(integrated circuit)、激光和精密超细加工技术。

4) 智能化

智能化是传感器具有记忆、存储、思维、判断、自诊断等功能。传感器输出不再是单一模拟信号,而是经过微处理器后的数字信号,传感器甚至具有控制功能。数字信号处理器(DSP,digital signal processor)被认为是推动下一代智能化传感器的关键。

5) 无源化

传感器多将非电量向电量转化,工作时离不开电源,在野外或远离电网的地方,往往用电池或太阳能为传感器供电。研制微功耗无源传感器是传感器发展的必然方向,这样既能节省能源,又能提高检测系统的寿命。

6) 网络化

传感器在现场实现 TCP/IP 协议,使现场测控数据就近登临网络,在网络所及范围内实时发布和共享信息。要使网络化传感器成为独立节点,关键是网络接口标准化,据此,传感器分为有线网络传感器和无线网络传感器两种。由后者组成的网络由布设在无人值守的监控区内,具有通信与计算能力的微小传感器节点组成,根据环境自主完成指定任务。

5.2 机械量控制常用的传感器及检测技术

传感器所检测的物理量的类型主要有机械量、流体量、电学量和热学量等。在机械量的测量中,位移与速度是绝大多数机电一体化系统最主要的控制参量,有关它们的传感器和检测技术是机电一体化系统设计中的重点。

位置和位移传感器主要用于测量机电一体化系统中执行机构的机械运动和位移,并将其转换为电信号。在机电一体化系统的开环控制中,此信息用作显示及误差补偿参考;在闭环伺服控制中,此信息作为反馈信号与给定指令信息进行比较后实现闭环控制。

位置和位移传感器的种类较多,这里介绍常用的光栅传感器、感应同步器、编码器、测速发电机和计数型转速传感器。

5.2.1 光栅传感器

光栅传感器是机电一体化系统常用的一种精密位移传感器。它根据光栅外形分为直线光栅(光栅尺)传感器和圆光栅传感器两种。前者用于检测长度,后者用于检测角度。这里主要介绍直线光栅传感器。

1. 光栅传感器的构造

直线光栅传感器是将直线位移转换成电脉冲信号的装置,由光源、光栅和光电元件等组成,如图5-1所示。它是一种开发较早、技术较成熟的高精度数字式位移传感器。

在图5-1中,光栅是光栅传感器的主要组成部分,由标尺光栅(长光栅)和指示光栅(短光栅)组成。标尺光栅和指示光栅分别与机电一体化系统中的运动部件和固定部件连接在一起。标尺光栅和指示光栅相互平行并保持一小间隙,刻线彼此相交一小角度。光栅是在透明玻璃板上均匀地刻出的许多明暗相间的条纹,或在金属镜面上均匀地刻出的许多间隔相等的条纹。以透光玻璃为载体的光栅称为透射光栅,以不透光金属为载体的光栅称为反射光栅。通常,线条的间隙和宽度是相等的,相邻两刻线之间的距离称为

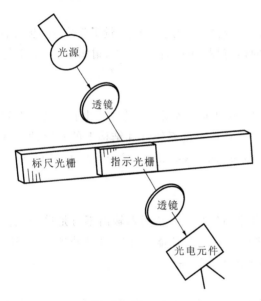

图5-1 直线光栅传感器的结构简图

栅距。刻线密度根据测量要求决定。常见的刻线密度有10线/mm、25线/mm、50线/mm、100线/mm、200线/mm、500线/mm。国内数控机床一般采用100线/mm或200线/mm透射光栅。反射光栅的线膨胀系数很容易做到与机床材料一致。标尺光栅的安装和调整方便,易于接长或制成整根的钢带长光栅。

2. 光栅传感器的测量原理

光栅传感器利用光栅的莫尔条纹现象进行位移测量。当指示光栅在其自身平面内倾斜一小角度时,两块光栅的刻线相交,此时平行光垂直照射光栅,在光栅另一面产生明暗相间的条纹,称为莫尔条纹,如图5-2所示。两个光栅纵向错开一小角度,横向产生了莫尔条纹;栅距为0.02 mm左右的粗光栅基于光线在均匀透明介质中按直线传播的原理测量位移;栅距小于0.005 mm的细光栅基于光的衍射测量位移。测量过程是:若标尺光栅向右移动一个栅距,莫尔条纹向下移动一个条纹间距,亮区变成暗区,暗区变成亮区;光源透过亮区,在光电元件上产生光电信号,光栅相对位移产生光电脉冲输出信号,通过计光电信号的脉冲数,得到两个光栅的相对位移量。

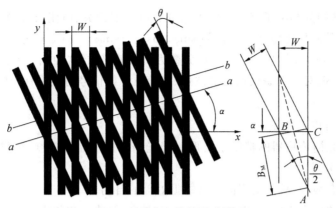

图 5-2 莫尔条纹的形成原理

3. 光栅传感器的特性

光栅传感器能够准确地测量位移,是因为它具有以下特性。

1) 莫尔条纹运动与光栅运动具有一一对应关系

当光栅移动一个栅距 W 时,莫尔条纹相应地移动一个条纹宽度 B_M,固定检测点处光强变化一次;光栅反向移动时,莫尔条纹移动方向随之改变,莫尔条纹运动和光栅运动总是一一对应。通过读出移动过的莫尔条纹数目 n,即可获得光栅移动过的栅距数,即得到运动件的准确位移 L。

$$L = nW \tag{5-1}$$

因此,光栅传感器根据莫尔条纹的移动量和移动方向来判定光栅的移动量和移动方向。

2) 莫尔条纹具有位移放大作用

当夹角 θ 很小时,莫尔条纹宽度(明暗带之间距离)B_M、夹角 θ 和栅距 W 具有如下关系。

$$B_M = AB = \frac{BC}{\sin\frac{\theta}{2}} = \frac{W}{2\sin\frac{\theta}{2}} \approx \frac{W}{\theta}$$

上式表明,莫尔条纹对光栅的位移具有放大作用,放大倍数(灵敏系数)K 为

$$K = \frac{B_M}{W} \approx \frac{1}{\theta} \tag{5-2}$$

因此,当栅距 W 一定时,夹角 θ 越小,莫尔条纹宽度 B_M 越大,这也说明尽管栅距很小难以观察,但莫尔条纹清晰可见。这是光栅传感器测量精度高的主要原因。

3) 莫尔条纹能均化误差

莫尔条纹是由多条栅线交叠而共同形成的,少数或个别栅线的栅距误差、断线或疵病对莫尔条纹的影响很小,光电元件接收到的信号是一系列刻线的综合效应,可对个别光栅的刻划误差起到均化作用,消除栅距局部误差和短周期误差的影响,这是光栅传感器测量精度高的另一原因。

4. 光栅传感器的细分方法

提高光栅的分辨能力、提高测量精度,可采用增加光栅刻线密度和对测量信号进行细分的方法。例如,要准确测量 1 μm 以内的位移量,用光栅的栅距直接作计量单位,光栅刻线密度要达到 1 000 线/mm 以上,不仅光栅传感器制造困难、成本增高,而且间隙和夹角与刻线密度有关,会给安装和调试带来困难。因此,一般不用增加光栅刻线密度的方法,而先选择栅距较大的粗光栅,再对测量信号进行细分。细分的目的在于当莫尔条纹信号变化一个周期时,给出的不是一个脉冲,而是多个脉冲,以减小脉冲当量(每个脉冲所代表的光栅位移量)。细分的方法有

很多,常用的有机械细分和电子细分。电子细分有电位器细分、电阻链细分等。电位器细分和电阻链细分实质上是利用光电元件输出的 $\sin\varphi,\cos\varphi,-\sin\varphi,-\cos\varphi$ 信号在 $0°\sim90°,90°\sim180°,180°\sim270°,270°\sim360°$ 范围内进行插值,细分数为 4 的整倍数,这种细分电路细分大(一般为 $12\sim60$),精度较高,但对莫尔条纹信号的波形、幅值及原始信号的性质有严格要求。

5. 光栅传感器的特点及应用

光栅传感器具有以下特点。

(1) 精度高。光栅传感器的精度主要取决于光栅本体的制造精度,如果再采用电路细分,则它能达到微米级分辨力。

(2) 可实现动态测量,易于实现测量及数据处理的自动化。

(3) 具有一定的抗干扰能力,对环境要求不太严格,但油污和灰尘会影响它的可靠性,主要适于在较洁净条件下工作。

(4) 高精度光栅的制造成本高,选用时需要综合考虑性能和经济性。

在应用方面,光栅传感器主要用于长度测量、位移测量和位移量同步比较动态测量等。用光栅传感器制成的检测仪器主要有测长仪、三坐标测量机、齿形检查仪、丝杠动态检查仪、刻线机等。光栅传感器在各类数控机床中的应用最为广泛。

5.2.2 感应同步器

感应同步器是机电一体化系统常用的另一种高精度数字式位移传感器。它利用两个平面绕组的互感随位移变化而变化,将线位移或角位移转换为电信号,以进行位移检测或反馈控制。感应同步器按结构形式分为直线式感应同步器和圆盘式感应同步器。它们分别检测直线位移和角位移,二者的工作原理基本相同。这里主要介绍直线式感应同步器。

1. 感应同步器的测量原理

如图 5-3 所示,直线式感应同步器由定尺 1 和滑尺 2 组成,定尺和滑尺采用低热胀系数的钢板作基体,用绝缘黏结剂将铜箔粘贴在基体上,采用印刷线路板的方法,按设计要求制成标准节距为 2 mm 的方齿形平面绕组。定尺上的绕组是连续绕组。滑尺上有两段绕组,分别为正弦绕组(S)和余弦绕组(C),两段绕组相对定尺绕组错开 1/4 节距。

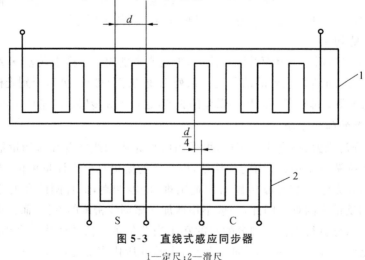

图 5-3 直线式感应同步器

1—定尺;2—滑尺

感应同步器根据电磁感应原理工作。当滑尺正弦绕组用一定频率的交流电压励磁时,产生同频率的交变磁通。该磁通与定子绕组耦合,在定子绕组上感应出同频率感应电势,感应电势的幅值与两绕组的相对位置之间的有关。感应电势与两个绕组相对位置的关系如图 5-4 所示。正弦绕组 S 和定尺绕组位置重合即在 A 点时,耦合磁通最大,感应电势最大;滑尺相对定尺平行移动,感应电势逐渐减小,在刚好错开 1/4 节距位置即在 B 点时,感应电势减为零;再继续移动到 1/2 节距位置即在 C 点时,感应电势与 A 点相同,但极性相反;移动到 3/4 节距位置即在 D 点时,感应电势又变为零;在移动一整个节距到位置 E 点时,又回到与起始位置 A 点完全相同的耦合状态,感应电势最大。如此,滑尺相对定尺移动了一个节距,定尺上感应电势变化了一个余弦波形,如图 5-4 中曲线 1 所示。同理,由滑尺余弦绕组 C 产生的感应电势如图 5-4 中曲线 2 所示。感应同步器定子绕组的感应电势随滑尺的相对移

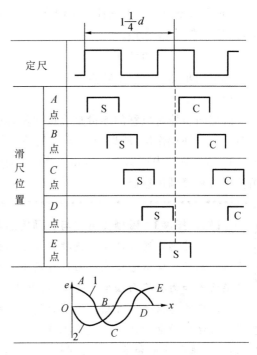

图 5-4　感应电势与两个绕组相对位置的关系

动呈现周期性变化,定尺绕组的感应电势是能反映滑尺相对位移的交变电势,感应同步器就是利用定尺绕组感应电势变化进行位移检测的。

感应同步器有两种励磁方式:一种是滑尺励磁,从定尺绕组取出感应电势信号;另一种是定尺励磁,从滑尺绕组取出感应电势信号。目前,多采用滑尺励磁,信号处理分为鉴相型和鉴幅型两种。鉴幅型根据感应电势幅值变化来检测位移。鉴相型根据输出电压的相位来检测位移。

2. 感应同步器的种类

感应同步器按结构形式分为直线式和圆盘式两类,其中直线式又分为标准式、窄式、带式和三速式。这里主要介绍直线式感应同步器。

(1) 标准式感应同步器。

标准式感应同步器应用最广、精度最高,定尺上连续绕组的节距为 2 mm,定尺长度有 136 mm、250 mm、750 mm、1000 mm 等。

(2) 窄式感应同步器。

窄式感应同步器的宽度比标准式感应同步器窄,绕组节距与标准式感应同步器相同,用于安装位置受限的场合,精度比标准式感应同步器低,定尺长度有 160 mm、250 mm 等。

(3) 带式感应同步器。

带式感应同步器的定尺较长,定尺和滑尺的绕组节距及连接方法与标准式感应同步器相同。由于不需要拼接,带式感应同步器对安装面精度要求不高,安装方便,但刚性稍差,检测精度较低。

(4) 三速式感应同步器。

三速式感应同步器利用粗、中、精三种不同节距来测量绝对位移,节距分别为 4 000 mm、

100 mm 和 2 mm。由于三种绕组制在同一基尺上易产生相互干扰,三速式感应同步器工艺复杂,接长困难,很少采用。

3. 感应同步器的特点

感应同步器具有以下特点。

(1) 精度高。

感应同步器对位移的测量是直接测量,测量精度主要取决于尺子精度。因为定尺的节距误差有平均自补偿作用,所以尺子本身的精度能做得较高。感应同步器直线位移测量精度可达 $\pm 0.15\ \mu m$,分辨力可达 $0.05\ \mu m$。总体上,感应同步器的测量精度略低于光栅传感器,高于磁栅传感器和容栅传感器。

> **【知识拓展】** 磁栅传感器与容栅传感器
>
> 磁栅传感器通过计算磁波数目来检测位移,用录磁磁头将具有周期变化、一定波长的方波或正弦波电信号记录在磁性标尺上并作为测量位移的基准。它可用于测量滚齿机传动链误差和齿轮单面啮合检查仪、丝杠测量仪、电子千分尺、电子高度卡尺等。
>
> 容栅传感器是一种无差调节的闭环系统,基本测量部分是一个差动电容器。容栅传感器利用电容的电荷耦合方式将机械位移转变为电信号的相应变化,将该电信号送入电子电路,经一系列变换和运算后得到机械位移的大小。

(2) 工作可靠、抗干扰性强。

感应同步器的测量信号与位移有一一对应的单值关系,二次绕组输出的感应电势取决于磁通变化率、冲击振动的干扰等,不受环境温度、净化程度等的影响。

(3) 维护简单、寿命长。

感应同步器的材料可与被测对象的材料一致,定尺、滑尺的间隙为 0.2～0.3 mm,无接触磨损,无中间环节,安装简单,使用寿命长,便于维护。

(4) 测量距离长。

感应同步器被测对象的移动速度基本不受限制,适用于大、中型设备中。

(5) 工艺性好,成本低,易于成批生产。

5.2.3 编码器

编码器是与光栅传感器、感应同步器等数字式位移传感器计数方式不同的另一类位移传感器。编码器的计数方式是根据位置的"编码",把位移量转换成"数字代码"。测量直线位移的编码器称为直线编码器,测量角位移的编码器称为旋转编码器。其中旋转编码器的应用更广泛。旋转编码器有绝对式和增量式两种。

1. 绝对式旋转编码器

旋转编码器的核心部件是码盘,码盘的码道数决定了码盘的分辨力。码盘的内孔由安装码盘的被测轴的轴径尺寸决定,码盘的外径由码盘上的码道数和码道径向尺寸决定,所需码道数由分辨力决定,n 道码盘的角度分辨力为 $2\pi/2^n$ rad。码道径向尺寸由敏感元件的几何参数和物理特性决定,码盘因敏感元件不同,可选用不同的材料制造。码盘在结构上由一组同心圆环码道组成,同心圆环的径向距离就是码道宽度,根据分辨力 $2\pi/2^n$ rad 可将码盘面分成 2^n 个扇形区,这样由正交的极坐标曲线族与 2^n 条径向线就组成 2^n 个扇形网格。以二进制为例,2^n 个扇形网格区对应着 2^n 组数字编码,确定了码盘上 2^n 个角位置对应的数字量,由输出的数字量可知角位移量。根据二进制数的规律,每个扇形网格是由 n 个"1"和"0"小网格组成的一组数字编码。使用较多的旋转编码器是磁电式旋转编码器和光电式旋转编码器,二者敏感元件不同,光电式旋转编码器采用非接触式码盘,磁电式旋转编码器采用接触式码盘,但码盘结构类似。

绝对式旋转编码器的常用码盘有二进制码盘和格雷码码盘两种。图 5-5(a)所示为二进制码盘,码盘的绝对角位置由各通道的"明"(透光)、"暗"(不透光)部分所组成的二进制数表示,透光部分用"0"表示,不透光部分用"1"表示,图示是一个具有 4 通道的码盘,按照码盘上形成二进制的每一通道配置光电变换器(图中黑点),光源隔着码盘从后侧照射。每一通道配置的光电变换器对应为 2^0、2^1、2^2、2^3。图中内侧是二进制高位 2^3,外侧是低位 2^0,如二进制数"1101",读出十进制数为"13"的角度坐标值。由于二进制码盘相邻二进制数图形变化不明确,易产生读数误差,所以实际使用中多采用格雷码(循环码)码盘(见图 5-5(b))。格雷码码盘的特点是:在从一个计数状态变到下一个计数状态的过程中,只有一位码改变,因此使用格雷码码盘的编码器不易误读,可靠性更高。

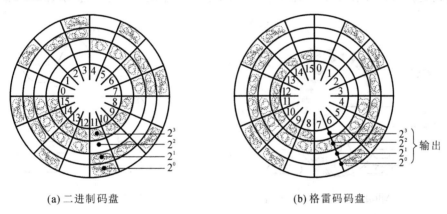

(a) 二进制码盘　　　　　　　　(b) 格雷码码盘

图 5-5　绝对式旋转编码器常用的两种码盘

4 位二进制码与格雷码的对照关系如表 5-1 所示。

表 5-1　4 位二进制码与格雷码的对照关系

十进制数	二进制数	格雷码	十进制数	二进制数	格雷码
0	0000	0000	8	1000	1100
1	0001	0001	9	1001	1101
2	0010	0011	10	1010	1111
3	0011	0010	11	1011	1110
4	0100	0110	12	1100	1010
5	0101	0111	13	1101	1011
6	0110	0101	14	1110	1001
7	0111	0100	15	1111	1000

绝对式旋转编码器的优点是:坐标值从码盘中直接读出,不会有累积进程中的误计数;运转速度有所提高;编码器本身具有机械位置存储功能,即使因停电或其他原因造成坐标值清除,通

电后仍可找到原绝对坐标位置。缺点是:当进给转数大于一转时,需要做特别处理,需将两个编码器连接起来,组成双盘编码器,此时结构复杂,制作困难,成本高。

2. 增量式旋转编码器

增量式旋转编码器由码盘、指示标度盘、发光二极管和光敏三极管等组成,如图 5-6(a)所示。码盘与旋转轴固定并一起旋转,指示标度盘与编码器外壳固定;码盘上刻有等分的明暗相间的主信号栅格及一个零信号栅格;指示标度盘上有三个窗口,其中两个是主信号窗口,错开90°相位角,另一个是零信号窗口;当发光二极管及光敏三极管接入电路时,旋转轴转动,即得到图 5-6(b)所示的光电波形输出。A、B 两组信号在相位上相差 90°,以判定回转方向;设 A 相导前 B 相时为正向旋转,则 B 相导前 A 相时是反向旋转;利用 A 相与 B 相的相位关系可判别编码器的旋转方向;Z 相产生的脉冲为基准脉冲(零点脉冲),是旋转轴旋转一周在固定位置上产生的一个脉冲,用于高速旋转时转数计数或作加工中心等机床上的准停信号;A、B 相脉冲信号经频率-电压变换后,得到与转轴转速成比例的电压信号,即速度反馈信号。普通二进制码盘每圈可输出 100、200、300、360、500、600、1 000 个脉冲等,高精度的二进制码盘可输出 5 000 个脉冲。增量式旋转编码器结构简单,体积小,价格便宜且原点复位容易,但抗干扰性较差。

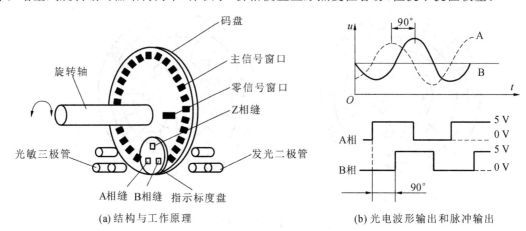

图 5-6 增量式旋转编码器

5.2.4 测速发电机

速度主要有线速度和角速度两种。线速度可以由角速度间接得到,而角速度可以由转速间接得到。因此,速度的测量主要是转速的测量。

1. 测速发电机的概念和分类

1) 概念

测速发电机是机电一体化系统常用的转速传感器,一般安装在电动机轴上,直接测量电动机的运转速度。它是一种检测机械转速的电磁装置,能把机械转速变换成电压信号。测速发电机的输出电压与输入转速成正比关系。

2) 分类

测速发电机分为直流和交流两种。按结构和工作原理不同,直流测速发电机有电磁式和永磁式两种,交流测速发电机有感应(异步)式和同步式两种。虽然同步测速发电机的输出电压也与转速成正比,但输出电压的频率随转速变化而变化,所以它只作指示元件用。感应测速发电机是目前应用最多的一种,尤其是空心杯转子异步测速发电机,性能较好。直流测速发电机存在机械换向问题,会产生火花和无线电干扰,但它的输出不受负载性质的影响,也不存在相角误差,所以它在实际中的应用也较广泛。

2.测速发电机的工作原理及要求

1) 工作原理

测速发电机的工作原理就是发电机的原理,如图 5-7(a)所示。定子采用高性能的永久磁铁,转子直接安装在与电动机同轴的位置。当电动机转动时,测速发电机被带着运转,由于永久磁铁的作用,测速发电机的电枢中将感应出电动势,通过换向器的电刷获得直流电压,该电压正比于电动机运转的速度,即

$$U_{out} = kn \tag{5-3}$$

式中:U_{out}——测速发电机的输出电压(V);

n——测速发电机的转速(r/min);

k——比例系数。

测速发电机的输出特性如图 5-7(b)所示。当有负载时,电枢绕组中流过电流,由于电枢反应的影响,输出电压降低;若负载较大,或在测量过程中负载改变,则破坏了线性特性而产生测量误差。为了减小误差,需使负载尽可能小且恒定不变。这意味着接入测速发电机转子绕组的电阻应尽可能大。

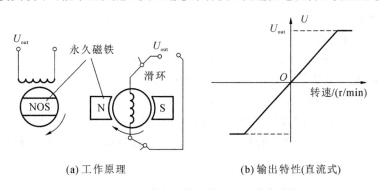

(a) 工作原理　　　　　　(b) 输出特性(直流式)

图 5-7　测速发电机的工作原理和输出特性

2) 要求

自动控制系统对测速发电机的要求主要是精确度高、灵敏度高、可靠性好等,具体如下。

(1) 输出电压与转速保持良好的线性关系。

(2) 剩余电压(转速为零时的输出电压)要小。

(3) 输出电压的极性和相位能反映被测对象的转向。

(4) 温度变化对输出特性的影响要小。

(5) 输出电压斜率要大,即转速变化所引起的输出电压变化要大。

(6) 摩擦转矩和惯性要小。

(7) 体积小,质量轻;结构简单;工作可靠;对无线电通信的干扰小,噪声小等。

3.测速发电机产生误差的原因

1) 直流测速发电机

在理想情况下,直流测速发电机的输出特性为一条直线,而实际上它的输出特性并不是一

条精确的直线。引起误差的主要原因是电枢反应的去磁作用、电刷与换向器的接触压降、电刷偏离几何中性线、温度的影响等。因此,在使用直流测速发电机时,必须注意:电动机转速不得超过规定最高转速,负载电阻应不小于给定值。在精度要求严格的场合,还需要对直流测速发电机进行温度补偿。纹波电压造成了输出电压不稳定,降低了直流测速发电机的精度。

2) 感应测速发电机

当感应测速发电机的励磁绕组产生的磁通保持不变时,转子不转时输出电压为零,转子旋转时切割励磁磁通产生感应电动势和电流,建立横轴方向的磁通,在输出绕组中产生感应电动势,从而产生输出电压。感应测速发电机输出电压的大小与转速成正比,但频率与转速无关,等于电源的频率。感应测速发电机理想的输出特性也是一条直线,但实际上并非如此。引起误差的主要因素是磁通的大小和相位、负载阻抗的大小和性质、励磁电源的性能、温度及剩余电压。其中,剩余电压是引起误差的主要因素。

3) 同步测速发电机

同步测速发电机定子输出绕组感应电动势的大小和频率都随转速的变化而变化,使测速发电机本身的内阻抗和负载阻抗的大小也随转速的变化而变化,故同步测速发电机不宜用于自动控制系统。

4. 测速发电机的应用

测速发电机在自动控制系统和计算装置中可以作为测速元件、校正元件、解算元件和角加速度信号元件使用。

1) 转速自动调节系统

测速发电机耦合在电动机轴上作为转速负反馈元件,其输出电压作为转速反馈信号送回到放大器的输入端,调节转速给定电压,系统可达到所要求的转速。

2) 位置伺服控制系统的速度阻尼及校正

在直流伺服电动机的轴上耦合一台直流测速发电机,直流测速发电机作转速反馈元件,但作用不同于转速自动调节系统中的测速发电机,它的转速反馈用于位置微分反馈的校正,起速度阻尼作用。

3) 自动控制系统的解算

测速发电机在自动控制系统中既可用作积分元件,也可用作微分元件。

图 5-8 所示为机器人控制系统中采用直流测速发电机进行速度控制的例子。该系统是一个数字伺服系统,位置检测采用光电式旋转编码器。该系统不仅有位置反馈,而且有速度反馈,与仅有位置反馈的控制系统相比,可以很平滑地接近目标位置。

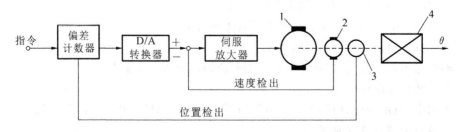

图 5-8 直流测速发电机在控制系统中的应用示例

1—直流伺服电动机;2—测速发电机;3—光电式旋转编码器;4—减速器

5.2.5 计数型转速传感器

计数型转速传感器是应用极广泛的一类转速传感器。它的工作原理是：在测量时间 t 内利用计数器对传感器的输出电脉冲信号进行计数，按式(5-4)得到测量转速。

$$n = \frac{60N}{Zt} \tag{5-4}$$

式中：n——转速(r/min)；

Z——传感器上的缝隙数或凹槽数；

N——脉冲数。

可以通过计数来实现转速测量的传感器有很多种，以下列举常见的几种。

1. 光电式转速传感器

光电传感器是把光信号转变为电信号的器件，工作原理是基于物质的光电效应。按照光电效应，光电传感器可分为辐射式、吸收式、遮光式、反射式4种。光电式转速传感器有透射式和反射式两种。图5-9(a)所示为透射式转速传感器，在被测转轴上固定一个带孔的调制圆盘(光调制盘)，在调制圆盘的一边由发光元件产生恒定光，光透过盘上小孔到达光敏元件上，并由电路转换成相应的电脉冲信号。若调制圆盘上开 n 个小孔，则被测转轴旋转一周，光线透过小孔 n 次，输出 n 个电脉冲信号，孔越多，传感器的分辨力越高。图5-9(b)所示为反射式转速传感器，在被测转轴上贴上等间隔的反光纸或黑白相间条纹纸，由发光元件产生恒定光照射其上，另由一光敏元件接收反射光。当被测转轴转动时，光敏元件会接收到明、暗变化的反射光，从而产生相应数量的电脉冲信号。

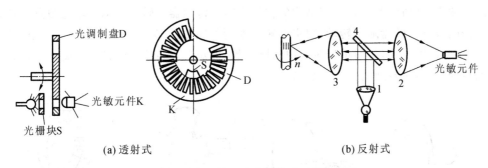

图 5-9 光电式转速传感器转速测量原理图

1,2,3—透镜；4—半透膜

2. 电容式转速传感器

电容式转速传感器是将被测物理量转换成电容量变化的装置，可做成变极距式、变面积式、变介电常数式三种。图5-10所示为电容式转速传感器的工作原理。定极板与齿顶相对时电容量最大，与齿隙相对时电容量最小。齿轮转动时，电容式转速传感器产生周期信号，通过测量周期信号的频率即可得到齿轮轴的转速。

3. 磁电式转速传感器

磁电式转速传感器是一种发电式传感器，将被测物理量转化为电源性参量，如电势、电荷等。图5-11所示是变

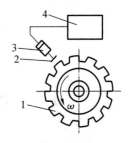

图 5-10 电容式转速传感器
转速测量原理图

1—齿轮；2—定极板；

3—电容式转速传感器；4—频率计

磁阻式磁电式转速传感器,它用来测量旋转轴的转速。图 5-11(a)所示为开磁路变磁阻式磁电式转速传感器,线圈、磁铁静止不动,测量齿轮安装在被测转轴上并随其一起转动。每转动一个齿,齿的凹凸引起磁路磁阻变化一次、磁通变化一次,线圈中产生感应电势,感应电势的变化频率等于被测转速与测量齿轮齿数的乘积。此种磁电式转速传感器结构简单,但输出信号较小,且因高速轴上加装齿轮较危险而不宜测量高转速。图 5-11(b)所示为闭磁路变磁阻式磁电式转速传感器。它由安装在转轴上的内齿轮和外齿轮、永久磁铁、感应线圈组成,内、外齿轮齿数相同。当转轴连接到被测转轴上时,外齿轮不动,内齿轮随被测转轴转动,内、外齿轮的相对转动使气隙磁阻产生周期性变化,从而引起磁路中磁通变化,使线圈内产生周期性变化的感应电动势。显然,感应电势的频率与被测转速成正比。

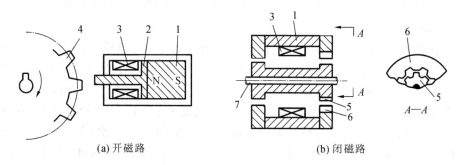

图 5-11 变磁阻式磁电式转速传感器转速测量原理图
1—永久磁铁;2—软磁铁;3—感应线圈;4—铁齿轮;5—内齿轮;6—外齿轮;7—芯轴

此外,图 5-12 所示是几种不同结构的霍尔式转速传感器。转盘的输入轴与被测转轴相连,当被测转轴转动时,转盘随之转动,固定在转盘附近的霍尔式转速传感器在每一个小磁铁通过时产生一个相应的脉冲,检测单位时间内的脉冲数,可知被测转速。转盘上小磁铁数目越多,霍尔式转速传感器测量转速的分辨力越高。

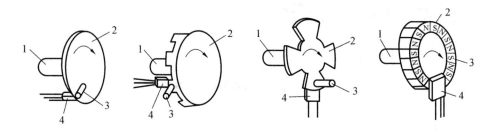

图 5-12 霍尔式转速传感器转速测量原理图
1—输入轴;2—转盘;3—小磁铁;4—霍尔式转速传感器

5.3 机器人常用的传感器及检测技术

除了上述的常规位移和速度传感器外,在现代机器人和其他智能机电一体化系统中,还经常用到视觉传感器、触觉传感器和接近觉传感器等。

5.3.1 视觉传感器

由于客观世界中物体的形态和特征是相当复杂的,所以单独利用在光电技术基础上发展起来的视觉传感器实现对三维物体的识别目前在技术上还存在很大的难度和挑战。但由于视觉技术的发展,敏感器件已由简单的一维光电管线阵发展到二维光电耦合器件(CCD)面阵。利用CCD类器件制成的视觉传感器有较高的几何精度、更大的光谱范围、更高的灵敏度和扫描速率,结构尺寸小,功耗低,且工作可靠。

CCD是利用内光电效应,由单个光敏单元构成的一种光电传感器。它集电荷储存、位移和输出于一体。单个光敏单元称为像素,它以一定尺寸大小按某一规则排列,从而组成CCD线阵或面阵。CCD有两种基本类型:一种是光生电荷存储在半导体与绝缘体(SiO_2)的界面上,并沿界面转移,称作表面沟道电荷耦合器件(SCCD);另一种是光生电荷存储在离半导体表面一定深度的体内,并在体内沿一定方向转移,称作体沟道或埋沟道电荷耦合器件(BCCD)。

1. CCD的工作原理

组成CCD的基本单位是MOS光敏单元。MOS光敏单元是一种金属-氧化物-半导体结构的电容器。图5-13(a)为MOS光敏单元结构示意图。在一个P型Si基片上热氧化生成约0.1 μm厚的氧化层(SiO_2),再在SiO_2层上沉积一层金属电极(栅极),构成一个孤立的MOS电容器,电容器的间隔为1~3 μm(由电容器结构、表面密度等因素决定)。光射到CCD光敏电阻单元上,栅极附近硅层产生电子空穴时,多数载流子(空穴)被栅极电压(U_G)所决定的电势排斥,少数载流子(电子)被收集在势场中,形成光生电荷。

1) 光生电荷存储

光敏单元存储光生电荷的能力取决于栅极上所加的正阶跃电压U_G。当栅极未施加U_G时,P型Si基片上的空穴(多数载流子)分布均匀。栅极施加U_G后,空穴被排斥,产生耗尽区。增大U_G值,耗尽区向半导体内延伸。当$U_G>U_{th}$(阈值电压)时,氧化层(SiO_2)对P型Si基片内的电势(称为界面势Φ_S)足够大,形成一个稳定的耗尽区。此时,光生电荷被耗尽区吸收,如图5-13(b)所示。

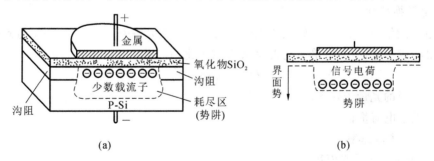

图5-13 CCD光敏单元结构及原理示意图

2) 电荷移位(耦合)

多个MOS光敏单元依次相邻排列(间隔1~3 μm),耗尽区可以交叠,即发生势阱"耦合",势阱中的电子(光生电荷)将在互相耦合的势阱间流动。图5-14所示为CCD结构原理图。对三个相邻栅极分别加以时钟脉冲Φ_1、Φ_2及Φ_3,三项时钟(驱动)脉冲时序波形如图5-15所示。电荷移位(耦合)过程如图5-16所示。按照脉冲时序,栅极下光生电荷沿半导体表面按一定方向逐个单元转移。

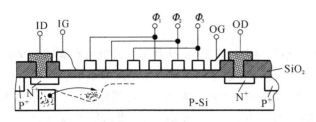
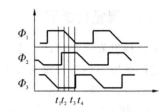

图 5-14 CCD 结构原理图　　　　图 5-15 三项时针(驱动)脉冲时序波形

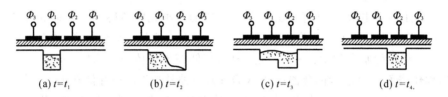

图 5-16 电荷移位(耦合)过程

3) 电荷注入方式

电荷注入方式分为光注入和电注入。CCD 的光注入方式有 3 钟,分别是正面照射方式、背面照射方式和微孔直接照射方式。电注入就是 CCD 通过输入结构 ID-IG 对输入模拟信号(电压或电流)进行采样,然后将其转换为信号电荷并注入响应势阱(Φ_1)中。

4) 电荷转出方式

CCD 输出电荷信号的方式一般为电流输出。在图 5-14 右端,当 Φ_3 电压由高变低时,信号电荷将通过加恒定电压的输出栅极 OG 下的势阱,进入反向偏置二极管 OD 的 N^+ 区中。基底 P 和 N^+ 区、外加电源构成一个二极管反向偏置电路。该电路对信号电荷来说是一个很深的势阱,进入反向偏置二极管 OD 的信号电荷(电子)将产生电流 I_d,它的大小与注入信号电荷量 Q 成正比。

2. CCD 的基本参数

1) 光电转换特性

入射电子能量被硅层吸收,转换成光生电荷并聚集在势阱中。信号电荷 Q_{in} 与光照强度(光子流速率 Δn)成正比,与光敏单元受光面积 A 成正比,有

$$Q_{in} = \eta e \Delta n A t_c \tag{5-5}$$

式中:η——材料的光量子效率;

e——电子电荷量;

Δn——光子流速率;

A——光敏单元受光面积;

t_c——光照时间,即光积分时间,由电荷移位脉冲周期 T 决定。

CCD 光敏单元的结构确定后,受光面积 A 一定,信号电荷 Q_{in} 取决于光子流速率 Δn。由于光子流速率 Δn 与入射光谱辐射通量 $\Phi_{e\lambda}$ 呈线性关系,所以有

$$\Delta n = \frac{\Phi_{e\lambda}}{h\nu} \tag{5-6}$$

式中:h——普朗克常量;

ν——入射角频率。

信号电荷 Q_{in} 为

$$Q_{in} = \frac{\eta e t_c A \Phi_{e\lambda}}{h\nu} \tag{5-7}$$

由式(5-7)可以看出：信号电荷 Q_{in} 与入射光谱辐射通量 $\Phi_{e\lambda}$ 是线性关系。

2) 开启电压

开启电压是 MOS 场效应管开始产生沟道时所需的栅压。为了使 CCD 有效工作，CCD 表面应始终保持耗尽状态，驱动脉冲信号的低电平应在开启电压之上。栅极上加一正阶跃电压 $U_G(2\sim10\ V)$，低电平 2 V 大于开启电压，可使 CCD 表面始终保持耗尽状态。测量 CCD 开启电压的方法是：将所有栅极(包括输入和输出控制栅极)连接在一起作为一个栅极，将基底(P-Si 基片)接地。影响开启电压的因素有栅极材料的功函数与硅半导体近带宽之差、SiO_2 氧化层中的固定电荷、SiO_2 氧化层的厚度、硅半导体基底掺杂浓度及晶向。

3) 电荷容量

MOS 光敏单元存储的光生电荷量 Q_S 取决于栅极面积 A_1、驱动脉冲电压 U_G、驱动方式及光敏单元结构等因素。存储的光生电荷量 Q_S 表达式如下。

$$Q_S = C_{ax} U_G A_1 \tag{5-8}$$

式中：C_{ax}——SiO_2 氧化层单位面积的电容量。

如果 P-Si 的杂质浓度 $N_A = 10^{15}\ cm^{-3}$，SiO_2 膜厚为 $0.1\ \mu m$，栅极面积 $A_1 = 10\times 20\ \mu m^2$，栅极电压 $U_G = 10\ V$，则一个 MOS 光敏单元所能储存的光生电荷量 $Q_S = 0.6\ pC$(等效 3.7×10^6 个电子)。CCD 是电荷转移器件，如果不考虑传输损失，则它的输出电流(单位时间转移的电荷量)I_d 为

$$I_d = Q_{sf} = C_{ax} U_G A_1 f \tag{5-9}$$

式中：f——电荷移位脉冲周期 T 的倒数，即频率；

A_1——栅极面积；

C_{ax}——SiO_2 氧化层单位面积的电容量；

U_G——栅极电压。

4) 电荷转移损失率

电荷转移损失率是 CCD 的一个重要参数，它决定了信号电荷能被传递的次数。电荷转移损失率 ε 定义为每次转移中未被转移的电荷所占的百分比。

5) 工作频率

CCD 必须在驱动脉冲的作用下完成信号电荷的转移和输出。工作频率是指加载于转移栅上的时钟脉冲电压的频率。

(1) 工作频率的下限。

为了避免热激发少数载流子对注入信号电荷的干扰，注入信号电荷从一个电极转移到另一个电极所用时间 t 必须小于载流子的平均寿命 τ_i，即 $t \leqslant \tau_i$。

(2) 工作频率的上限。

当工作频率提高时，电荷转移受到电荷从一个电极转移到另一个电极所需的固有时间 τ_g 的限制，即驱动脉冲使电荷从一个电极转移到另一个电极的时间 t 应大于 τ_g，才能保证电荷完全转移。否则，信号电荷跟不上脉动脉冲变化，将降低电荷转移效率 η。

CMOS 成像器件和 CCD 几乎是同时出现的，两种器件采用同样的硅材料制作。它们的光

谱响应和量子效率基本相同,光敏单元和电荷储存容量也相近。但是两者的结构和制作工艺方法不同,性能也有很大差别。CMOS 成像器件由光电二极管、MOS 场效应管、MOS 放大器和 MOS 开关电路在同一个芯片上集成而成,用于摄像质量要求不高的场合,如机器人视觉系统。CCD 的驱动电路、接口电路、逻辑电路和 A/D 转换电路必须在器件外设置。相比之下,目前 CCD 具有更好的图像质量和灵活性,占据高端应用领域。

5.3.2 触觉传感器

触觉可以直接测量对象和环境的多种特征。通常所说的触觉是广义概念,包括接触觉、压觉、滑动觉、接近觉、冷热觉和力觉等与接触有关的感觉。触觉传感器在感知目标对象的柔软性、硬度、弹性、粗糙度、导电性等表面性能和物理特征时还不能完全模仿人的触觉感受,通常采用不同的传感器来分别实现某种感觉的检测,如触觉、滑动觉、热觉和接近觉等。

最初的触觉传感器功能仅限于测量人工手指与物体接触力的大小,触觉信号为非阵列的输出信号。现在多用触觉阵列传感器来检测接触区域,确定接触截面形状与压力分布,然后处理触觉阵列传感器的输出信号,涉及图像处理、模式识别、人工智能和计算机图形学等多学科知识。

人工手指是实现灵巧操作的重要部分,但人工手指没有柔软的皮肤和皮下组织,没有高效的触觉感受,所以操作起来比人手困难,不能顺从工件形状而进行稳定可靠的操作。增强人工手指的感知能力,使之对物体位置的判断更准确;提高人工手指的柔顺性,使之能顺应物体形状产生较大的变形,从而获得较多的接触信息至关重要。主动触觉是指主动触摸形成感觉,得到触觉信息、人工手臂位置信息、控制过程信息等,从而形成一个较复杂的传感过程。

1. 电流变流体

为了开发实用的具有触觉的柔顺可控人工指端,可采用一种特殊材料——电流变流体作为人工手指的皮下介质,使手指柔顺可控。根据电流变效应,电流变流体(ER 流体或 ERF 流体)在电场的作用下,可由牛顿流体变为具有一定屈服应力的 Bingham 塑性体。这种转变过程可由电场连续控制,响应速度快(10^{-3} s),可满足实时控制要求。

电流变流体的特性可用 Bingham 塑性体基本方程描述,如式(5-10)所示。

$$\tau(E,\gamma) = \tau_0(E) + \eta\gamma \tag{5-10}$$

式中:τ——切应力;

τ_0——静态屈服应力;

η——流体黏度;

γ——剪切率;

E——电场强度。

电流变流体的静态屈服应力 τ_0 与电场强度 E 的关系如图 5-17 所示。

2. 柔顺可控人工指端结构

如图 5-18 所示,柔顺可控人工指端用金属弹性薄板 4 作为弹性元件,用应变片 3 作为敏感元件,两个金属弹性薄片 4 安装在支承座 1 上。当柔顺可控人工手指抓握物体时,触头 7 在盖板 6 的孔中向左滑动,由压头 5 作用在弹性元件 4 上。触头 7 中部有一凸缘,凸缘到盖板 6 的距离为最大量程。当被抓物体体重超过最大量程时,凸缘与盖板 6 接触,将力传到底座 2 上,防止弹性元件损坏。触头 7 右侧为封装电流变流体部分,两层导电橡胶 11 之间用海绵隔开,海绵层填充电流变流体。电流变流体作为柔顺可控人工手指的皮下组织介质,没有通电时,电流变流体电流变体层作保护层用;通电时,电流变流体变成Bingham塑性体,借助电流变流体的柔顺可控性实现稳定抓握,防止被抓物体滑落。

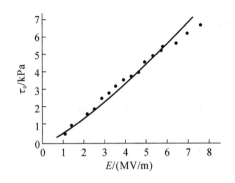

图 5-17 电流变流体的静态屈服应力
τ_0 与电场强度 E 的关系

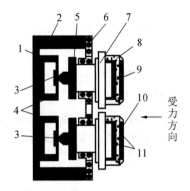

图 5-18 柔顺可控人工指端应变式触觉传感器
1—支承座;2—底座;3—应变片;4—金属弹性薄板(不锈钢板);5—压头;
6—盖板;7—触头;8—橡胶;9—海绵;10—电流变流体;11—导电橡胶

3. 人工皮肤触觉

人工皮肤触觉传感器是集触觉、压觉、滑觉和热觉于一体的多功能传感器,以PVDF为敏感材料,模仿人的皮肤,有柔顺的接触表面和对触、滑、热的感知,通过各个触元的输出信号获取有关触觉的信息。

1) 人工皮肤结构

如图5-19所示,人工皮肤是一种层状结构。表皮是一层柔软的带有圆锥体小齿的橡胶包封表皮,上、下两层PVDF为敏感层,上层PVDF薄膜镀整片金属电极,下层PVDF膜电极为条状金属膜,通过硅导电橡胶引线接到电极板上。上、下PVDF层间加有加热层和柔性

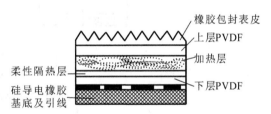

图 5-19 人工皮肤结构剖面图

隔热层。加热层使橡胶包封表皮保持在适当温度(50~70 ℃),进行恒温控制或恒功率加热,可利用PVDF的热释电性来测量被接触物体的导热性能。柔性隔热层将上层PVDF的热觉测试及下层PVDF的触觉、滑觉和滑移距离测试隔开。加热层是厚度小于1 mm的导电橡胶,电阻值为100~150 Ω,两边用导电胶与金属极粘接固定。电极间加12 V电压后,功率在1 W左右,环境温度为20 ℃时,橡胶包封表皮温度为52 ℃(热动态平衡)。当人工皮肤接触物体后,发生热传导,橡胶包封表皮温度下降。上层PVDF有触压和热觉的混合输出信号,且当物体滑动时可检测滑动。根据条状电极的输出信号特征和触压区域的转移,可得物体的滑移距离。根据上层PVDF输出信号的综合处理,可区分热觉和触觉信号。

2) 信号检测

将PVDF的微单元看作一个电容器,设作用应力为垂直方向的 σ_3,则电容器的生成电荷密度为 $q=d_{33}\sigma_3$(d_{33} 为压电系数),设应力 σ_3 作用在面积为 A 的PVDF薄膜上产生的变化是均匀变化,则放电电荷量 $Q(t)$

$$Q(t) = Ad_{33}\sigma_3(t) \tag{5-11}$$

若将电容器接一个输入阻抗为 R_λ 的电荷放大器(电容器 C 与输入阻抗 R_λ 串联),则输入

阻抗上有漏电流 i，为

$$i = \frac{Q(t)}{R_\lambda C} \tag{5-12}$$

考虑漏电流的影响，电容量对电荷放大器的输入电压为

$$U(t) = U_0(t)\mathrm{e}^{-\frac{t}{R_\lambda C}} \tag{5-13}$$

式中：$U_0(t)$——电容量输出电压；

$R_\lambda C$——时间常数。

为改善对信号输出的影响，需要增大电荷放大器的输入阻抗 R_λ，阻止电荷泄漏。

图 5-20 所示为实用的 PVDF 敏感信号采样电路框图。

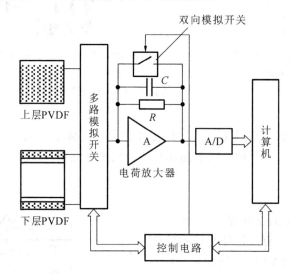

图 5-20　PVDF 敏感信号采样电路框图

3) 信号提取

当人工皮肤表面触压物体时，上层 PVDF 产生触觉和热觉混合信号，如图 5-21(a) 所示。一般地，将这一混合信号分解成触觉信号(虚线)和热觉信号(实直线)。一般地，触觉信号的响应和衰减均较快，而热觉信号为缓变低频信号。下层 PVDF 产生单一触觉信号，如图 5-21(b) 所示。最简单的信号处理方式是将图 5-21(a) 与图 5-21(b) 两信号做比例减法运算，以区分触觉信号和热觉信号。

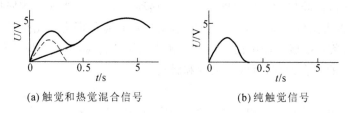

(a) 触觉和热觉混合信号　　　　(b) 纯触觉信号

图 5-21　人工皮肤触觉传感器信号特征

5.3.3　接近觉传感器

接近觉传感器用以感知敏感元件与物体之间的接近程度，目的是使机器人在移动和操作过

程中获知与目标的接近程度,以避开障碍,并避免抓取物体时由于接近速度过快而造成冲击碰撞。大多数情况下,只要求接近觉传感器给出简单的阈值判断,即接近与否。用于特殊用途时要求接近觉传感器提供远、中、近等分档距离。接近觉传感器用于避开障碍的感觉距离从几米到几十米,而抓取物体时为实现柔性接触(无冲击),感觉距离为几毫米甚至 1 mm 以下。接近觉传感器按工作原理可分为感应式接近觉传感器、霍尔式接近觉传感器、电容式接近觉传感器和光接近觉传感器。

与上述四种接近觉传感器相比,超声波接近觉传感器对材料的依赖性小,可测非金属和绝缘材料的接近觉,精确度也较高。典型超声波接近觉传感器的结构如图 5-22 所示。

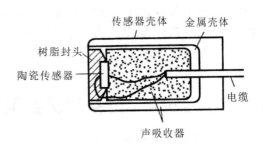

图 5-22 典型超声波接近觉传感器的结构

树脂封头用来做声阻抗匹配,并保护陶瓷传感器不受潮湿、灰尘及其他环境因素的影响(空气中水分含量及灰尘颗粒对超声波传播能量的损耗影响很大)。该结构为超声发射和接收兼用型。如果与被测物体距离很近,则需要声能很快衰减。用声吸收器与金属壳体耦合可以实现声能很快衰减。壳体设计应能形成一束狭窄的声束,以实现有效能量和信号的定向传递。

超能转换器(如图 5-22 中的陶瓷传感器)是超声波接近觉传感器的敏感元件,常采用基于压电效应的换能器和基于磁致伸缩效应的换能器。发射探头利用压电陶瓷晶片的逆压电效应将高频电振动转换成高频机械振动,振动频率在超音频范围内即会产生超声波。接收探头利用正压电效应将接收到的超声振动转换成电信号。基于磁致伸缩效应的换能器根据铁磁物质在交变磁场的作用下沿磁场方向使敏感元件产生伸缩振动实现超声波发射。接收超声波时,铁磁物质产生伸缩振动,使绕组中磁通量变化,输出感应电势。

图 5-23 所示为一组典型的超声波接近觉传感器波形图。

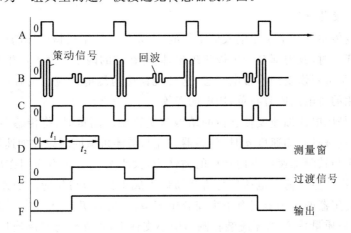

图 5-23 超声波接近觉传感器波形图

波形 A 为控制发射的门信号,波形 B 为输出(发射)信号和回波(接收)信号,波形 C 为发射信号和接收信号经整形后的脉冲信号。回波信号如果很弱,会被视为无回波信号,此时目标物对超声波的反射能力很差,不能用超声波接近觉传感器检测此类目标物。为了鉴别发射信号和接收信号相应的脉冲,引入时间窗(波形 D)。超声波接近觉传感器的检测能力主要取决于时间窗,即时间(间隔)t_1 是最小检测时间,t_1+t_2 为最大检测时间。对给定的传送介质,如空气,声波传播速度 v 是已知的,如果不考虑超声换能器和电路上的时间差,则 v_{t_1} 为超声检测的最小距离,$v_{t_1+t_2}$ 为超声检测的最大距离。当波形 D 处于高电位时,时间窗打开,传感器接收到回波信号,形成图中波形 E 所示信号,无回波信号时 E 为低电位。波形 B 中发射脉冲的尾部在波形 E 中被设计成低电位。波形 E 中脉冲上升沿将在波形 F 中被置为高电位,当 E 为低电位且波形 A 中出现控制发射的门信号时,波形 F 回到低电位。只要目标物处于时间窗(波形 D)t_1+t_2 所决定的距离区间内,波形 F 为高电位输出,否则波形 F 为低电位输出,即输出由是否在距离区间内的二值方式确定。

5.4 设备健康监测常用传感器及检测技术

随着机电一体化系统向智能化方向发展,运行状态的健康监测成为系统设计时不可忽视的内容。将健康监测系统作为机电一体化系统的重要组成部分,使所设计的机电一体化系统具有自监测、自诊断和自治愈的功能,是新一代智能机电一体化系统的要求。健康监测技术需要在系统中安装能够反映系统运行状态的外部传感器,进而通过信息处理技术提取信号特征,将其与系统中机械零部件的故障相关联,以实现系统健康状态的诊断、评价和预测。

5.4.1 常用的振动传感器

机电一体化系统的机械部分主要由电动机、轴承和齿轮等关键零部件组成,这些关键零部件在正常运行和处于异常(故障)状态下时会激发转轴或壳体的振动,根据振动信息可以实现系统状态的实时监测。常用的振动传感器主要有压电式加速度传感器、磁电式速度传感器和电涡流位移传感器。

1. 压电式加速度传感器

压电式加速度传感器是基于压电效应工作的,主要用于测量机械壳体的振动。某些晶体在一定方向上受力变形时,其内部会产生极化现象,同时在它的两个表面上产生符号相反的电荷;当外力去除后,它又重新恢复到不带电状态,这种现象称为压电效应。具有压电效应的晶体称为压电晶体。常用的压电晶体有石英、压电陶瓷等。

图 5-24 所示是压电式加速度传感器的结构与实物图。测量时,将传感器壳体与被测机械刚性连接,当被测机械具有加速度 a 时,传感器外壳与被测机械同时以此加速度值振动,此时内部质量块产生一个与被测加速度方向相反的惯性力,大小为 ma,此力作用在压电片上,使之产生变形,压电片表面产生电荷。电荷量与所受惯性力成正比,即与相应的加速度成正比。常用的压电式加速度传感器的结构形式有中央安装压缩型、三角剪切型和环形剪切型。中央安装压缩型是将压电元件-质量块-弹簧系统装在圆形中心支柱上,将支柱与基座连接。这种结构具有高的共振频率,然而基座与被测对象连接时,如果基座有变形,则将直接影响传感器的输出。此外,被测对象和环境温度变化会影响压电元件,并使预紧力发生变化,易引起温度漂移。三角剪切型是将压电元件用夹持环夹牢在三角形中心支柱上,传感器感受轴向振动时压电元件承受的切应力。这种结构对底座变形和温度变化具有极好的隔离作用,有较高的共振频率和良好的线

性。环形剪切型结构简单,能做成极小、高共振频率的加速度传感器,环形质量块粘到装在中心支柱上的环形压电元件上。由于黏结剂会随温度增高而变软,因此采用这种结构的压电式加速度传感器的最高工作温度受限。

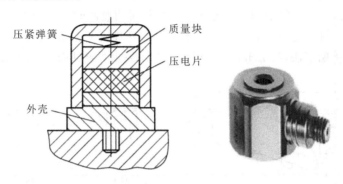

图 5-24　压电式加速度传感器的结构与实物图

压电式加速度传感器属发电型传感器,可将其看作电压源或电荷源,故它的灵敏度有电压灵敏度和电荷灵敏度两种。前者是压电式加速度传感器输出电压与所承受加速度之比,后者是压电式加速度传感器输出电荷与所承受加速度之比。加速度的单位为 m/s^2,但在振动测量中往往用标准重力加速度 g 作单位,$1g=9.80665 \, m/s^2$。对给定的压电材料而言,压电式加速度传感器的灵敏度随质量块增大或压电元件增多而提高。一般来说,压电式加速度传感器尺寸越大,固有频率越低。因此,选用压电式加速度传感器时应权衡灵敏度和结构尺寸、附加质量的影响和频率响应特性之间的利弊。压电式加速度传感器的横向灵敏度表示它对横向(垂直于加速度计轴线)振动的敏感程度,横向灵敏度常以主灵敏度即压电式加速度传感器的电压灵敏度或电荷灵敏度的百分比表示。一般在压电式加速度传感器的壳体上用小红点标出最小横向灵敏度方向。一个优良的压电式加速度传感器的横向灵敏度应小于主灵敏度的 3%。因此,压电式加速度传感器具有方向性。

压电元件受力后产生的电荷极其微弱,电荷使压电元件边界和接在边界上的导体充电到电压 $U=q/C_a$ (C_a 是压电式加速度传感器的内电容)。测定如此微弱的电荷或电压的关键是防止导线、测量电路和压电式加速度传感器本身的电荷泄漏。压电式加速度传感器所用前置放大器应具有极高的输入阻抗,把泄漏减少到测量准确度所要求的限度内。压电式加速度传感器的前置放大器有电压放大器和电荷放大器。电压放大器是高输入阻抗的比例放大器,电路较简单,但输出受连接电缆对地电容的影响,适用于一般振动测量。电荷放大器以电容作负反馈,基本不受电缆电容的影响。从压电式加速度传感器的力学模型看,压电式加速度传感器具有"低通"特性,理念上可测量极低频的振动。但实际上,由于低频尤其小振幅振动时加速度值小,压电式加速度传感器的灵敏度有限,输出信号很微弱,信噪比很低。另外,电荷的泄漏、积分电路(用于测振动速度和位移)的漂移、器件的噪声都不可避免,所以实际低频振动测量时压电式加速度传感器也出现"截止频率",为 0.1~1 Hz。

压电式加速度传感器的安装方式如图 5-25 所示。其中,采用钢螺栓固定是使共振频率达到出厂共振频率的最好方法。钢螺栓不能全部拧入基座螺孔,以免引起基座变形,影响压电式加速度传感器的输出。在安装面上涂一层硅脂可增加不平整安装表面的连接可靠性。需要绝缘时,可用绝缘螺栓和云母垫圈固定压电式加速度传感器,但垫圈应尽量薄。用一层薄蜡把压电式加速度传感器粘在试件平整表面上,也可用于低温(40 ℃以下)场合。手持探针的测振方法在多点测试时特别方便,但测量误差较大,重复性差,使用上限频率一般不高于 1 000 Hz。用永久磁铁固定压电式加速度传感器的方法使用方便,多在低频测量中使用。此法也可使压电式加速度传感器与试件绝缘。用硬性黏结螺栓或黏结剂固定的方法在连续长时间监测时常常使用。某种典型的压电式加速度传感器采用各种固定方法的共振频率分别为:钢螺栓固定法,31 kHz;绝缘螺栓和云母垫圈固定法,28 kHz;涂薄蜡层法,29 kHz;手持探针法,2 kHz;永久磁铁固定法,7 kHz。

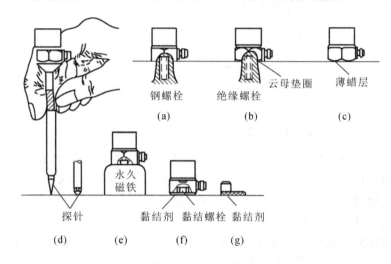

图 5-25　压电式加速度传感器的安装方式

2.磁电式速度传感器

磁电式速度传感器是另一种较常用的壳体振动测量传感器。磁电式速度传感器也称电动式或感应式速度传感器,利用电磁感应原理,将输入的运动速度转换成线圈中的感应电势输出。它直接将被测物体的机械能量转换成电信号输出,不需要外加电源,是典型的无源传感器,适合进行动态测量。由于输出功率较大,磁电式速度传感器一般不需要高增益放大器,大大简化了配用的二次仪表电路。由于磁电式速度传感器是速度传感器,若要获取被测位移或加速度信号,需要配用积分或微分电路。

常用的磁电式速度传感器主要有动铁式和动圈式两种。图 5-26 所示是动圈式速度传感器。它的外部是一钢制圆形外壳,内部用铝支架将圆柱形永久磁铁与外壳固定在一起。永久磁铁中间有一小孔,芯轴穿过小孔,两端架起线圈和阻尼环,并通过圆形弹簧膜片支承架空且与外壳相连。工作时,传感器与被测物体固定在一起,当被测物体振动时,传感器外壳和永久磁铁随之振动,架空的芯轴、线圈和阻尼环因惯性作用而不随之振动。永久磁铁与线圈之间作相对运动,切割磁力线而产生与振动速度成正比的感应电动势。

磁电式速度传感器是典型的集中参数 m、k、c 的二阶系统,是惯性(绝对)式测振传感器,要求选择较大的质量块 m 和较小的弹簧常数 k。它不需要静止的基座作参考基准,可直接安装在振动壳体上进行测量,在地面及机载振动测量中获得了广泛应用。

3.电涡流位移传感器

电涡流位移传感器可以准确测量被测物体(必须是金属导体)与探头端面的相对位置,具有长期工作可靠性好、灵敏度高、抗干扰能力强、非接触测量、响应速度快、不受油水等介质的影响等特点,常被用于对大型旋转机械的轴位移、轴振动、轴转速等参数进行长期实时监测,以分析出设备的工作状况和故障原因,有效地对设备进行保护及进行预测性维修。从转子动力学、轴承学的理论角度分析,大型旋转机械的运行状态主要取决于其核心——转轴,而电涡流位移传感器能直接测量转轴的各种运行状态,且测量结果可靠、可信。典型的电涡流位移传感器系统主要包括前置器、延伸电缆、探头和附件,如图 5-27 所示。

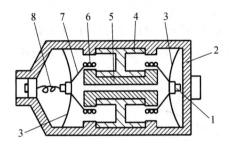

图 5-26　动圈式速度传感器
1—芯轴;2—外壳;3—弹簧膜片;4—铝支架;
5—永久磁铁;6—线圈;7—阻尼环;8—引线

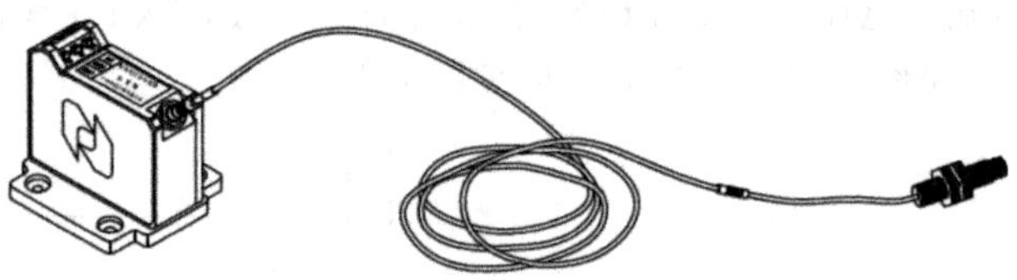

图 5-27　电涡流位移传感器系统的组成示意图

电涡流位移传感器的工作原理是涡流效应,如图 5-28 所示。

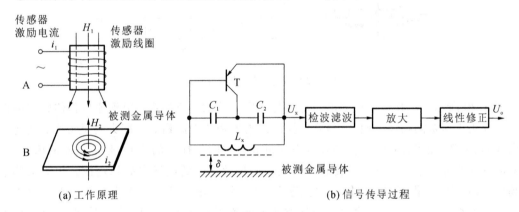

(a) 工作原理　　　　　　　　　　　　(b) 信号传导过程

图 5-28　电涡流位称传感器的工作原理

当接通传感器电源时,传感器的前置器内会产生一个高频电流信号。该信号通过电缆被送到探头头部,在探头头部周围产生交变磁场 H_1。如果在交变磁场 H_1 的范围内没有金属导体接近,则发射到这一范围内的能量会全部被释放;反之,如果有金属导体接近探头头部,则交变磁场 H_1 将在金属导体表面产生电涡流场。该电涡流场也会产生一个方向与 H_1 相反的交变磁场 H_2。H_2 的反作用改变探头头部线圈高频电流的幅值和相位,即改变线圈的有效阻抗。这种变化既与电涡流效应有关,又与静磁学效应有关,即与金属导体的电导率、磁导率、几何形状、线圈几何参数、激励电流频率以及线圈至金属导体的距离等参数有关。假定金属导体是均质的,它的性能是线性和各向同性的,则线圈与金属导体系统的物理性质通常可由金属导体的磁导率 μ、电导率 σ、尺寸因子 r(线圈绕组半径=铁芯半径)、线圈至金属导体的距离 δ、线圈激励电流强度 i 和频率 ω 等参数来描述。因此,线圈的阻抗可用函数 $Z=F(\mu,\sigma,r,\delta,i,\omega)$ 表示。

如果控制 μ、σ、r、i、ω 恒定不变,那么线圈的阻抗 Z 就成为线圈至金属导体的距离 δ 的单值函数,由麦克斯韦方程可求得此函数为一非线性函数,其曲线为"S"形曲线,在一定范围内可近似为一线性函数。实际应用中,常将线圈密封在探头中,线圈阻抗的变化通过封装在前置器中的电子线路的处理转换成电压或电流输出。这个电子线路并不是直接测量线圈的阻抗,而是采用并联谐振法,如图 5-28(b)所示,在前置器中将一个固定电容 $C_0=\dfrac{C_1C_2}{C_1+C_2}$ 和探头线圈(L_x)并联,与晶体管 T 一起构成一个振荡器,振荡器的振荡幅值 U_x 与线圈阻抗成比例,因此振荡器的振荡幅值 U_x 会随探头与被测间距 δ 改变。U_x 经检波滤波、放大、线性修正后输出电压 U_0。U_0 与 δ 的关系曲线如图 5-29 所示。由图 5-29 可看出,该曲线呈"S"形,即在线性区中点 δ_0 处(对应输出电压 U_0)线性最好,其斜率即灵敏度较大;在线性区两端,斜率逐渐下降,线性变差;(δ_1,U_1)是线性起点,(δ_2,U_2)是线性末点。

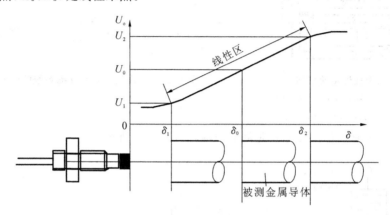

图 5-29　传感器输出特性曲线

图 5-30 所示是广州精信仪表电器有限公司生产的 JX20XL 系列电涡流位移传感器的探头结构。探头正对被测物体表面,能精确地探测出被测物体表面相对于探头端面间隙的变化。探头由线圈、头部、壳体、高频电缆、高频接头等组成。线圈是探头的核心,是传感器的敏感元件,线圈的物理尺寸和电气参数决定传感器的线性量程及探头的电气参数稳定性。探头头部采用耐高低温的 PPS 工程塑料,通过"二次注塑"工艺将线圈密封其中。探头头部的直径取决于其内部线圈的直径,常用探头头部直径来分类和表征各型号探头。一般情况下,电涡流位移传感器的线性量程大致是探头头部直径的 1/4~1/2。常用的五种探头直径是 5 mm、8 mm、11 mm、25 mm、50 mm。壳体用于支承探头头部,并作为探头安装时的装夹结构。壳体采用不锈钢制成,上面一般刻有标准螺纹,并备有锁紧螺母。高频电缆用于连接探头头部与前置器(有时中间用延伸电缆转接)。这种电缆是用氟塑料绝缘的射频同轴电缆,电缆长度有 0.5 m、1 m、5 m、9 m 等多种。

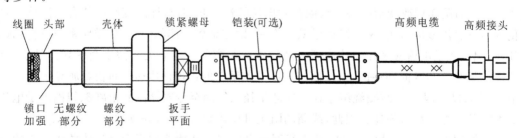

图 5-30　JX20XL 系列电涡流位移传感器的探头结构

电涡流位移传感器的前置器是一个电子信号处理器。一方面,前置器为探头线圈提供高频交流电流;另一方面,前置器感受探头前面由于金属导体靠近而引起的探头参数的变化,经过前置器的处理,产生随探头端面与被测金属导体间隙线性变化的输出电压或电流信号。图 5-31 所示是 JX20XL 系列电涡流位移传感器的底板式和导轨式两种前置器。这两种前置器可以有电压和电流两种输出,电压输出范围为 0～+5 V、+1～+5 V、−5～+5 V、0～+10 V、+2～+10 V、−10～+10 V 等,电流输出范围为 4～20 mA。

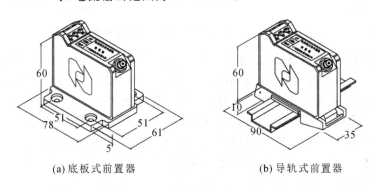

图 5-31 JX20XL 系列电涡流位移传感器的前置器

5.4.2 常用的温度传感器

与振动信号属于快变信号不同,温度或温升的变化相对缓慢,因此通常只能反映系统的中、后期故障或早期严重故障。常用的温度传感器主要有热电阻温度传感器、热电偶温度传感器和红外热像仪。

1. 热电阻温度传感器

温度是表征物体冷热程度的物理量,可以通过物体随温度变化的某些特性(如电阻、电压变化)来间接测量温度。金属铂 Pt 的电阻值随温度变化而变化,且具有很好的重现性和稳定性,利用此特性制成的传感器称为铂电阻温度传感器。常用铂电阻温度传感器的特点是:零度阻值一般为 100 Ω,电阻变化率一般为 0.385 1 Ω/℃,精度高;在 400 ℃时持续 300 小时,0 ℃的最大温度漂移为 0.02 ℃,稳定性好;应用范围广,是中低温区(−200～650 ℃)最常用的一种温度测量器件。常用的热电阻温度传感器实物图如图 5-32 所示。

图 5-32 常用的热电阻温度传感器实物图

热电阻温度传感器有两种常用的接线方式,即两线制和三线制,如图 5-33 所示。对于两线制,电阻变化值与连接导线电阻值共同构成传感器的输出值。由于导线电阻带来的附加误差使实际测量值偏高,两线制接法用于测量精度要求不高的场合,且导线长度不宜过长。对于三线制,要求引出的三根导线截面积和长度相同,铂电阻的测量电路一般是不平衡电桥,铂电阻作为电桥的一个桥臂电阻,将一根导线接到电桥电源端,将其余两根导线分别接到铂电阻所在桥臂及与其相邻的桥臂上,当桥路平衡时,通过计算可知导线电阻的变化对测量结果没有任何影响,这样就消除了导线电阻带来的测量误差。工业上一般都采用三线制接法。

2. 热电偶温度传感器

热电偶温度传感器测温的基本原理是用两种不同材质的导体组成闭合回路,当两端存在温

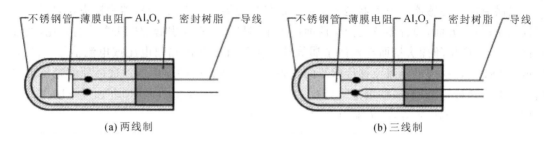

图 5-33 热电阻温度传感器的接线方式

度梯度时,回路中就会有电流通过,此时两端之间存在电动势——热电动势,这就是所谓的塞贝克效应。两种不同成分的均质导体为热电极,温度较高的一端为工作端,温度较低的一端为自由端,自由端通常处于某个恒定温度下。根据热电动势与温度的函数关系,制成热电偶分度表。热电偶分度表是在自由端温度为 0 ℃ 时得到的,不同的热电偶有不同的分度表。

在热电偶回路中接入第三种金属材料时,只要该材料两个接点温度相同,热电偶所产生的热电动势将保持不变,即不受第三种金属接入回路中的影响。因此,在热电偶测温时,可接入测量仪表,测得热电动势后,即可知道被测介质的温度。热电偶测量温度时要求冷端(测量端为热端,通过引线与测量电路连接的一端称为冷端)温度保持不变,这样热电动势大小才与测量温度成一定比例关系。测量时冷端(环境)温度变化,将严重影响测量的准确性。在冷端采取一定的措施补偿由于冷端温度变化造成的影响称为热电偶的冷端补偿。热电偶冷端补偿的计算方法有两种。一种是从毫伏到温度:测量冷端温度,将其换算为对应毫伏值并与热电偶毫伏值相加,换算出温度。另一种是从温度到毫伏:测量实际温度与冷端温度,将它们换算为毫伏值,相减得出毫伏值,即得温度。

热电偶温度传感器测温的优点是:测温范围宽,性能较稳定;测量精度高,与被测对象直接接触,不受中间介质的影响;热响应时间快,对温度变化敏感;测量范围大,从 $-40 \sim +1\,600\ ℃$ 均可连续测温;性能可靠,机械强度好;使用寿命长。

利用热电偶温度传感器进行测温时,为了保证其可靠、稳定地工作,对其结构提出以下要求:组成热电偶的两个热电极的焊接必须牢固;两个热电极之间应很好地绝缘,以防短路;补偿导线与热电偶自由端的连接应方便可靠;保护套管应能保证热电极与有害介质充分隔离。

3. 红外热像仪

1) 概述

红外热像仪利用红外探测器和光学成像物镜接收被测物体的红外辐射能量,并将它反映到红外探测器光敏元件上,获得红外热像图。红外热像仪将物体发出的不可见红外能量转变为可见的热图像,热图像的颜色代表被测物体的温度。

红外热像仪由红外镜头、红外探测器、中间电子组件、显示组件和软件五大部分组成。红外镜头用于接收和汇聚被测物体发射的红外辐射能量。红外探测器用于将热辐射信号变成电信号。中间电子组件和显示组件用于对电信号进行处理以及将电信号转变成可见光图像。软件用于处理采集到的温度数据,将其转换成温度读数和图像。红外热像仪的光路图如图 5-34 所示。

2) 选用注意事项

针对机电设备选用红外热像仪时,应注意以下方面。

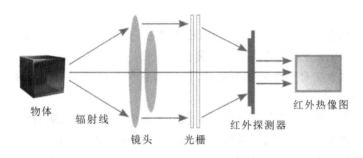

图 5-34　红外热像仪的光路图

(1) 根据实际温度,可选择高温至 250 ℃、350 ℃、600 ℃的红外热像仪。
(2) 考虑到部分设备可能在室外工作,低温量程一般要求达到 −20 ℃。
(3) 对于一般机械、机电设备,红外热像仪像素为 160×120,并选用标准镜头。
(4) 对于远距离、小目标测量(如高空管道检测),建议选配长焦镜头。
(5) 对于近距离、大目标(如加热炉整体温度分布)测量,建议选配广角镜头。
(6) 对于部分需要密封的设备温度测量,如密闭加热炉内温度测量,建议加装红外窗口组件。

3) 具体指标的确定

在确定了大体方案的基础上,可以根据以下三个方面确定具体指标。

(1) 红外热像仪的检测距离＝被测目标尺寸÷IFOV,所以空间分辨力(IFOV)越小,可以测得越远。例如,输电线路的线夹尺寸一般为 50 mm,若用 Fluke Ti25 红外热像仪,IFOV 为 2.5 mrad,则最远检测距离为(50÷2.5)m＝20 m。IFOV 是在单位测量距离下,红外热像仪每个像素能检测的最小目标(面积),是由像素和所选镜头角度决定的综合性能参数,是红外热像仪处理空间细节能力的技术指标。单位距离相同时,IFOV 越小,单个像素所能检测的面积越小。单位测量面积由更多的像素所组成,图像呈现的细节越多,成像越清晰。

(2) 红外热像仪的最小检测目标尺寸＝IFOV×最小聚焦距离,所以 IFOV 越小,最小聚焦距离越小,可检测到的目标越小。

(3) 红外热像仪的热灵敏度决定红外热像仪区分细微温差的能力,最小检测尺寸决定红外热像仪捕捉细小尺寸的能力。

5.4.3　其他常用的状态监测传感器

1. 声发射传感器

在受到外荷载的作用时,材料内部储存的应变能快速释放并产生弹性波,从而发生声响,称为声发射(acoustic emission,简称 AE),有时也称为应力波发射。直接与机械结构变形和断裂机制有关的波源,称为声发射源。流体泄漏、摩擦、撞击、燃烧等与变形和断裂机制无直接关系的弹性波源,称为其他或二次声发射源。各种材料声发射信号的频率范围很宽:声发射信号幅值的变化范围也很大。大多数材料变形和断裂时有声发射发生,但许多材料的声发射信号强度很弱,需要借助灵敏的电子仪器才能检测出来。用仪器探测、记录、分析声发射信号和利用声发射信号推断声发射源的技术称为声发射技术。人们将声发射仪器形象地称为材料的听诊器。

声发射检测方法在许多方面不同于其他常规检测方法,它的优点主要表现在以下几个方面。

(1) 声发射检测方法是一种被动的动态检测方法,声发射探测到的能量来自被测物体本身,不像超声或射线检测方法那样由无损检测仪器提供。

(2) 声发射检测方法对线性缺陷较敏感,能探测到在外加结构应力下缺陷的活动情况,稳定的缺陷不产生声发射信号。

(3) 在一次试验过程中,声发射能整体探测和评价整个结构中缺陷的状态。

(4) 声发射检测方法可提供缺陷随载荷、时间、温度等外变量变化的实时或连续信息,适用于工业过程在线监控及早期或临近破坏预报。

(5) 声发射检测方法对被测物体的接近要求不高,适用于其他常规检测方法难以或不能接近环境下的检测,如高低温、核辐射、易燃、易爆及极毒等环境。

(6) 对在役压力容器定期进行检验,声发射检测方法可缩短检验的停产时间或不需要停产;对压力容器耐压进行试验,声发射检测方法可预防由未知不连续缺陷引起的系统的灾难性失效和限定系统的最高工作压力。

(7) 声发射检测方法对构件几何形状不敏感,适用于检测其他常规检测方法受限的形状复杂构件。

2. 声音传感器和声级计

声音传感器(传声器)是一种可以检测、测量并显示声音波形的传感器,相当于话筒(麦克风),用于接收声波,显示声音的振动图像。声音传感器内置一个对声音敏感的电容式驻极体,声波使驻极体薄膜振动,引起电容变化,从而产生与之对应变化的微小电压,该电压被放大后经过 A/D 转换被传送至计算机。BR-ZS1 声音传感器是一款工业标准输出(4~20 mA)的积分噪声监测仪,支持现场噪声分贝值实时显示,兼容用户监控系统,可对噪声进行定点全天候监测,可设置报警极限实现对环境噪声超标报警,精度高、通用性强、性价比高。普通声音传感器不能对噪声强度进行测量,噪声强度测量采用声级计。

声级计一般由电容式声音传感器、前置放大器、衰减器、放大器、频率计权网络以及有效值指示表头等组成。声级计的工作原理是:由电容式声音传感器将声音转换成电信号,再由前置放大器变换阻抗,使电容式声音传感器与衰减器匹配。放大器将输出信号加到频率计权网络,对信号进行频率计权(或外接滤波器),然后经衰减器及放大器将信号放大到一定幅值,送到有效值检波器(或外接电平记录仪),在指示表头上给出噪声声级的数值。声级计频率计权网络有 A、B、C 三种标准计权网络。A 网络是模拟人耳对等响曲线中 40 方纯音的响应,它的曲线形状与 340 方的等响曲线相反,从而使电信号中、低频段有较大的衰减。B 网络是模拟人耳对等响曲线中 70 方纯音的响应,它使电信号低频段有一定衰减。C 网络是模拟人耳对等响曲线中 100 方纯音的响应,在整个声频范围内有近乎平直的响应。声级计经频率计权网络测得的声压级称为声级。根据所用频率计权网络不同,声级分为 A 声级、B 声级和 C 声级,单位分别记作 dB(A)、dB(B) 和 dB(C)。

声级计广泛用于工业噪声测量和环境噪声测量中。使用声级计时,要离开地面、离开墙壁,以减少地面和墙壁的反射声的附加影响;应保持电容式声音传感器膜片清洁;风力在三级以上需加风罩,以避免风噪声的干扰。

3. 在线油液传感器

电容型在线油液传感器将机电设备的油液作为一种电介质,由于新油和在用油的介电常数不同,当油质变化时就会引起传感器电容量的变化,通过 C/V 转换把这一微弱变化的频率值解调为直流电信号,直流电信号经前级数据采集电路采样放大、A/D 转换,被送至后处理系统。后处理系统根据检测数据,分析计算得到判定油质污染程度的上、下门限标值,经程序智能分析处理后,显示器报告定量(污染指数值)和定性(良好、可用、报废)的检测结果。

5.5 智能传感器及相关技术

智能传感器是 20 世纪 80 年代由美国国家航空航天局首次提出的,目前尚无标准定义,常把能够与外部系统双向通信,可发送测量、状态信息并接受和处理外部命令的传感器称为智能传感器。智能传感器继承了传统传感器、智能仪表的全部功能及部分控制功能,实际上是将传感技术、计算技术和现代通信技术相互融合形成一个系统,改变了传统传感器的设计理念、生产方式和应用模式,使传感器技术向虚拟化、网络化和信息融合方向发展。

5.5.1 智能传感器的构成

智能传感器由数据采集模块、数据处理模块、无线通信模块和供电电源模块四个部分组成,如图 5-35 所示。

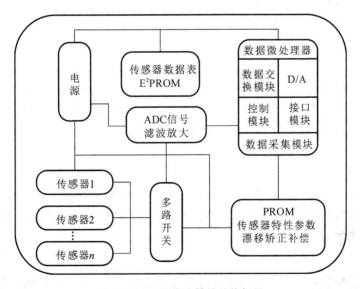

图 5-35 智能传感器的结构框图

由图 5-35 可知,传统意义上的传感器在智能传感器中仅占很小的一部分,信号处理电路、数据微处理器、通信协议和接口在智能传感器中占主要部分。与传统传感器不同,智能传感器将传感器使用中涉及的所有问题都包括其中,如灵敏度、零漂、标定等。数据微处理器是智能传感器的核心,包括数据采集模块、数据交换模块、控制模块、D/A 转换模块和接口模块,不但能对传感器测量数据进行计算、存储、处理,还可通过反馈回路对传感器进行调节,实现对传感器的各种补偿。数据微处理器充分发挥各种软件功能,可以完成硬件难以完成的任务,并保证测量结果的正确性和高精度。

5.5.2 智能传感器的功能

智能传感器的功能主要表现在以下四个方面。

首先,具有数据处理功能,包括改善静态特性和提高静态测量精度的自校正、自校零、自校准功能,提高系统响应速度、改善动态特性的智能化频率自补偿功能,抑制交叉敏感、提高系统稳定性的多信息融合功能。

其次,具有自诊断功能,包括自检测、自诊断、自寻故障、自恢复功能和判断、决策、自动量程切换与控制功能。

再次,具有自我识别和运算处理功能,包括从噪声中辨识微弱信号与消噪及数字滤波功能,多维空间的图像辨识与模式识别功能,数据自动采集、存储、记忆和信息处理功能。

最后,具有数字通信功能,可实现双向通信、标准化数字输出,以及拟人类语言符号输出。

5.5.3 智能传感器的特点

智能传感器的特点主要有高精度、高可靠性、高信噪比、高自适应性和高性价比。

1. 高精度

智能传感器通过自校零去除零点误差,与标准参考基准实时对比以自动进行整体系统标定,自动进行整体非线性系统误差校正,通过对采集的大量数据进行统计处理,以消除偶然误差的影响。

2. 高可靠性

智能传感器能自动补偿因工作条件与环境参数发生变化引起的系统特性的漂移,如温度变化引起的零点和灵敏度漂移。被测参数变化后,智能传感器能自动改换量程。智能传感器能实时自动进行系统自检,分析、判断数据的合理性,并做出异常情况下的应急处理(报警或故障提示)。

3. 高信噪比

智能传感器通过软件进行数字滤波、相关分析等,去除输入数据中的噪声,将有用信号提取出来。智能传感器通过数据融合、神经网络技术,可消除多参数状态下交叉灵敏度的影响,保证对特定参数的分辨能力。

4. 高自适应性

智能传感器能根据系统工作情况决策各部分供电情况、与上位计算机的数据传输速率等,使系统工作在最优低功耗状态,并具有最优数据传输速率。

5. 高性价比

智能传感器通过微处理器与计算机相结合,采用能大规模生产的集成电路工艺与 MEMS 工艺以及强大的软件功能,因而具有高性价比。

5.5.4 智能传感器的实现

智能传感器在硬件基础上通过软件实现价值,智能化程度与软件开发水平正相关。基于计算机通过软件开发的虚拟传感器应用前景广阔,软件开发工具主要有 LabVIEW、ActiveX 等。智能传感器需要进行可靠性设计、电磁兼容设计、功能安全设计、低功耗设计和结构设计等。智能传感器通常由电池(碱性电池、锂电池、镍氢电池、铅酸电池等)供电,采用 FIFO(先入先出)算法,具有很大的节电潜力,配置自动唤醒/休眠模式,可以降低功耗,还可采用"无线自供电源"替代电池来解决低功耗问题,如太阳能、风能、射频能、振动能,其中振动能可通过压电、磁电等转换原理实现智能传感器自供能。

在实现途径上,智能传感器利用集成电路技术和微机电系统技术将敏感元件、信号处理器、微处理器等模块集成在一块硅片上,经封装后制备而成。智能传感器有三条实现途径,即非集成化工艺、集成化工艺和混合工艺。非集成化工艺是将传统传感器(仅具有获取信号功能)、信号调理电路和带数字总线接口的微处理器封装成一体而构成智能传感器。集成化工艺建立在大规模集成电路技术和现代传感技术特别是 MEMS 技术基础上,关键在于能否实现 IC 工艺和 MEMS 工艺相融合。混合工艺是将智能传感器的各个子系统以不同的组合方式集成在两块或三块芯片上,并封装在同一壳体内,实现集成制造。非集成化工艺是最经济、最快捷的实现途径;集成化工艺可以实现微型化、结构一体化、高精度、多功能、阵列结构、全数字化等;混合工艺在技术上较容易实现,组合灵活,成品率较高,但子系统间匹配不当会引起性能下降,体积较大,封装结构复杂等。采用何种途径制作智能传感器,取决于制备工艺和工艺装备的水平,以及技术难度、性能和成本等方面的要求。

5.6 无线传感器网络技术

5.6.1 无线传感器网络的概念

物联网是新一代信息技术的重要组成部分,是支撑"工业 4.0"和"中国制造 2025"的基础性新兴技术。无线传感器网络(wireless sensor network,WSN)是物联网的重要组成部分,是物联网的"神经末梢"。无线传感器网络是由部署在监测区域内的大量的廉价微型传感器通过无线通信方式形成的一个多跳的自组织的网络系统,旨在协作感知、采集和处理网络覆盖区域中被感知对象的信息,并经过无线网络发送给监测者。

无线传感器网络是一种分布式传感网络,网络中的传感器通过无线方式通信。无线传感器网络系统通常包括传感器节点、汇聚节点和管理节点,大量的传感器节点随机布置在检测区域,无须人员值守,节点之间通过自组织方式构成无线网络,以协作方式感知、采集和处理网络覆盖区域中特定的信息,可实现对任意地点的信息在任意时间的采集、处理和分析。监测的数据沿着其他传感器节点通过多跳中继方式传回汇聚节点,最后借助汇聚链路将整个区域内的数据传送到远程控制中心进行集中处理。用户通过管理节点对无线传感器网络进行配置和管理,发布监测任务以及收集监测数据。

5.6.2 无线传感器网络的特点

常见的无线网络主要有移动通信网、无线局域网、蓝牙网络、Ad Hoc 网络等。与这些网络相比,无线传感器网络具有以下特点。

1.硬件资源有限

由于受价格、体积和功耗的限制,节点在计算能力、程序空间和内存空间等方面比普通计算机弱很多,这决定了在节点操作系统设计中,协议层次不能太复杂。

2.电源容量有限

节点常由电池供电,电池容量一般不大,在有些特殊应用领域,不允许中间给电池充电或更换电池,因此在网络设计中任何技术和协议均要以节能为前提。

3.无中心

网络中没有严格的控制中心,所有节点地位平等,无线传感器网络是一个对等式网络。节点可以加入或离开,任何节点故障不会影响整个网络的运行,具有很强的抗毁性。

4.自组织

网络布设和展开无须依赖任何预设的网络设施,节点通过分层协议和分布式算法协调各自的行为,节点在开机后即可快速、自动地组成一个独立网络。

5.多跳路由

网络中节点通信距离有限,一般在几百米范围内,节点只能与其邻居直接通信。如果需要与射频覆盖范围外的节点通信,则需要通过中间节点进行路由,多路路由由普通网络节点完成,无须专门的路由设备。因此,每个节点既可是信息发起者,也可是信息转发者。

6.动态拓扑

无线传感器网络是一个动态网络,节点可以随处移动,一个节点可能因为电量耗尽或故障而退出无线传感器网络,一个网络也可能因为工作需要而加入无线传感器网络,这都会使无线传感器网络拓扑结构随时发生变化,因此无线传感器网络具有动态拓扑组织功能。

5.6.3 无线传感器网络的关键技术

无线传感器网络的关键技术主要有以下几种。

1.网络拓扑控制

通过拓扑控制自动生成良好的网络拓扑结构,能够提高路由协议和 MAC 协议的效率,可为数据融合、时间同步和目标定位等奠定基础,有利于节省节点能量,延长网络生存期。

2.网络协议

网络协议负责使各个独立节点形成一个多跳的数据传输网络。网络层路由协议决定监测信息的传输路径。数据链路层的介质访问控制用来构建底层的基础结构,控制节点的通信过程和工作模式。

3.时间同步

NTP(network time protocol)是 Internet 上广泛使用的网络时间协议,但只适用于结构相对稳定、链路很少失败的有线网络系统。GPS(global positioning system)能以纳秒级精度与世界标准时间 UTC 保持同步,但需要配置固定的高成本的接收机。另外,在室内、森林或水下等有掩体的环境中无法使用 GPS。因此,NTP 和 GPS 均不适用于无线传感器网络,时间同步机制还在研究中。

4.定位技术

确定事件发生位置或采集数据节点位置是无线传感器网络最基本的功能之一,随机布置的传感器节点必须能在布置后确定自身位置。由于节点资源有限、随机部署、通信易受干扰甚至节点失效,因此定位机制必须满足自组织性、健壮性、能量高效、分布式计算要求。

5. 数据管理

减少传输的数据量能够有效节省能量,因此在从节点收集数据的过程中,可利用节点的本地计算和存储能力处理数据的融合,去除冗余信息,达到节省能量的目的。由于节点的易失效性,无线传感器网络也需要利用数据融合技术对多份数据进行综合,提高信息的准确度。

6. 网络安全

无线传感器网络不仅要进行数据传输,还要进行数据采集和融合、任务的协同控制等。如何保证任务执行的机密性、数据产生的可靠性、数据融合的高效性以及数据传输的安全性是无线传感器网络安全需要全面考虑的内容。

5.6.4 远程监测无线传感器网络的系统架构

健康监测系统是现代智能机电一体化系统的重要保障,越来越多的机电一体化系统都具备健康在线监测的功能。利用同构网络实现机电一体化系统的远程监测,就形成一种典型的无线传感器网络,如图 5-36 所示。它由传感器节点、汇聚节点、服务器端的 PC 和客户端的 PC 四大硬件环节组成。

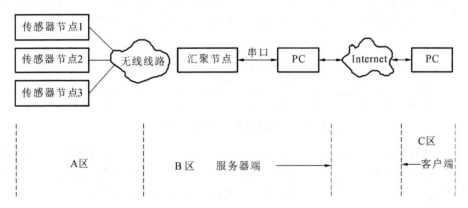

图 5-36 远程监测无线传感器网络系统结构框图

传感器节点布置在监测区域(A 区),通过自组织方式构成无线网络,节点监测数据沿着其他节点逐跳进行无线传输,经过多跳后到达汇聚节点(B 区)。汇聚节点是一个网络协调器,负责无线网络的组建,将传感器节点无线传输进来的信息与数据通过 SCI(serial communication interface,串行通信接口)传送至服务器端的 PC。服务器端的 PC 是一个位于 B 区的管理节点,也是独立的 Internet 网关节点,在 LabVIEW 软件平台上有两个软件:一个是对传感器无线网络进行监测管理的软件平台 VI,它是一个监测无线传感器网络的虚拟仪器;另一个是 Web Server 软件模块,它结合远程面板(remote panel)技术可实现无线传感器网络与 Internet 的连接。客户端的 PC 上无须进行任何软件设计,在浏览器中即可调用服务器端的 PC 中无线传感器网络监测虚拟仪器的前面板,实现远程异地(C 区)对无线传感器网络(A 区)的监测与管理。

5.6.5 无线传感器网络节点的实现

一个无线传感器网络节点的实现包括硬件和软件两个部分。硬件由信号调理电路、A/D转换器、微处理器及其外围电路、射频电路、电源及其管理电路组成。软件由操作系统和协议实现。图5-37所示为一个典型的无线传感器网络节点的组成框图。与常规传感器相比,无线传感器主要增加了射频电路和软件协议。

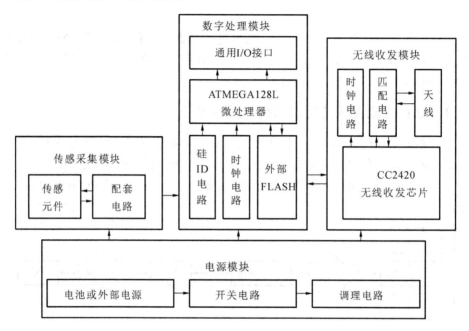

图 5-37 无线传感器网络节点的组成框图

无线传感器网络节点的微处理器可选用Motorola的68HC16系列处理器、基于ARM的嵌入式处理器、Atmel的AVR系列处理器、TI的MSP430超低功耗系列处理器等。射频电路常用的频段为315~916 MHz、2.4 GHz及5.8 GHz。软件包括节点上运行的系统软件和采集控制等应用软件以及网络协议。网络协议分为基础层、网络层、数据管理与处理层、应用开发环境层和应用层,应用层协议主要有ZigBee协议、蓝牙协议、IEEE 802.11协议等。其中,ZigBee协议有效降低了无线传感器网络的功耗,协议安全性、容错性较好,适合节点较多的网络。在操作系统方面,主要有TinyOS、μ/Cos和μCLinux几种。TinyOS是一种利用nesC语言开发的开源的嵌入式操作系统。选用操作系统时,需要综合对比其性能。降低网络功耗是无线传感器网络设计非常重要的任务。降低网络功耗常用的方法有:将不需要的硬件暂时置于休眠状态;充分利用掉电模式;用查表替代指数、浮点乘除等复杂运算;多用寄存器变量和内部cache,减少外存访问次数,及时响应中断。

5.6.6 无线传感器网络与Internet的互联

无线传感器网络与Internet的互联尚不成熟,目前有同构网络和异构网络两种解决方案。同构网络是引入一个或多个无线传感器网络节点作为独立网关节点并以此为接口接入互联网,即把与互联网标准IP协议的接口置于无线传感器网络外部的网关节点。同构网络符合无线传感器网络的数据流模式,易于管理,无须对网络本身进行大的调整,缺点是会使网关附近的节点能量消耗过快并可能造成一定程度的信息冗余。异构网络是对一部分能量高的节点赋予 IP 地址,作为与互联网标准 IP 协议的接口。异构网络的特点是高能力节点可以完成复杂任务,承担更多的负荷,难点在于无法对节点的"高能力"有明确定义,也难以使 IP 节点通过其他普通节点进行通信。总体而言,同构网络比较容易实现。

5.6.7 无线传感器网络在移动机器人通信中的应用

下面通过一个例子分析无线传感器网络在移动机器人通信中的应用。

在机器人上应用无线传感器网络,可以解决多机器人协调与通信问题。考虑到移动机器人自规划、自组织、自适应能力强,所处地点不确定,基于无线传感器网络的通信可以实现自主机器人之间相互通信以及机器人与主控计算机之间的通信,通过通信系统机器人可以传递外部或内部信息,完成信息处理、路径规划等数据运算,同时实现多个机器人之间的信息交互。

1. 系统结构

每个机器人都作为独立的一个部分时,为单个节点的执行系统,机器人自身内部进行信息分析、处理和控制。信息分析、处理和控制部分由处理器、存储器构成,算法在内部集成。当多个机器人形成一个系统,各机器人之间可以协调通信时,在每个机器人上加入一个传感器模块,利用无线传感器网络将节点联系起来,形成一个局域无线传感器网络,如图 5-38 所示。

在机器人协议上采用令牌环方式,每一时刻都有一个主机器人,其他为从机器人,从机器人服从主机器人的指令,直至令牌传递,更新主机器人。多移动机器人协调通信时包括以下功能模块。

(1) 信息获取模块:对信息进行处理,获取路标位置信息和目标物体的位置信息。

(2) 自定位模块:利用各种视觉信息和传感器信息进行自定位,属于单节点机器人内部结构。

(3) 移动机器人控制和信息处理模块:接收操作者发送的控制命令,规划机器人的运动,并向机器人本体和操作手的运动控制器发送运动

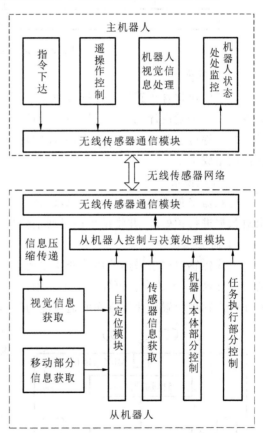

图 5-38 局域无线传感器网络的结构

控制命令,属于多机器人通信时的交流结构。主机器人通过无线传感器网络获取从机器人的状态信息,向从机器人下达指令,可以监控和灵活遥操作控制从机器人;从机器人通过无线传感器网络向主机器人发送状态信息,接收、执行主机器人的指令,并将自身的信息反馈给主机器人。

2. 网络的实现

网络节点的设计是整个无线传感器网络设计的核心,网络节点的性能直接决定了整个无线传感器网络的效能和稳定性。如图 5-39 所示,无线传感器网络节点由传感模块、处理模块、通信模块和电源模块四个基本模块组成。

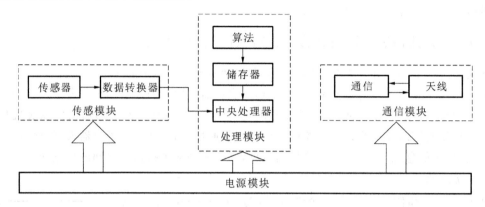

图 5-39 无线传感器网络节点组合

1) 传感模块

传感模块包含传感器和数据转换器(A/D 转换器)两个子模块。其中,在传感器部分,可以为各种参数分别设计无线传感器网络节点,也可以通过通道切换电路实现包括路径、方案、执行措施指令等传感器的选择性集成,从而实现单个无线传感器网络节点具备多种参数的功能,以降低网络成本。

2) 处理模块

传感器采集的模拟信号经过 A/D 转换成数字信号后传给处理模块,处理模块根据任务需求对数据进行预处理,并将结果通过通信模块传送到监测网络。

3) 通信模块

无线传感器网络采用的传输介质主要包括无线电、红外线和光波等。红外线对非透明物体的透过性极差,不适合在野外地形中使用。光波传输同样有对非透明物体的透过性差的缺点,且在节点物理位置变化等方面的适应能力较差。因此,在多机器人的通信方式选择上,选用在通信方面没有特殊限制的无线电传输方式,以适应监测网络在未知环境中的自主通信需求。

4) 电源模块

电源模块由电源供电单元和动态电源管理单元组成。

在一个典型的无线传感器网络中,处理模块主控制器和通信模块收发器大多数时间都处于休眠状态,可以节约大部分的节点能量消耗。Crossbow 公司生产的传感模块功能比较完善,提供多种不同的无线发射频率,与计算机的接口配件比较齐全。Crossbow 公司的 MPR400 处理器/射频板的硬件结构如图 5-40 所示。

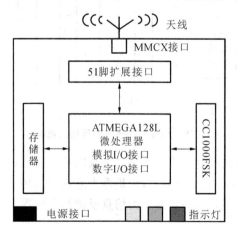

图 5-40 MPR400 处理器/射频板的硬件结构

在无线传感器网络中,处理模块使用较多的是 Atmel 公司的 AVR 系列单片机。AVR 系列单片机采用 RISC 结构,吸取了 PIC 单片机及 8051 单片机的优点,具有丰富的内部资源和外部接口。在集成度方面,AVR 系列单片机内部集成了几乎所有关键部件。在指令执行方面,AVR 系列单片机微控制单元采用哈佛结构,因此,指令大多为单周期指令。在能源管理方面,AVR 系列单片机提供了多种电源管理方式,可以节省节点能源。在可扩展性方面,AVR 系列单片机提供了多个 I/O 接口,且和通用单片机兼容。

MPR400 处理器/射频板中集成了在无线通信领域应用较广的 CC1000FSK 无线数传模块。CC1000FSK 无线数传模块工作频带为 315 MHz、868 MHz、915 MHz,具有低电压、低功耗、可编程输出功率、高灵敏度、小尺寸、集成了位同步器等特点。CC1000FSK 无线数传模块 FSK 数传可达 72.8 kbit/s,具有 250 Hz 步长可编程频率能力,适用于跳频协议,主要工作参数能通过串行总线接口编程改变,使用非常灵活。软件平台使用 Crossbow 公司开发的无线传感器网络开发平台 MoteWorks,它有节点端(mote tier)、中间件(server tier)、客户端(client tier)软件等。无线传感器协议的制定决定着整个系统的应用效率,采用分布式无线令牌环协议具有良好的稳定性和较短的时延特性,能够满足较高的 QoS 需求。机器人技术是科技尖端技术,应用新型的无线传感器网络,可使机器人通信系统的研究有新的方向。

5.7 检测系统的设计

一个完整的检测系统,除了基本的传感器外,还有很多其他不可缺少的环节,如信号采集、处理、分析和反馈或识别。这里,从检测系统设计的角度介绍其中的关键设计问题。

5.7.1 检测系统的总体方案设计

(1) 根据机电一体化系统对检测系统的要求,从宏观上确定检测系统的基本构成,如"传感器+信号调理+A/D 转换器+单片机"最小系统,或"传感器+信号调理+数据采集卡+计算机"系统,又或"数字智能传感器+单片机"系统,等等。

(2) 以宏观上确定的检测系统基本构成为基础,根据给定的系统要求,合理选择具体的传感器、A/D 转换器或数据采集卡,完成调理电路的设计。

检测系统基本形式的链形结构框图如图 5-41 所示。

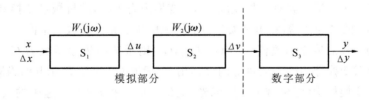

图 5-41 检测系统基本形式的链形结构框图

图 5-41 中,S_1 代表传感器,S_2 代表调理电路,最简单的调理电路是放大器,故 S_2 代表放大器;S_3 代表数据采集系统的核心单元——具有采样/保持器的 A/D 转换器;$W_1(j\omega)$ 与 $W_2(j\omega)$ 分别代表传感器和放大器的频率特性。

5.7.2 检测系统的基本参数确定

当检测系统的总体架构确定后,需要进行系统基本参数的确定与误差极限的预估,就是根据对检测系统的要求和确定的系统基本构成,进一步确定检测系统各环节的基本参数和动态特性,以及预估系统各环节的误差极限。

检测系统基本参数的确定主要是根据系统分辨力与量程要求,确定各硬件模块或环节的灵敏度。对图 5-41 所示的检测系统,灵敏度的表达式为

$$S = \frac{\Delta y}{\Delta x} = \frac{\Delta u}{\Delta x}\frac{\Delta v}{\Delta u}\frac{\Delta y}{\Delta v} = S_1 S_2 S_3 \tag{5-14}$$

式中:$S_1 = \frac{\Delta u}{\Delta x}$——传感器的灵敏度;

$S_2 = \frac{\Delta v}{\Delta u}$——放大器的放大倍数,又称增益;

$S_3 = \frac{\Delta y}{\Delta v}$——A/D 转换器的灵敏度,是 A/D 转换器量化单位 Q 的倒数,即 $S_3 = 1/Q$。

通常按系统分辨力与量程要求及工作环境条件,先确定传感器的类型和灵敏度 S_1,然后进行放大器增益 S_2 与 A/D 转换器灵敏度 S_3 的权衡。一般的方法是:先根据检测范围和分辨力确定 A/D 转换器或数据采集卡的位数,再根据 A/D 转换器或数据采集卡的位数、输入电压范围和传感器的灵敏度 S_1 确定放大器的增益 S_2。

当检测范围较大时,可考虑分为多量程,这样可降低对 A/D 转换器或数据采集卡的要求。例如,某测温系统测量范围为 0~200 ℃,若分辨力要求为 0.1 ℃,则单量程(0~200 ℃)需要选用 11 位的 A/D 转换器或数据采集卡;分为 0~100 ℃和 100~200 ℃两个量程,则 10 位的 A/D 转换器即可满足要求。当然,量程不同,放大器的增益也不同,可考虑用程控放大器,实现多增益自动量程切换。

5.7.3 检测系统的动态性能分析

机电一体化系统中传感器的输入物理量一般多为机械量(位移、速度、加速度、力等),而输出物理量常为电量(电压、电流等)。为了进行信号处理,传感器中不只是单纯的传感元件即变换器,大多数传感器中还都配置了运算放大电路,以将微弱的电信号变换成较强的便于利用的信号。另外,有的传感器中还安装有将一种机械量变换为另一种机械量的变换装置。图 5-42 所示压电式加速度传感器中就有将加速度 $\ddot{x}_B(t)$ 变换为力 $F(y)$ 的机械量变换装置。将力 $F(y)$ 变换为电荷 $Q(u_s)$ 的是变换器,将电荷 $Q(u_s)$ 变换成电压的是运算放大电路。

设以上各种变换的传递函数依次为 G_m, G_{me}, G_e,则系统的传递函数为 $G_s = G_m G_{me} G_e$。G_m 中包含电气系统对变换器柔度和质量等的反作用,一般取 $G_m = 1$。以光电编码器为代表的光学传感器受到的从变换机构(将机械量变换成光、电信号的变换机构)传递来的反作用很小,如果传感器与被测物体的安装为刚性连接,则可认为机械量—机械量的变换为比例变换。

传感器中的变换器根据变换的物理过程分为以下几种。

(1) 电—磁式变换器:动电式变换器、静电式变换器、磁阻式变换器、霍尔效应式变换器等。

(2) 压电式变换器:压电元件。

(3) 应变—电阻式变换器:应变片、半导体应变计。

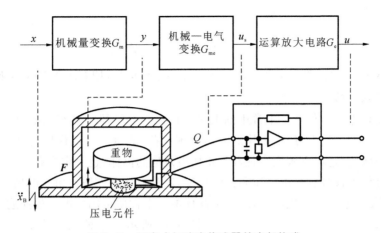

图 5-42　压电式加速度传感器的内部构成

（4）光—电式变换器：光电二极管、光敏晶体管。

此外，还有利用半导体和陶瓷等产生各种物理现象的其他变换器。

1. 动电式变换器的特性分析

图 5-43(a)所示为动电式变换器的原理图，图 5-43(b)所示为动电式变换器的电路图。

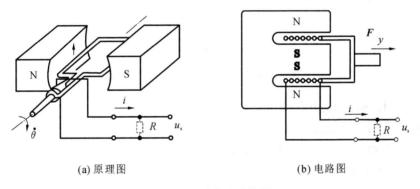

(a) 原理图　　　　　　　　　　　(b) 电路图

图 5-43　动电式变换器

由图 5-43(b)所示的电路可建立式(5-15)和式(5-16)。

$$k\frac{dy}{dt} = u_s + L\frac{di}{dt} \quad \text{或} \quad k\frac{d\theta}{dt} = u_s + L\frac{di}{dt} \tag{5-15}$$

$$F = k \cdot i \tag{5-16}$$

上两式中：u_s——感应电压(V)，$u_s = R \cdot i$；

　　　　　R——电气变换部分输入阻抗(Ω)；

　　　　　i——感应电压产生的电流(A)；

　　　　　L——线圈电感(mH)；

　　　　　k——感应电压常数，$k = B \cdot l$（B 为磁束密度，l 为线圈长度）；

　　　　　F——对机械系统的反作用力(N)。

由上述各式可知，动电式变换器的传递函数为

$$\frac{U_s(s)}{Y_s(s)} = G_{me}(s) = \frac{Ks}{1 + Ls/R} \tag{5-17}$$

或

$$\frac{U_s(s)}{\Theta_s(s)} = G_{me}(s) = \frac{Ks}{1+Ls/R} \tag{5-18}$$

通常,当 $Ls/R \ll 1$ 时,即可得到与速度成正比的输出信号,即 $U_s(s)/Y(s) \approx Ks$。

2. 压电式变换器的特性分析

压电元件是机电一体化系统中常用的电量—机械力变换器。具有压电效应的晶体称为压电晶体。在机械力的作用下,压电晶体的表面出现电荷,或由于电场作用,压电晶体产生形变,分别称为正压电效应、逆压电效应。凡具有正压电效应的晶体,也一定具有逆压电效应,两者一一对应。压电晶体不仅具有介电性质和弹性性质,还具有压电性质。由于电场可使压电晶体产生应变,应力可使压电晶体产生电荷,故压电晶体的压电性质可用压电方程描述。

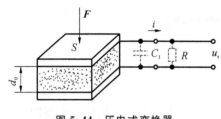

图 5-44 压电式变换器

图 5-44 所示是一种压电式变换器。上、下两片电极将压电晶体夹在中间形成一个电容器,因此压电元件从性质上讲是一个有源电容器。设电气变换部分的输入阻抗为 R,由作用力 $\boldsymbol{F}$ 产生的位移为 x、所产生的电荷为 q。电荷的电量是力的函数,所施加的力越大,表面电荷的电量越大。电量最终表现为传感器上的电压。

$$u_s = \frac{q}{C} = \frac{dF}{C} = \frac{dFd_0}{\varepsilon S}$$

$$C = \frac{\varepsilon S}{d_0}$$

上两式中:C——传感器等效电容(F);

S——力 $\boldsymbol{F}$ 的作用面积(m^2);

ε——压电晶体的介电常数(F/m);

d_0——压电层的厚度(m);

d——压电系数(C/N),石英晶体 $d=2.3 \times 10^{-12}$ C/N。

压电材料电气参数与机械量间的关系用压电方程描述。根据胡克定律,在弹性范围内,

$$x = \frac{\sigma}{E} = \frac{F}{ES}$$

式中:σ——应力(Pa);

E——压电元件的杨氏弹性模量(Pa)。

压电元件处于电场和应力的共同作用下,$t>0$,外加电压为 u_s,则

$$\begin{cases} q = K_E x(t) = \int \frac{u_s(t)}{R} dt + Cu_s(t) \\ F(t) = \frac{ES}{d_0} x(t) + K_F u_s(t) \end{cases} \tag{5-19}$$

式中:K_E——电荷感应系数;

K_F——力变换系数。

当 $t=0$ 时,$\int u_s(0)dt = 0$。对式(5-19)进行拉氏变换,可得

$$\begin{cases} Q = K_E X(s) = \dfrac{U(s)}{Rs} + CU(s) \\ F(s) = \dfrac{ES}{d_0} X(s) + K_F U(s) \end{cases} \tag{5-20}$$

由式(5-19)和式(5-20)可得

$$\frac{U(s)}{F(s)} = G_{me}(s) = \frac{Rs \cdot \dfrac{d_0 K_E}{ES}}{1 + RCs + \dfrac{d_0 K_E K_F}{ES} Rs} = \frac{Rs}{1 + RCs + kRs} d \approx \frac{Rs}{1 + RCs} d \tag{5-21}$$

式中,$K_F = k/d$, $k = (ES/d_0)d^2$, $d = d_0 K_E/(ES) = kh/E$。

若式(5-21)中 $RCs \gg 1$,则 $G_{me} \approx d/C$。此时可得与力成比例的输出,但在固有振动周期 $\tau_n = RC$ 低的情况下不能准确求出输出。由此可知,只有在被测信号频率足够高的情况下,才能实现不失真测量。在压电元件上并联电容 C_1,虽然可使 $\tau_n = R(C + C_1)$ 增大,但也不能测量变化缓慢的力,这是压电元件的不足之处。

3. 机—电变换特性一定的变换器

图 5-45 所示的几种变换器的动态特性在某种频率范围内是一定的,且 $G_m = K$。

图 5-45(a)所示为差动变压器。它的一次线圈与二次线圈的耦合系数与铁芯位移 y 成正比,以铁芯在线圈中心部位时的位移为初始零点,可测得与铁芯位移 y 成比例的电压 u_s。

图 5-45(b)所示为静电式变换器。它通过导体间距的变化引起电容变化,用电桥电路灵敏测量位移。导体间电容 $C = \varepsilon S/(d_0 + y)$。对已设定的间隔 d_0 而言,位移 y 太大,输出 u_s 就不能保证与位移 y 成比例。

图 5-45(c)所示为应变计。它是测量应力变化的变换器,由于应变与被测物体的变形或对被测物体施加的力(或转矩)成比例,所以应变计是对变形和力(或转矩)都能测量的变换器。

图 5-45(d)所示为光电编码器的基本构成原理,受光元件接收的光量随码盘的透光与不透光而改变。光电编码器通过高倍率放大、整形可得到矩形波,矩形波波数与码盘的位移成比例。如果随着码盘的位移,受光元件的电压变化为正弦波,$u_s = a\sin(2\pi y/y_0)$(式中 y_0 为码盘刻度节距),则根据电压变化的大小即可得出一个节距甚至更小的位移量。

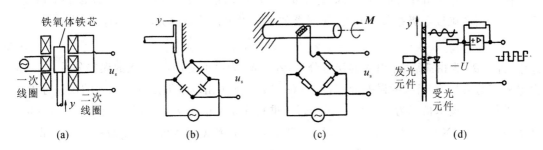

图 5-45 机—电变换特性一定的变换器

5.7.4 检测系统的误差极限预估

误差极限的预估是按系统总误差的限定值对组成系统的各单元模块进行误差分配。基本思路是:误差预分配、误差综合调整、误差再分配、误差再综合,直至选定单元模块的静态性能满足系统静态性能的要求。以压力检测系统为例，要求该系统在 (20 ± 5) ℃环境温度内应用误差不大于 1.0%，当工作环境温度为 60 ℃时，温度附加误差不大于 2.5%，试确定压阻式压力传感器、放大器和数据采集系统的静态性能。

对于图 5-41 所示的检测系统，输出量 y 的表达式为

$$y = S_1 S_2 S_3 x$$

对上式取对数并做全微分，可得

$$\ln y = \ln S_1 + \ln S_2 + \ln S_3 + \ln x$$

$$\frac{\mathrm{d}y}{y} = \frac{\mathrm{d}S_1}{S_1} + \frac{\mathrm{d}S_2}{S_2} + \frac{\mathrm{d}S_3}{S_3} + \frac{\mathrm{d}x}{x}$$

由于 x 是被测对象，故令 $\frac{\mathrm{d}y}{\mathrm{d}x}=0$，则由上式可得

$$\gamma_y = \gamma_1 + \gamma_2 + \gamma_3 \tag{5-22}$$

式(5-22)表明系统整体总误差相对值 γ_y 与链形结构中各单元的相对误差分项 $\gamma_1,\gamma_2,\gamma_3$ 的关系，它是误差极限预估的依据。考虑到 $\gamma_1,\gamma_2,\gamma_3$ 和 γ_y 常用极限误差表示，采用几何合成可得

$$\gamma_y = \pm\sqrt{\gamma_1^2 + \gamma_2^2 + \gamma_3^2} \tag{5-23}$$

按整体性能要求，应使误差小于 1%，即

$$|\gamma_y| = \sqrt{\gamma_1^2 + \gamma_2^2 + \gamma_3^2} \leqslant 1\% \tag{5-24}$$

1. 传感器误差的评定

传感器误差的评定有两种方法，一种是用传感器的准确度等级指数 α 评定，另一种是用传感器的分项指标评定。

1) 用传感器的准确度等级指数 α 评定

传感器的准确度等级指数是极限误差的概念，传感器的相对标准不确定度为

$$\gamma_1 = \pm\alpha\% \tag{5-25}$$

在工程中常用"精度"进行估算，这里的精度是滞后、非线性和重复性误差的综合。

2) 用传感器的分项指标评定

传感器的分项指标有滞后 δ_H、重复性 δ_R、电源波动系数 α_E、零点温度系数 α_0 和灵敏度温度系数 α_S。当准确度等级指数未知时，传感器的误差可由传感器的分项指标评定，为

$$\gamma_1 = \sqrt{\gamma_{11}^2 + \gamma_{12}^2 + \gamma_{13}^2 + \gamma_{14}^2} \tag{5-26}$$

其中，$\gamma_{11}=\delta_H$ 为由滞后 δ_H 引入的误差分量，$\gamma_{12}=\delta_R$ 为由重复性 δ_R 引入的误差分量，$\gamma_{13}=\alpha_E$ 为由电源波动系数 α_E 引入的误差分量，$\gamma_{14}=(\alpha_0+\alpha_S)\Delta t$ 为由环境温度变化引入的误差分量。

设传感器技术指标为：滞后 $\delta_H=0.09\%$，重复性 $\delta_R=0.09\%$，电源波动系数 $\alpha_E=0.03\%$，温度系数 $\alpha_0=4.9\times10^{-4}/℃$，$\alpha_S=5.1\times10^{-4}/℃$。将上述数据代入公式，当 $\Delta t=5$ ℃时，得

$$\gamma_1^2 = \{0.09^2 + 0.09^2 + 0.03^2 + [(4.9+5.1)\times10^{-2}\times5]^2\}\times10^{-4} = 0.2671\times10^{-4},$$

$$\gamma_1 = 0.52\%$$

2. 数据采集系统或 A/D 转换器误差的评定

数据采集系统或 A/D 转换器引起的误差分量如下。

1) A/D 转换器转换误差（精度）引起的误差分量

设 A/D 转换器转换误差为 0.25%，则它引起的误差分量为

$$\gamma_{31} = 0.25\%$$

2) 量化误差引入的不确定度分量

当选用 8 位 A/D 转换器时,由量化误差引入的误差分量为

$$\gamma_{32} = \frac{1}{2^8} \approx 0.39\%$$

3) 修约误差引入的误差分量

由于显示结果要修约至估读值,所以产生了修约误差。修约误差为量化误差的一半,即

$$\gamma_{33} = \frac{1}{2}\gamma_{32} = 0.2\%$$

故有

$$\gamma_3^2 = \gamma_{31}^2 + \gamma_{32}^2 + \gamma_{33}^2 = (0.25^2 + 0.39^2 + 0.20^2) \times 10^{-4} = 0.2546 \times 10^{-4}$$
$$\gamma_3 = 0.5\%$$

3. 放大器误差的限定

根据整体极限误差 $|\gamma_y| = \sqrt{\gamma_1^2 + \gamma_2^2 + \gamma_3^2} \leqslant 1\%$ 的要求,且已设定传感器误差 γ_1、A/D 转换器的误差 γ_3,由式(5-24)可得放大器误差 γ_2。代入求解,求得放大器误差 γ_2 为

$$\gamma_2 \leqslant 0.69\%$$

产生放大器误差的原因是放大倍数的波动、环境温度变化引起放大器的失调温度漂移及反馈电阻阻值比的漂移。在采用实时自校正的检测系统中,放大倍数是由基准电压实时标定的,因此放大器误差取决于基准电压源的稳定度。同样,基准电压值的波动通常也受环境的影响,对于由 2DW232 系列稳压二极管制作的基准电压源,温度系数可达 5 ppm/℃,在 5 ℃范围内波动相对值为 $(100 \sim 25) \times 10^{-6} = 0.01\% \sim 0.0025\%$。

5.7.5 检测系统的温度附加误差估计及其他设计问题

1. 温度附加误差的估计

当环境温度为 60 ℃时,温度附加误差 $\gamma_T = (\alpha_0 + \alpha_S) \times \Delta T = (\alpha_0 + \alpha_S) \times 40$,设计要求温度附加误差小于 2.5%,即 $\alpha_0 + \alpha_S \leqslant 6.25 \times 10^{-4}$/℃时即可满足温度附加误差的要求。

2. 其他设计问题

设计中,还需要注意 A/D 转换器满度输入电压 U_H 的选择与最小放大倍数 S_2 的确定。放大器的放大倍数与 A/D 转换器满度输入电压 U_H 有关,而 U_H 是由 A/D 转换器或数据采集卡本身所决定的,所以对于放大器最小放大倍数的确定,要先根据系统分辨力要求,选择 A/D 转换器的位数和满度输入电压,然后计算放大器的放大倍数。

$$\Delta y_{\min} = S_1 S_2 S_3 \Delta x_{\min} \tag{5-27}$$

或

$$\Delta y_{\max} = S_1 S_2 S_3 \Delta x_{\max} \tag{5-28}$$

不难看出,放大倍数的计算有两种方法:一是利用式(5-27),从分辨力入手计算放大倍数的最小值;二是利用式(5-28),从量程入手计算放大倍数的最大值。对于线性系统来说,两种方法是等价的,放大倍数满足系统分辨力的要求,肯定也满足量程的要求,反之亦然。但对于非线性系统来说,两种方法有差异,若从系统分辨力(或量程)角度计算,需要对系统分辨力(或量程)进行检验。

5.8 检测系统中的信息处理技术

5.8.1 典型的数字信号分析方法

运用各类传感器得到机电设备的工作信号,工作信号经过硬件电路的滤波、放大等预处理后,采用 A/D 转换,将其成为数字信号,数字信号进入上位计算机进行离线或在线分析。以典型的振动信号为例,传感器所得的原始信号极其复杂,需要采用现代数字信号处理技术对信号进行处理和深度分析,才能获得反映设备工作状态的有效特征信息。由于大多数设备以恒定转速或在平稳工况下工作,这里仅介绍此类工况下平稳信号的频域分析方法。

1. 傅立叶分析

傅立叶分析是现代数字信号处理的重要基础,也是一种最基本的信号分析方法。

根据积分变换,某一时域函数 $x(t)$ 的傅立叶变换表达式为

$$X(f) = \int_{-\infty}^{\infty} x(t) e^{-j2\pi ft} dt \tag{5-29}$$

相应的时域函数 $x(t)$ 也可用 $X(f)$ 的傅立叶逆变换表示为

$$x(t) = \int_{-\infty}^{\infty} X(f) e^{-j2\pi ft} df \tag{5-30}$$

以上两式被称为傅立叶变换对。

对于工程中的复杂振动,常常通过傅立叶变换得到频谱(横坐标为频率,纵坐标为振幅等),再以频谱为依据判断故障的部位及严重程度。

2. 功率谱分析

功率谱是在频域对信号能量或功率分布的一种描述。功率谱可由相关函数的傅立叶变换求得,也可由幅值谱计算得到。

1) 自功率谱密度函数

自功率谱表示信号中平均功率的频率分布。自功率谱密度函数与自相关函数构成一个傅立叶变换对。工程中采集到的信号大多数是随机信号,随机信号的自功率谱密度函数(自谱)是由该随机信号的自相关函数经傅立叶变换得到的,即

$$S_x(f) = \int_{-\infty}^{\infty} R_x(\tau) e^{-j2\pi f\tau} d\tau \tag{5-31}$$

它的逆变换为

$$R_x(\tau) = \int_{-\infty}^{\infty} S_x(f) e^{j2\pi f\tau} df \tag{5-32}$$

时间信号 $a(t)$ 的自功率谱 $G_{AA}(f)$ 定义为

$$G_{AA}(f) = A(f) \times A^*(f) \tag{5-33}$$

式中:$A(f)$——$a(t)$ 的傅立叶变换;

$A^*(f)$——$A(f)$ 的共轭。

2) 互功率谱密度函数

互功率谱的幅值大小是两个信号各个频率上联合功率的量度,相位是联合功率在各频率上

的相对出现时间。互功率谱密度函数与互相关函数构成一个傅立叶变换对。两个随机信号的互功率谱密度函数(互谱)为

$$S_{xy}(f) = \int_{-\infty}^{\infty} R_{xy}(\tau) e^{-j2\pi f\tau} d\tau \tag{5-34}$$

它的逆变换为

$$R_{xy}(\tau) = \int_{-\infty}^{\infty} S_{xy}(f) e^{j2\pi f\tau} df \tag{5-35}$$

由于 $S(f)$ 和 $R(f)$ 之间是傅立叶变换对的关系,二者是唯一对应的。根据式(5-35)可知, $S(f)$ 中包含着 $R(\tau)$ 的全部信息。因为 $R_x(\tau)$ 为实偶函数,所以 $S_x(f)$ 也为实偶函数。因为互相关函数 $R_{xy}(\tau)$ 并非偶函数,因此 $S_{xy}(f)$ 也分为虚、实两个部分。同样, $S_{xy}(f)$ 保留了 $R_{xy}(\tau)$ 的全部信息。

两个信号 $a(t)$ 和 $b(t)$ 的互功率谱 $G_{AB}(f)$ 定义为

$$G_{AB}(f) = A(f) \times B^*(f) \tag{5-36}$$

式中: $A(f)$、$B(f)$——$a(t)$、$b(t)$ 的傅立叶变换;

$B^*(f)$——$B(f)$ 的共轭。

3. 包络谱分析

将频谱中不同频率对应的振幅最高点连接起来,所形成的曲线称为频谱包络线。包络解调目前主要有两种方法:Hilbert 变换包络解调和全波整流解调(绝对值频率分析法)。当机械出现故障时,信号中包含的故障信息往往以调制形式出现,即所测信号常常是被故障源调制的信号。例如,机械系统受到外界周期性冲击时的衰减振荡响应信号就是典型的幅值调制信号。调制包括幅值调制和相位调制。要获取故障信息,需要提取调制信号。提取调制信号的过程是信号的解调。这里介绍常用的 Hilbert 变换包络解调。

设一窄带调制信号 $x(t) = a(t)\cos[2\pi f_0 t + \varphi(t)]$,其中,$a(t)$ 是缓慢变换的调制信号。令 $\theta(t) = 2\pi f_0 + \varphi(t)$,$\mu(t) = d\theta(t)/dt = 2\pi f_0 + d\varphi(t)/dt$ 是信号 $x(t)$ 的瞬时频率。设 $x(t)$ 的 Hilbert 变换为 $x'(t) = a(t)\sin[2\pi f_0 + \varphi(t)]$,则其解析信号为

$$q(t) = x(t) + jx'(t) = a(t)\{\cos[2\pi f_0 t + \varphi(t)] + j\sin[2\pi f_0 + \varphi(t)]\} \tag{5-37}$$

解析信号的模或信号的包络为

$$|a(t)| = \sqrt{x^2(t) + x'^2(t)} \tag{5-38}$$

解析信号的相位为

$$\theta(t) = \arctan \frac{x'(t)}{x(t)} = 2\pi f_0 t + \varphi(t) \tag{5-39}$$

解析信号相位的导数或瞬时频率为

$$\mu(t) = \frac{d\theta(t)}{dt} = d\left[\arctan \frac{x'(t)}{x(t)}\right]/dt = 2\pi f_0 + \frac{d\varphi(t)}{dt} \tag{5-40}$$

4. 倒频谱分析

倒频谱也称二次频谱,是检测复杂谱图中周期分量的有用工具。倒频谱能将原来频谱图上成簇的边频带谱线简化为单根谱线,以提取、分析原频谱图上肉眼难以识别的周期性信号。倒频谱是对信号 $x(t)$ 的功率谱 $S_x(f)$ 对数值进行傅立叶逆变换,用 $C_x(\tau)$ 表示,即

$$C_x(t) = |F^{-1}\{\lg[S_x(f)]\}| \tag{5-41}$$

式中：$F^{-1}\{\}$——傅立叶逆变换。

各种常用信号分析处理方法的原理、应用及优缺点总结如表5-2所示。

表5-2 各种常用信号分析处理方法的原理、应用及优缺点总结

方法	原理	应用	优点	缺点
快速傅立叶变换（FFT）	离散傅立叶变换的快速算法，可将时域信号变换到频域	线性、平稳信号	把信号映射到频域内，通过频率和相位信息，提取信号的频谱，用信号频谱特性分析时域内难以看清的问题	在整个时间域内积分，不能反映某一局部时间内信号的频谱特性，即在时间域上没有任何分辨力；可能会漏掉较短时间内信号的变化，特别是少数突出点，造成所谓的"谱涂抹"现象
短时傅立叶变换（STFT）	把信号划分成许多较小时间间隔，假定信号在短时间间隔内是平稳的，用快速傅立叶变换分析每一时间间隔，确定该间隔存在的频率，达到时频局部化	平稳信号	与快速傅立叶变换相比，更能观察信号瞬时频率信息；在一定程度上，克服了快速傅立叶变换全局变换的缺点	对于非平稳信号，当信号变化剧烈时，要求窗函数有较高的时间分辨力；而当波形变化较平缓时（主要是低频信号），要求窗函数有较高的频率分辨力。短时傅立叶变换不能兼顾频率分辨力与时间分辨力。短时傅立叶变换使用一个固定窗函数，窗函数一旦确定，形状和大小不再改变，分辨力也确定。如果改变分辨力，则需要重新选择窗函数
小波分析	一种窗口大小固定、形状可变，时间窗和频率窗都可改变的时频局部化分析方法	非平稳信号	时域和频域同时具有良好的局部性质，能有效从信号中提取特征，准确检测出信号的奇异性及其出现位置；能根据分析对象自动调整有关参数的"自适应性"，能根据观测对象自动"调焦"	时间窗口与频率窗口的乘积为一常数，意味着如果要提高时间精度，就得牺牲频率精度，反之亦然，故不能使时间和频率同时达到很高的精度；小波变换通过小波基伸缩和平移实现信号的时频分析局部化，小波基一旦选定，在整个信号分析过程中只能使用这一小波基，将造成信号能量的泄露，产生虚假谐波
阶次分析	将等时间采样序列转成等角度采样序列，将时域非定信号转变成角度域稳定信号	非稳定信号	对转频不断变化的旋转机械振动信号，运用阶次分析能避免运用快速傅立叶变换出现的"频率模糊"现象	传统的阶次跟踪算法主要有硬件阶次跟踪算法和计算阶次跟踪算法两种，硬件阶次跟踪算法结构复杂、价格昂贵，硬件阶次跟踪算法和计算阶次跟踪算法都需要相位信息，不能进行波形重构。现代阶次跟踪算法仍在不断发展之中
倒频谱分析	对功率谱的对数值进行傅立叶逆变换，将复杂的卷积关系变为简单的线性叠加关系，从而在其倒频谱上较容易地识别信号频率成分	时域信号	受传感器测点位置及传输途径的影响小，能将原频谱图上成簇的边频带谱线简化为单根谱线，适合分析具有同族谐频、异族谐频和多成分边频等的复杂信号；可分析复杂频谱图上的周期成分	进行多段平均的功率谱取对数后，功率谱中与调制边频带无关的噪声和其他信号也因得到较大的权系数而放大，降低了信噪比

续表

方　法	原　理	应用	优　点	缺　点
希尔伯特（Hilbert 变换）变换（HT）	将信号 $s(t)$ 与 $1/(\pi t)$ 卷积，得到 $s'(t)$，$s'(t)$ 理解为输入是 $s(t)$ 的线性非时变系统的输出，此系统的脉冲响应为 $1/(\pi t)$	窄带信号	使短信号和复杂信号瞬时参数的定义及计算成为可能，能实现真正意义上的瞬时信号提取；用 Hilbert 变换是为了构造解析信号，因为分析中用解析信号较方便，而解析信号的谱是原信号谱的 1/2（正半轴谱）	只能近似用于窄带信号，实际中存在许多非窄带信号，Hilbert 变换对这些信号无能为力，即便是窄带信号，如果不能完全满足 Hilbert 变换条件，也会发生错误，实际信号中由于噪声，很多原来满足 Hilbert 变换条件的信号无法完全满足 Hilbert 变换条件；对任意给定时刻，通过 Hilbert 变换，结果只能存在一个频率值，即 Hilbert 变换只能处理任何时刻为单一频率的信号；对一非平稳数据序列，Hilbert 变换得到的结果在很大程度上失去了原有物理意义
经验模态分解（EMD）	本质是对一信号进行平稳化处理，结果是将信号中不同尺度的波动或趋势逐级分解，产生一系列具有不同特征尺度的数据序列，每一序列称为一本征模函数（IMF）	非平稳、非线性信号	将一个频率不规则的波化为多个单一频率的波＋残波的形式，是一种基于信号局部特征的信号分解方法，具有很高的信噪比，也是一种自适应的信号分解方法	用于构造上下包络的包络函数需要进一步研究，三次样条函数存在"过冲"和"欠冲"问题；端点效应问题可通过延拓的方法抑制；分解精度与信号采样频率有关
希尔伯特-黄变换（HHT）	先用 EMD 将给定信号分解为若干 IMF；对每一 IMF 进行 Hilbert 变换，得到相应 Hilbert 谱，即将每个 IMF 表示在联合的时频域中；汇总所有 IMF 的 Hilbert 谱，得到原始信号 Hilbert 谱	非平稳、非线性信号	HHT 彻底摆脱了线性和平稳性的束缚，适合分析非平稳、非线性信号；具有完全自适应性，能自适应产生"基"，即由"筛选"过程产生 IMF；不受 Heisenberg 测不准原理的制约，适合分析突变信号；瞬时频率通过求导得到	用于构造上下包络的包络函数需要进一步研究，三次样条函数存在"过冲"和"欠冲"问题；端点效应问题可通过延拓的方法抑制；分解精度与信号采样频率有关

图 5-46 所示为煤矿主通风机运行状态在线监测及预警诊断系统的主界面。该系统通过压电式加速度传感器采集风机壳体的振动信号，通过基本频谱分析获得稳定转速下风机振动的幅频图，根据幅频图中峰值频率与机器理论特征频率的匹配来进行状态监测和故障诊断。对旋轴流式主通风机以 495 r/min 转速运行，它的驱动源为 50 Hz 电流激励下的防爆电动机，防爆电动机伸出端安装有叶轮，叶片数分别为 13（前级）和 17（后级），因此转频为 8.25 Hz，防爆电动机电源频率为 50 Hz，叶片通过频率为 107.25 Hz 和 140.25 Hz。由图 5-46 可知，谱图具有明确清晰的频率成分，前几个峰值对应频率分别为 111 Hz、223 Hz、445 Hz、556 Hz、668 Hz，这些频率成分与经理论分析得到的频率成分吻合。该系统通过所设计的在线诊断策略实时提示目前设备运行正常。

齿轮箱是机电一体化系统中的重要传动部件，它的健康运行对系统的性能保持至关重要。

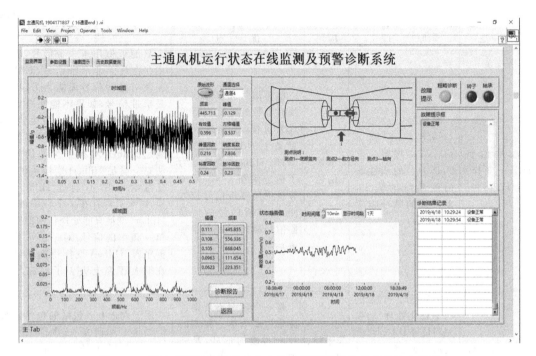

图 5-46　煤矿主通风机运行状态在线监测及预警诊断系统的主界面

齿轮箱在服役运行过程中,由于载荷变化和自身结构等原因,时常会发生不同程度的故障现象。例如,齿轮、轴承的磨损、裂纹、点蚀,轴的不平衡、不对中、弯曲等。这些故障现象会激发系统的强烈振动,从而影响齿轮箱的传动性能和使用寿命。对齿轮箱,可通过安装压电式加速度传感器实时监测其壳体振动情况,并采用适当的信号分析方法,判定其当前健康状态。

齿轮箱传动系统整机实物图如图 5-47 所示,齿轮箱振动监测传感器如图 5-48 所示。

图 5-47　齿轮箱传动系统整机实物图

图 5-48　齿轮箱振动监测传感器

5.8.2　多传感器信息融合技术

1. 多传感器信息融合的概念

多传感器信息融合技术是传感器网络的核心技术之一。多传感器信息融合是把分布在不同位置,处于不同状态的同类型或不同类型的多个传感器所提供的局部不完整观测量加以综合处理,消除多传感器信息之间可能存在的冗余和矛盾,利用信息互补降低不确定性,以形成对系统环境相对完整一致的理解,从而提高智能系统决策、规划的科学性,反应的快速性和正确性,进而降低决策风险的过程。多传感器系统是信息融合的硬件基础,多源信息是信息融合的加工对象,协调优化和综合处理是信息融合的技术核心。多传感器信息融合技术的主要特点是:在多个层次上完成对多源信息的处理,包括探测、互联、相关、估计和信息组合,融合结果包括较低层次上的整个系统状态估计和较高层次上的整个系统状态估计。

2. 多传感器信息融合的类型

多传感器信息融合过程如图 5-49 所示,主要包括信息获取、数据预处理、数据融合(特征提取、数据融合计算)和结果输出等环节。由于被测对象多半为具有不同特征的非电量,如压力、温度、色彩和灰度等,因此首先要将它们转换成电信号,然后经过 A/D 转换,将它们转换为能由计算机处理的数字量。数字化后的电信号由于受环境等随机因素的影响,不可避免地存在一些干扰和噪声信号,应通过预处理滤除数据采集过程中的干扰和噪声,以得到有用信号。对预处理后的有用信号进行特征提取,并对某一特征量进行数据融合计算,最后输出融合结果。

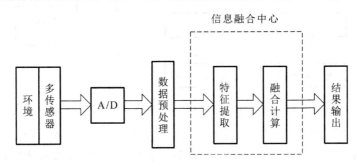

图 5-49 多传感器信息融合过程

根据考虑问题的出发点不同,多传感器信息融合有许多分类方法。例如,按信息传递方式不同,多传感器信息融合分为串联型多传感器信息融合、并联型多传感器信息融合和串并联混合型多传感器信息融合;按处理对象的层次不同,多传感器信息融合分为像素层多传感器信息融合、特征层多传感器信息融合和决策层多传感器信息融合。

1) 按信息传递方式不同分类

(1) 串联型多传感器信息融合。

串联型多传感器信息融合是先将两个传感器的数据进行一次融合,再把融合的结果与下一个传感器的数据进行融合,依次进行下去,直到将所有传感器的数据融合完为止。串联融合时,每个传感器既具有接收数据、处理数据的功能,又具有信息融合的功能,各传感器的处理同前一级传感器输出的信息形式有很大的关系,最后一个传感器综合了所有前级传感器输出的信息,得到的输出将作为串联融合系统的最终结论。因此,串联融合时,前级传感器的输出对后级传感器输出的影响较大。串联型多传感器信息融合系统结构如图 5-50 所示。

(2) 并联型多传感器信息融合。

并联型多传感器信息融合是所有传感器的数据都同时输入给信息融合中心,传感器之间没有影响。信息融合中心对各种类型的数据按适当方式进行综合处理,最后输出结果。因此,并联融合时,各传感器的输出之间不会相互影响。工业测控用并联型多传感器信息融合系统结构如图 5-51 所示。

(3) 串并联混合型多传感器信息融合。

串并联混合型多传感器信息融合是串联和并联两种形式的综合,可先串联后并联,也可先

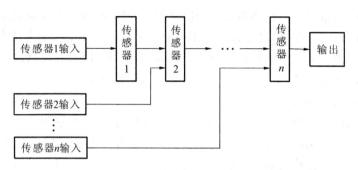

图 5-50　串联型多传感器信息融合系统结构

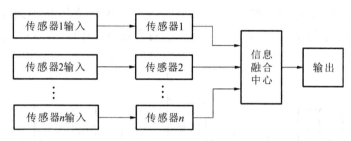

图 5-51　工业测控用并联型多传感器信息融合系统结构

并联后串联。从应用角度看，现代工业生产具有综合、复杂、大型、连续等特点，需要采用大量各式各样的传感器来监测和控制生产过程。在这种多传感器系统中，各传感器提供信息的空间、时间、表达方式不同，可信度、不确定程度不同，侧重点和用途也不同。因此，将多传感器信息融合技术与工业控制相结合，可形成一种新的工业控制系统。这类系统的一种结构如图 5-52 所示。

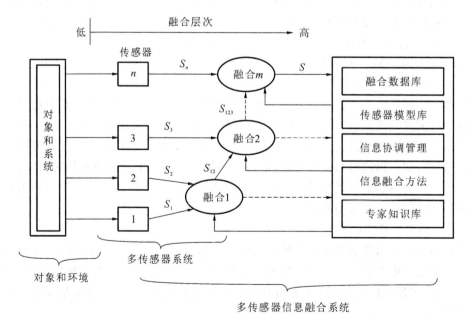

图 5-52　工业测控用串并联混合型多传感器信息融合系统结构

在图 5-52 中,由 n 个传感器组成多传感器系统,用以提供对象及环境信息。假定系统需要对 m 个信息进行融合。传感器 1 和传感器 2 的输出信息 S_1 和 S_2 在融合节点 1 融合成新的信息 S_{12},S_{12} 再与传感器 3 的信息在节点 2 融合成信息 S_{123}。如此下去,从由 n 个传感器组成的多传感器系统中获得的信息可以最终被融合成结果信息 S 并送入融合数据库中。

2) 按处理对象的层次不同分类

多传感器信息融合对多源信息进行多级处理,每一级处理都是对原始数据一定程度上的抽象化,主要包括对信息的检测、校准、关联和估计等。多传感器信息融合按其在融合系统中信息处理的抽象程度,可分为三个层次:像素层融合、特征层融合、决策层融合。

(1) 像素层多传感器信息融合。

像素层多传感器信息融合如图 5-53 所示。在信息处理层次中,像素层多传感器信息融合的层次较低,故也称为低级多传感器信息融合,是直接在原始信息(来自传感器)层上进行融合,即在原始信息未经预处理前就进行信息的综合分析和处理,然后从融合的信息中进行特征向量的提取,进行目标识别。像素层多传感器信息融合要求传感器必须是同质的,即传感器感测的对象是同一物理量。例如,在成像传感器中,通过对包含若干像素的模糊图像进行处理并进而确认目标属性的过程即属于像素层多传感器信息融合。

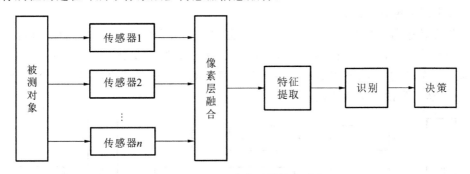

图 5-53　像素层多传感器信息融合

像素层多传感器信息融合的主要优点在于:能保持尽可能多的现场数据,提供其他融合层次不能提供的细微信息。由于没有信息损失,因此像素层多传感器信息融合具有较高的融合性能。

像素层多传感器信息融合的缺点主要如下。

① 融合在底层进行,信息的稳定性差,不确定性和不完全性严重,要求具有高纠错能力。

② 处理信息量大,对计算机的容量和速度要求较高,所需处理时间较长,实时性差。

③ 要求各传感器信息间有像素层的校准精度,这些信息应来自同质传感器。

④ 要求数据类别相同,且在处理前要做时空校准。

⑤ 数据通信量大,抗干扰能力差。

像素层多传感器信息融合通常用于多源图像复合及图像分析和理解、多传感器数据融合及滤波等。

(2) 特征层多传感器信息融合。

特征层多传感器信息融合如图 5-54 所示,也称为中级多传感器信息融合。特征层多传感器信息融合首先从采集到的原始信息中提取一组特征信息,形成特征矢量,并在对目标进行分类或其他处理前对各组信息进行融合。

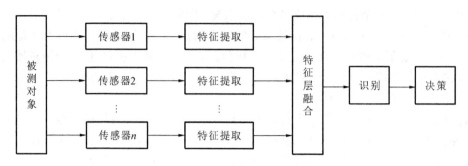

图 5-54　特征层多传感器信息融合

特征层多传感器信息融合可分为目标状态多传感器信息融合和目标特性多传感器信息融合。目标状态多传感器信息融合主要实现状态向量估计、参数估计，多用于多传感器目标跟踪领域。目标特性多传感器信息融合就是识别问题，常见的方法有神经网络法、K-最邻近法、特征压缩和聚类法等。在融合前，必须先对特征进行处理，把特征向量分类，形成有意义的组合。

特征层多传感器信息融合的优点在于：实现了可观的信息压缩，有利于实时处理，由于提取的特征直接与决策分析有关，因而融合结果能最大限度地给出决策分析所需的特征信息。

(3) 决策层多传感器信息融合。

决策层多传感器信息融合如图 5-55 所示，也称为高层多传感器信息融合。进行决策层多传感器信息融合时，首先每个传感器完成对原始信息的处理（预处理、特征提取、识别或判决），建立对被测对象的初步结论，然后通过将各个传感器关联进行局部决策层的融合处理，获得最终融合结果，为控制决策提供依据。

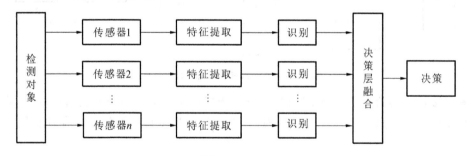

图 5-55　决策层多传感器信息融合

决策层多传感器信息融合需要从具体决策问题的需求出发，充分利用特征层多传感器信息融合所提取的被测对象的各类特征信息，采用适当的融合技术来实现。决策层多传感器信息融合是三层融合的最终结果，直接针对具体决策目标，融合的结果直接影响决策水平。决策层多传感器信息融合有三种形式，即决策融合、决策及其可信度融合和概率融合。决策层多传感器信息融合所采用的理论和方法主要有 D-S 证据理论、模糊集理论和贝叶斯推理、专家系统方法等。

决策层多传感器信息融合的主要优点如下。

① 容错性强，当某个或某些传感器出现错误时，系统经适当融合处理，仍能得到正确结果，将传感器出现错误的影响降至最低限度。

② 对计算机要求较低，运算量小，实时性强。

③ 对传感器依赖性小,传感器可以是同质的,也可以是异质的。
④ 能有效反映环境或目标各个侧面不同类型的信息。
⑤ 通信量小,抗干扰能力强,灵活性高。

决策层多传感器信息融合的主要缺点是信息损失大,性能相对较差。

三个融合层次融合的特点对比如表 5-3 所示。

表 5-3 三种融合层次融合的特点比较

融合层次	像素层	特征层	决策层
处理信息量	大	中	小
信息量损失	小	中	大
抗干扰性能	差	中	优
容错性能	差	中	优
算法难度	难	中	易
实时性	差	中	好
融合水平	低	中	高

3. 多传感器信息融合的系统架构

多传感器信息融合是在一个被称为信息融合中心的信息综合处理器中完成的,而一个信息融合中心本身可能包含另一个信息融合中心。由于多传感器信息融合可以是多层次、多方式的,因此多传感器信息融合的系统结构十分重要。根据信息融合处理方式不同,可将多传感器信息融合系统结构分为集中型、分散型、混合型、反馈型等。

1) 集中型

集中型多传感器信息融合系统中的信息融合中心直接接收来自被融合传感器的原始信息,此时传感器仅起到信息采集作用,不预先对数据进行局部处理和压缩,因而集中型多传感器信息融合结构对信道容量要求较高,一般适用于小规模的多传感器系统。集中型多传感器信息融合如图 5-56 所示。

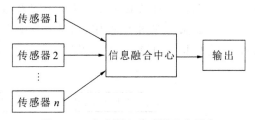

图 5-56 集中型多传感器信息融合

2) 分散型

分散型多传感器信息融合系统中,各传感器已完成一定量的计算和处理任务,将压缩后的数据送到信息融合中心,信息融合中心将接收到的多维信息进行组合和推理,最终得到融合结果。该融合结构具有冗余度高、计算负荷分配合理、信道压力小的优点,但各传感器进行局部信息处理,阻断了原始信息间的交流,可能会导致部分信息丢失。分散型多传感器信息融合结构多用于远距离配置的多传感器系统。分散型多传感器信息融合如图 5-57 所示。

3) 混合型

混合型多传感器信息融合如图 5-58 所示。混合型多传感器信息融会结构吸收了分散型多

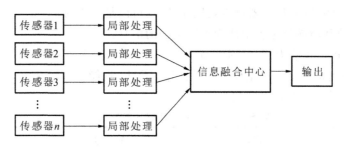

图 5-57　分散型多传感器信息融合

传感器信息融合结构和集中型多传感器信息融合结构的优点,既有集中处理,又有分散处理,各传感器的信息均可被多次利用。这种融合结构能得到较理想的融合结果,适用于大型的多传感器信息融合系统,但复杂,计算量很大。

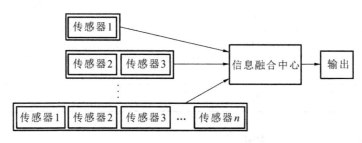

图 5-58　混合型多传感器信息融合

4) 反馈型

当系统对处理实时性要求很高时,如果总是试图强调以最高精度去融合多传感器信息,则无论融合速度多快,都不可能满足要求,此时利用信息的相对稳定性和原始积累对融合信息进行反馈再处理,是一种有效途径。在多传感器系统对外部环境经过一段时间的感知后,多传感器系统的融合信息已能够表述环境中的大部分特征,该信息对新的传感器原始信息融合具有很好的指导意义。在图 5-59 中,信息融合中心不仅接收来自传感器的原始信息,而且接收已经获得的融合信息,这样能够大大提高融合的处理速度。

图 5-59　反馈型多传感器信息融合

4. 多传感器信息融合的方法

多个传感器获取的关于对象和环境的信息,主要体现在融合算法上。多传感器信息融合靠各种具体方法实现。目前,虽然数据融合未形成完整的理论体系,但在不少应用领域根据各自具体的应用背景,已提出许多成熟且有效的融合方法。多传感器信息融合的常用方法可分为四类,即估计方法、分类方法、推理方法和人工智能方法,如图 5-60 所示。

1) 加权平均法

加权平均法是实时处理信息最简单、最实用的融合方法。它的实质是将各个传感器的冗余信息进行处理后,按照每个传感器所占的权值进行加权平均,将得到的加权平均值作为融合结果。加权平均法实时处理来自传感器的原始冗余信息,适用于动态环境,但使用加权平均法时

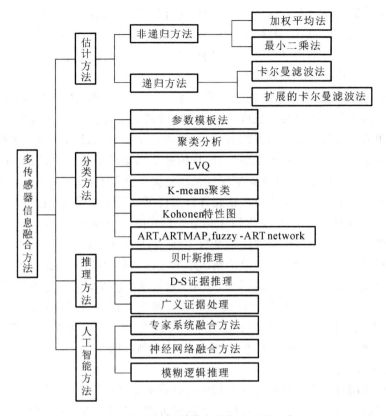

图 5-60 多传感器信息融合方法的分类

需要先对系统和传感器进行细致分析,以获得准确的权值。

2) 卡尔曼滤波法

卡尔曼滤波法主要用于融合低层次实时动态多传感器冗余数据。该方法用测量模型的统计特性递推,决定统计意义下的最优融合数据估计。如果系统具有线性动力学模型,且系统与传感器噪声是高斯噪声,则卡尔曼滤波能为融合数据提供一种统计意义下的最优估计。卡尔曼滤波的递推特性使系统处理不需要大量的数据存储和计算。但是,采用单一卡尔曼滤波器对多传感器系统进行数据统计时,存在很多严重问题:一方面,在组合信息大量冗余的情况下,计算量将以滤波器维数的三次方剧增,实时性不能满足;另一方面,传感器子系统的增加使故障随之增加,当某一子系统出现故障而未来得及被检出时,故障会污染整个系统,使系统的可靠性降低。

3) 基于参数估计的信息融合方法

基于参数估计的信息融合方法主要包括最小二乘法、极大似然估计、贝叶斯估计和多贝叶斯估计。当传感器采用概率模型时,统计学为多传感器信息融合提供了手段。极大似然估计是静态环境中多传感器信息融合的一种常用方法,原理是将融合信息取为使似然函数达到极值的估计值。贝叶斯估计为数据融合提供了一种手段,是静态环境中高层多传感器信息融合的常用方法,具体是指将传感器信息根据概率原则进行组合,以条件概率表示测量不确定性。当传感器组的观测坐标一致时,可直接对传感器数据进行融合,但大多数情况下,传感器测量数据要以间接方式采用贝叶斯估计进行数据融合。多贝叶斯估计对每一个传感器进行一次贝叶斯估计,将各个单独体的关联概率分布合成一个联合的后验概率分布函数,通过使联合分布函数的似然函数最大,提供多传感器信息的最终融合值,融合信息与环境的一个先验模型提供整个环境的特征描述。基于参数估计的信息融合方法用于多传感器信息的定量融合非常合适。

4) Dempster-Shafer(D-S)证据推理

该方法是贝叶斯推理的扩展,它的三个基本要点是:基本概率赋值函数、信任函数和似然函数。它将严格的前提条件从仅是可能成立的条件中分离开来,使任何涉及先验概率的信息缺乏得以显化。它用信任区间描述传感器的信息,不但表示了信息的已知性和确定性,而且能够区分未知性和不确定性。多传感器信息融合时,将传感器采集的信息作为证据,在决策目标集上建立一个相应的基本可信度,这样证据推理能在同一决策框架下,将不同信息用Dempster组合规则合并成一个统一信息。证据决策理论允许直接将可信度赋予传感器信息的获取,既避免了对未知概率分布所做的简化假设,又保留了信息。Dempster-Shafer证据推理广泛应用于多传感器信息的定性融合。该方法的推理结构是自上而下的,分为三级。第一级为目标合成,是把来自独立传感器的观测结果合成一个总的输出结果。第二级为推断,是获得传感器的观测结果并进行推断,将传感器观测结果扩展成目标报告。这种推理的基础是一定的传感器报告以某种可信度在逻辑上会产生可信的某些目标报告。第三级为更新,各种传感器一般都存在随机误差,所以在时间上充分独立地来自同一传感器的一组连续报告比任何单一报告可靠。因此,在推理和多传感器合成之前,要先组合(更新)传感器的观测数据。

5) 产生式规则融合方法

产生式规则采用符号表示目标特征和相应传感器信息之间的联系,与每一个规则相联系的置信因子表示它的不确定性程度。当在同一个逻辑推理过程中,两个或多个规则形成一个联合规则时,可进行融合。应用产生式规则进行融合的主要问题是每条规则的置信因子与系统中其他规则的置信因子相关,使系统条件改变时修改相对困难。例如,系统中引入新的传感器,需要加入相应的附加规则。

6) 模糊逻辑推理

多传感器系统中,各信息源提供的环境信息都具有一定程度的不确定性,融合这些不确定信息的过程实质上是一个不确定性推理过程。模糊逻辑是多值逻辑,通过指定0~1范围内的一个实数表示真实度(相当于隐含算子的前提),允许将多个传感器信息融合过程中的不确定性直接表示在推理过程中。如果采用某种系统化的方法对融合过程中的不确定性进行推理建模,则可产生一致性模糊推理。与概率统计方法相比,模糊逻辑推理具有许多优点,它在一定程度上克服了概率论所面临的问题,对信息的表示和处理也更加接近人类思维方式。它一般适用于高层次的融合(如决策)。逻辑推理本身还不够成熟和系统化。此外,由于逻辑推理对信息的描述存在很人的主观性,所以信息的表示和处理缺乏客观性。

7) 神经网络融合方法

神经网络具有很强的容错性及自学习、自组织、自适应能力,能模拟复杂的非线性映射,恰好满足了多传感器信息融合的要求。在多传感器系统中,各信息源提供的环境信息都具有一定的不确定性,融合实际上是一个不确定性推理过程。神经网络将样本的相似性以网络权值表述在信息融合结构中,首先通过神经网络特定的学习算法来获得知识,得到不确定性推理机制,然后根据这一机制进行融合和再学习。神经网络结构本质上是并行的,为神经网络在多传感器信息融合中的应用提供了良好前景。基于神经网络的多传感器信息融合具有以下特点。

（1）具有统一的内部知识表示形式，并建立了基于规则和形式的知识库。
（2）具有大规模并行处理信息能力，使系统处理速度很快。
（3）能将不确定的复杂环境通过学习转化为系统理解的形式。
（4）能利用外部信息，便于实现知识的自动获得和并行联想推理。

常用多传感器信息融合方法及其特征比较如表 5-4 所示。在实际中，常将两种或两种以上方法综合起来应用。

表 5-4 常用多传感器信息融合方法及其特征比较

融合方法	运行环境	信息类型	信息表示	不确定性	融合技术	适用范围
加权平均法	动态	冗余	原始读数值		加权平均	低层数据融合
卡尔曼滤波法	动态	冗余	概率分布	高斯噪声	系统模型滤波	低层数据融合
贝叶斯估计	静态	冗余	概率分布	高斯噪声	贝叶斯估计	高层数据融合
统计决策理论	静态	冗余	概率分布	高斯噪声	极值决策	高层数据融合
D-S 证据推理	静态	冗余互补	命题		逻辑推理	高层数据融合
模糊逻辑推理	静态	冗余互补	命题	隶属度	逻辑推理	高层数据融合
神经网络融合方法	动/静态	冗余互补	神经元输入	学习误差	神经元网络	低/高层数据融合
产生式规则融合方法	动/静态	冗余互补	命题	置信因子	逻辑推理	高层数据融合

【复习思考题】

[1] 什么是传感器？它由哪些部分组成？
[2] 常见的位移检测原理有哪些？检测动态的微小位移可采用哪些传感器？
[3] 传感器的静态特性有哪些指标？一阶传感器和二阶传感器的动态特性参数分别是什么？
[4] 传感器及传感技术的发展趋势是什么？
[5] 光栅传感器的主要特点是什么？
[6] 绝对式旋转编码器和相对式旋转编码器的主要区别体现在哪些方面？
[7] 采用计数的方法进行转速检测，可以使用哪些传感器？
[8] 超声波接近觉传感器和激光接近觉传感器两种接近觉传感器在使用中的区别有哪些？
[9] 一个完整的检测系统设计包括哪些步骤？需要注意哪些方面？
[10] 什么是智能传感器？它与传统传感器有什么区别？
[11] 智能传感器的设计要点有哪些？有哪些实现途径？
[12] 无线传感器网络的特点有哪些？有哪些关键技术？
[13] 多传感器信息融合有哪些类型？多传感器信息融合的主要方法有哪些？

参考文献

[1] 徐开先,钱正洪,张彤,等. 传感器实用技术[M]. 北京:国防工业出版社,2016.

[2] 赵学增.现代传感技术基础及应用[M].北京:清华大学出版社,2010.

[3] 朱林.机电一体化系统设计[M].2版.北京:石油工业出版社,2008.

[4] 申忠如,郭福田,丁晖.现代测试技术与系统设计[M].2版.西安:西安交通大学出版社,2009.

[5] 文怀兴,夏田.数控机床系统设计[M].2版.北京:化学工业出版社,2011.

[6] 张蕾.无线传感器网络技术与应用[M].北京:机械工业出版社,2016.

[7] 苏巴斯·钱德拉·穆克帕德亚.智能感知、无线传感器及测量[M].2版.梁伟,译.北京:机械工业出版社,2016.

[8] 郭彤颖,张辉.机器人传感器及其信息融合技术[M].北京:化学工业出版社,2016.

[9] 李曼.工程测试技术[M].北京:煤炭工业出版社,2017.

[10] 杨国安.旋转机械故障诊断实用技术[M].北京:中国石化出版社,2012.

[11] 杨国安.齿轮故障诊断实用技术[M].北京:中国石化出版社,2012.

[12] 杨国安.滚动轴承故障诊断实用技术[M].北京:中国石化出版社,2012.

[13] 盛美萍,杨宏晖.振动信号处理[M].北京:电子工业出版社,2017.

[14] 佟德纯,姚宝恒.工程信号处理与设备诊断[M].北京:科学出版社,2008.

[15] 何正嘉,陈进,王太勇.机械故障诊断理论及应用[M].北京:高等教育出版社,2010.

[16] 樊红卫,杨一晴,马宏伟,等.一种转子振动故障诊断及预警的虚拟仪器系统开发与验证[J].机械设计与制造,2019,(6):77-79,83.

第6章 机电一体化控制系统设计

【工程背景】

在机电一体化系统中,控制系统起着极其重要的作用。近年来,机电一体化技术日渐成熟,计算机技术、信息技术、自动控制、智能控制理论与机械技术的融合程度越来越高。计算机的强大信息处理能力将机电一体化控制技术不断提升。同时,人工智能的发展与应用使得机电设备的自动化水平和分析能力快速发展。

计算机控制是自动控制发展中的高级阶段。凭借计算机出色的分析性能、智能决策和控制水平,机电一体化控制技术在工业、国防、医疗、能源和民生领域中的应用日渐广泛,显著提高了工业生产、国防安全、医疗检测诊断与治疗、煤矿开采和日常生活的效率和质量。控制系统的设计质量会对机电一体化技术的应用成效产生直接的影响,科学地设计机电一体化控制系统有利于确保机电设备运行的可靠性和稳定性,因此,必须提高对控制系统设计的重视,加强对计算机接口的设计,从而实现控制系统与外部设备的可靠连接。

【内容提要】

本章将介绍机电一体化控制系统的主要内容以及控制系统的设计与建模、常用控制器与接口、控制算法等内容。通过对本章的学习,学生应掌握机电一体化控制系统的组成、选型方法、设计方法、建模方法等,重点掌握常用控制器硬件、软件设计方法与流程,能够完成机电领域工程问题的机电一体化控制系统构建与实验验证。

【学习方法】

要想掌握机电一体化控制系统设计,需要将课程理论、实验实践相结合。首先,理清机电一体化控制系统设计原则、需求与硬件组成;其次,分析控制系统工作原理;最后,设计合理的控制系统。可结合虚拟仿真工具,快速掌握控制系统硬件电路设计、软件程序设计与实验验证方法。

6.1 概 述

6.1.1 基本概念

1. "量"控制与"逻辑"控制

一般来说,"控制"的内容可分为两类,即以速度、位移、温度、压力等数量大小为控制对象和以物体的"有""无""动""停"等逻辑状态为控制对象。以数量大小为控制对象的控制可根据表示数量大小的信号类型分为模拟控制和数字控制。

1) 模拟控制

模拟控制是指将速度、位移、温度或压力等变换成大小与其对应的电压或电流等模拟量来进行信号处理的控制。在这里,信号处理方法称为模拟信号处理,采用模拟信号处理的控制称为模拟控制。

2) 数字控制

数字控制是指把要处理的"量"变成数字量进行信号处理的控制。在这里,信号处理方法称为数字信号处理,采用数字信号处理的控制称为数字控制。

模拟控制精度不高,不适用于复杂的信号处理。数字控制可用于要求高精度和信号运算比较复杂的场合。在用计算机作主控制器的系统中,虽然在最后控制位置、力、速度等部分中模拟控制仍然是主流,但在这之前的各种信号处理中,多数用数字控制。以上信号均是连续变化量。

以逻辑状态为控制对象的控制称为逻辑控制,通常处理开关的"通""断",灯的"亮""灭",电动机的"运转""停止"之类的"1"与"0"二值逻辑信号。逻辑控制又称顺序控制。称之为逻辑控制是强调信号处理的方式,称之为顺序控制是强调对被控对象的作用。

2. 开环控制与闭环控制

以数量大小、精度高低为控制对象,将输出结果与目标值的差值作为偏差信号,控制输出结果的控制系统是闭环控制系统。以目标值为系统输入,对输出结果不予检测的控制系统是开环控制系统。闭环控制系统由于将检测的输出结果返回到输入端与目标值进行比较,所以又称反馈控制系统。图 6-1 所示是闭环控制系统输入信号与输出信号之间的关系。

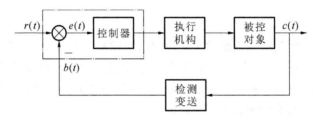

图 6-1 闭环控制系统输入信号与输出信号之间的关系

3. 连续控制与非连续控制

在机电一体化产品中,广泛使用了数字控制,数字控制中采用微处理机作为数字运算装置。在数字运算装置中,从给出输入数值到得出运算结果的输出数值存在时间差(滞后时间),在时间上有不连续的关系,称为非连续控制。在模拟控制中,输入与输出的对应关系一般在无时间差的情况下用微分方程的形式表示。这样,输入与输出在时间上保持连续的关系,称为连续控制。在非连续控制中,每隔一定周期进行一次运算(采样),并把运算结果保持到下一运算周期的控制方式,称为采样控制。如果使不连续控制的滞后时间足够小,动作当然就接近连续控制了,但连续控制与非连续控制用于反馈控制时,往往表现出完全不同的情况,因此必须注意。

4. 线性控制与非线性控制

由线性元件构成的控制系统称为线性控制系统。对于机械系统来讲,凡是具有固定传动比的机械系统都是线性系统,控制方程一般采用线性方程表示。含有非线性元件的控制系统称为非线性控制系统。对于机械系统来讲,机械系统只要含有非线性元件(凸轮、拨叉、连杆机构等)就是非线性系统,控制方程一般用微分方程表示。

5. 点位控制和轨迹控制

点位控制(见图 6-2(a))是在允许加速度的条件下,尽可能以最大速度从坐标原点运动到目的坐标位置,对两点之间的轨迹没有精度要求。轨迹控制(见图 6-2(b))又称为连续路径控制,包括直线运动控制和曲线运动控制。这类控制对运动轨迹上的每一点坐标都具有一定的精度要求,需要采用插补技术生成控制指令。

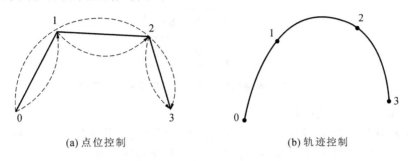

图 6-2 点位控制和轨迹控制

6.1.2 机电一体化控制系统的特征与组成

机电一体化控制系统从模拟控制系统发展到计算机控制系统,控制器的结构、控制器中的信号形式、控制系统的过程通道内容、控制量的产生方法、控制系统的组成观念均发生了重大变化。

1. 计算机控制系统的特征

将模拟自动控制系统中控制器的功能用计算机来实现,就形成了一个典型的计算机控制系统。图 6-3 所示的计算机控制系统由两个基本部分组成,即硬件和软件。硬件是指计算机本身及其外部设备。软件是指管理计算机的程序及生产过程应用程序。只有软件和硬件有机地结合,计算机控制系统才能正常运行。

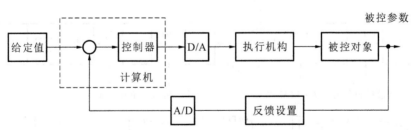

图 6-3 计算机控制系统基本组成框图

由于在计算机控制系统中控制器的输入和输出是数字信号,而现场采集到的信号或送到执行机构的信号大多是模拟信号,因此与常规的按偏差控制的闭环负反馈控制系统相比,计算机控制系统需要有数/模转换和模/数转换这两个环节。计算机把通过测量元件、变送单元和模/数转换器送来的数字信号,直接反馈到输入端与设定值进行比较,然后根据要求按偏差进行运算,所得到的数字量输出信号经过数/模转换器送到执行机构,对被控对象进行控制,使被控参数稳定在设定值上。这种系统也是闭环控制系统。图 6-4 为典型的采煤机自动调高闭环控制系统实例。

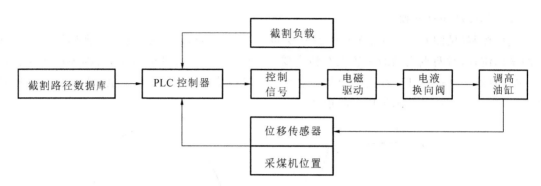

图 6-4 典型的采煤机自动调高闭环控制系统实例

1) 计算机控制系统结构特征

在计算机控制系统中,除测量装置、执行机构等常用的模拟部件外,执行控制功能的核心部件是微型计算机,所以计算机控制系统是模拟部件和数字部件的混合系统。

计算机控制系统的智能控制逻辑是用软件及智能算法实现的,改进一个控制逻辑,无论它复杂与否,只需要修改软件,一般不需要对硬件结构进行改变,因此计算机控制系统便于实现复杂的控制逻辑和对控制方案进行在线修改。由于计算机具有高速的运算处理能力,所以可以采用分时控制的方式控制多个控制回路,使计算机控制系统具有更大的灵活性和适应性。

计算机控制系统的抽象结构和作用在本质上与其他控制系统基本相同,同样具备计算机开环控制系统、计算机闭环控制系统等不同类型的控制系统。

2) 计算机控制系统信号特征

在计算机控制系统中,除仍有连续模拟信号外,还有离散模拟信号、离散数字信号等多种信号形式。计算机控制系统的信号流程如图 6-5 所示。

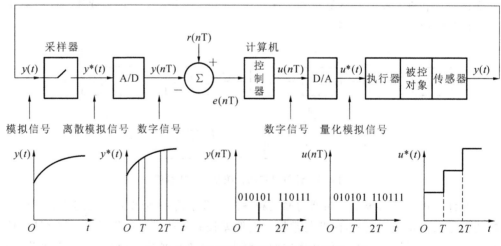

图 6-5 计算机控制系统的信号流程

在控制系统中引入计算机后,可用计算机的运算、逻辑判断和记忆等功能完成多种控制任务。由于计算机只能处理数字信号,为了信号的匹配,在计算机的输入端和输出端必须配置 A/D(模/数)转换器和 D/A(数/模)转换器,反馈量经 A/D 转换器转换为数字量以后,才能输入计算机,然后计算机根据偏差,按某种控制规律(如 PID 控制)进行运算,计算结果(数字信号)

再经 D/A 转换器转换为模拟信号并输出到执行机构,完成对被控对象的控制。

按照计算机控制系统中信号的传输方向,计算机控制系统的信息通道由三个部分组成。

(1) 过程输出通道:包含由 D/A 转换器组成的模拟量输出通道和开关量输出通道。

(2) 过程输入通道:包含由 A/D 转换器组成的模拟量输入通道和开关量输入通道。

(3) 人机交互通道:系统操作者通过人机交互通道向计算机控制系统发布相关命令、提供操作参数、修改设置内容等,计算机可通过人机交互通道向系统操作者显示相关参数、系统工作状态、控制效果等。

3) 计算机控制系统功能特征

与模拟控制系统比较,计算机控制系统的主要功能特征表现如下。

(1) 以软件代替硬件。

计算机控制系统以软件代替硬件的功能主要体现在两个方面:一是当被控对象改变时,计算机及其相应的过程通道硬件只需做少量的改变,甚至无须做任何改变,只需要面向新对象重新设计一套新控制软件便可;二是可以用软件来替代逻辑部件的功能实现,从而降低系统成本,减小设备体积。

(2) 数据存储。

计算机具备多种数据保持方式,如脱机保持方式有 U 盘、移动硬盘、光盘、纸质打印、纸质绘图等,联机保持方式有固定硬盘、E^2PROM、RAM 等,工作特点是系统断电不会丢失数据;服务器存储方式有 DAS(direct attached storage,直接附加存储)方式、NAS(network attached storage,网络附加存储)方式、SAN(storage area network,存储区域网络)方式,逐步实现了存储的网络化。借助上述存储方式,面对不同工况下的自动控制系统的应用与研究时,可以从容应对突发问题,减少盲目性,从而提高了系统的研发效率,缩短了研发周期。

(3) 状态、数据显示。

计算机具有强大的显示功能,显示设备有 LED 数码管、LED 矩阵块、虚拟现实(VR)头盔、增强现实(AR)眼镜、混合现实(MR)设备、裸眼 3D 屏幕等;显示模式包括数字、字母、符号、图形、图像、虚拟设备面板等;显示方式有静态、动态、二维、三维等;显示内容涵盖给定值、当前值、历史值、修改值、系统工作波形、系统工作轨迹仿真图等。人们通过显示内容可以及时了解系统的工作状态、被控对象的变化情况、控制算法的控制效果等。

(4) 管理功能。

计算机都具有串行通信和联网功能,利用这些功能可实现多套计算机控制系统的联网管理,实现资源共享、优势互补;可构成分级分布式集散控制系统,以满足生产规模不断扩大、生产工艺日趋复杂、可靠性要求更高、灵活性希望更好、操作需更简易的大系统综合控制的要求,实现生产进行过程(动态)的最优化和生产规划、组织、决策、管理(静态)最优化的有机结合。

2. 计算机控制系统的工作原理

根据图 6-3 所示的计算机控制系统基本组成框图,计算机控制过程可归结为以下 4 个步骤。

(1) 实时数据采集:对来自检测变送装置的被控量的瞬时值进行检测并输入。

(2) 实时控制决策:对采集到的被控量进行分析和处理,并按已定的控制规律决定将要采取的控制行为。

(3) 实时控制输出:根据控制决策适时地对执行机构发出控制信号,完成控制任务。

(4) 信息管理:随着网络技术和控制策略的发展,信息共享和管理也是计算机控制系统必须具备的功能。

3. 计算机控制系统的工作方式

1) 在线方式和离线方式

在计算机控制系统中,生产过程和计算机直接连接,并受计算机控制的方式称为在线方式或联机方式;生产过程不和计算机相连,且不受计算机控制,而是靠人进行联系并做出相应操作的方式称为离线方式或脱机方式。

2) 实时控制

所谓实时,是指信号的输入、计算和输出都在一定的时间范围内完成,亦即计算机对输入信息以足够快的速度进行控制,超出了这个时间,就失去了控制的时机,控制也就失去了意义。实时的概念不能脱离具体过程,一个在线系统不一定是一个实时系统,但一个实时系统必定是一个在线系统。

4. 计算机控制系统的硬件组成

计算机控制系统的硬件组成框图如图 6-6 所示。

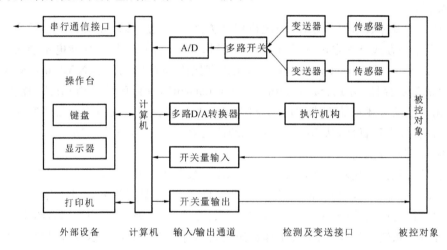

图 6-6 计算机控制系统的硬件组成框图

硬件是指计算机本身及其外部设备,一般包括中央处理器(CPU)、程序存储器(ROM)、数据存储器(RAM)、各种接口电路、以 A/D 转换器和 D/A 转换器为核心的模拟量输入/输出(I/O)通道和数字量输入/输出(I/O)通道以及各种显示设备、记录设备、运行操作台等。

1) 主机

由 CPU、ROM、RAM 及时钟电路、复位电路等构成的计算机主机是组成计算机控制系统的核心部分。它主要进行数据采集、数据处理、逻辑判断、控制量计算、报警处理等,通过接口电路向系统发出各种控制命令,指挥全系统有条不紊地协调工作。

2) I/O 接口

I/O 接口与 I/O 通道是主机与外部连接的桥梁。常用的 I/O 接口有并行接口、串行接口等,它们大部分是可编程的。I/O 通道包括模拟量 I/O 通道和数字量 I/O 通道。模拟量 I/O 通道的作用是:一方面,将由传感器得到的工业对象的生产过程参数变换为二进制代码传送给计算机;另一方面,将计算机输出的数字信号转换为控制操作执行机构的模拟信号,以实现对生产过程的控制。数字量 I/O 通道的作用是:除完成编码数字输入、输出外,还可将各种继电器、限位开关等的状态通过输入接口传送给计算机,或将计算机发出的开关动作逻辑信号由输出接口传送给生产机械中的各个电子开关或电磁开关。

3) 通用外部设备

通用外部设备主要是为扩大计算机主机的功能而设置的,用来显示、打印、存储和传送数据等。

4) 检测元件与执行机构

传感器的主要功能是将被检测的非电学量参数转变为电学量,如热电偶温度传感器把温度信号变成电压信号、压力传感器把压力变成电信号等。变送器的作用是将由传感器得到的电信号转换成适合计算机接口使用的电信号(如 0~10 mA DC)。

此外,为了控制生产过程,还必须有执行机构。常用的执行机构有电动调节阀、液动调节阀、气动调节阀、开关、直流电动机、步进电动机等。

5) 操作台

操作台是人机对话的联系纽带。通过它,人们可以向计算机输入程序,修改内存的数据,显示被测参数以及发出各种操作命令等。它主要由以下四个部分组成。

(1) 作用开关:如电源开关、操作方式(自动/手动)选择开关等。通过这些开关,人们可以对主机进行启停控制、设置和修改数据以及修改控制方式等。作用开关可通过接口与主机相连。

(2) 功能键:包括复位键、启动键、打印键及工作方式选择键等,主要是为了操作方便。

(3) 显示设备:用来显示被测参数及操作人员关注的内容,如显示数据表格、系统流程、开关状态以及报警状态等。

(4) 数字键:用来输入数据或修改控制系统的参数。

5. 计算机控制系统的软件

对于计算机控制系统而言,除了硬件组成部分以外,软件也是必不可少的部分。软件是指完成各种功能的计算机程序的总和,如完成操作、监控、管理、计算和自诊断的程序等。软件是计算机控制系统的神经中枢,整个系统的动作都是在软件的指挥下协调完成的。若按功能分类,软件分为系统软件和应用软件两大部分。

系统软件一般是由计算机厂家提供的,用来管理计算机本身的资源,方便用户使用计算机的软件。它主要包括操作系统、各种编译软件和监控管理软件等。这些软件一般不需要用户自己设计,它们只是作为开发应用软件的工具。应用软件是面向生产过程的程序,如 A/D 转换程序、D/A 转换程序、数据采样程序、数字滤波程序、标度变换程序、控制量计算程序等。应用软件大都由用户自己根据实际需要开发。应用软件的优劣对控制系统的功能、精度和效率有很大的影响,因此它的设计是非常重要的。

6.1.3 机电一体化控制系统的分类

机电一体化控制系统与其所控制的对象密切相关,控制对象不同,控制系统也不同。机电一体化控制系统的分类方法很多。它可以按照系统的功能、工作特点分类,也可以按照控制规律、控制方式分类。

按照基本控制逻辑的不同,机电一体化控制系统大致可分为以下几种。

1. 程序控制系统

程序控制系统的特点是：在生产过程中要求被控量按预先规定的时间函数变化，为了使系统输出满足规定的时间函数规律，被控量的设定值也必须按照相应的时间函数进行设置。

2. 顺序控制系统

顺序控制系统的特点是：按照时间规定的操作顺序，在不同的时间完成不同的操作，或者按照动作的逻辑次序来安排操作顺序，或者把以上两者结合起来安排设备的操作顺序。顺序控制有时可以看作是程序控制的扩展，因为在顺序控制中被控量的设定值不仅与时间有关，而且与操作的逻辑结果有关。

3. 生产过程监控系统

生产过程监控系统的特点是：在生产过程中进行数据采集与巡回检测，所得数据按预定数学模型进行存储、分析、判断，并兼有制表打印和故障报警等功能；可以用于操作指导，或扩展后用于组成对生产过程进行自动控制的计算机监控系统。

4. 数字 PID 控制系统

比例-积分-微分控制简称为 PID 控制，它既可以消除系统输出的稳态误差，又可以改善系统的动态特性，是工业过程控制中应用最广泛的控制规律。数字 PID 控制系统由计算机对指定命令与来自 A/D 转换器信号之间的差值（偏差）进行比例、积分、微分处理，可以实现数字 PID 控制。控制规律中不包括微分项的 PID 控制称为 PI 控制。PI 控制也是一种应用很广的控制规律。

5. 有限拍控制系统

有限拍控制的性能指标是调节时间，要求设计的系统在尽可能短的时间里完成调节过程。有限拍控制通常在数字随动系统中应用。

6. 最优控制系统

最优控制系统的特点是：在给定约束条件下，采用目标函数作为衡量系统性能的指标，寻求某种合适的控制规律，使得系统达到给定性能指标意义下的最优。例如，在给定控制作用和工艺参数极限值的约束下，使系统的能耗最小或使系统输出达到设定值所需的时间最少等。

7. 自适应控制系统

最优控制要求运转条件和约束条件不变，并且要求被控对象的特性已知。一旦这些条件不能满足，最优控制系统就会失去其最优性能。在最优控制前提条件不满足的情况下，使系统具有适应环境变化的能力，自动保持或接近最优工作状态的控制称为自适应控制。

8. 智能控制系统

对于数学模型粗糙或无法精确建立数学模型的复杂系统，往往无法运用经典控制理论或现代控制理论实现高精度控制，但是，可以利用计算机模仿人的思维过程进行控制。利用计算机模仿人的思维过程进行控制已成为控制理论研究与应用的新兴领域。智能控制把人工智能与自动控制理论结合起来，以知识和经验作为决策和规划的基础，使控制器模仿专家的操作策略，以达到满意的控制效果。在智能控制中，应用较早、较为成熟的一个分支是模糊控制。

6.2 机电一体化控制系统设计基础

机电一体化控制系统设计与调试的内容十分丰富,需要设计人员综合运用微机硬软件技术、数字与模拟电路、控制理论等方面的基础知识,同时设计人员还需要了解与被控对象有关的工艺知识,设计时的灵活性特别强。因此,设计人员的知识结构和实践经验对设计过程有着重要的影响,很难提出一种普遍性的设计规则。尽管如此,从设计原则、主要步骤到所需要处理的具体设计任务,仍有许多共性的方面值得借鉴。

6.2.1 机电一体化控制系统设计的基本要求

机电一体化控制系统设计要求可以归纳如下。

1. 适用性

控制系统的性能必须满足生产要求。设计人员必须认真分析、重视实际控制系统的特殊性和具体要求。

2. 可靠性

控制系统具有能够无故障运行的能力,具体衡量指标是平均故障间隔时间(MBTF)。一般要求平均故障间隔时间达到数千小时甚至数万小时。要提高控制系统的可靠性,可从提高硬件和软件的容错能力入手。

3. 经济性

在满足任务要求的前提下,使控制系统的设计、制作、运行、维护成本尽可能低。

4. 可维护性

可维护性是指进行系统维护时的方便程度,包括检测和维护两个部分。为了提高可维护性,控制系统的软件应具有自检、自诊断功能,硬件结构及安装位置应方便检测、维修和更换。

5. 可扩展性

在进行控制系统设计时,应考虑控制设备的更新换代、被控对象的增减变化,使控制系统能在不做大的变动的条件下很快适应新的情况。采用标准总线、通用接口器件,设计指标留有余量,以及利用软件增大系统的柔性等,都是提高控制系统可扩展性的有效措施。

在这些要求中,适用、可靠、经济是最基本的设计要求。一个具体的机电一体化控制系统应根据具体任务对功能予以取舍。

6.2.2 机电一体化控制系统设计的基本内容

构建机电一体化控制系统时,大致需要经历以下设计与调试过程。

1. 明确控制任务

在开始设计机电一体化控制系统之前,设计人员首先需要对被控对象工艺过程进行详尽的调研工作,根据实际调查分析的结果,将设计任务要求具体化,明确机电一体化控制系统所要完成的任务;然后用时间流程图或控制流程图来描述控制过程和控制任务,完成设计任务说明书,规定具体的系统设计技术指标和参数。

2.选择检测元件和执行机构

在机电一体化控制系统中,检测元件和执行机构直接影响系统的基本功能、运行精度以及响应特性。在确定总体方案时,应选择适用于目标机电一体化控制系统的检测元件和执行机构,作为系统建模分析、选择微机及其外部设备配置的依据。检测元件主要是各种传感器,选择时应同时注意信号形式、精度与适用频率范围。执行机构的确定应体现良好的工艺性,可进行多种方案的对比分析,注意发挥机电一体化系统的特点。

3.建立生产过程的数学模型

为了保证机电一体化控制系统的控制效果,必须建立可以定量描述被控对象生产过程运行规律的数学模型。根据被控对象的不同,模型可以是脉冲或频率响应函数、代数方程、微分或差分方程、偏微分方程,或者是它们的某种组合。复杂生产过程数学模型的建立,往往需要把理论方法与实践经验结合起来,采用某种程度的工程近似。数学模型建立后,可以再从以下几个方面指导设计过程。

1)生产过程仿真

在数学模型上,可以不受现场实验费用、实验时间和生产安全等因素的限制,考察在特定输入作用下被控对象的状态与输出响应,全面分析与评价系统性能,验证理论模型,预测某些变量的未知状态,求取生产过程的最优解。

2)异常工况的动态特性研究

为了确保机电一体化控制系统的安全性,必须掌握被控对象在异常工况下的运行特性,而实际情况又不允许真实系统在非正常的状态下工作,因此数学模型常用来获取被控对象异常工况下的运行特性,指导有关确保人身、设备安全防护措施的设计。

3)控制方案设计

利用所建立的生产过程和其他已经确定的检测元件、执行机构的数学模型,可以进行控制系统的设计,选择合适的控制规律。必须提请注意的是,数学模型的精度应与控制要求相适应。

4.确定控制算法

在数学模型的基础上,可根据选定的目标函数,运用控制理论的知识确定控制系统的基本结构和所需的控制规律。如果系统结构是多变量的,就应尽量进行解耦处理。所得出的控制结构和控制规律通常都应通过计算机仿真加以验证与完善。特别是微机控制系统,它的控制规律是由采样系统和数字计算机的程序软件实现的,必须对离散后的控制算法的精度及稳定性进行验证。

5.控制系统总体设计

控制系统总体设计的任务包括:微控制器类型及其外围接口的选择;分配硬/软件功能;划分操作人员与计算机承担的任务范围;确定人机界面的组成形式;选择用于控制系统硬/软件开发与调试的辅助工具(如微机开发系统和控制系统的计算机仿真软件);经济性分析等。控制系统的总体方案确定后,便可以用于指导具体的硬/软件的设计开发与调试工作。

6.控制系统硬/软件设计

在控制系统硬/软件设计阶段,需要完成具体实施总体方案所规定的各项设计任务。控制系统硬件设计任务包括接口电路设计、操作控制台设计、电源设计和结构设计等。在控制系统软件设计工作中,任务量最大的是应用程序的设计。某些输入/输出设备的管理程序往往可以选用标准程序。对于系统软件中不完备的部分,需要结合实际自主开发。

控制系统硬件和软件的设计过程往往需要同时进行,以便随时协调二者的设计内容和工作进度。应特别注意,微机控制系统中硬件与软件所承担功能的实施方案划分有很大的灵活性,对于同项任务,通过硬件、软件往往都可以完成,因此,在这一设计阶段需要反复考虑、认真平衡硬件、软件比例,及时调整设计方案。

6.2.3 机电一体化控制系统的调试方法

调试是机电一体化控制系统设计过程中发现和纠正错误的主要阶段。调试任务包括软件与硬件的分别调试、软件和硬件组成系统后的实验室统调、实际系统的现场调试。

1. 硬件调试

硬件调试是一种脱机调试,它的任务是验证各接口电路是否按预定的时序和逻辑顺序工作,验证由 CPU 及扩展电路组成的微机系统是否能正常运转。硬件调试可分为静态调试和动态调试两步进行。

1) 静态调试

静态调试是指:首先,在电气元件未装到电路板上之前,用欧姆表检查电路、排线是否正确;其次,将元器件接入电源,用电压表检查元器件插座上的电压是否正常;最后,安装好电路板,利用示波器、电压表、逻辑分析仪等仪器,检查噪声电平、时钟信号、电路中的其他脉冲信号以及元器件的工作状态等。

2) 动态调试

动态调试是指利用仿真器或个人微机等开发工具,在样机上运行测试程序。测试者可通过适当的硬件或外接的仪器观察到硬件的运行结果。

2. 软件调试

软件调试也是机电一体化控制系统硬/软件联机统调之前的脱机(离线)调试。进行软件脱机调试时,通常应遵循从不控制其他子程序的最基本(或最简单)的子程序模块开始的原则,先简后繁,先局部后全局,确保所有调试程序所依据的子程序都是正确的。

3. 联机调试

在硬件和软件分别通过调试之后,就可进行联机调试,以使样机最终满足设计要求。联机调试的主要工具依然是计算机开发系统或在线仿真器。联机调试与硬件脱机调试不同的地方仅仅在于运行的程序是已通过调试的应用程序。一旦联机调试通过,就可将应用程序写入 EPROM。将 EPROM 芯片插入待调控制系统后,待调控制系统就能够脱离计算机开发系统独立工作了。

4. 现场调试

现场调试是机电一体化控制系统投入生产前必不可少的一个环节。系统在现场组装后,应与实际被控对象一起进行全面试验,在这个过程中有时还需要对机电一体化系统做部分改进。

由于受到设计人员的知识和经验、系统的复杂程度等因素的影响,这些方法与步骤并不是一成不变的。机电一体化控制系统的设计制作是综合运用工艺知识、控制知识、微电子技术以及机械和电路方面基础知识及其技巧的过程,设计人员只有通过动手实践才能不断积累经验,提高自己的水平。

6.2.4 机电一体化控制系统的评价方法

控制系统性能检测/评价(control performance monitoring/assessment,CPM/CPA)是一项重要的资产管理技术,用以保证生产企业高效运行。在工业环境中,包括传感器、执行器在内的各种设备故障是很普遍的现象,而故障又会在整个生产过程中引入额外的误差,从而降低设备的可操作性,提高成本,并最终影响的产品质量。因此,如何及时地发现和修正控制系统中的故障设备,成为关键问题。控制系统性能评价的主要目标就是提供在线的自动化程序,向现场人员提供信息(过程变量是否满足预定的性能指标和特性),对控制系统进行评估,并根据结果对控制器做出相应的调整。机电一体化控制系统性能评价如下。

1. 判断当前控制系统的性能

通过对测量的动态数据进行分析,量化当前控制系统的控制性能(如计算系统输出方差)。

2. 选择和设计性能评价的基准

根据性能评价的基准对当前控制系统的性能进行评价。这个基准可以是最小方差(minimum variance,MV)或其他用户自定义的标准(这个标准就是现有的控制系统设备可能达到的最好性能)。

3. 评价和检查低性能回路

求出现行控制系统相对于所选的基准的偏差,判断出从当前的控制系统性能到所选的基准还有多大的改进空间。

4. 判断内在的原因

当分析结果显示运行的控制器偏离了基准或要求的标准时,就要找出其中的原因,如控制器参数设置不当且缺少维护、设备故障或设计低效、前馈补偿低效或无效、控制结果设计不恰当等。

5. 对如何改善性能提出建议

在多数情况下,控制器的性能可以通过重新调整参数得到改善。当分析结果表明,在当前的控制系统结构下不可能达到控制功能要求的性能时,就要考虑更深入的修改,如修改控制策略、检查控制系统设备等。

机电一体化控制系统的评价必然采用多层次、多目标的综合评价方法。多层次、多目标是指机电一体化控制系统较为复杂,控制系统内在联系因素较多,功能模块之间关系复杂,使得评价指标体系呈现出多目标、多层次的结构,且这些目标之间是递阶结构。

总目标 O 表示机电一体化控制系统评价指令,有

$$O = \{O_1, O_2, O_3, \cdots\}$$

评价指标 $O_1,O_2,O_3,\cdots$ 分别表示技术、性能、经济等评价指标。不同的机电一体化控制系统有着不同的评价指标。信息处理与控制子系统的评价指标如表6-1所示。

表6-1 信息处理与控制子系统的评价指标

控制系统	技术评价指标	性能评价指标	经济评价指标
信息处理与控制子系统	控制原理 稳定裕度 稳定裕度 控制精度 响应时间	安全性 电磁兼容性 通信功能 网络管理功能 可靠性和可维修性	性价比 调试的方便性

6.3 机电一体化控制系统数学建模与仿真

在机电一体化控制系统设计阶段,元件建模起到非常重要的作用,元件模型是数学方程式的衍生物,适合用于计算机仿真。除了最简单的系统,对于几乎所有系统,如传感器、驱动器等元件的性能以及它们对系统性能的影响,通过仿真来评估。建模需要构建适合计算机仿真和求解的数学模型,术语上称为模拟。如今数字计算机广泛用于模拟与仿真,人们使用框图元素构建数字计算机模型,并把模型表示成框图。框图比电路模型更加强大、灵活和直观。

6.3.1 机电一体化控制系统框图建模方法

1. 算子符号和传递函数

为了方便书写线性集总参数微分方程,特别引入 D 算子。只需要简单地用合适的算子简化表示微分或积分运算,任何线性集总参数微分方程就都可以转换为算子形式。表 6-2 总结了微分和积分用的算子,并列出了若干例子。

表 6-2 微分和积分用的 D 算子

类型	运算	算子	算子形式的例子
连续的	微分	$D = D\dfrac{\mathrm{d}()}{\mathrm{d}t}$	$\ddot{x}(t) - 3\dot{x}(t) + x(t) = \dot{r}(t) - 1$ $\Rightarrow D^2 x(t) - 3Dx(t) + x(t) = Dr(t) - 1$
连续的	积分	$\dfrac{1}{D} \approx \int_{t_0}^{t}()\mathrm{d}\tau$	$\dot{x}(t) + x(t) - \int x(\tau)\mathrm{d}\tau + r(t) = 0$ $\Rightarrow Dx(t) + x(t) - \dfrac{1}{D}x(t) + r(t) = 0$

通常不仅要正确地写出微分方程,还要求解并分析其特性。对于一个连续时间域内的系统 $f(t)$,常采用拉普拉斯变换,利用一个形式为 e^{st} 的复指数函数的连续和来表达,其中 s 是一个复变量,定义为 $s \equiv \sigma + \mathrm{j}\omega$。复频域(或通常称为 s 平面)是一个包含直角 x-y 坐标系的平面,其中 σ 是实数部分,ω 是虚数部分。对一个时间内域的微分运算进行拉普拉斯变换,结果就变成了一个频域内的乘法运算,其中 s 就是算子。拉普拉斯 s 算子和先前介绍的 D 算子是一样的,只是当将微分方程写成 s 算子或者拉普拉斯格式时,它将不再属于时域范围,而是在频域(复变量的)范围内了。

许多系统的因果关系可以近似地写成一个线性常微分方程。例如,假设某二阶动态系统只有一个输入 $r(t)$ 和一个输出 $y(t)$,则表示如下。

$$\ddot{y}(t) - 2\dot{y}(t) + 7y(t) = \dot{r}(t) - 6r(t) \tag{6-1}$$

这类系统称为单输入-单输出(SISO)系统。传递函数是用来描写单输入-单输出系统的另一种方法。传递函数就是输出变量和输入变量的比值,可表示为用 D 算子或 s 算子表示的两个多项式的比值。任何线性常微分方程都可以通过以下三个步骤变换成传递函数形式。为了演示这个过程,将上述二阶线性常微分方程转换成它的传递函数形式。

第 1 步,用算子符号重写常微分方程。

$$D^2 y(t) - 2Dy(t) + 7y(t) = Dr(t) - 6r(t) \tag{6-2}$$

第2步,将输出变量放于方程左边,将输入变量放于方程右边。
$$y(t) \cdot (D^2 - 2D + 7) = r(t) \cdot (D - 6) \quad (6-3)$$
第3步,求解输出信号和输入信号的比值,获得传递函数。
$$传递函数 = \frac{y(t)}{r(t)} = \frac{D-6}{D^2 - 2D + 7} \quad (6-4)$$

传递函数中包括两个关于 D 算子或 s 算子的多项式,一个是分子多项式,另一个是分母多项式。首一多项式是首项系数为1的多项式,也就是 D 算子或 s 算子的最高幂次的系数为1。为了最小化传递函数系数的个数,通常将分子多项式、分母多项式写成首一形式,这将增加一个额外的增益系数。例如,将下面的传递函数改写为首一形式,将分子中的16和分母中的5提出来,形成新的增益系数 $16/5$,而括号内的分子、分母都变为首一形式,最高幂次的系数为1。

$$\frac{16D - 4}{5D^2 + 3D + 1} \xrightarrow{首一形式} \frac{16}{5} \cdot \left[\frac{D - \frac{4}{16}}{D^2 + \frac{3}{5}D + \frac{1}{5}} \right] \quad (6-5)$$

2. 框图

框图一般是较大的可视化编程环境的一部分,其他部分还包括积分数字算法、实时接口、编码生成,以及高速应用的硬件接口。

1) 简介

框图模型由两个基本要素组成:信号线和方框(或模块)。信号线的功能是从起点(通常是一个方框)向终点(通常是另一个方框)传递信号或数值。信号的流动方向用信号线上的箭头表示。一旦确定了某一信号线上的信号流向,那么经过该信号线的所有信号都沿着既定的方向流动。模块是将输入信号与参数进行处理,然后产生输出信号的处理单元。所有的框图系统都包含三个最基本的模块,它们分别是求和连接器、增益和积分器。图 6-7 所示为一个包含这三个基本模块的框图系统。

从顶部输入积分器的垂直向下的信号 Y_0 表示积分器的初始状态。如果不考虑这个信号,那么积分器的初始状态为0。初始状态也可以表示在积分器下游的某个求和连接器上,如图 6-8 所示。

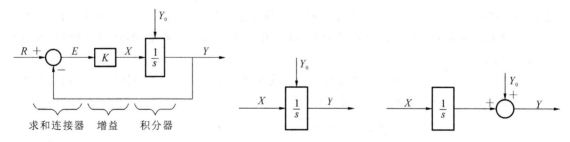

图 6-7 包含三个基本模块的框图系统示例　　图 6-8 框图中积分器初始状态的表示方法

用框图表示的系统可以用来分析和仿真。框图系统的分析一般通过简化来获得信号间的传递特征。

2) 框图操作

框图很少表示成标准化形式,通常都要化简成更有效的或更易于理解的形式。化简框图是理解该框图的功能和特性非常关键的一步。化简框图常用的基本准则包括串联框图化简准则和并联框图化简准则,如图 6-9 所示。

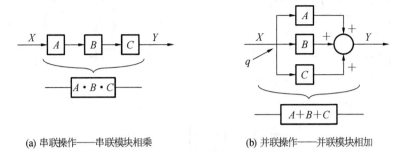

(a) 串联操作——串联模块相乘　　(b) 并联操作——并联模块相加

图 6-9　串联框图和并联框图的化简准则

3) 基本反馈控制系统的形式

自动控制的一个重要组成部分是反馈。反馈提供了一种机制来衰减因参数变化和干扰而造成的影响,以及增强动态跟踪的能力。图 6-10 所示为基本反馈控制系统(BFS)的框图。变量 R 是基本反馈控制系统的输入,E 是控制变量(或称为误差变量),而 Y 是基本反馈控制系统的输出。

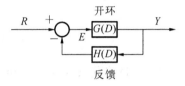

图 6-10　基本反馈控制系统的框图

该基本反馈控制系统的闭环传递函数用两个方程(其中包含 3 个变量 R、E 和 Y)求解,通过联立方程消去 E,并求解比值 Y/R。具体步骤如下。

第 1 步,有
$$E = R - H(D) \cdot Y$$

第 2 步,有
$$Y = G(D) \cdot E$$

将第 1 步代入第 2 步,有
$$Y = G(D) \cdot [R - H(D) \cdot Y]$$
$$Y + G(D) \cdot H(D) \cdot Y = G(D) \cdot R$$
$$Y \cdot [1 + G(D) \cdot H(D)] = G(D) \cdot R$$
$$\frac{Y}{R} = \frac{G(D)}{1 + G(D) \cdot H(D)}$$

函数 $G(D) \cdot H(D)$ 表示围绕这反馈控制系统反馈环的传递函数,称为环路传递函数(loop transfer function,LTF)。若某一系统是基本反馈控制系统形式,那么它的闭环传递函数(closed loop transfer function,CLTF)可以直接改写为

$$T(D) = \frac{\text{正向开环传递函数}}{1 + \text{环路传递函数}} = \frac{G(D)}{1 + G(D) \cdot H(D)} \tag{6-6}$$

$T(D)$ 的分母称作返回偏差,定义为 $1+$ 环路传递函数。

【例 6-1】　简单反馈控制系统的框图模型常常会包括一系列嵌套的反馈环路,每一个反馈信号线的起点都来自不同的截取点,但是终点都汇集在一个求和连接器上。例如,图 6-11 所示的质量块-弹簧-阻尼器系统模型具有两个反馈环,分别表示由阻尼器和弹簧产生的反作用力。

解　(1) 初始框图如图 6-11(a)所示。

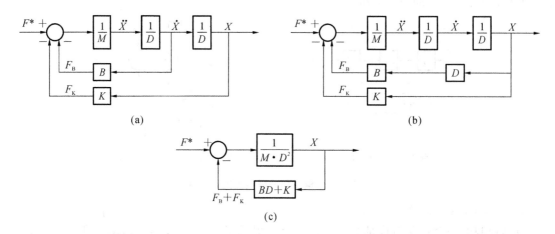

图 6-11 质量块-弹簧-阻尼器系统的框图化简

(2) 通过将截取点 $\dot{X}$ 移动至 X 来化简框图,并做适当的比例调整,在 F_B 路径上乘以 D。

(3) 这样,两个反馈环都源于同样的截取点 X,并结束于同一个求和连接器,如图 6-11(b) 所示,所以可以将它们看成一个并联组合。同理,整个正向开环也可以化简成一个串联组合,如图 6-11(c) 所示。本例中,化简所付出的代价就是损失了 $\ddot{X}$ 和 $\dot{X}$ 的信号。通常情况下,当化简一个框图时,可以预测到会丢失某些信号。

【例 6-2】 有一种在许多高性能系统中采用的控制结构,它包含一个前馈回路和一个反馈回路。前馈回路是为了快速响应,而反馈回路是为了在较低频的情况下保持精度。这样的控制结构的框图如图 6-12 所示。该框图可以用来控制一个对象 $G(s)$。

解 本例关键是讲述如何使用前述的各种操作来化简系统框图的控制部分。首先,滑动反馈传递函数 $C_1(s)$ 到从左往右数第二个求和连接器的下游,并对前馈路径做适当的修改,在前馈路径上乘以 $C_1^{-1}(s)$,结果如图 6-13 所示。

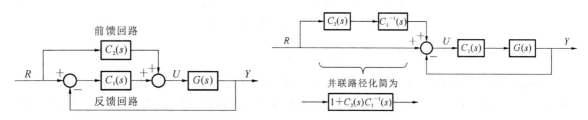

图 6-12 高性能的前馈和反馈控制系统

图 6-13 例 6-2 框图化简的第一步

图 6-14 例 6-2 框图化简的最后结果

这两个求和连接器现在可以合并成一个超级求和连接器,并在它与输入截取点之间创建两个并联路径。框图化简的最后结果如图 6-14 所示。通过选择前馈回路的传递函数,使得 $C_1(s) \approx G^{-1}(s)$,输入 R 对输出 Y 的影响接近 1,这就意味着在给定点 R 处的变化将立即被输出点 Y 感知。通常选择反馈回路传递函数来跟踪精度,而且常常选择比例类型的 PI 或 PID 形式。

6.3.2 机电一体化控制系统仿真方法

仿真是一个在计算机上求解框图模型的过程。理论上,仿真可以求解任何模型。大多数可视化仿真环境具备图形编辑功能、分析功能、仿真功能等三个基本功能。

(1) 图形编辑功能:用来创建、编辑、存储和取出模型,也可用于创建模型输入、编排仿真和展示模型结果。

(2) 分析功能:用于获得传递函数、计算频率响应,以及估算对干扰的灵敏度等。

(3) 仿真功能:用于求解框图模型的数字结果。

可视化仿真环境下的模型都是基于框图的,所以不需要进行基于文本形式的编程。所有的可视化仿真环境都包含仿真功能,以下是一些最常用的环境:美国国家仪器有限有公司(NI)的 MATRIXX/System Builds、MathWorks 公司的 MATLAB/Simulink、美国国家仪器有限公司的 LABVIEW、Visual Solutions 公司的 VisSim,以及波音公司的 Easy 5 等。

1. MATLAB 仿真软件简介

MATLAB 是由美国 MathWorks 公司于 1984 年推出的专门用于科学、工程计算和系统仿真的优秀的科技应用软件。它在发展的过程中不断融入众多领域的一些专业性理论知识,从而出现了功能强大的 MATLAB 配套工具箱,如控制系统工具箱(control system toolbox)、模糊逻辑工具箱(fuzzy logic toolbox)、神经网工具箱(neural network toolbox),以及图形化的系统模型设计与仿真环境(Simulink)。Simulink 工具平台的出现,使得控制系统的设计与仿真变得相当容易和直观,Simlink 成为众多领域中计算机仿真、计算机辅助设计与分析、算法研究和应用开发的基本工具和首选应用软件。

2. 仿真过程

控制系统仿真过程包括控制系统数学模型的建立、控制系统仿真模型的建立、控制系统仿真程序的编写和控制系统仿真的实现及结果分析。

1) 控制系统数学模型的建立

数学模型是计算机仿真的基础,是指描述系统内部各物理量(或变量)之间关系的数学表达式。控制系统的数学模型通常是指动态数学模型,自动控制系统最基本的数学模型是输入/输出模型,包括时域的微分方程、复数域的传递函数和频率域中的频率特性。

2) 控制系统仿真模型的建立

控制系统通常由多个元部件相互连接而成,其中每个元部件都可以用一组微分方程或传递函数来表示。

3) 控制系统仿真的实现

MATLAB 控制系统工具箱提供了大量用以实现控制系统仿真的命令,在 Simulink 环境下通过用仿真模块建模和在命令窗口用仿真命令编程两种方法进行仿真,然后运行仿真系统得到单位阶跃响应图,并根据单位阶跃响应图分析控制系统的动态性能指标,从而评价控制系统性能的优劣。

【例 6-3】 某 PID 控制系统传递函数为

$$G(s) = \frac{U(s)}{E(s)} = K_P + \frac{K_I}{s} + K_D s$$

该控制系统的传递函数图如图 6-15 所示。

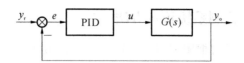

图 6-15　例 6-3PID 控制系统传递函数图

该控制系统的仿真模型如图 6-16 所示。

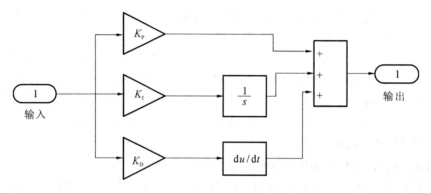

图 6-16　例 6-3PID 控制系统仿真模型

该控制系统阶跃响应结果如图 6-17 所示。

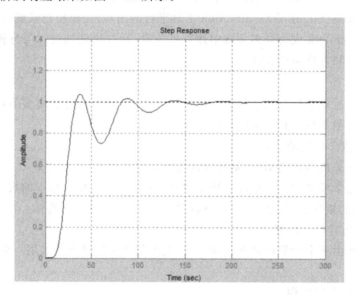

图 6-17　例 6-3PID 控制系统阶跃响应结果

6.3.3　机电一体化控制系统应用与仿真

1. 典型闭环控制系统仿真

假设闭环控制系统传递函数如下式所示,绘制输出量阶跃响应曲线和冲激响应曲线。

$$G(s)=\frac{200}{s^4+20s^3+120s^2+300s+384}$$

编写如下程序。

```
num=200;
den=[ 1 20 120 300 384 ];
sys=tf(num,den);
close_sys=feedback(sys,1);        %闭环传递函数
subplot(211)
step(close_sys);                  %阶跃响应曲线
axis([0 4.5 0 0.5]);              %设置坐标系
subplot(212)
impulse(close_sys)                %脉冲响应曲线
axis([0 4.5 -0.3 0.8]);
```

该闭环控制系统输出量阶跃响应如图 6-18 所示。图 6-18 中,横坐标均为时间,纵坐标分别为系统的输出量阶跃响应值和冲激响应值。

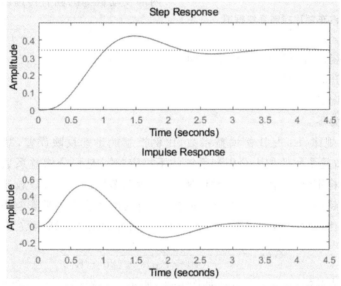

图 6-18　闭环控制系统输出量阶跃响应曲线和冲激响应曲线

一般来说,对控制系统进行时域分析有这两种响应曲线就足够了,系统的主要参数及其变化规律在这两种响应曲线中都有所反映。

2. 控制系统稳定性仿真

假设离散控制系统的受控对象传递函数如下式所示,且已知控制器模型为 $G_c(z)=\dfrac{1.5(z-0.5)}{z+0.8}$,分析在单位负反馈下该离散控制系统的稳定性。

$$G(z)=\frac{0.001(z^2+3.4z+0.7)}{(z-1)(z-0.5)(z-0.9)}$$

编写如下程序。

```
den=conv([1 -1],conv([1 -0.5],[1 -0.9]));
G=0.001*tf([1 3.4 0.7],den,0.1);
Gc=1.5*tf([1 -0.5],[1 0.8],0.1);
GG=feedback(G*Gc,1);
[eig(GG) abs(eig(GG))]
```

结果为

```
ans=
-0.7993            0.7993
0.9489+0.0405i     0.9498
0.9489-0.0405i     0.9498
0.5000             0.5000
```

由于各个特征根的模值都小于1,所以可以判定该离散控制系统是稳定的。

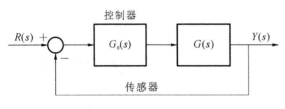

图 6-19 汽车距离控制系统框图

3.汽车距离控制系统建模与仿真

汽车距离控制系统框图如图 6-19 所示。

在该控制系统中,输入为理想距离,输出为实际距离,通过传感器反馈距离信息。汽车内部发动机等的固有传递函数为

$$G(s) = \frac{1}{s^2 + 10s + 20}$$

设计 PD 校正装置,使相同输入的响应曲线满足以下条件。

(1) 较短的上升时间和调节时间。

(2) 较小的超调量。

(3) 稳态误差为零。

根据 PID 控制规律,K_P 是比例增益系数,比例控制能迅速反映误差,减小误差,但不能消除稳态误差,比例增益系数的加大会引起系统的不稳定;K_D 是积分增益系数,积分控制环节主要用于增强系统的稳定性,加快系统的动作速度,减少调节时间。在 PD 校正装置设计中,积分控制环节可以减小超调量、缩短调节时间,同时对上升时间和稳态误差影响不大。因此,在该控制系统中加入一个比例放大器和一个微分器。此时,系统的闭环传递函数为

$$G(s) = \frac{K_D s + K_P}{s^2 + (10 + K_D)s + (20 + K_P)}$$

加入 PD 校正装置的 Simulink 框图如图 6-20 所示。首先选择 $K_P = 300$,调整 K_D,观察系统的阶跃响应,然后适当调整 K_P 值,最终取 $K_P = 400$、$K_D = 30$,运行并绘制出加入 PD 校正装置后该控制系统的闭环响应,如图 6-21 所示。

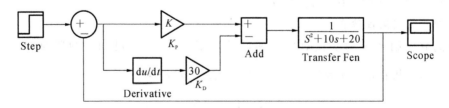

图 6-20 加入 PD 校正装置后汽车距离控制系统的 Simulink 框图

由图 6-21 可以看出,加入微分器后,该控制系统的响应曲线形状仍是衰减振荡型,但振荡次数显著减少,并且超调量也减小了不少。从该控制系统的上升时间和稳态误差来看,K_D 的变化对该控制系统的影响不大,但该控制系统的稳态误差不为零。下面可以进一步设计 PI 校正装置、PID 校正装置,以改善该控制系统。

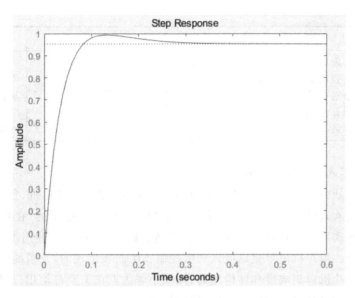

图 6-21 经 PD 校正后汽车距离控制系统的闭环阶跃响应

6.4 常用控制单元及接口技术

机电一体化控制系统的核心部件为控制单元,接口技术是控制系统内部数据流和外部数据流的重要桥梁。

6.4.1 常用控制单元及其选用

机电一体化技术是与元器件技术紧密结合发展起来的综合技术,特别是微机技术的最新进展,极大地推动了工业自动化的发展以及机电一体化产品的升级。在进行微机控制系统的总体设计时,面对众多的微机机型,应根据被控对象和控制任务要求的特点进行合理的选择。

常用控制单元及其优缺点、应用环境如表 6-3 所示。

表 6-3 常用控制单元及其优缺点、应用环境

控制单元	优点	缺点	应用环境
单片机	设计简单,程序编写简单,成本低	速度慢,功能不强,精度低	教学场合和对性能要求不高的场合
嵌入式系统	功耗低,可靠性高,功能强大,性能价格比高,实时性强,支持多任务,占用空间小,效率高,具有更好的硬件适应性,也就是良好的移植性	系统资源有限,内核小,有限,软件对硬件的依赖性高,软件的可移植性差,对操作系统的可靠性要求较高,对开发人员的专业性要求较高	面向特定应用,可根据需要灵活定制,如汽车电子
PLC	抗干扰能力强,故障率低,易于扩展,便于维护,易学易用,开发周期短	成本相对较高,体系结构封闭,各 PLC 厂家硬件体系互不兼容,编程语言及指令系统也各异	开关量逻辑控制、工业过程控制、运动控制等

续表

控制单元	优　点	缺　点	应用环境
PC	能实现原有PLC的控制功能，具有更强的数据处理能力、强大的网络通信功能，执行比较复杂的控制算法，具有近乎无限制的存储容量等	设备的可靠性、实时性和稳定性都较差	应用较为广泛，几乎可以用于控制系统涉及的所有工况环境，但用于特定环境需要进行特殊保护

1. 单片机/嵌入式系统及其选用

微型计算机可分为两类：一类是独立使用的微机系统（如个人机算机、各类办公用微机、工作站等）；一类是嵌入式微机系统，它是作为其他系统的组成部分使用的，在物理结构上嵌于其他系统之中。嵌入式系统是将计算机硬件和软件结合起来，构成一个专门的计算装置，来完成特定的功能和任务。单片机最早是以嵌入式微控制器的面貌出现的，是系统中最重要和应用最多的智能器件。单片机以集成度和性价比高、体积小等优点在工业自动化、过程控制、数字仪器仪表、通信系统以及家用电器中有着不可替代的作用。

1）单片机的特点

作为微型计算机的一个重要类别的单片机具有下述三个独特优点。

（1）体积小、功能全。

由于将计算机的基本组成部件集成于一块硅片之上，一小块芯片就具有计算机的功能，与由微处理器芯片加上其他必需的外围器件构成的微型计算机相比，单片机的体积更为小巧，使用时更加灵活方便。

（2）面向控制。

单片机内部具有许多适用于实现控制目的的功能部件，它的指令系统中包含丰富的适宜完成控制任务的指令，因此它是一种面向控制的通用机，尤其适用于自动控制领域，用以完成实时控制任务。

（3）特别适用于机电一体化智能产品。

单片机体积小且控制功能强，能容易地做到在产品内部代替传统的机械、电子元器件，可减小产品体积，增强产品的功能，实现不同程度的智能化。

以MCS-51系列单片机为例，它的基本组成包括中央处理器、程序存储器（ROM）、数据存储器（RAM）、定时器/计数器、并行接口、串行接口和中断系统等几大单元。

2）单片机应用系统开发的基本方法

单片机应用系统以单片机为核心，根据功能要求扩展相应功能的芯片，并配置相应的通道接口和外部设备。因此，进行单片机应用系统设计时，需要从单片机的选型、存储空间分配、通道划分、输入/输出资源分配和方式选择及硬件和软件功能划分等方面进行考虑。

（1）单片机的选型。

对于单片机的选型，应考虑以下两个原则。

① 性价比高：在满足系统功能和技术指标要求的情况下，选择价格相对便宜的单片机。

② 开发周期短：在满足系统性能的前提下，优先选用技术成熟、技术资源丰富的机型，以缩短开发周期，降低开发成本，提高所开发系统的竞争力。

(2) 存储空间分配。

单片机应用系统存储资源的分配是否合理对系统的设计有很大的影响,因此,在进行单片机应用系统设计时要合理地为系统中的各种部件分配有效的地址空间,以便简化硬件电路,提高单片机的访问效率。

(3) 输入/输出资源分配和方式。

根据被控对象所要求的输入/输出信号类型及数目,确定整个应用系统的输入/输出资源。另外,还需要根据具体的外部设备工作情况和应用系统的性能技术指标综合考虑采用的输入/输出方式。

(4) 软件和硬件功能划分。

具有相同功能的单片机应用系统,软件和硬件的功能可以在较大范围内变化。一些电路的硬件功能和软件功能之间可以互换实现。因此,在总体设计单片机应用系统时,需要仔细划分单片机应用系统中硬件和软件的功能,求得最佳的系统配置。

总之,单片机应用系统设计与整体方案、技术指标、功耗、可靠性、单片机芯片、外设接口、通信方式、产品价格等密切相关。

3) 单片机应用系统硬件设计

(1) 设计原则。

① 在满足系统当前功能要求的前提下,对系统的扩展与外部设备配置需要留有适当的余地,以便进行功能的扩充。

② 应在综合考虑硬件结构与软件方案后,最终确定硬件结构。

③ 在硬件设计中尽可能选择成熟且标准化、模块化的电路,以增加硬件系统的可靠性。

④ 硬件设计要考虑相关器件的性能匹配。例如,不同芯片之间信号传送速度应匹配,低功耗系统中的所有芯片都应选择低功耗产品。系统中相关器件的性能差异较大,会降低系统的综合性能,甚至导致系统工作异常。

⑤ 考虑单片机的总线驱动能力。单片机外扩芯片较多时,需要增加总线驱动器或降低芯片功耗,以降低总线负载。

⑥ 抗干扰设计。抗干扰设计包括芯片和器件的选择、去耦合滤波、印制电路板布线、通道隔离等。设计中只注重功能的实现,而忽略抗干扰的设计,会导致系统在实际运行中出现信号无法正常传送的情况,无法达到功能要求。

(2) 硬件设计。

硬件设计以单片机为核心,是进行功能扩展和外部设备配置及其接口设计的工作。在设计中,要充分利用单片机的片内资源,简化外扩电路,提高系统的稳定性和可靠性。硬件设计主要从存储器设计、I/O 接口设计、译码电路设计、总线驱动器设计及抗干扰电路设计等几个方面考虑。

4) 单片机应用系统软件设计

(1) 软件设计原则。

① 软件结构清晰,流程合理,代码规范,执行高效。

② 功能程序模块化,以便于调试、移植、修改和维护。

③ 程序存储区和数据存储区规划合理,充分利用系统资源。

④ 运行状态标志化管理。各功能程序的转移与运行通过状态标志来设置和控制。

⑤ 具有抗干扰处理功能。采用软件程序剔除采集信号中的噪声,提高系统抗干扰的能力。

⑥ 具有系统自诊断功能。在系统运行前先运行自诊断程序,检查系统各部分状态是否正常。

⑦ 具有"看门狗"功能,防止系统出现意外情况。

(2) 软件程序设计。

单片机应用系统的软件设计与硬件设计是紧密联系的,且软件设计具有比较强的针对性。在进行单片机应用系统总体设计时,软件设计和硬件设计必须结合起来统一考虑。控制系统的硬件决定了软件设计任务。

① 设计内容。

一般软件设计包含以下三项内容。

a. 设计出软件的总体方案。

b. 结合硬件对系统资源进行具体的分配和说明,绘制功能实现程序流程图。

c. 根据确定好的功能实现程序流程图编写程序实现代码。

在编制程序时,一般采用自顶向下的程序设计技术,先设计主控程序,再设计各子功能程序。

② 设计注意事项。

单片机应用系统的软件一般由主控程序和各子功能程序两个部分构成。主控程序负责组织调度各子功能程序,实现系统自检、初始化、接口信号处理、实时显示和数据传送等功能,控制系统按设计操作方式运行程序。此外,主控程序还负责监视系统是否正常运行。各子功能程序完成诸如采集、数据处理、显示、打印、输出控制等各种相对独立的实质性功能。单片机应用系统中的程序编写时常与输入/输出接口设计和存储器扩展交织在一起。因此,在进行单片机应用系统软件设计时需要注意以下方面。

a. 单片机片内和片外硬件资源的合理分配。

b. 单片机存储器中特殊地址单元的使用。

c. 特殊功能寄存器的正确应用。

d. 扩展芯片的端口地址识别。

【例 6-4】 在工业电气自动化工程中,步进电动机是一种常用的控制设备,它以脉冲信号控制转速,在数控机床、仪器仪表、计算机外围设备以及其他自动设备中有广泛的应用。以 51 系列单片机为核心设计步进电动机转速控制模块。

(1) 设计思路。

控制电路选用 AT89S51 型单片机作为驱动时序的输出控制器,单片机 P0.1～P0.3 输出作为步进电动机的时序信号,经过驱动芯片 ULN2003 放大后输入步进电动机的输入端口;单片机 P1.0～P1.2 作为控制指令的输入按键 K1～K3 的输入端口,K1 为步进电动机正转按键,K2 为步进电动机正转按键,K3 为步进电动机停止按键,这三个按键均为高电平输入有效,按一下 K1,步进电动机正转,按一下 K2,步进电动机反转,按一下 K3,步进电动机停止转动。

(2) 电路设计。

步进电动机控制硬件电路图如图 6-22 所示。

(3) 控制流程。

步进电动机控制流程图如图 6-23 所示。

第 6 章 机电一体化控制系统设计

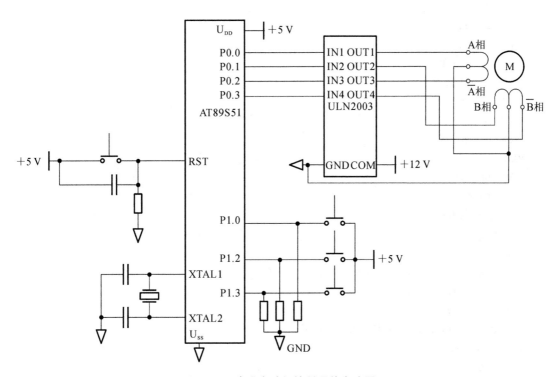

图 6-22 步进电动机控制硬件电路图

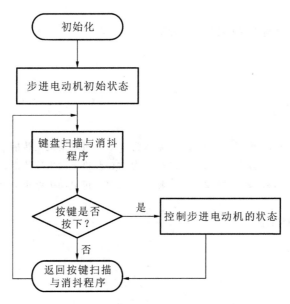

图 6-23 步进电动机控制流程图

(4) 程序设计。

程序设计如下。

```
       K1 BIT P1.0
       K2 BIT P1.1
       K3 BIT P1.2
       K_OLD EQU 30H
       K_NEW EQU 31H
       ORG 0000H
       JMP MAIN
       ORG 0030H
MAIN:
       MOV SP,#60H
       MOV P1,#00H
       MOV P0,#0FFH
       MOV K_OLD,#04H
MAIN1:
       MOV R2,#4           ;给R2赋值
       CALL K_SCAN         ;键盘扫描
       MOV A,K_NEW
       CJNE A,#00H,MAIN2   ;判断是否有按键按下
       MOV A,K_OLD
       JMP MAIN4
MAIN2:
       CALL DELAY          ;延时去抖动
       CALL K_SCAN         ;判断按键是否按下
       MOV A,K_NEW
       CJNE A,#00H,MAIN3   ;再次判断按键是否按下
       MOV A,K_OLD
       JMP MAIN4
MAIN3:
       MOV K_OLD,A
MAIN4:
       JB ACC.0,LOOP1      ;K1按下,P1.2~P1.0输入为001(步进电动机正转指令)
       JB ACC.1,LOOP2      ;K2按下,P1.2~P1.0输入为010(步进电动机反转指令)
       JB ACC.2,LOOP3      ;K3按下,P1.2~P1.0输入为110(步进电动机停止指令)
       JMP MAIN1
;步进电动机正转控制时序
LOOP1:
       MOV A,#0FEH
LOPP1A:
       MOV P0,A
       CALL DELAY          ;延时
```

```
    RLC A              ;左移 1 位
    DJNZ R2,LOPP1A
    JMP MAIN1
;步进电动机反转控制时序
LOOP2:
    MOV A,#0F7H
LOPP2A:
    MOV P0,A
    CALL DELAY         ;延时
    RRC A              ;右移 1 位
    DJNZ R2,LOOP1A
    JMP MAIN1
;步进电动机停止控制时序
LOOP3:
    MOV A,#0FFH
    MOV P0,A           ;P0.0~P0.3 输出 1111,步进电动机停止转动
    JMP MAIN1
K_SCAN:
    MOV K_NEW,#00H
    MOV A,P1           ;将 P1 端口的输入状态读入
    ANL A,#07H         ;保留 P1 端口状态的低三位
    MOV K_NEW,A        ;将 K1,K2,K3 的输入状态存入 K_NEW
    RET
;延时子程序
DELAY:
    MOV R6,#200
DEL:
    MOV R7,#0FFH
    DJNZ R7,$
    DJNZ R6,DEL
    RET
```

2. 可编程序控制器及选用

可编程序控制器(PLC)是给机电一体化系统提供控制和操作的一种通用工业控制计算机。它应用面广、功能强大、使用方便,已经成为当代工业自动化的主要支柱之一。可编程序控制器的英文名字是 programmable controller,缩写为 PC。为了与个人计算机的简称 PC 相区别,可编程序控制器仍习惯简称为 PLC(programmable logic controller)。PLC 具有通用性强、可靠性高、指令系统简单、编程简便、易学易于掌握、体积小、维修工作量少、现场连接方便、联网通信便捷等一系列显著优点,广泛应用于机械制造、冶金、采矿、建材、石油、化工、汽车、电力、造纸、纺织、装卸、环境保护等各行各业。

PLC 采用可编程序存储器作为内部指令记忆装置,具有逻辑、排序、定时、计数及算术运算等功能,并通过数字或模拟输入/输出模块控制各种形式的机器及过程。PLC 不仅可以实现逻辑的顺序控制,还能够接收各种数字信号、模拟信号,进行逻辑运算、函数运算、浮点运算和智能控制等。

1) PLC 在工业现场的作用

目前,工业自动化可通过电气控制装置进行开关量的逻辑控制,通过电动仪表装置进行慢速连续量的过程控制,通过电气传动装置进行快速连续量的运动控制(简称"三电"(电控、电仪、电传))。三种控制之间相差太远,无法实现相互兼容,可以利用 PLC 扫描机制,通过对多微处理机和大量智能模块进行开发,使 PLC 在控制装置一级实现"三电"融合。

2) PLC 的硬件系统组成

不同型号的 PLC,内部结构和功能不尽相同,但主体结构形式大体相同。图 6-24 所示是 PLC 硬件系统简图。如果把 PLC 看作一个系统,则该系统由"输入变量-PLC-输出变量"组成。外部的各种开关信号、模拟信号以及传感器检测的各种信号均可作为 PLC 的输入变量;输入变量经 PLC 外部输入端子输入内部寄存器中,经 PLC 内部逻辑运算或其他各种运算处理后被送到输出端子,得到 PLC 的输出变量,由这些输出变量对外部设备进行各种控制。因此,也可以把 PLC 看作一个中间处理器或变换器,将工业现场的各种输入变量转换为能控制工业现场设备的各种输出变量。

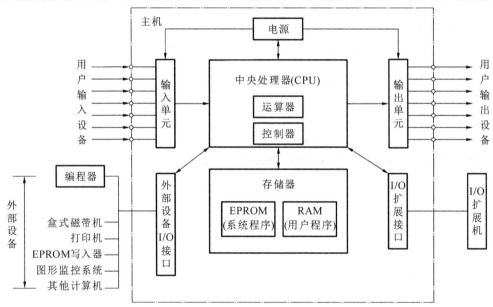

图 6-24 PLC 硬件系统简图

PLC 的硬件系统由主机、I/O 扩展机及外部设备组成。主机和 I/O 扩展机采用微机的结构形式。主机内部由运算器、控制器、存储器、输入单元、输出单元以及接口等部分组成。以下简要介绍各部件的作用。

(1) 中央处理器(CPU)。

CPU 在 PLC 控制系统中的作用类似于人体的神经中枢。它是 PLC 的运算、控制中心,用来实现逻辑运算、算术运算,并对全机进行控制。

(2) 存储器。

存储器(简称内存)用来存储数据或程序。它包括随机存取存储器(RAM)和只读存储器(ROM)。PLC 配有系统程序存储器和用户程序存储器,分别用以存储系统程序和用户程序。

(3) 输入/输出(I/O)模块。

I/O 模块是 CPU 与现场 I/O 设备或其他外部设备之间的连接部件。PLC 提供了各种操作电平和输出驱动能力的 I/O 模块及各种用途的 I/O 功能模块供用户选用。

（4）电源。

PLC 配有开关式稳压电源，用来为 PLC 的内部电路供电。

（5）编程器。

编程器用于用户程序的编辑、调试和监视，还可以通过其键盘去调用和显示 PLC 的一些内部状态和系统参数。它经过接口与 CPU 连接，即可完成人机对话连接。

（6）其他外部设备。

PLC 也可选配其他设备，如盒式磁带机、打印机、EPROM 写入器、显示器等。

3）PLC 的特点

（1）可靠性高，抗干扰能力强。

（2）配套齐全，功能完善，适用性强。

（3）易学易用。

（4）系统设计周期短，维护方便，改造容易。

（5）体积小，质量轻，能耗低。

4）PLC 的功能

目前，各 PLC 的性能、价格有较大的区别，但主要功能相近。PLC 的功能主要包括以下几种。

（1）基本功能。

逻辑控制功能是 PLC 必备的基本功能。它以计算机"位"运算为基础，按照程序的要求，通过对来自设备外围的按钮、行程开关、接触器与传感器触点等的开关量（也称数字量）信号进行逻辑运算处理，控制外围指示灯、电磁阀、接触器线圈的通断。

（2）特殊控制功能。

PLC 的特殊控制功能包括模/数（A/D）转换、数/模（D/A）转换、温度的调节与控制、位置控制等。这些特殊控制功能的实现，一般需要选用 PLC 的特殊功能模块。

（3）网络与通信功能。

随着信息技术的发展，网络与通信在工业控制中显得越来越重要。现代 PLC 的通信不仅可以实现 PLC 与外部设备间的通信，而且可以实现 PLC 与 PLC 之间、PLC 与其他工业控制设备之间、PLC 与上位机之间、PLC 与工业网络之间的通信，并可以通过现场总线、网络总线组成系统，从而使得 PLC 可以方便地进入工厂自动化系统。

5）PLC 的应用

（1）开关量的逻辑控制。

这是 PLC 最基本、最广泛的应用领域，可用 PLC 取代传统的"继接控制系统"，实现逻辑控制、顺序控制、定时、计数等。PLC 既可用于单机设备的控制，又可用于多机群控制及自动化流水线，如电梯控制、高炉上料、注塑机、印刷机、数控与组合机床、磨床、包装生产线、电镀流水线等。

（2）模拟量控制。

在工业生产过程中，有许多连续变化的模拟量，如温度、压力、流量、液位和速度等。为了使 PLC 能处理模拟量信号，PLC 厂家都生产配套的 A/D 转换模块和 D/A 转换模块，使 PLC 可直接用于模拟量控制。

（3）运动控制。

PLC 可以用于圆周运动或直线运动的控制。从控制机构配置角度来说，早期直接用开关量I/O模块连接位置传感器和执行机构;现在可使用专用的运动控制模块,如可驱动步进电动机或伺服电动机的单轴或多轴位置控制模块。世界上各主要PLC厂家的产品几乎都有运动控制功能,使得PLC广泛地用于机床、机器人、电梯等场合。

（4）过程控制。

过程控制是对温度、压力、流量等模拟量的闭环控制。作为工业控制计算机,PLC能编制各种各样的控制算法程序,完成闭环控制。PID控制是一般闭环控制系统中常用的控制方法。目前不仅大中型PLC都有PID模块,而且许多小型PLC也具有PID功能。PID控制一般是运行专用的PID子程序。过程控制在冶金、化工、热处理、锅炉控制等场合有非常广泛的应用。

（5）数据处理。

现代PLC具有数学运算（含矩阵运算、逻辑运算）、数据传送、数据转换、排序、查表位操作等功能,可以完成对数据的采集、分析及处理。这些数据可以与储存在存储器中的参考值进行比较,以完成一定的控制操作,也可以利用通信功能把它们传送给别的智能装置,或将它们制表打印等。数据处理一般用于大型控制系统,如无人控制的柔性制造系统;也可用于过程控制系统,如数控机床和造纸、冶金、食品工业中的一些大型控制系统。

（6）通信及联网。

PLC通信包含PLC与PLC之间的通信以及PLC与其他智能设备之间的通信。随着计算机控制技术的不断发展,工厂自动化网络的发展将会更加迅猛,各PLC厂家都十分重视PLC的通信功能,纷纷推出各自的网络系统。最新生产的PLC都具有通信接口,实现通信方便快捷。

以电牵引采煤机为例,选用日本三菱FX2系列PLC为采煤机控制系统核心,设计电牵引采煤机控制系统方案。

【例6-5】 基于PLC的电牵引采煤机控制系统设计。

设计思路:在PLC正常运行时,变频器的速度给定,牵引方向的改变,加、减速,两台截割电动机的启动、停止和温度检测,电流采样,采煤机零位抱闸,牵引变压器温度监测及采煤机的动作执行等均可以通过PLC来得到控制。扩展模块从基本单元获得电源,无须外加电源设备。计时器、计数器和寄存器性能优越,处理速度快。

主要控制电路设计如下。

PLC控制电路部分I/O分配和功能如图6-25所示。

3. PC控制机及其选用

面向工业现场,PC控制机包含普通PC控制机和工控PC控制机。

1）普通PC控制机

普通PC控制机软件功能丰富,数据处理能力强,且配备有CRT显示器、键盘、键盘驱动器、打印机接口等。若利用这类微机系统的标准总线和接口进行系统扩展,那么只需要增加少量接口电路,就可以组成功能齐全的测控系统。当普通PC控制机用在工业现场用于微机控制系统时,必须针对强电磁干扰、电源干扰、振动冲击、工业油雾气氛等采取防范措施。因此,普通PC控制机宜用于数据采集处理系统、多点模拟量控制系统或其他工作环境较好的微机控制系统,或者作为集散控制系统中的上位机,远离恶劣的环境,对现场控制的下位机进行集中管理和监控。

（1）普通PC控制机的组成。

和所有的计算机一样,普通PC控制机由软件和硬件两个部分组成,如图6-26所示。

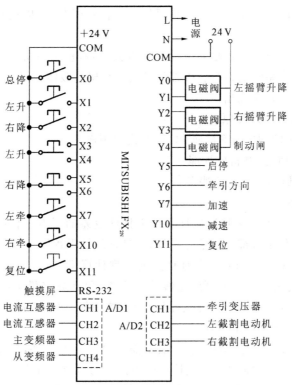

图 6-25 PLC 控制电路部分 I/O 分配和功能

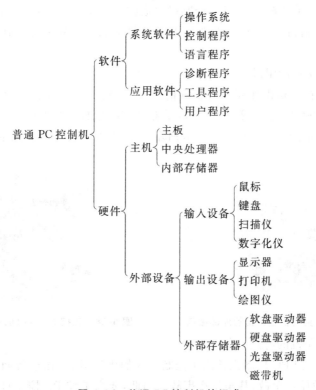

图 6-26 普通 PC 控制机的组成

软件是指系统软件(包括操作系统、控制程序、语言程序等)和应用软件(包括诊断程序、工具程序、用户程序等)。

硬件是指计算机物理设备,包括光电设备和机械设备,包括主机与外部设备。主机是计算机的大脑,负责指挥整个系统的运行。外部设备是计算机的肢体,听从主机的指挥,与主机进行信息交换,实现信息的输入和输出。

(2) 普通 PC 控制机的选配原则。

① 根据工业现场的需求,明确普通 PC 控制机的用途。

② 合理配置普通 PC 控制机的性能。

③ 可替换,便于维修,注重售后服务。

2) 工控 PC 控制机

为了克服普通 PC 控制机环境适应性和抗干扰性较差的弱点,出现了结构经过加固、元器件经过严格筛选、接插件结合部经过强化设计、有良好的抗干扰性、工作可靠性高并且保留了普通 PC 控制机的总线和接口标准以及其他优点的微型计算机,称为工业 PC 控制机。通常各种工业 PC 控制机都备有种类齐全的 PC 总线接口模板,包括数字量 I/O 板、模拟量 A/D、D/A 板、模拟量输入多路转换板、定时器、计数器板、专用控制板、通信板以及存储器板等,为微机控制系统的设计制作提供了极大的方便。

采用工控 PC 控制机组成控制系统,一般不需要自行开发硬件,软件通常都与选用的接口模板相配套,接口程序可根据随 PC 总线接口模板提供的示范程序非常方便地编制。由于工业 PC 控制机选用的微处理器及元器件的档次较高,结构经过强化处理,由它组成的控制系统的性能远远高于由单板机、单片机、普通 PC 控制机组成的控制系统,但由它组成控制系统的成本也比较高。工业 PC 控制机宜用于需要进行大量数据处理、可靠性要求高的大型工业控制系统中。

(1) 工控 PC 控制机的组成。

典型的工控 PC 控制机由加固型工业机箱(主机箱)、工业电源、主机板、显示板、硬盘驱动器、光盘驱动器、各类输入/输出接口模块、显示器、键盘、鼠标、打印机等组成。图 6-27 所示是工控 PC 控制机主机箱的外部结构,图 6-28 所示是工控 PC 控制机主机箱的内部结构。

图 6-27 工控 PC 控制机主机箱的外部结构

图 6-28 工控 PC 控制机主机箱的内部结构

(2) 工控 PC 控制机的特点。

① 可靠性高。工控 PC 控制机常用于控制连续的生产过程,在运行期间不允许停机检修,发生故障时将会导致质量事故,甚至生产事故。因此,要求工控 PC 控制机具有高可靠性、低故障率和短维修时间。

② 实时性好。工控 PC 控制机必须实时地响应被控对象各种参数的变化,才能对生产过程进行实时控制与监测,当过程参数出现偏差或故障时,应能实时响应并实时地进行报警和处理。通常工控 PC 控制机配有实时多任务操作系统和中断系统。

③ 环境适应性强。由于工业现场环境恶劣,因此要求工控 PC 控制机具有很强的环境适应能力,如对温度/湿度变化范围要求高,具有防尘、防腐蚀、防振动冲击的能力,具有较好的电磁兼容性、高抗干扰能力和高共模抑制能力。

④ 丰富的输入/输出模块。工控 PC 控制机与过程仪表相配套,与各种信号打交道,需要具有丰富的多功能输入/输出模块,如模拟量、数字量、脉冲量等 I/O 模块。

⑤ 系统扩充性和开放性好。灵活的系统扩充性有利于工厂自动化水平的提高和控制规模的不断扩大。采用开放性体系结构,便于系统扩充、软件的升级和互换。

⑥ 控制软件包功能强。工控 PC 控制机需要具有人机交互方便、画面丰富、实时性好等性能,需要具有系统组态和系统生成功能,需要具有实时及历史的趋势记录与显示功能,需要具有实时报警及事故追忆功能等,需要具有丰富的控制算法。

⑦ 系统通信功能强。一般要求工控 PC 控制机能构成大型计算机控制系统,具有远程通信功能。为满足实时性要求,工控 PC 控制机的通信网络速度要高,并符合国际标准通信协议。

⑧ 冗余性强。在对可靠性要求很高的场合,要求有双机工作及冗余系统,包括双控制站、双操作站、双网通信、双供电系统、双电源等,具有双机切换功能、双机监视软件等,以保证系统长期不间断工作。

(3) 工控 PC 控制机的主要类型。

根据所采用总线的不同,工控 PC 控制机的产品主要有 PC 总线工控机、STD 总线工控机、VME 总线工控机。目前工控 PC 控制机产品主要有以下类型。

① 盒式工控 PC 控制机(BOX-PC)。此种工控 PC 控制机体积小,质量轻,可以挂在工厂车间的墙壁上,或固定于机床的附壁上,适合工厂环境中的小型数据采集控制使用。

② 盘式工控 PC 控制机(PANEL-PC)。此种工控 PC 控制机将主机、触摸屏式显示器、电源、软盘驱动器和串行接口集成为工业 PC 控制机,同样具有体积小、质量轻的特点。它是一种结构紧凑的工控 PC 控制机,非常适于作机电系统控制器。

③ ISA 总线工控 PC 控制机(ISA BUS-IPC)。此种工控 PC 控制机是目前较流行的工控 PC 控制机。在无源总线底板上插入一块主板和显示卡,连上软、硬盘,即可构成 ISA 总线工控 PC 控制机。主板上带串行接口、并行接口、键盘接口和看门狗、定时器等装置。主板上的槽口数目有多种选择。ISA 总线工控 PC 控制机机箱采用全钢结构,有带锁的面板,内部带有防振压条、双冷却风扇、空气过滤网罩,可以满足工业控制现场的一般环境要求。

④ PCI 总线工控 PC 控制机(PCI BUS-IPC)。此种工控 PC 控制机由英特尔奔腾芯片和 PCI 总线构成,主机速度及主机与外部设备(显示及磁盘数据交换)间的数据交换速度被提高到一个新的档次,适合操作员站、系统服务器和节点工作站使用。

⑤ VESA 总线工控 PC 控制机(VESA BUS-IPC)。与 ISA 总线工控 PC 控制机相比,它具有较高的显示速度和 I/O 读写速度,适用于监控操作站。

⑥ 工业级工作站(industrial workstation)。这是一种将主机、显示器、操作面板集于一体的工控 PC 控制机,可应用于监控、控制站场合。

⑦ 新型工控 PC 控制机。

(4) 工控 PC 控制机的选型。

目前,国内外生产总线式工控 PC 控制机系列产品的专业厂家很多。据不完全统计,我国工控 PC 控制机的生产厂家主要有研华、研祥、威达、磐仪、大众、艾雷斯、研扬、艾讯、康拓、华控、华北工控、超拓、浪潮、四通工控、联想工控、宏拓工控、长城工控、方正工控、六所、骊山公司等。用户可根据实际应用需求进行选择。总之,要根据"经济合理,可扩充"的原则选择合适的工控 PC 控制机。

6.4.2 常用控制系统接口技术

目前,接口已不是简单的硬件与硬件之间的通信协议,被分为硬件接口与软件接口。如果没有特殊说明,把硬件接口简称为接口。硬件接口是指同一计算机不同功能层之间的通信规则。软件接口是指对协定进行定义的引用类型,可以定义方法成员、属性成员、索引器和事件。

机电一体化控制系统通过接口将一个部件与另外的部件连接起来,实现一定的控制和运算功能。因此,接口就是机电一体化各子系统之间,以及子系统各模块之间相互连接的硬件及相关协议软件。一般情况下,以计算机控制为核心的机电一体化控制系统将接口分为人机交互接口(即人机接口)和机电接口(模拟量输入/输出接口)及总线接口。常见的接口分类如图 6-29 所示。

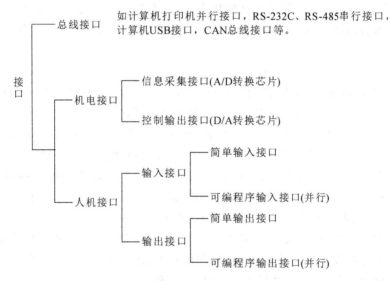

图 6-29 常见的接口分类

在设计机电一体化产品时,一般应首先画出产品的结构框图,框图中的每一个方框代表一个设备,连接两个方框的直线代表两个设备间的联系,即本章要讲的接口,如图 6-30 所示。

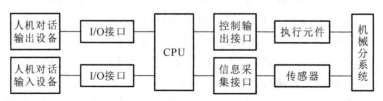

图 6-30 机电一体化产品基本组成及接口

人机对话输入和输出设备没有与 CPU 直接连接,而是通过 I/O 接口与 CPU 连接在一起。

外部设备和CPU不能直接连接的原因有两个：一是人机对话输入和输出设备和CPU的阻抗不匹配；二是CPU不能直接控制人机对话输入和输出设备（键盘等）的接通和关闭。

机电一体化系统对接口的要求如下。

(1) 能够输入有关的状态信息，并能够可靠地传输相应的控制信息。

(2) 能够进行信息转换，以满足系统对输入与输出的要求。

(3) 具有较强的阻断干扰信号的能力，以提高系统工作的可靠性。

1. CPU 接口

对于任何一个机电一体化产品，一般都连接多个输入和输出设备。CPU在工作时，由地址译码器分时选中不同的外部设备，使其工作。常用的地址译码芯片有74LS138和74LS139。它们的结构如图6-31所示。

【**例 6-6**】 地址译码芯片74LS138与CPU接口实例。

地址译码芯片74LS138的功能如表6-4所示。地址译码芯片74LS138的地址信号线A、B、C和控制信号线G1、$\overline{G2A}$、$\overline{G2B}$都接到CPU的地址总线上，Y0～Y7是地址译码芯片74LS138的输出信号线，如图6-32所示。当G1为高电平，$\overline{G2A}$、$\overline{G2B}$为低电平时，在每一瞬时Y0～Y7中必有一个被选中。例如，当地址范围为8000H～83FFH时，Y0被选中，这时Y0从高电平变为低电平；当地址范围是8400H～87FFH时，Y1被选中。Y2～Y7的地址范围可依次推出，如表6-5所示。

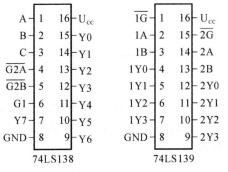

图 6-31 地址译码芯片74LS138和74LS139的结构

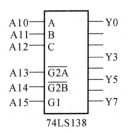

图 6-32 地址译码芯片74LS138与CPU接口连接

表 6-4 地址译码芯片74LS138的功能

输入					输出							
允许		选择										
G1	$\overline{G2^*}$	C	B	A	Y0	Y1	Y2	Y3	Y4	Y5	Y6	Y7
×	1	×	×	×	1	1	1	1	1	1	1	1
0	×	×	×	×	1	1	1	1	1	1	1	1
1	0	0	0	0	0	1	1	1	1	1	1	1
1	0	0	0	1	1	0	1	1	1	1	1	1
1	0	0	1	0	1	1	0	1	1	1	1	1
1	0	0	1	1	1	1	1	0	1	1	1	1
1	0	1	0	0	1	1	1	1	0	1	1	1
1	0	1	0	1	1	1	1	1	1	0	1	1
1	0	1	1	0	1	1	1	1	1	1	0	1
1	0	1	1	1	1	1	1	1	1	1	1	0

注：$\overline{G2^*} = \overline{G2A} + \overline{G2B}$。

表 6-5 地址译码芯片 74LS138 输出端口的地址范围

输出端口地址范围	CPU的引脚 / 74LS138的引脚	A_{15} / $\overline{G1}$	A_{14} / $\overline{G2A}$	A_{13} / $\overline{G2B}$	A_{12} / C	A_{11} / B	A_{10} / A	A_9	A_8	A_7	A_6	A_5	A_4	A_3	A_2	A_1	A_0
8000H		1	0	0	0	0	0	0	0	0	0	0	0	0	0	0	0
~	Y0 被选中								~								
83FFH		1	0	0	0	0	0	1	1	1	1	1	1	1	1	1	1
8400H		1	0	0	0	0	1	0	0	0	0	0	0	0	0	0	0
~	Y1 被选中								~								
87FFH		1	0	0	0	0	1	1	1	1	1	1	1	1	1	1	1
8800H		1	0	0	0	1	0	0	0	0	0	0	0	0	0	0	0
~	Y2 被选中								~								
8BFFH		1	0	0	0	1	0	1	1	1	1	1	1	1	1	1	1
8C00H		1	0	0	0	1	1	0	0	0	0	0	0	0	0	0	0
~	Y3 被选中								~								
8FFFH		1	0	0	0	1	1	1	1	1	1	1	1	1	1	1	1
9000H		1	0	0	1	0	0	0	0	0	0	0	0	0	0	0	0
~	Y4 被选中								~								
93FFH		1	0	0	1	0	0	1	1	1	1	1	1	1	1	1	1
9400H		1	0	0	1	0	1	0	0	0	0	0	0	0	0	0	0
~	Y5 被选中								~								
97FFH		1	0	0	1	0	1	1	1	1	1	1	1	1	1	1	1
9800H		1	0	0	1	1	0	0	0	0	0	0	0	0	0	0	0
~	Y6 被选中								~								
9BFFH		1	0	0	1	1	0	1	1	1	1	1	1	1	1	1	1
9C00H		1	0	0	1	1	1	0	0	0	0	0	0	0	0	0	0
~	Y7 被选中								~								
9FFFH		1	0	0	1	1	1	1	1	1	1	1	1	1	1	1	1

2. 人机接口

人机接口实现人与机电一体化系统的信息交流,保证对机电一体化系统的实时监测、有效控制。人机接口包括输入接口与输出接口两类。通过输入接口,操作者向系统输入各种命令及控制参数,对系统运行进行控制;通过输出接口,操作者对系统的运行状态、各种参数进行检测。人机接口具备专用性和低速性的特点。

人机接口要完成两个方面的工作:操作者通过输入设备向 CPU 发出指令;干预系统的运行状态,在 CPU 的控制下,用显示设备来显示机器工作状态的各种信息。

在机电一体化产品中,常用的输入设备有开关、BCD 码拨盘、键盘等,常用的输出设备有指示灯、液晶显示器、微型打印机、CRT 显示器、扬声器等。

【例 6-7】 人机输入接口实例——拨盘输入接口设计。

拨盘是机电一体化系统中常用的一种输入设备,若系统需要输入少量的参数,则采用拨盘较为可靠方便,并且这种输入方式具有保持性。

拨盘的种类有很多。人机接口使用最方便的拨盘是 BCD 码拨盘,它的结构和接口电路如图 6-33 所示。BCD 码拨盘内部有个可转动圆盘,具有"0~9"十个位置,可以通过前面"+""一"按钮进行位置选择。对应每个位置,前面窗口都有数字显示。BCD 码拨盘后面有五根引出线,分别定义为 A、1、2、4、8。当 BCD 码拨盘在不同位置时,1、2、4、8 线与 A 线的通断关系如表 6-6 所示,表中 0 表示与 A 线不通,1 表示与 A 线接通。

在图 6-33(b)中,1、2、4、8 线作为数据线,A 线接高电平,数据线输出的二进制数字与表 6-6

第6章 机电一体化控制系统设计

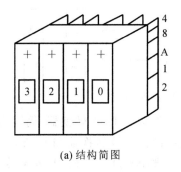
(a) 结构简图

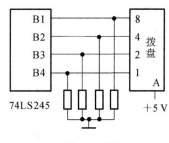
(b) 接口电路图

图 6-33 BCD 码拨盘的结构简图及接口电路图

中的 BCD 码正好吻合。一片拨盘可以输入一位十进制数,当需要输入多位十进制数时,可以用多片拨盘。从图 6-33 中看出一片拨盘占用 4 根 I/O 接口数据线。若有 4 片拨盘,则需要 16 根 I/O 接口数据线。

表 6-6 BCD 码拨盘通断状态

位置	线 号 权 值				位置	线 号 权 值			
	8	4	2	1		8	4	2	1
0	0	0	0	0	5	0	1	0	1
1	0	0	0	1	6	0	1	1	0
2	0	0	1	0	7	0	1	1	1
3	0	0	1	1	8	1	0	0	0
4	0	1	0	0	9	1	0	0	1

【例 6-8】 人机输出接口实例——蜂鸣器接口设计。

在机电一体化系统的人机接口设计中,经常采用扬声器或蜂鸣器产生声音信号,以表示系统状态,如状态异常、工件加工结束等。

蜂鸣器为一个二端器件,只要在两极间加上适当直流电压,即可发声,它与控制微机的接口非常简单,如图 6-34 所示。图 6-34 中,74LS07 为驱动器,当 P1.0 输出低电平时,蜂鸣器发声;当 P1.0 输出高电平时,蜂鸣器停止发声。蜂鸣器音量较小,在噪声较大的环境中通常采用扬声器输出声音,扬声器要求以音频信号驱动。

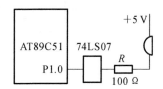

图 6-34 蜂鸣器接口电路

3. 机电接口

机电接口是指机电一体化产品中的机械装置与控制微机之间的接口。按照信息的传递方向,机电接口可分为信息采集接口(传感器接口)和控制输出接口。计算机通过信息采集接口接收传感器输出的信号,检测机械系统运行参数,经过运算处理后,发出有关控制信号,然后经过控制输出接口的匹配、转换、功率放大、驱动执行元件,调节机械系统的运行状态,使机械系统按要求动作。

带有模/数和数/模转换电路的测控系统大致可用图 6-35 所示的框图表示。

图 6-35 中模拟信号由传感器转换为电信号,电信号经放大后送入 A/D 转换器,由 A/D 转换器转换为数字量,数字量由数字电路进行处理,再由 D/A 转换器还原为模拟量,模拟量经放大器送往执行元件。图 6-35 中将模拟量转换为数字量的装置称为 A/D 转换器,简写为 ADC

251

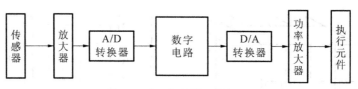

图 6-35 一般测控系统框图

(analog to digital converter);把实现数/模转换的装置称为 D/A 转换器,简写为 DAC(digital to analog converter)。为了保证数据处理结果的准确性,A/D 转换器和 D/A 转换器必须有足够的转换精度。同时,为了适应快速控制和检测的需要,A/D 转换器和 D/A 转换器还必须有足够快的转换速度。因此,转换精度和转换速度是衡量 A/D 转换器和 D/A 转换器性能优劣的主要指标。

【例 6-9】 MC14433 的 A/D 转换器接口设计。

MC14433 是 $3\frac{1}{2}$ 位双积分式 A/D 转换器。图 6-36 所示是 MC14433 的引脚分布。图 6-37 所示是 MC14433 的接口电路。图 6-38 所示是 MC14433 转换结果输出时序图。

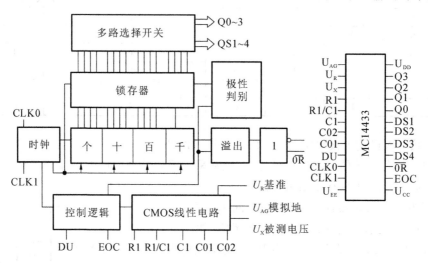

图 6-36 MC14433 的引脚分布

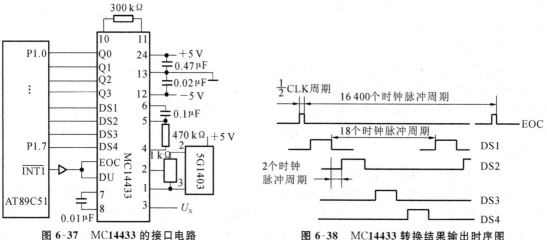

图 6-37 MC14433 的接口电路　　　　图 6-38 MC14433 转换结果输出时序图

可见，转换结果的千位值、百位值、十位值、个位值是在 DS1～DS4 的同步下分时由 Q3～Q0 送出的。

4. 总线接口

总线(bus)是计算机各种功能部件之间传送信息的公共通信干线，是由导线组成的传输线束。总线是一种内部结构，它是 CPU、内存、输入设备、输出设备传递信息的公用通道，主机的各个部件通过总线相连接，外部设备通过相应的接口电路与总线相连接，从而形成了计算机硬件系统。因此，机电一体化控制系统从单机向多机发展，多机应用的关键是相互通信，特别在远距离通信中，并行通信已显得无能为力，通常大都要采用串行通信方法。总线接口主要包括串行通信和并行通信两种形式。这里主要介绍串行通信。

1) 通信方式

在串行通信中，数据传输方式有单工方式、半双工方式和全双工方式 3 种。

(1) 单工方式(simplex mode)。

在这种方式下，只允许数据沿一个固定的方向传输，如图 6-39(a)所示。图 6-39(a)中 A 只能发送数据，称为发送器(transfer)；B 只能接收数据，称为接收器(receiver)。数据不能从 B 向 A 传送。

(2) 半双工方式(half-duplex mode)。

半双工方式如图 6-39(b)所示。在这种方式下，数据既可以从 A 传向 B，也可以从 B 向 A 传输。因此，A、B 既可作为发送器，又可作为接收器，通常称为收发器(transceiver)。从这个意义上讲，这种数据输送方式似乎为双向工作方式。

(3) 全双工方式(ful-duplex mode)。

虽然半双工方式比单工方式灵活，但它的效率依然比较低，因此出现了全双工方式，如图 6-39(c)所示。

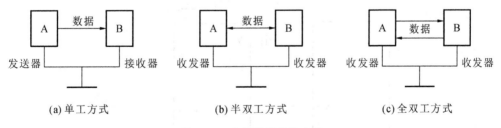

(a) 单工方式　　　　(b) 半双工方式　　　　(c) 全双工方式

图 6-39　串行数据传输方式

2) 异步通信和同步通信

根据在串行通信中数据定时、同步的不同，串行通信的基本方式有两种：异步通信(asynchronous communication)和同步通信(synchronous communication)。

异步通信是字符的同步传输技术。在异步通信中，传输的数据以字符(character)为单位。异步通信的优点是收/发双方不需要严格的位同步。

同步通信的特点是：不仅字符内部保持同步，而且字符与字符之间也是同步的。在这种通信方式下，收/发双方必须建立准确的位定时信号，也就是说收/发时钟的频率必须严格一致。同步通信在数据格式上也与异步通信不同，每个字符不增加任何附加位，而是连续发送。

同步通信方式适合 2 400 bit/s 以上速率的数据传输。由于不必加起始位和停止位，所以同步通信数据传输效率比较高。同步通信的缺点是硬件设备较为复杂。另外,由于它要求由时钟来实现发送端和接收端之间的严格同步,因此还要用锁相技术等来加以保证。

3) 常用串行通信标准总线

在进行串行通信接口设计时,主要考虑的问题是接口方法、传输介质及电平转换等。现在工业领域应用较多的标准总线,包括 RS-232-C 接口标准总线、RS-422 接口标准总线、RS-485 接口标准总线和 20 mA 电流环接口标准总线等。另外,还研制出了适合各种标准接口总线使用的芯片,为串行接口设计带来了极大的方便。串行接口的设计任务主要是确定一种串行通信标准总线,选择接口控制和电平转换芯片。

(1) RS-232-C 接口。

RS-232-C 接口标准总线是使用最早、应用最多的一种异步串行通信总线。RS-232-C 接口标准由美国电子工业协会(EIA)于 1962 年公布,并于 1969 年最后一次修订而成。其中 RS 是 recommended standard 的缩写,232 是该标准的标识,C 表示最后一次修订。RS-232-C 接口标准主要用来定义计算机系统的一些数据终端设备(DTE)和数据通信设备(DCE)之间接口的电气特性。CRT 显示器、打印机与 CPU 的通信大都采用 RS-232-C 接口标准总线。由于 MCS-51 系列单片机本身有一个异步串行通信接口,因此,该系列单片机使用 RS232-C 接口标准总线更加方便。

【例 6-10】 MCS-51 系列单片机和 RS-232-C 接口电路。

由于 MCS-51 系列单片机内部已经集成了串行接口,因此用户不需要再扩展串行通信接口芯片,直接利用 MCS-51 单片机上的串行接口和 RS-232-C 电平转换芯片即可实现串行通信,连接电路示例如图 6-40 所示。

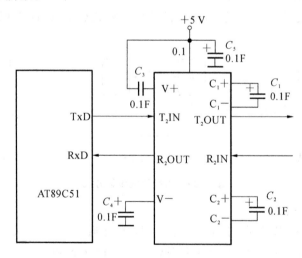

图 6-40 AT89C51 单片机串行接口电路

(2) RS-422/RS-485 接口。

RS-232-C 接口标准应用很广,但它是一个已制定很久的标准,RS-232-C 接口在现代工业通信网络中暴露出数据传输速率不够快、数据传输距离不够远、兼容性差、电气性能不佳、容易产生串扰等缺点。为了改善 RS-232-C 接口的上述缺点,1977 年 EIA 制定出新标准 RS-449 接口标准,在制定新标准时,RS-449 接口除了保留与 RS-232-C 接口兼容的特点外,还在提高数据传输速率、增加数据传输距离、改进电气特性等方面做了很多努力。它增加了 RS-232-C 接口所没有的环测功能,明确规定了连接器,解决了机械接口问题。与 RS-449 接口标准一起推出的还有 RS-423-A 接口标准和 RS-422-A/RS-485 接口标准。实际上,它们都是 RS-449 接口标准的子集。由于 RS-422-A/RS-485 接口在工业测控领域使用比较多,下边主要介绍 RS22-A/RS-485 接口。

在许多工业过程控制中,要求用最少的信号线来完成通信任务。当用于多站互连时,可节省信号线,便于信息高速传送。许多智能仪器设备配有 RS-485 接口,便于将它们进行联网。目前广泛应用的 RS-485 接口标准总线就是为适应这种需要而产生的。它实际上就是 RS-422 接口标准总线的变型。

【例 6-11】 采用 RS-485 接口实现多机通信。

在由单片机构成的多机串行通信系统中,一般采用主从式结构,即从机不主动发送命令或数据,一切都由主机控制。因此,在一个多机通信系统中,只有一台单机作为主机,各台从机之间不能相互通信,即使有信息交换也必须通过主机转发。采用 RS-485 接口实现的多机通信原理框图如图 6-41 所示。

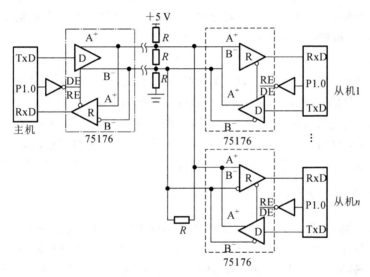

图 6-41 采用 RS-485 接口实现的多机通信原理框图

6.5 常用控制算法

当进行任何一个具体的机电一体化控制系统的分析、综合或设计时,首先应建立该系统的数学模型,确定其控制算法(control algorithm)。所谓数学模型,就是系统动态特性的数学表达式。它反映了系统输入、内部状态和输出之间的数量和逻辑关系。这些关系式为计算机进行运算处理提供了依据,即由数学模型推出控制算法。所谓计算机控制,就是按照规定的控制算法进行控制。因此,控制算法的正确与否直接影响控制系统的品质,甚至决定整个控制系统设计的成败。

随着工业过程的复杂程度不断提高,控制算法从简单的数据处理发展到 PID 控制算法,再发展到多目标、多尺度等复杂算法不断涌出,如模糊控制算法、神经网络算法、施密斯预估控制算法,甚至是人工智能算法等。本节讲解其中几个典型控制算法。

6.5.1 数字滤波和数据处理

计算机控制系统通过模拟输入通道采集到生产过程的各种物理参数,如温度、压力、流量、料位和成分等。这些原始数据中有可能混杂了许多干扰噪声,需要进行数字滤波。这些原始数据也可能与实际物理量呈非线性关系,也需要进行线性化处理。因此,为了能得到真实有效的数据,有必要对采集到的原始数据进行数字滤波和数据处理。

1. 数字滤波

所谓数字滤波,就是在计算机中用某种计算方法对输入的信号进行数学处理,以便降低干扰信号在有用信号中的比重,提高信号的真实性。这种滤波方法不需要增加硬设备,只需根据预定的滤波算法编制相应的程序,即可达到信号滤波的目的。

数字滤波可以对各种干扰信号,甚至极低频率的信号进行滤波。数字滤波由于稳定性高,滤波参数修改也方便,得到了极为广泛的应用。常用的数字滤波方法有限幅滤波法、中位值滤波法、平均值滤波法和惯性滤波法等。

2. 数据处理

虽然采用数字滤波可以得到比较真实的被测参数,但是并不能直接使用这些采样数据,还需要进行数学处理。数据处理(data processing)是指对数据的采集、存储、检索、加工、变换和传输。数据处理的基本目的是从大量的、可能是杂乱无章的、难以理解的数据中抽取并推导出对于某些特定的人们来说是有价值、有意义的数据。数据处理是系统工程和自动控制的基本环节。数据处理贯穿社会生产和社会生活的各个领域。常见的数据处理方法有线性化处理、标度变换等。

6.5.2 数字 PID 控制算法

在工业过程控制中,数字 PID 控制算法是应用较为广泛的一种控制算法。它具有原理简单、易于实现、鲁棒性强和适用面广等优点。在将计算机用于生产过程控制以前,模拟 PID 控制器几乎占据着垄断地位。计算机的出现和它在过程控制中的应用使这种情况开始有所改变。目前在计算机控制中,数字 PID 控制算法仍然是应用较为广泛的控制算法。

用计算机实现 PID 控制,不仅仅是简单地把 PID 控制规律数字化,而是将其进一步与计算机的逻辑判断功能结合起来,使 PID 控制更加灵活多样,更能满足生产过程提出的各种要求。

1. 基本 PID 控制

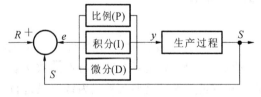

图 6-42 PID 控制系统框图

PID 控制中的 PID 是"比例、积分、微分"三者的英文缩写。PID 控制的实质是根据反馈后计算得到的输入偏差值,按比例、积分、微分的函数关系进行运算。图 6-42 所示为 PID 控制系统框图,它的运算结果用于输出控制。PID 控制算法主要具有以下优点。

(1) PID 控制算法蕴含了动态控制过程中过去、现在和将来的主要信息。其中,比例(P)代表了当前的信息,起纠正偏差的作用,使过程反应迅速;微分(D)在信号变化时有超前控制作用,代表了将来的信息,能减小过程超调,克服振荡,提高系统的稳定性,加快系统的过渡过程;

积分(I)代表了过去积累的信息,能消除静差,改善系统的静态特性。合理配置此三种作用,可以得到快速、平稳、准确的动态过程,使控制效果最佳。

(2) PID 控制算法适应性好,有较强的鲁棒性,在各种工业应用场合都得到不同的程度的应用。

(3) PID 控制算法简单明了,并且有完整、成熟的设计和参数整定方法,很容易为工程技术人员所掌握。

在连续控制系统中,PID 控制算法可表示为

$$u(t) = K_P \left[e(t) + \frac{1}{T_I} \int_0^t e(t) \mathrm{d}t + T_D \frac{\mathrm{d}e(t)}{\mathrm{d}t} \right] \tag{6-7}$$

其中,

$$T_I = \frac{K_P}{T_I} \tag{6-8}$$

$$T_D = \frac{K_P}{K_D} \tag{6-9}$$

上三式中:T_I——积分时间常数;
T_D——微分时间常数;
K_P——比例系数;
K_I——积分系数;
K_D——微分系数。

相应的传递函数为

$$G(s) = \frac{U(s)}{E(s)} = K_P + \frac{K_I}{s} + K_D s$$

在计算机控制系统中使用的是数字 PID 控制器。

【例 6-12】 PID 控制算法在采煤机姿态控制系统中的应用。

采煤机在工作时经常会受到煤层中煤矸石的干扰,导致其调高油缸的压力值发生变化,为了避免调高油缸压力值变化对姿态调整监测系统产生干扰,需要给压力监测系统设置一个控制范围,在该控制范围内可判断是切割到了煤矸石,当超出此范围时即可判定切割到了巷道顶板或者发生了触底现象。此时系统发出姿态调整控制指令,对调高滚筒进行调整,确保系统压力值的稳定性,从而避免由于切割到煤矸石而导致的对滚筒高度的频繁调整,减少系统误报警和误操作。由此引入了 PID 控制,利用其调节性好、鲁棒性强的优点,实现对采煤机姿态调整过程的有效控制。基于 PID 控制算法的采煤机姿态控制逻辑如图 6-43 所示。

2. 比例(P)调节

比例调节是数字控制中最简单的一种调节方法。它的特点是调节器的输出与控制偏差 e 呈线性比例关系,控制规律为

$$y = K_P \cdot e + y_0 \tag{6-10}$$

式中:K_P——比例系数;
y_0——偏差 e 为零时比例调节器的输出值。

比例系数 K_P 的大小决定了比例调节器调节的快慢程度。K_P 大,比例调节器调节的速度快,但 K_P 过大会使控制系统出现超调或振荡现象;K_P 小,比例调节器调节的速度慢,但 K_P 过小又起不到调节作用。

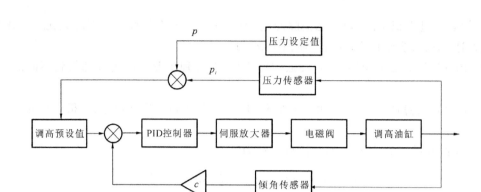

图 6-43　基于 PID 控制算法的采煤机姿态控制逻辑图

3. 比例积分 (PI) 调节

比例调节器的主要缺点是存在无法消除的静差，影响了调节精度。为了消除静差，在比例调节器的基础上并入一个积分调节器构成比例积分调节器，如式 (6-11) 所示。

$$y = K_P\left(e + \frac{1}{T_I}\int_0^t edt\right) + y_0 \tag{6-11}$$

式中的 T_I 为积分时间常数。它的物理意义是当比例积分调节器积分调节作用与比例调节作用的输出相等时所需的调节时间。积分时间常数 T_I 的大小决定了积分调节作用的强弱程度。T_I 选择得越小，积分调节作用越强，但系统振荡的衰减速度越慢。

4. 比例-积分-微分 (PID) 调节

加入积分调节器后，虽可消除静差，使控制系统的静态特性得以改善，但积分调节器输出值的大小与偏差 e 的持续时间成正比，这样就会使系统消除静差的调节过程变慢，由此带来的是系统的动态性能变差。尤其是当积分时间常数 T_I 很大时，情况更为严重。另外，当系统受到冲击式偏差冲击时，偏差的变化率很大，而比例积分调节器的调节速度又很慢，这样势必会造成系统的振荡，给生产过程带来很大的危害。改善的方法是在比例积分调节的基础上再加入微分调节，构成比例-积分-微分 (PID) 调节器，如式 (6-7) 所示。

5. 基于 PID 控制算法的单片机控制系统

单片机控制系统通过 A/D 转换电路检测输出值，并计算偏差 e 和控制变量 y，再经 D/A 转换后输出给执行机构，从而实现缩小或消除输出偏差的目的，使系统输出值 S 稳定在给定区域内。在计算机控制过程中，整个计算过程采用的是数值计算方法，当采样周期足够小时，这种数值近似计算相当准确，使离散的被控过程与连续过程相当接近。图 6-44 所示为单片机闭环控制系统框图。

1) 位置式 PID 的控制算法

将式 (6-7) 写成对应的差分方程形式，为

$$y_n = K_P\left[e_n + \frac{1}{T_I}\sum_{k=0}^n e_k \cdot T + T_D\left(\frac{e_n - e_{n-1}}{T}\right)\right] + y_0 \tag{6-12}$$

式中：e_n——第 n 次采样周期内所获得的偏差信号；

　　　e_{n-1}——第 $n-1$ 次采样周期内所获得的偏差信号；

　　　T——采样周期；

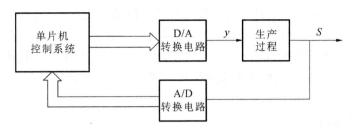

图 6-44 单片机闭环控制系统框图

y_n——第 n 次控制变量的输出。

由于用该 PID 算式直接计算出的是调节器的输出变量 y_n,而被控变量 y_n 对应的是被控对象的位置,所以将此算式称为位置式 PID 算式。

2)增量式 PID 的控制算法

在位置式 PID 的控制算法中,每次的输出与偏差 e 的变化过程相关,由于偏差的累加作用,很容易产生较大的累积偏差,使控制系统出现不良的超调现象。结合式(6-12),可得到增量式 PID 的控制算法公式。

$$\Delta y_n = K_P \left[(e_n - e_{n-1}) + \frac{T}{T_I} \cdot e_n + \frac{T_D}{T}(e_n - 2e_{n-1} - e_{n-2}) \right] \tag{6-13}$$

其中,$\Delta y_n = y_n - y_{n-1}$。

【知识拓展】

在整定 PID 调节器的参数时,可以根据 PID 调节器的参数与系统动态性能和稳态性能之间的定性关系,用实验的方法来调节 PID 调节器的参数。有经验的调试人员一般可以较快地得到较为满意的调试结果。

为了减少需要整定的参数,首先可以采用 PI 调节器。为了保证系统的安全,在调试开始时应设置比较保守的参数(比例系数不要太大,积分时间常数不要太小),以避免出现系统不稳定或超调量过大的异常情况;然后给出一个阶跃信号,根据被控量的输出波形可以获得系统性能的信息,如超调量和调节时间。如果系统阶跃响应的超调量太大,经过多次振荡才能稳定或者根本不稳定,则应减小比例系数、增大积分时间常数。如果系统的阶跃响应没有超调量,但是被控量上升过于缓慢,过渡过程时间太长,则应按相反的方向调整参数。如果消除误差的速度较慢,则可以适当缩短积分调节时间,增强积分调节作用。

总之,PID 调节器参数的调试是一个综合的、各参数互相影响的过程,实际调试过程中的多次尝试是非常重要的,也是必需的。

6.6 智能控制算法

6.6.1 神经网络控制算法

人工神经网络(artificial neural networks,简写为 ANNs)也简称为神经网络(NNs)或称作连接模型(connection model),它是一种模仿动物神经网络行为特征,进行分布式并行信息处理的算法数学模型。这种网络依靠系统的复杂程度,通过调整内部大量节点之间相互连接的关系,从而达到处理信息的目的。它是一种应用类似于大脑神经突触连接的结构进行信息处理的数学模型,具有大规模并行处理、分布式信息存储、自适应与自组织能力良好等特点。

1. 神经网络的应用

在网络模型与算法研究的基础上,可利用神经网络组成实际的应用系统,以实现某种信号处理或模式识别的功能、构造专家系统、制成机器人、实现复杂系统控制等。

2. 神经网络的特点

(1) 具有自适应与自组织能力。

根据系统提供的样本数据,通过学习和训练,神经网络也具有初步的自适应与自组织能力。

(2) 具有泛化能力。

具有泛化能力是说神经网络对没有训练过的样本有很好的预测能力和控制能力。

(3) 具有非线性映射能力。

对于复杂系统或者在系统未知的情况下,建立精确的数学模型很困难,这时神经网络的非线性映射能力表现出优势,因为它不需要对系统进行透彻的了解,但是能得到输入与输出的映射关系,这大大简化了设计的难度。

(4) 具有高度的并行性。

从功能的模拟角度看,神经网络具备很强的并行性,它是根据人的大脑而抽象出来的数学模型,可以实现并行控制。

3. 常见的神经网络控制算法

为了使神经网络能够执行一定的信息处理任务,必须确定神经元之间连接权的大小。目前主要有两种方法来解决这个问题。

第一种方法是从所要解决的问题的定义中直接计算神经元之间的连接权。例如,用Hopfield神经网络求解最优化问题时,令问题的评价函数和神经网络的能量函数一致,然后直接计算出各个连接权的大小。

第二种方法是当事先无法知道各个连接权的适当值时,所采用的神经网络"自组织"方法。神经网络的学习算法主要处理那些事先无法确定连接权的神经网络,通过给神经网络各种训练范例,把神经网络实际的响应和所希望的响应进行比较,然后根据偏差的情况,采用一定的学习算法修改各个连接权,使神经网络不断朝着能正确动作的方向变化下去,直到能得到正确的输出为止。学习系统的示意框图示例如图6-45所示,其中$g(z)$为非线性函数。

常见的学习算法如下。

1) 感知器网络

感知器是神经网络中的一种典型结构。它的主要特点是结构简单,对所能解决的问题存在着收敛算法。感知器网络是最简单的前馈网络,主要用于模式分类,也可用在基于模式分类的学习控制和多模态控制中。

单层感知器网络如图6-46所示,多层感知器网络如图6-47所示。

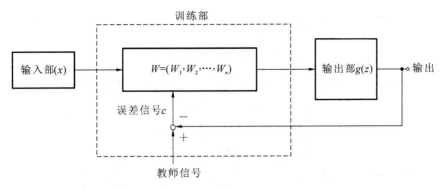

图 6-45　学习系统的示意框图示例

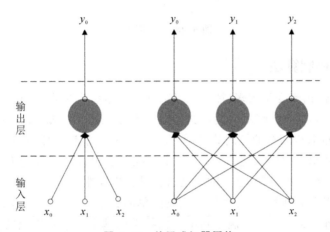

图 6-46　单层感知器网络

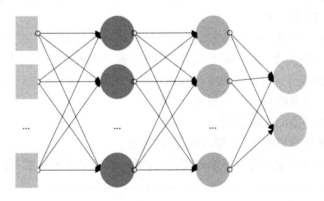

图 6-47　多层感知器网络

2）BP 网络

误差反向传播学习算法即 BP 算法，通过一个使代价函数最小化过程完成输入到输出的映射。如图 6-48 所示，BP 网络不仅有输入层节点和输出层节点，而且有隐含层节点（隐含层可以是一层，也可以是多层），对于输入信号，要先向前传播到隐含层节点，经过作用函数后，再把隐含层节点的输出信息传播到输出层节点，最后给出输出结果。

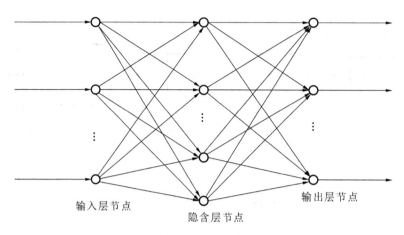

图 6-48　BP 网络

6.6.2　模糊控制算法

对于复杂的系统,由于变量太多,往往难以正确地描述系统的动态,于是工程师便利用各种方法来简化系统的动态,以达成控制的目的,但效果不尽理想。例如,在复杂系统中,采用传统的 PID 控制算法很难取得满意的控制效果,但人工手动控制能够正常进行。然而,人工手动控制是基于操作者长期积累的经验进行的,人工手动控制逻辑设计是通过人的自然语言来描述的,如温度偏高、需要减少燃料等,这样的自然语言具有模糊性。

模糊控制是指将人的判断、思维逻辑用比较简单的数学形式直接表达出来,而对复杂系统做出符合实际的处理方案。模糊控制是利用模糊数学的基本思想和理论的控制方法。在传统的控制领域里,控制系统动态模式的精确与否直接影响控制效果的优劣。系统动态的信息越详细,越能达到精确控制的目的。

模糊控制理论一经提出,便在复杂系统的控制领域得到了极为广泛的应用,并取得了很好的控制效果。模糊控制实质上是一种非线性控制,从属于智能控制的范畴。模糊控制的一大特点是:既有系统化的理论,又有大量的实际应用背景。模糊控制器的设计主要包括以下内容。

(1) 确定模糊控制器的输入变量和输出变量。

(2) 设计模糊控制器的控制规则。

(3) 确立模糊化和非模糊化(又称清晰化)的方法。

(4) 选择模糊控制器输入变量及输出变量的论域,并确定模糊控制器的参数(如量化子、比例因子)。

1. 模糊控制系统的组成

模糊控制是一种以模糊数学为基础的计算机数字控制,模糊控制系统的组成类同于一般的数字控制系统,如图 6-49 所示。

模糊控制器是模糊控制系统的核心,它基于模糊条件语句描述的语言控制规则,所以又称为模糊语言控制器。模糊控制规则是模糊控制器的核心,它的正确与否直接影响到模糊控制器的性能,模糊控制规则的多少也是衡量模糊控制器性能的一个重要因素。模糊控制规则来源包括专家的经验和知识、操作员的操作模式和学习等。

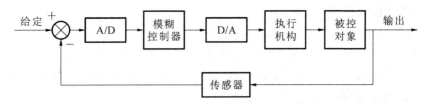

图 6-49 模糊控制系统的组成

2. 模糊控制的优点

(1) 能降低系统设计的复杂性,特别适用于非线性、时变、滞后、模型不完全系统的控制。

(2) 不依赖于被控对象的精确数学模型。

(3) 利用模糊控制规则来描述系统变量间的关系。

(4) 不用数值而用语言式的模糊变量来描述系统,模糊控制器不必为被控对象建立完整的数学模式。

(5) 模糊控制器是一种容易控制、掌握的较理想的非线性控制器,具有较佳的鲁棒性、适应性和容错性。

3. 模糊控制的缺点

(1) 模糊控制的设计尚缺乏系统性,对复杂系统的控制是难以奏效的。另外,还难以建立一套系统的模糊控制理论,用以解决模糊控制的机理、稳定性分析、系统化设计方法等一系列问题。

(2) 完全凭经验获得模糊控制规则及隶属函数即系统的设计办法。

(3) 信息简单的模糊处理将导致系统的控制精度降低和动态品质变差。若要提高控制精度,就必然增加量化级数,导致模糊控制规则搜索范围扩大,降低决策速度,甚至不能进行实时控制。

(4) 保证模糊控制系统的稳定性即模糊控制中关于稳定性和鲁棒性的问题还有待解决。

4. 模糊控制的发展

模糊控制以现代控制理论为基础,同时与自适应控制技术、人工智能技术、神经网络技术相结合,在控制领域得到了空前的应用。

1) fuzzy-PID 复合控制

fuzzy-PID 复合控制将模糊控制技术与常规 PID 控制算法相结合,可以达到较高的控制精度。当温度偏差较大时采用模糊控制,控制系统响应速度快,动态性能好;当温度偏差较小时采用 PID 控制,控制系统静态性能好,满足系统控制精度。因此,它相比单个的模糊控制器和单个的 PID 调节器有更好的控制性能。

2) 自适应模糊控制

这种控制方法具有自适应和自学习的能力,能自动地对自适应模糊控制规则进行修改和完善,提高了控制系统的性能,使那些具有非线性、大时滞、高阶次的复杂系统具有更好的控制性能。

3) 参数自整定模糊控制

参数自整定模糊控制也称为比例因子自整定模糊控制。这种控制方法对环境变化有较强的适应能力,在随机环境中能对模糊控制器进行自动校正,使得控制系统在被控对象特性变化或扰动的情况下仍能保持较好的性能。

4) 专家模糊控制 EFC(expert fuzzy controller)

模糊控制与专家系统技术相结合,进一步提高了模糊控制器的智能水平。这种控制方法保持了基于规则的方法的价值和用模糊集处理带来的灵活性,同时把专家系统技术的表达与利用知识的长处结合起来,能够处理更广泛的控制问题。

5) 仿人智能模糊控制

仿人智能模糊控制的特点在于:IC 算法具有比例模式和保持模式两种基本模式的特点,使系统在误差绝对值变化时可处于闭环运行和开环运行两种状态,妥善解决了稳定性、准确性、快速性的矛盾。仿人智能模糊控制较好地应用于纯滞后对象。

6) 神经模糊控制(neuro-fuzzy control)

这种控制方法以神经网络为基础,利用了模糊逻辑具有较强的结构性知识表达能力,即描述系统定性知识的能力、神经网络强大的学习能力以及定量数据的直接处理能力。

7) 多变量模糊控制

这种控制方法适用于多变量控制系统。一个多变量模糊控制器有多个输入变量和输出变量。

【例 6-13】 为了实现对直线电动机运动的高精度控制,系统采用全闭环的控制策略,但在系统的速度环控制中,因为负载直接作用于直线电动机而产生扰动,如果仅采用 PID 控制,则很难满足系统的快速响应需求。由于模糊控制技术具有适用范围广、对时变负载具有一定的鲁棒性的特点,而直线电动机伺服控制系统又是一种要求具有快速响应性并能够在极短时间内实现动态调节的系统,所以考虑在速度环设计了 PID 模糊控制器,利用 PID 模糊控制器对直线电动机的速度进行控制,并同电流环和位置环的经典控制策略一起来实现对直线电动机的精确控制。

【知识拓展】 智能控制技术

在实际工业生产过程中,智能控制理论与传统控制理论在理论方法、应用领域、性能指标等方面存在明显不同。

第一,在理论方法方面,传统控制理论通常采用定量方法,而智能控制系统大多采用符号加工方法;传统控制通常捕获精确知识,而智能控制通常捕获学习积累的精确知识;传统控制通常用数学模型描述系统,而智能控制系统通过经验、规则用符号来表述系统。

第二,在应用领域上,传统控制着重解决不太复杂的过程控制问题和大系统的控制问题,而智能控制主要解决高度非线性、不确定性和复杂系统的控制问题。

第三,在性能指标方面,传统控制有严格的性能指标,而智能控制没有统一的性能指标,主要关注控制目的是否达到。

控制理论与技术向着两个方向发展:基础理论方法的深入研究;不同领域的理论方法适当结合后,获得单一方法难以达到的效果,即智能控制技术的集成。智能控制技术的集成包括:将多种智能控制方法或机理融合在一起,构成高级混合智能控制系统,如模糊神经控制系统、基于遗传算法的模糊控制系统、模糊专家系统等;将智能控制技术与传统控制理论结合,形成智能复合控制,如模糊控制、神经元控制、模糊滑模控制、神经网络最优控制等。

【复习思考题】

[1] 在自动控制系统中,什么是开环控制系统?什么是闭环控制系统?
[2] 对自动控制系统的基本要求是什么?
[3] 串行通信传输方式有几种?它们各有什么特点?
[4] 试用计算机及其接口设计一个 $X\text{-}Y$ 工作台的步进电动机进给控制系统。要求画出控制系统组成原理框图和控制程序流程图。
[5] 论述接口的定义与分类。
[6] 什么叫总线?总线分为哪几类?分别说出它们的特点和用途。
[7] 机电一体化控制系统的特征与组成是什么?简述机电一体化控制系统设计的基本内容和系统调试、评价方法。
[8] 求图 6-50 所示机械平移系统的传递函数,并画出系统框图。
[9] 求图 6-51 所示控制系统的传递函数,比较两者是否为相似系统,并画出对应的机电一体化系统框图。

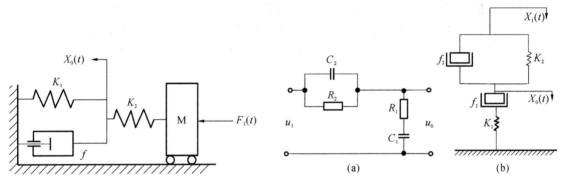

图 6-50 第 6 章复习思考题图(一)　　　图 6-51 第 6 章复习思考题图(二)

[10] 通过框图操作计算图 6-52 所示框图的传递函数。

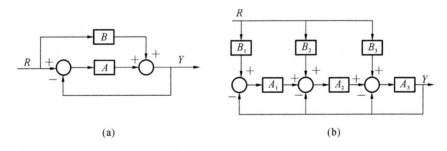

图 6-52 第 6 章复习思考题图(三)

参考文献

[1] 张立勋,杨勇. 机电一体化系统设计[M]. 3 版. 哈尔滨:哈尔滨工程大学出版社,2012.
[2] 高安邦,胡乃文. 机电一体化系统设计及实例解析[M]. 北京:化学工业出版社,2019.
[3] 刘宏新. 机电一体化技术[M]. 北京:机械工业出版社,2015.

[4] 戴夫德斯·谢蒂,理查德 A.科尔克.机电一体化系统设计(原书第 2 版)[M].薛建彬,朱如鹏,译.北京:机械工业出版社,2016.

[5] 张英豪.试论机电一体化的控制系统设计[J].科技经济导刊,2019,27(08):99.

[6] 朱凤花.机电一体化控制系统开放体系结构设计[J].电子制作,2014,(2):241.

[7] 高建华.机电一体化系统方案的评价方法[C].2006 年西南三省一市自动化与仪器仪表学术年会,2006.

[8] 顾雅青.机电一体化的控制系统设计[J].化工管理,2018,(15):107-108.

[9] 王韶良.机电一体化的控制系统设计分析[J].电子测试,2017,(17):132-133.

[10] 胡寿松.自动控制原理[M].6 版.北京:科学出版社,2013.

[11] 张金富,李长军.基于 PLC 的电牵引采煤机电控系统优化设计[J].煤矿机电,2011(1):98-99.

[12] 侯林.基于 PID 的连续采煤机截割牵引反馈控制[J].煤矿机电,2008,(4):21-24.

[13] NEGNEVITSKY M.人工智能 智能系统指南(原书第 2 版)[M].顾力栩,沈晋惠,等译.北京:机械工业出版社,2007.

[14] 张葛祥,李娜.MATLAB 仿真技术与应用[M].北京:清华大学出版社,2003.

[15] 周润景.模式识别与人工智能(基于 MATLAB)[M].北京:清华大学出版社,2018.

[16] 麻红昭,俞蒙槐.人工神经网络基本原理(2)[J].电子计算机外部设备,1996,(04):49-50,48.

第 7 章 机电一体化典型系统设计

【工程背景】

随着机电一体化技术的发展和应用,诸多行业的机电产品设计都在遵循机电一体化系统设计的理念和法则,机电一体化技术的工业应用愈发广泛。对机电一体化产品而言,系统的稳态、动态设计比零部件、元器件设计更为关键,设计满足系统要求的机电一体化产品是设计中的难点。数控机床是一类较为成熟的机电一体化产品,随着技术进步,高端数控机床的设计越发重视新技术的应用,特别是更加强调智能化和健康监控技术的应用。机器人是目前最炙手可热的机电一体化产品,它的形式种类多样,设计技术在不断发展之中,极端工况下的智能机器人应用是重要的发展方向。煤矿机械属于传统行业,近年来逐渐重视自动化、信息化和智能化技术的应用,对安全监控和智能控制等要求越来越高,以求实现无人操控。

【内容提要】

本章主要讲述系统设计方法,数控机床、工业机器人和工程机械的机电一体化系统设计。通过对本章的学习,学生应掌握机电一体化系统设计理论、方法和技术在典型行业的应用,了解高端数控机床现代化设计的新技术、工业机器人系统设计的特点和要点、矿用重/大型机械的机电一体化设计。

【学习方法】

本章内容是生产实际中典型的机电一体化系统设计,是全书理论、方法和技术在典型行业的应用。本章首先介绍基于前述各章节的零部件、元器件设计开展系统集成设计的理论和方法,然后着重介绍几种不同类型的机电一体化系统设计的特点和要点。对于本章的学习,建议学生将课内与课外、理论与实践结合起来,通过查阅相关的资料文献,包括网上丰富的数控机床、机器人、煤矿机械的介绍资料和视频资源,加深对不同类型机电一体化系统设计的理解,结合相关已修课程进行数控机床、机器人和煤矿机械的系统设计。

7.1 机电有机结合系统设计

机电一体化系统(产品)的设计过程是机电参数相互匹配与有机结合的过程,是指综合分析机电一体化系统(产品)的性能要求及各机电组成单元的特性,选择最合理的单元组合方案,最终实现机电一体化系统(产品)整体优化设计。第 2 章总体设计中简要介绍了机电有机结合设计的目标任务和流程,随后具体讲解了各子系统的建模方法。本节在各子系统模型的基础上,详细介绍机电一体化系统设计中稳态设计和动态设计的理论及方法,最后以数控机床、履带式机器人、带式输送机为例,示范应用机电一体化系统设计相关方法。

7.1.1 系统稳态设计

稳态设计包括使系统的输出运动参数达到技术要求、动力元件(如电动机)的参数选择、功率(或转矩)的匹配及过载能力的验算、各主要元部件的选择与控制电路的设计、信号的有效传递、各级增益的分配、各级之间阻抗的匹配和抗干扰措施等内容,并为后面动态设计中校正装置的引入留有余地。本部分主要介绍负载的等效换算、动力元件的匹配选择及减速比的匹配选择与各级减速比的分配。

1. 负载的等效换算

被控对象的运动,有的是直线运动,如机床工作台的 X、Y 及 Z 向运动,机器人臂部的升降、伸缩运动,绘图机的 X、Y 向运动;也有的是旋转运动,如机床主轴的回转运动、工作台的回转运动,机器人关节的回转运动等。动力元件与被控对象有直接连接的,也有通过传动装置连接的。动力元件的额定转矩(或力、功率)、加减速控制方案及制动方案的选择,应与被控对象的固有参数(如质量、转动惯量等)相互匹配。因此,要将被控对象相关部件的固有参数及其所受的负载(力或转矩等)等效换算到系统任意一根轴 k 上,即计算系统输出轴承受的等效转动惯量和等效负载转矩(回转运动)或计算等效质量和等效力(直线运动)。

下面以机床工作台的伺服进给系统为例加以说明。图 7-1 所示系统由 m 个移动部件和 n 个转动部件组成。m_i、v_i 和 F_i 分别为移动部件的质量(kg)、运动速度(m/s)和所受的负载力(N);J_j、$n_j(\omega_j)$ 和 T_j 分别为转动部件的转动惯量(kg·m²)、转速(r/min 或 rad/s)和所受负载转矩(N·m)。

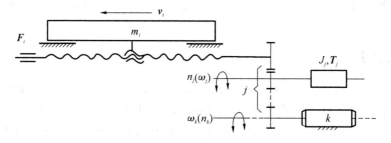

图 7-1 伺服进给系统示意图

1) 求折算到系统任意一根轴 k 上的等效转动惯量 J_{eq}^k

根据能量守恒定律,该系统运动部件的总动能为

$$E = \frac{1}{2}\sum_{i=1}^{m} m_i v_i^2 + \frac{1}{2}\sum_{j=1}^{n} J_j \omega_j^2$$

设等效到轴 k 上的总动能为

$$E^k = \frac{1}{2} J_{eq}^k \omega_k^2$$

由于

$$E = E^k$$

因此

$$J_{eq}^k = \sum_{i=1}^m m_i \left(\frac{v_i}{\omega_k}\right)^2 + \sum_{j=1}^n J_j \left(\frac{\omega_j}{\omega_k}\right)^2 \tag{7-1}$$

工程上常用转速单位表达,因此可将式(7-1)改写为

$$J_{eq}^k = \frac{1}{4\pi^2}\sum_{i=1}^m m_i \left(\frac{v_i}{n_k}\right)^2 + \sum_{j=1}^n J_j \left(\frac{n_j}{n_k}\right)^2 \tag{7-2}$$

式中:n_k——轴k上的转速(r/min)。

系统总等效转动惯量J_{eq}^k由动力元件转动惯量J_M和负载转动惯量J_L两个部分折算而得。在进行动力元件与负载惯量匹配计算时,这两个部分应分开折算。

2)求折算到系统任意一根轴k上的等效负载转矩T_{eq}^k

设上述系统在时间t内克服负载所做功的总和为

$$W = \sum_{i=1}^m F_i v_i t + \sum_{j=1}^n T_j \omega_j t \tag{7-3}$$

同理,轴k在t时间内的转角为

$$\varphi_k = \omega_k t$$

则轴k所做的功为

$$W_k = T_{eq}^k \omega_k t$$

由于

$$W_k = W$$

因此

$$T_{eq}^k = \frac{\sum_{i=1}^m F_i v_i}{\omega_k} + \frac{\sum_{j=1}^n T_j \omega_j}{\omega_k} \tag{7-4}$$

采用转速单位表示,可将式(7-4)改写为

$$T_{eq}^k = \frac{\frac{1}{2\pi}\sum_{i=1}^m F_i v_i}{n_k} + \frac{\sum_{j=1}^n T_j n_j}{n_k} \tag{7-5}$$

等效负载转矩T_{eq}^k折算不考虑动力元件的输出转矩,但在估算时可用动力元件的输出转矩T_M代替负载转矩。

2.动力元件的匹配选择

伺服系统是由若干元部件组成的,其中有些元部件已有系列化商品供选用。为了降低机电一体化系统的成本、缩短机电一体化系统的设计与研制周期,应尽可能选用标准化零部件。拟定系统方案时,首先确定动力元件的类型,然后根据技术条件的要求进行综合分析,选择与被控对象及其负载相匹配的动力元件。关于机电一体化系统各类动力元件的选型和计算,参见第4章相关章节。

3.减速比的匹配选择与各级减速比的分配

减速比主要根据负载性质、脉冲当量和机电一体化系统的综合要求来选择确定,不仅要使减速比在一定条件下达到最佳,而且要满足脉冲当量与步距角之间的相应关系,还要满足最大转速要求等。当然,要全部满足上述要求是非常困难的。

1)使加速度最大的选择方法

当输入信号变化快、加速度又很大时,应使

$$i = \frac{T_L}{T_M} + \left[\left(\frac{T_L}{T_M}\right)^2 + \frac{J_L}{J_M}\right]^{1/2} \tag{7-6}$$

2）最大输出速度选择方法

当输入信号近似恒速，即加速度很小时，应使

$$i = \frac{T_L}{T_M} + \left[\left(\frac{T_L}{T_M}\right)^2 + \frac{f_1}{f_2}\right]^{1/2} \tag{7-7}$$

上两式中：T_L——等效负载转矩（N·m）；

T_M——电动机额定转矩（N·m）；

J_L——等效负载转动惯量（kg·m²）；

J_M——电动机转子的转动惯量（kg·m²）；

f_1——电动机的黏性摩擦系数；

f_2——负载的黏性摩擦系数。

3）步进电动机驱动的传动系统传动比的选择方法

步进电动机驱动的传动系统传动比应满足脉冲当量 δ、步距角 α 和丝杠导程 S 之间的匹配关系，如式（7-8）所示。

$$i = \frac{\alpha S}{360°\delta} \tag{7-8}$$

式中：α——步进电动机的步距角（°/脉冲）；

S——滚珠丝杠的基本导程（mm）；

δ——机床执行部件的脉冲当量（mm/脉冲）。

4）对速度和加速度均有一定要求的选择方法

当对系统的输出速度、加速度都有一定要求时，应按式（7-6）选择减速比 i，然后验算是否满足 $\omega_{Lmax} \leqslant \omega_M$，式中 ω_{Lmax} 为负载的最大角速度，ω_M 为电动机输出的角速度。

4. 机电一体化系统控制模型的建立

在稳态设计的基础上，利用所选元部件的有关参数，可以绘制出系统框图，并根据自动控制理论建立各环节的传递函数，进而建立系统传递函数。

下面以伺服进给机械传动系统为例，分析系统传递函数的建立方法。

如图 7-2 所示，伺服进给机械传动系统由齿轮减速器、轴、丝杠螺母机构及直线运动工作台等组成。图 7-2 中，$\theta_{mi}(t)$ 为伺服电动机输出轴的转角（系统输入量），$x_0(t)$ 为工作台的位移（系统输出量），i_1、i_2 为减速器的减速比，J_1、J_2、J_3 分别为轴Ⅰ、Ⅱ、Ⅲ及其轴上齿轮的转动惯量，m 为工作台直线移动部件的质量，B 为工作台直线运动的速度阻尼系数，S 为丝杠的导程，$K_e = \frac{K''K_N}{K''+K_N} = \frac{7.26\times10^8\times2.14\times10^9}{7.26\times10^8+2.14\times10^9}$ N·m/rad $= 5.42\times10^8$ N·m/rad 分别为轴Ⅰ、Ⅱ、Ⅲ的扭转刚度，K_4 为丝杠螺母机构及螺母座部分的轴向刚度，$T_{mi}(t)$ 为伺服电动机的输出转矩。伺服进给机械传动系统的传递函数 $G_j(s)$ 的建立方法如下。

设 K 为折算到电动机轴上的总的扭转刚度，又有 $x_0(t)$ 折算到电动机轴Ⅰ上的转角为 $i_1 i_2 \frac{2\pi}{S} x_0(t)$，$x_0(t)$ 折算到轴Ⅱ上的转角为 $i_2 \frac{2\pi}{S} x_0(t)$，$x_0(t)$ 折算到轴Ⅲ上的转角为 $\frac{2\pi}{S} x_0(t)$，m 折算到Ⅲ轴上的转动惯量为 $m\left(\frac{S}{2\pi}\right)^2$，$B$ 折算到Ⅲ轴上的速度阻尼系数为 $B\left(\frac{S}{2\pi}\right)^2$。

设作用在轴Ⅱ上的转矩为 $T_2(t)$,作用在轴Ⅲ上的转矩为 $T_3(t)$,则有

$$K\left[\theta_{mi}(t) - i_1 i_2 \frac{2\pi}{S} x_0(t)\right] = T_{mi}(t)$$

$$T_{mi}(t) = J_1 \frac{d^2\left[i_1 i_2 \frac{2\pi \cdot x_0(t)}{S}\right]}{dt^2} + \frac{T_2(t)}{i_1}$$

$$T_2(t) = J_2 \frac{d^2\left[i_2 \frac{2\pi \cdot x_0(t)}{S}\right]}{dt^2} + \frac{T_3(t)}{i_2}$$

$$T_3(t) = \left[J_3 + m\left(\frac{S}{2\pi}\right)^2\right]\frac{d^2\left[\frac{2\pi}{S}x_0(t)\right]}{dt^2} + B\left(\frac{S}{2\pi}\right)^2 \frac{d\left[\frac{2\pi \cdot x_0(t)}{S}\right]}{dt}$$

消去 $T_{mi}(t)$、$T_2(t)$、$T_3(t)$,并进行拉氏变换,经整理得到系统的传递函数为

$$\frac{X_i(s)}{\Theta_{mi}(s)} = \frac{K}{\left[J_1 + \frac{J_2}{i_1^2} + \frac{J_3}{i_1^2 i_2^2} + \frac{m\left(\frac{S}{2\pi}\right)^2}{i_1^2 i_2^2}\right]s^2 + \frac{B\left(\frac{S}{2\pi}\right)^2}{i_1^2 i_2^2}s + K} \tag{7-9}$$

故

$$G_j(s) = \frac{X_i(s)}{\Theta_{mi}(s)} = \frac{\frac{KS}{2\pi \cdot i_1 i_2}}{J_{eq}^k s^2 + B\left(\frac{Si_1 i_2}{2\pi}\right)s + K} \tag{7-10}$$

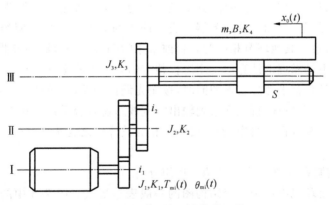

图 7-2　伺服进给机械传动系统

7.1.2　系统动态设计

1. 机电伺服系统的动态设计

机电伺服系统的稳态设计只是初步确定了系统的主回路,系统还很不完善。在稳态设计的基础上所建立的系统数学模型一般不能满足系统动态品质的要求,甚至是不稳定的。为此,必须进一步进行系统的动态设计。

系统动态设计包括:选择系统的控制方式和校正(或补偿)形式,设计校正装置,将校正装置有效地连接到稳态设计阶段所设计的系统中去,使补偿后的系统成为稳定系统,并满足各项动态指标的要求。校正形式多种多样,设计人员需要结合由稳态设计所得到系统的组成特点,从

中选择一种或几种校正形式。这是进行定量计算分析的前提。具体的定量分析计算方法很多,每种方法都有其自身的优点和不足。工程上常用对数频率法即 Bode 图法和根轨迹法进行设计,这两种方法作图简便,概念清晰,应用广泛。

对数频率法主要适用于线性定常最小相位系统。利用对数频率法进行系统动态设计的具体步骤是:系统以单位反馈构成闭环,若主反馈不是单位反馈,则需要等效成单位反馈的形式来处理(Bode 图法主要用系统开环对数幅频特性进行设计);将各项设计指标反映到 Bode 图上,并画出一条能满足要求的系统开环对数幅频特性曲线;将该开环对数幅频特性与原始系统(在稳态设计的基础上建立的系统)的开环对数幅频特性相比较,找出所需校正(或补偿)装置的对数幅频特性;根据此特性来设计校正(或补偿)装置,将该装置有效地连接到原始系统中去,使校正(或补偿)后的开环对数幅频特性基本上与所希望系统的特性相一致。

2. 闭环机电伺服系统调节器设计

在研究机电伺服系统的动态特性时,一般先根据系统组成建立系统的传递函数(即原始系统数学模型),然后根据系统的传递函数分析系统的稳定性、系统的过渡过程品质(响应的快速性和振荡)及系统的稳态精度。

当系统有输入或受到外部的干扰时,它的输出必将发生变化。由于系统中总是含有一些惯性或蓄能元件,系统的输出量不能立即变化到与外部输入或干扰相对应的值,这需要一个变化过程,这个变化过程即为系统的过渡过程。

当系统不稳定或虽然稳定但过渡过程性能和稳态性能不能满足要求时,可先调整系统中的有关参数。如果调整系统中的有关参数后系统仍不能满足使用要求,就需进行校正(常采用校正装置)。所使用的校正装置多种多样,其中最简单的校正装置是 PID 调节器。

调节器分为有源调节器和无源调节器两类。简单的无源调节器由阻容电路组成。无源调节器衰减大,不易与系统其他环节相匹配。目前常用的调节器是有源调节器。

有源校正通常不是靠理论计算而是用工程整定的方法来确定其参数的。大致做法如下:在观察输出响应波形是否合乎理想要求的同时,按照先调比例系数、再调微分系数、后调积分系数的顺序,反复调整这三个参数,直至观察到输出响应波形比较合乎理想状态要求(一般认为在闭环机电伺服系统的过渡过程曲线中,若前后两个相邻波峰值之比为 4∶1,则输出响应波形较为理想)。

1) 闭环机电伺服系统建模及 PID 调节作用分析

图 7-3 所示为闭环机电伺服系统结构图的一般表达形式。图 7-3 中的调节器是为改善系统性能而加入的。调节器有电子式、液压式、数字式等多种形式,它们各有其优缺点,使用时必须根据系统的特性,选择适用于系统控制的调节器。在控制系统的评价或设计中,重要的是系统对目标值的偏差和系统在有外部干扰时所产生的输出(即误差)。

由图 7-3 可写出控制系统对输入和干扰信号的闭环传递函数分别为

$$\frac{C(s)}{R(s)} = \frac{AG_c(s)G_v(s)G_p(s)}{1+G_c(s)G_v(s)G_p(s)G_h(s)} \tag{7-11}$$

$$\frac{C(s)}{D(s)} = \frac{G_p(s)G_d(s)}{1+G_c(s)G_v(s)G_p(s)G_h(s)} \tag{7-12}$$

在输入和干扰信号的同时作用下,系统输出量的象函数为

$$C(s) = \frac{AG_c(s)G_v(s)G_p(s)}{1+G_c(s)G_v(s)G_p(s)G_h(s)}R(s) + \frac{G_p(s)G_d(s)}{1+G_c(s)G_v(s)G_p(s)G_h(s)}D(s) \tag{7-13}$$

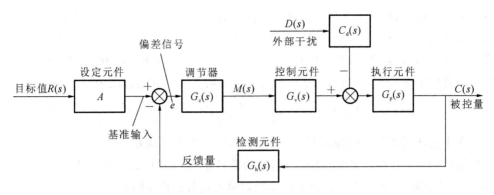

图 7-3 闭环机电伺服系统结构图的一般表现形式

上三式中:$C(s)$——输出量的象函数;

$R(s)$——输入量的象函数;

$D(s)$——外部干扰信号的象函数;

$G_c(s)$——调节器的传递函数;

$G_v(s)$——控制元件的传递函数;

$G_p(s)$——执行元件的传递函数;

$G_h(s)$——检测元件的传递函数;

$G_d(s)$——外部干扰信号的传递函数。

设图 7-3 中各传递函数表达式为

$$G_v(s) = K_v, \quad G_h(s) = K_h$$

$$G_p(s) = \frac{K_p}{\tau_m s + 1}, \quad G_d(s) = \frac{1}{K_p}$$

式中:τ_m——微分时间常数(执行元件时间常数)。

下面分析在各种 PID 调节器的作用下系统产生的控制结果。

(1) 比例(P)调节器。

应用比例调节器时,$G_c(s) = K_0$,系统的闭环响应为

$$C(s) = \frac{AK_0 K_v \dfrac{K_p}{\tau_m s + 1}}{1 + \dfrac{K_0 K_v K_p K_h}{\tau_m s + 1}} R(s) + \frac{\dfrac{K_p}{\tau_m s + 1} \cdot \dfrac{1}{K_p}}{1 + \dfrac{K_0 K_v K_p K_h}{\tau_m s + 1}} D(s) \tag{7-14}$$

即

$$C(s) = \frac{K_1}{\tau_1 s + 1} R(s) + \frac{K_2}{\tau_1 s + 1} D(s) \tag{7-15}$$

输入信号 $R(s)$ 引起的输出为

$$C_r(s) = \frac{K_1}{\tau_1 s + 1} R(s) \tag{7-16}$$

扰动信号 $D(s)$ 引起的输出为

$$C_d(s) = \frac{K_2}{\tau_1 s + 1} D(s) \tag{7-17}$$

式(7-15)中,$K_1 = \dfrac{AK_0 K_v K_p}{1 + K_0 K_v K_p K_h}$,$K_2 = \dfrac{1}{1 + K_0 K_v K_p K_h}$,$\tau_1 = \dfrac{\tau_m}{1 + K_0 K_v K_p K_h}$。

由以上推导可知,系统加入具有比例调节作用的调节器时,系统的闭环响应仍为一阶滞后,但时间常数 τ_1 比原系统动力元件部分的时间常数 τ_m 小了,这说明系统响应快了。

设外部干扰信号为阶跃信号,其拉氏变换为 $D(s)=D_0/s$(其中 D_0 为阶跃信号幅值)。根据拉氏变换的终值定理及式(7-17),可求出稳态($t\to\infty$)时扰动引起的输出为

$$C_{ssd}=\lim_{t\to\infty}C_d(t)=\lim_{s\to0}sC_d(s)=\lim_{s\to0}s\frac{K_2}{\tau_1 s+1}D(s)=\lim_{s\to0}s\frac{K_2}{\tau_1 s+1}\frac{D_0}{s}=K_2 D_0$$

系统在干扰作用下产生的输出 C_{ssd} 对目标值来说全部都是误差。

设系统目标值产生阶跃变化(即输入信号为阶跃信号),其拉氏变换为 $R(s)=R_0/s$(式中 R_0 为输入信号幅值)。用同样方法可求出系统对输入信号的稳态输出为

$$C_{ssr}=\lim_{s\to0}sC_r(s)=K_1 R_0$$

若取 $K_1=1$,即

$$A=\frac{1+K_0 K_v K_p K_h}{K_0 K_v K_p} \tag{7-18}$$

则有 $C_{ssr}=R_0$,即输出值与目标值相等。

由以上推导可知,比例调节作用的大小主要取决于比例系数 K_0。K_0 越大,比例调节作用越强,系统的动态特性也越好。但 K_0 太大,会引起系统不稳定。

比例调节的主要缺点是存在误差。因此,对于干扰较大、惯性也较大的系统,不宜采用单纯的比例调节器。

(2) 积分(I)调节器。

应用积分调节器时,$G_c(s)=\dfrac{1}{\tau_i s}$,$\tau_i$ 为积分时间常数,系统的闭环响应为

$$C(s)=\frac{A\dfrac{K_v K_p}{\tau_i s(\tau_m s+1)}}{1+\dfrac{K_v K_p K_h}{\tau_i s(\tau_m s+1)}}R(s)+\frac{\dfrac{1}{\tau_m s+1}}{1+\dfrac{K_v K_p K_h}{\tau_i s(\tau_m s+1)}}D(s)$$

$$=\frac{\dfrac{AK_v K_p}{\tau_i \tau_m}}{s^2+\dfrac{1}{\tau_m}s+\dfrac{K_v K_p K_h}{\tau_i \tau_m}}R(s)+\frac{\dfrac{1}{\tau_m}s}{s^2+\dfrac{1}{\tau_m}s+\dfrac{K_v K_p K_h}{\tau_i \tau_m}}D(s) \tag{7-19}$$

通过计算可知,系统对阶跃干扰信号的稳态响应为零,即外部干扰不会影响系统的稳态输出。当目标值阶跃变化时,系统的稳态响应为

$$C_{ssi}=\lim_{s\to0}sC_r(s)=\frac{A}{K_h}R_0 \tag{7-20}$$

若取 $A=K_h$,则有 $C_{ssr}=R_0$,即输出值与目标值相等。

积分调节器的特点是,调节器的输出值与偏差 e 存在的时间有关,只要有偏差存在,输出值就会随时间增加而不断增大,直到偏差消除,调节器的输出值才不再发生变化。因此,积分调节作用能消除误差,这是积分调节器的主要优点。但积分调节器由于响应慢,所以很少单独使用。

(3) 比例-积分(PI)调节器。

应用比例-积分调节器时,$G_c(s)=K_0(1+\dfrac{1}{\tau_i s})$,系统的闭环响应为

$$C(s) = \frac{A\dfrac{K_0 K_v K_p}{\tau_i \tau_m}(\tau_i s + 1)}{s^2 + \dfrac{1 + K_0 K_v K_p K_h}{\tau_m}s + \dfrac{K_0 K_v K_p K_h}{\tau_i \tau_m}}R(s) + \frac{\dfrac{s}{\tau_m}}{s^2 + \dfrac{1 + K_0 K_v K_p K_h}{\tau_m}s + \dfrac{K_0 K_v K_p K_h}{\tau_i \tau_m}}D(s)$$

(7-21)

当外部干扰为阶跃信号时,系统的稳态响应为零,即外部扰动不会影响系统的稳态输出。当目标值阶跃变化时,系统的稳态响应为

$$C_{ssr} = \lim_{s \to 0} sC_r(s) = \frac{A}{K_h}R_0 \tag{7-22}$$

这与应用积分调节器的情况相同,但系统的瞬态响应得到了改善。由以上分析可知,应用比例-积分调节器,既克服了单纯比例调节有稳态误差存在的缺点,又避免了积分调节器响应慢的缺点,即系统的稳态特性和动态特性都得到了改善,所以比例-积分调节器应用比较广泛。

(4) 比例-积分-微分(PID)调节器。

比例-积分-微分调节器传递函数为

$$G_c(s) = K_0(1 + \frac{1}{\tau_i s} + \tau_m s) \tag{7-23}$$

对于一个比例-积分-微分调节器,在阶跃信号的作用下,首先进行比例和微分调节,使调节作用加强,然后进行积分,直到最后消除误差为止。因此,采用比例-积分-微分调节器无论从是稳态的角度来说,还是从动态的角度来说,调节品质均得到了改善,比例-积分-微分调节器也因此成为一种应用较为广泛的调节器。由于比例-积分-微分调节器含有微分作用,所以噪声大或要求响应快的系统最好不使用。

加入不同调节器的系统在阶跃干扰信号作用下的响应如图 7-4 所示。

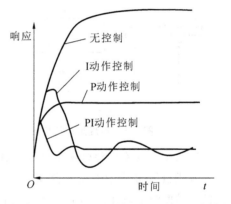

图 7-4 在 P、I、PI 调节作用下系统对阶跃干扰信号的响应

2) 速度反馈校正

在机电伺服系统中,电动机低速运转时,工作台往往会出现爬行与跳动等不平衡现象。当功率放大级采用晶闸管时,由于它的增益的线性相当差,可以说它是一个很显著的非线性环节,这种非线性的存在是影响系统稳定性的一个重要因素。为了改善这种状况,常采用电流负反馈或速度负反馈。

在伺服机构中加入测速发电机用以进行速度反馈是局部负反馈的实例之一。测速发电机的输出电压与电动机输出轴的角速度成正比,测速发电机的传递函数 $G_c(s) = \tau_d s$,式中 τ_d 为微分时间常数。设被控对象的传递函数为

$$G_0(s) = \frac{K}{s(Js + K)}$$

则采用测速发电机进行速度反馈的二阶伺服系统的结构图如图 7-5 所示,无反馈校正器时系统的闭环传递函数为

$$\Phi(s) = \frac{K}{Js^2 + fs + K} \tag{7-24}$$

用速度反馈校正后的闭环传递函数为

$$\Phi'(s) = \frac{K}{Js^2 + (f + \tau_d K)s + K} \quad (7\text{-}25)$$

上两式中：J——二阶伺服系统的等效转动惯量；

f——系统的等效黏性摩擦系数；

K——积分调节系统的开环增益。

比较式(7-24)和式(7-25)可知，用反馈较正后，系统的阻尼(由分母中第二项的系数决定)增加了，因而阻尼比 ζ 增大，超调量 M_p 减小，相应的相角裕量 γ 增加，故系统的相对稳定性得到改善。

通常，局部反馈校正的设计方法比串联校正复杂一些。但是，它具有两个主要优点：第一，反馈校正所用信号的功率水平较高，不需要放大，这在实用中有很多优点；第二，如图 7-6 所示，当 $|G(s)H(s)| \gg 1$ 时，局部反馈部分的等效传递函数为

$$\frac{G(s)}{1 + G(s)H(s)} \approx \frac{1}{H(s)} \quad (7\text{-}26)$$

因此，被局部反馈所包围部分的元件的非线性或参数的波动对控制系统性能的影响可以忽略。基于这一特点，采用局部速度反馈校正可以达到改善系统性能的目的。

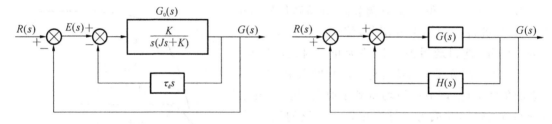

图 7-5　速度反馈结构图　　　　　图 7-6　局部反馈校正框图

3. 进给传动系统弹性变形对系统特性的影响

在进给传动系统中，工作台、电动机、减速箱、各传动轴都有不同程度的弹性变形，并具有一定的固有谐振频率，它们的物理模型可简化为质量块-弹簧系统。对于一般要求不高且控制系统的频带也比较窄的进给传动系统，只要设计的刚度较大，系统的谐振频率通常远大于闭环上限频率，故系统谐振问题并不突出。随着科学技术的发展，对控制系统精度和响应快速性的要求越来越高，这就必须增大控制系统的频带宽度，从而可能导致进给传动系统谐振频率逐渐接近控制系统的带宽，甚至可能落到带宽之内，使进给传动系统产生自激振动而无法工作，或使机构损坏。

在滚珠丝杠构成的进给传动系统内，丝杠螺母机构的刚度是影响机电一体化系统动态特性最薄弱的环节，丝杠螺母机构的拉压刚度(又称纵向刚度)和扭转刚度分别是引起机电一体化系统纵向振动和扭转振动的主要因素。为了保证所设计的进给传动系统具有较好的快速响应性和较小的跟踪误差，并且不会在变化的输入信号激励下产生共振，必须对它的动态特性加以分析，找出影响系统动态特性的主要参数。

1) 进给传动系统的综合拉压刚度计算

进给传动系统的综合拉压刚度是影响死区误差(又称失动量)的主要因素之一。增大进给传动系统的刚度可以使进给传动系统的失动量减小，有利于提高传动精度，提高进给传动系统的固有频率，使进给传动系统不易发生共振，可以增加闭环控制系统的稳定性。但是，随着刚度的提高，进给传动系统的转动惯量、摩擦力和成本相应增加。因此，设计时要综合考虑，合理确

定进给传动系统各部件的结构和刚度。

在进给传动系统中,丝杠螺母机构是刚度较薄弱的环节,因此进给传动系统的综合拉压刚度主要取决于丝杠螺母机构的综合拉压刚度。

丝杠螺母机构的综合拉压刚度主要由丝杠本身的拉压刚度 K_s、丝杠螺母机构的轴向接触刚度 K_N 以及轴承和轴承座的支承刚度 K_B 三个部分组成。

(1) 丝杠本身的拉压刚度 K_s。

丝杠本身的拉压刚度与其几何尺寸和轴向支承形式有关,可按下式计算。

一端轴向支承时,

$$K_s = \frac{\pi d_s^2 E}{4l} \tag{7-27}$$

当 $l=L$ 时,

$$K_s = K_{s\min}$$

两端轴向支承时,

$$K_s = \frac{\pi d_s^2 E}{4}(\frac{1}{l} + \frac{1}{L-l}) \tag{7-28}$$

当 $l=L/2$ 时,

$$K_s = K_{s\min}$$

上两式中:K_s——丝杠本身的拉压刚度(N/m);
　　　　d_s——丝杠的直径(m);
　　　　l ——受力点到支承端的距离(m);
　　　　L——两支承间的距离(m);
　　　　E——拉压弹性模量(N/m²)。

(2) 丝杠螺母机构的轴向接触刚度 K_N。

丝杠螺母机构在特定载荷下的轴向接触刚度 K 可直接从产品样本查得,直接应用,即 $K_N = K$,如果实际载荷与特定载荷相差较大,可按下式进行修正。

丝杠螺母机构无预紧时,

$$K_N = K\left(\frac{F_x}{0.3C_a}\right)^{\frac{1}{3}} \tag{7-29}$$

丝杠螺母机构有预紧时,

$$K_N = K\left(\frac{F_x}{0.1C_a}\right)^{\frac{1}{3}} \tag{7-30}$$

上两式中:K_N——丝杠螺母机构的轴向接触刚度(N/m);
　　　　K ——丝杠螺母机构在特定载荷下的轴向接触刚度(N/m);
　　　　F_x——轴向工作负载(N);
　　　　C_a——额定动载荷(N)。

(3) 轴承和轴承座的支承刚度 K_B。

不同类型的轴承,支承刚度不同,可按下列各式分别计算。

51000 型推力球轴承:

$$K_B = 1.91 \times 10^7 \times \sqrt[3]{d_b Z^2 F_x} \tag{7-31}$$

80000 型推力滚子轴承:
$$K_B = 3.27 \times 10^9 \times l_u^{0.8} Z^{0.9} F_x^{0.1} \tag{7-32}$$

30000 型圆锥滚子轴承:
$$K_B = 3.27 \times 10^9 \times l_u^{0.8} Z^{0.9} F_x^{0.1} \sin^{1.9}\beta \tag{7-33}$$

23000 型推力角接触球轴承:
$$K_B = 2.29 \times 10^7 \times \sin\beta \sqrt[3]{d_b Z^2 F_x \sin^2\beta} \tag{7-34}$$

上四式中:K_B——轴承和轴承座的支承刚度(N/m);

d_b——滚动体的直径(m);

Z——滚动体的数量;

F_x——轴向工作负载(N);

l_u——滚动体有效接触长度(m);

β——轴承接触角(°)。

对于推力球轴承和推力角接触球轴承,当预紧力为最大轴向工作负载的 1/3 时,轴承和轴承座的轴承刚度 K_B 增加一倍且与轴向工作负载呈线性关系;对于圆锥滚子轴承,当预紧力为最大轴向工作负载的 1/2.2 时,轴承和轴承座的轴承刚度 K_B 增加一倍且与轴向工作负载呈线性关系。

(4) 丝杠螺母机构的综合拉压刚度 K_0。

丝杠螺母机构的综合拉压刚度 K_0 与轴向支承形式及轴承是否预紧有关。在 K_N、K_B、K_s 分别计算出来之后,可分别按下列各式计算。

一端轴向支承:
$$\begin{cases} \dfrac{1}{K_{0\min}} = \dfrac{1}{2K_B} + \dfrac{1}{K_N} + \dfrac{1}{K_{s\min}} & \text{(预紧时)} \\ \dfrac{1}{K_{0\min}} = \dfrac{1}{K_B} + \dfrac{1}{K_N} + \dfrac{1}{K_{s\min}} & \text{(未预紧时)} \end{cases} \tag{7-35}$$

两端轴向支承:
$$\begin{cases} \dfrac{1}{K_{0\min}} = \dfrac{1}{4K_B} + \dfrac{1}{K_N} + \dfrac{1}{4K_{s\min}} & \text{(预紧时)} \\ \dfrac{1}{K_{0\min}} = \dfrac{1}{2K_B} + \dfrac{1}{K_N} + \dfrac{1}{K_{s\min}} & \text{(未预紧时)} \end{cases} \tag{7-36}$$

其中一端轴向支承和两端轴向支承的 $K_{s\min}$ 分别由式(7-27)和式(7-28)计算。

2) 进给传动系统的扭转刚度计算

进给传动系统的扭转刚度对定位精度的影响较拉压刚度对定位精度的影响要小得多,一般可以忽略。但是,若进给传动系统使用细长丝杠螺母机构,则扭转刚度的影响不能忽略,因为扭转引起的变形会使轴向移动量产生滞后。

以图 7-7 为例来讨论机械传动系统的扭转变形和刚度。设电动机转矩为 T_M,轴Ⅰ、Ⅱ承受的转矩分别为 T_1 和 T_2,弹性扭转角分别为 θ_1 和 θ_2,扭转刚度分别为 K_1 和 K_2。

(1) 进给传动系统的弹性扭转变形的计算。

根据弹性变形的胡克定律,轴的弹性扭转角 θ 正比于其所承受的扭转力矩 T,即
$$\theta = \frac{T}{K} = \frac{32Tl}{\pi d^4 G} \tag{7-37}$$

式中:K——轴的扭转刚度(N·m/rad);

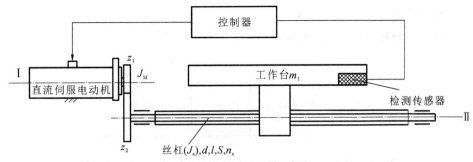

图 7-7　直流伺服电动机驱动全闭环控制系统

　　G——剪切弹性模量(Pa)，碳钢 $G=8.1\times10^{10}$ Pa；
　　l——力矩作用点间的距离(轴变形长度，m)；
　　d——轴的直径(m)。
　　当已知轴的尺寸和受力情况时，便可计算出各轴的弹性扭转角 θ_1 和 θ_2，将它们折算到丝杠轴Ⅱ上，总等效弹性扭转角 θ_{eq}^s 为

$$\theta_{eq}^s = \theta_2 + \frac{\theta_1}{i} \tag{7-38}$$

(2) 扭转刚度的计算。
由式(7-37)知扭转刚度 K 为

$$K = \frac{\pi d^4 G}{32 l} \tag{7-39}$$

因为

$$T_1 = T_M$$

折算到丝杠轴Ⅱ上的等效转矩为

$$T_{eq}^s = T_2 = T_1 \cdot i$$

由式(7-37)和式(7-38)得折算到丝杠轴Ⅱ上的等效弹性扭转角 θ_{eq}^s 为

$$\theta_{eq}^s = \theta_2 + \frac{\theta_1}{i} = \frac{T_2}{K_2} + \frac{T_1}{K_1 i} = T_{eq}^s \left(\frac{1}{K_2} + \frac{1}{K_1 \cdot i^2} \right) = \frac{T_{eq}^s}{\dfrac{1}{\dfrac{1}{K_2} + \dfrac{1}{K_1 i^2}}} \tag{7-40}$$

所以折算到丝杠轴Ⅱ上的等效扭转刚度 K_{eq}^s 为

$$K_{eq}^s = \frac{1}{\dfrac{1}{K_2} + \dfrac{1}{K_1 \cdot i^2}} \tag{7-41}$$

3) 纵向振动固有频率计算

　　在分析进给传动系统的纵向振动时，可以忽略电动机和联轴器的影响，此时由丝杠螺母机构和移动部件构成的纵向振动系统可以简化成图 7-8 所示的动力学模型，它的平衡方程为

$$m_d \frac{d^2 y}{dt^2} + f \frac{dy}{dt} + K_0(y-x) = 0 \tag{7-42}$$

式中：m_d——丝杠螺母机构和移动部件的等效质量(kg)；
　　f——运动导轨的黏性阻尼系数；
　　K_0——丝杠螺母机构的综合拉压刚度；

y——移动部件的实际位移(mm);

x——电动机的转角折算到移动部件上的等效位移,即指令位移(mm)。

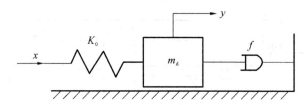

图 7-8 丝杠螺母机构-工作台纵向振动系统的简化动力学模型

对式(7-42)进行拉氏变换并整理,得到系统的传递函数为

$$G(s) = \frac{Y(s)}{X(s)} = \frac{K_0}{m_d s^2 + fs + K_0} \tag{7-43}$$

将式(7-43)化成二阶系统的标准形式,得

$$G(s) = \frac{Y(s)}{X(s)} = \frac{K_0}{s^2 + 2\zeta\omega_{nc}s + \omega_{nc}^2} \tag{7-44}$$

即系统纵向振动的固有频率 ω_{nc} 为

$$\omega_{nc} = \sqrt{\frac{K_0}{m_d}} \tag{7-45}$$

系统的纵向振动的阻尼比 ζ 为

$$\zeta = \frac{f}{2\sqrt{m_d K_0}} \tag{7-46}$$

4) 扭转振动固有频率计算

在机电一体化系统设计中,往往感兴趣的是机械传动系统的扭转振动固有频率。下面就图 7-7 所示系统扭转振动频率的求法进行分析。在分析扭转振动时,还应考虑电动机和减速器的影响,将其反映在丝杠扭转振动的系统中。系统的动力学方程可表达为

$$J_{eq}^s \frac{d^2\theta}{dt^2} + f_s \frac{d\theta}{dt} + K_{eq}^s \left(\theta - \frac{1}{i}\theta_1\right) = 0 \tag{7-47}$$

其中,

$$J_{eq}^s = J_1 i^2 + J_2 + m_1 \left(\frac{S}{2\pi}\right)^2 \tag{7-48}$$

$$K_{eq}^s = \frac{1}{\frac{1}{K_2} + \frac{1}{K_1 i^2}} \tag{7-49}$$

$$f_s = \left(\frac{S}{2\pi}\right)^2 f$$

上述式中:J_{eq}^s——机械传动系统折算到丝杠轴Ⅱ上的总等效转动惯量(kg·m²);

K_{eq}^s——机械传动系统折算到丝杠轴Ⅱ上的总等效扭转刚度(N·m/rad);

J_1——轴Ⅰ及其上齿轮的转动惯量(kg·m²);

J_2——轴Ⅱ及其上齿轮的转动惯量(kg·m²);

K_1——电动机轴的扭转刚度(N·m/rad);

K_2——丝杠轴的扭转刚度(N·m/rad);

f ——运动导轨的黏性阻尼系数;
f_s ——丝杠转动的等效黏性阻尼系数;
i ——减速器传动比;
θ ——丝杠转角(rad);
θ_1 ——电动机的转角,即指令转角(rad);
S ——丝杠的导程(m);
m_1 ——工作台的质量(kg)。

设移动部件的直线位移为 x,由于

$$\theta = \frac{2\pi x}{S}$$

将它带入式(7-47)得

$$J_{eq}^s \frac{d^2 x}{dt^2} + f_s \frac{dx}{dt} + K_{eq}^s x = \frac{SK_{eq}^s}{2\pi i}\theta_1 \tag{7-50}$$

对式(7-50)进行拉氏变换并整理得到系统的传递函数如下。

$$G(s) = \frac{Y(s)}{X(s)} = \frac{S}{2\pi i} \cdot \frac{\omega_{nt}^2}{s^2 + 2\zeta\omega_{nt}s + \omega_{nt}^2} \tag{7-51}$$

即系统扭转振动的固有频率 ω_{nt} 为

$$\omega_{nt} = \sqrt{\frac{K_{eq}^s}{J_{eq}^s}} \tag{7-52}$$

系统扭转振动的阻尼比 ζ 为

$$\zeta = \frac{f_s}{2\sqrt{J_{eq}^s K_{eq}^s}} \tag{7-53}$$

5) 减小或消除结构谐振的措施

工程上常采取以下几项措施来减小或消除结构谐振。

(1) 提高传动刚度。

提高传动刚度可提高系统的谐振频率,使系统的谐振频率处在系统的通频带之外,一般使 $\omega_n \geq (8 \sim 10)\omega_c$,$\omega_c$ 为系统的截止频率。由式(7-44)和式(7-51)知,进给传动系统是一个二阶振荡系统,并且在形式上扭转振动系统与纵向振动系统的传递函数仅差一比例系数,影响系统动态特性的主要因素是系统的惯性、刚度和阻尼。因此,提高传动系统谐振频率的根本办法是增加传动系统的刚度、减小负载的转动惯量和采用合理的结构布置。例如,选用弹性模量高、密度小的材料。增加传动系统的刚度主要是加大传动系统最后几根轴的刚度,因为末级轴的刚度对等效刚度的影响最大,常采用消隙齿轮或无齿轮传动装置,因为齿轮传动中齿隙会降低系统的谐振频率。减小惯性元件之间的距离也是提高传动系统刚度的一个措施。但增大传动系统的刚度往往导致传动系统的结构尺寸加大,而且惯性也不是越小越好,通常希望按动力方程来进行匹配,一般机电一体化系统按 $\omega_n > 300$ rad/s 来设计刚度。

(2) 提高系统阻尼。

机械系统本身的阻尼是很小的,通常采用黏性联轴器,或在负载端设置液压阻尼器(或电磁阻尼器)来提高系统的阻尼。这都可明显提高系统的阻尼。如果系统的谐振频率不变,将阻尼比提高 10 倍,则系统的带宽也可提高 10 倍。由式(7-46)和式(7-53)可知,加大黏性阻尼系数 f,即增大阻尼比 ζ,能有效地减小振荡环节的谐振峰值。只要使阻尼比 $\zeta \geq 0.5$,机械谐振对系统的影响就会被大大削弱。

但要注意,系统阻尼对系统动态特性的影响比较复杂,如果系统阻尼较大,将不利于系统定位精度的提高,容易降低系统的快速响应性,但可以提高系统的稳定性,减小过渡过程中的超调量,并减小振动响应的幅值。目前,许多进给系统采用了滚动导轨。实践证明,滚动导轨可以减小摩擦系数,提高定位精度和低速运动的平稳性,但阻尼较小,常使系统的稳定性裕度减小。所以,在采用滚动导轨结构时,应注意采用其他措施来控制系统阻尼的大小。

(3) 采用校正网络。

可在系统中串联图 7-9 所示的反谐振滤波器校正网络来减小或消除结构谐振。该网络的传递函数为

$$G(s) = \frac{\tau_1 \tau_2 s^2 + (\tau_1 + \tau_2)s + 1}{\tau_1 \tau_2 s^2 + (\tau_1 + \tau_{12} + \tau_2)s + 1} \tag{7-54}$$

式中,$\tau_1 = mRC, \tau_2 = nRC, \tau_{12} = RC$。

图 7-10 所示为该网络的频率特性。在图 7-10 中,

$$\begin{cases} \omega_0 = \sqrt{\dfrac{1}{\tau_1 \tau_2}} \\ d = \dfrac{\tau_1 + \tau_{12}}{\tau_1 + \tau_{12} + \tau_2} \\ b = 2(\tau_1 + \tau_{12} + \tau_2)\sqrt{1 - 2d^2} \end{cases} \tag{7-55}$$

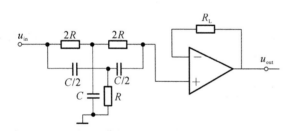

图 7-9 桥式 T 形微分网络

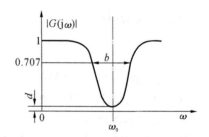

图 7-10 桥式 T 形微分网络的频率特性

由图 7-10 可知,该网络的频率特性有一凹陷处,将此处对准系统的结构谐振频率,就可抵消或削平结构谐振峰值。

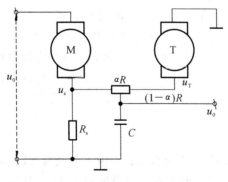

图 7-11 综合速度反馈

(4) 应用综合速度反馈。

在低摩擦系统中,谐振的消除可以通过测速发电机电压与正比于电动机电流的综合电压来实现。这个综合电压由电容器滤波后,用作速度反馈信号,如图 7-11 所示。测速发电机电压 u_T 正比于电动机的输出转速,即

$$u_T = K_e \omega \tag{7-56}$$

式中:K_e——测速发电机的电势系数。

当摩擦忽略不计时,电动机的电压正比于角加速度,从而可以写出

$$u_s = A \frac{d\omega}{dt} \tag{7-57}$$

式中，$A = R_s J_L / K_T$。

此时，已给电路在节点 u_0 处的拉氏变换方程式为

$$\frac{U_s(s) - U_0(s)}{\alpha R} + \frac{U_T(s) - U_0(s)}{(1-\alpha)R} - C_s U_0(s) = 0 \tag{7-58}$$

对式(7-56)和式(7-57)进行拉氏变换，并与式(7-58)联立求解，得

$$U_0(s) = \frac{sA(1-\alpha) + \alpha K_e}{\alpha(1-\alpha)sRC + 1}\Omega(s) \tag{7-59}$$

为使 $U_0(s)$ 正比于 $\Omega(s)$，要求极点和零点两者有相同的数值，即

$$\alpha^2 = \frac{A}{K_e RC} = \frac{R(s)J_L}{K_e K_T RC} \tag{7-60}$$

这可以通过调节电位计来实现。将 α 值代入式(7-59)，此时

$$U_0(s) = \alpha K_e \Omega(s) \tag{7-61}$$

即电压 $U_0(s)$ 正比于角速度 $\Omega(s)$。应用综合速度进行速度反馈是有利的。因为，在这种情况下，测速发电机电压和正比于电动机电流的综合电压，可以使结构谐振的影响降低到最低程度。但是，这种反馈也有不利的一面，那就是反馈的速度信号与转速不完全成正比，因此对速度调节不利，特别是在负载摩擦阻尼显著时这种不利更为明显。

值得注意的是，实际机电一体化系统的传动装置较复杂，结构谐振频率和谐振峰值不止一个，而且系统的参数也可能变化，使谐振频率不能保持恒定，再加上受传动装置传动间隙、干摩擦等非线性因素的影响，实际的结构谐振特性十分复杂。用校正（或补偿）方法只能近似地削弱结构谐振对伺服系统的影响。对于负载惯量大的伺服系统，由于其谐振频率低，严重影响获得系统应有的通频带，若对系统进行全状态反馈，则可以任意配置系统的极点，特别是针对结构谐振这一复极点进行阻尼的重新配置，可以有效地克服结构谐振现象的出现。

4. 进给传动系统的运动误差分析

在开环和半闭环控制的进给传动系统中，由于系统的执行部件上没有安装位置检测和反馈装置，故系统的输入与输出之间总会有误差存在。在这些误差中，有传动元件的制造和安装所引起的误差，还有伺服机械传动系统的动力参数（如刚度、惯量、摩擦力和间隙等）所引起的误差。设计进给传动系统时，必须将这些误差控制在允许的范围之内。

1) 机械传动间隙

在机电一体化系统的伺服系统中，常利用机械变速装置将动力元件输出的高转速、低转矩转换成被控对象所需要的低转速、大转矩。应用较为广泛的变速装置是齿轮减速器。理想齿轮传动的输入转角和输出转角之间是线性关系，即

$$\theta_c = \frac{1}{i}\theta_r \tag{7-62}$$

式中：θ_c——输出转角(rad)；
θ_r——输入转角(rad)；
i——齿轮减速器的传动比。

实际上，由于减速器的主动轮和从动轮之间侧隙的存在和传动方向的变化，齿轮传动的输入转角和输出转角之间呈滞环特性。如图7-12所示，2Δ 代表一对传动齿轮间的总侧隙。当 $\theta_r \leqslant \Delta/R_1$ 时，$\theta_c = 0$，当 $\theta_r > \Delta/R_1$，θ_c 随 θ_r 线性变化；当 θ_r 反向时，开始 θ_c 保持不变，直到 θ_r 转动 $2\Delta/R_1$ 后，θ_c 和 θ_r 才恢复线性关系。

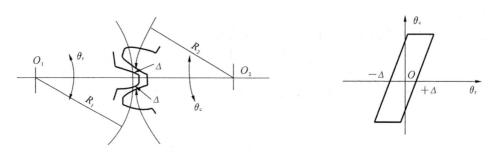

图 7-12 齿侧间隙

在进给传动系统的多级齿轮传动中,各级齿轮间隙的影响是不相同的。设有一传动链,为三级传动,R 为输入轴,C 为输出轴,各级传动比分别为 i_1、i_2、i_3,齿侧间隙分别为 Δ_1、Δ_2、Δ_3,如图 7-13 所示。因为每一级的传动比不同,所以各级齿轮的传动间隙对输出轴的影响不一样。将所有的传动间隙都折算到输出轴 C 上,系统总间隙 Δ_c 为

$$\Delta_c = \frac{\Delta_1}{i_2 i_3} + \frac{\Delta_2}{i_3} + \Delta_3 \tag{7-63}$$

如果将所有传动间隙折算到输入轴 R 上,系统总间隙 Δ_r 为

$$\Delta_r = \Delta_1 + i_1 \Delta_2 + i_1 i_2 \Delta_3 \tag{7-64}$$

由于是减速运动,所以 i_1、i_2、i_3 均大于 1,故由式(7-63)、式(7-64)可知,最后一级齿轮的传动间隙 Δ_3 影响最大。为了减小间隙的影响,除尽可能地提高齿轮的加工精度外,装配时还应尽量减小最后一级齿轮的传动间隙。

2) 传动间隙的影响

齿轮传动装置在系统中的位置不同,其间隙对伺服系统的影响也不同。

(1) 闭环之内的机械传动链齿轮间隙影响系统的稳定性。

设图 7-14 中的 G_2 代表闭环之内的机械传动链。若给系统输入一阶跃信号,在误差信号的作用下,电动机开始转动。由于 G_2 存在齿轮传动间隙,当电动机在齿隙范围内运动时,被控对象(设为机床伺服进给系统的丝杠)不转动,没有反馈信号,系统暂时处于开环状态。当电动机转过齿隙后,主动轮与从动轮产生冲击接触,此时误差角大于无齿轮间隙时的误差角,因此从动轮以较高的加速度转动。又因为系统具有惯量,当输出转角 θ_c 等于输入转角 θ_r 时,被控对象不会立即停下来,而靠惯性继续转动,使被控对象比无间隙时更多地冲过平衡点,这又使系统出现较大的反向误差。如果间隙不大,且系统中控制器设计得合理,那么被控对象摆动的振幅就越来越小,来回摆动几次就停止在平衡位置($\theta_c = \theta_r$)上。如果间隙较大,且控制器设计得不好,那么被控对象就会反复摆动,即产生自激振荡。因此,闭环之内机械传动链 G_2 中的齿轮传动间隙会影响伺服系统的稳定性。

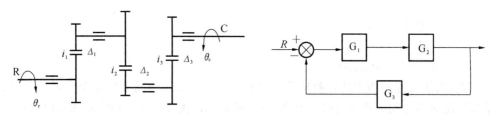

图 7-13 三级齿轮传动   图 7-14 传动间隙在闭环内的结构图

但是,G_2 中的齿轮传动间隙不会影响系统的精度。被控对象受到外力矩的干扰时,可在齿

轮传动间隙范围内游动,但只要 $\theta_c \neq \theta_r$,通过反馈作用,就会有误差信号存在,从而将被控对象校正到所确定的位置上。

(2) 反馈回路上的机械传动链齿轮传动间隙既影响系统的稳定性又影响系统的精度。

设图 7-14 中反馈回路上的机械传动链 G_3 具有齿轮传动间隙,该间隙相当于反馈到比较元件上的误差信号。在平衡状态下,输出量等于输入量,误差信号等于零。当被控对象(在外力的作用下)的转动不大于 $\pm\Delta$ 时,由于有齿轮传动间隙,连接在 G_3 输出轴上的检测元件仍处于静止状态,无反馈信号,当然也无误差信号,所以控制器不能校正此误差。被控对象的实际位置和希望位置最多相差 $\pm\Delta$,这就是系统误差。

G_3 中的齿轮传动间隙不仅影响系统的精度,也影响系统的稳定性,且对系统稳定性影响的分析方法与分析 G_2 中的齿轮传动间隙对系统稳定性影响的方法相同。

由于齿轮传动间隙既影响系统的稳定性,又影响系统的精度,目前高精度的机电一体化系统一般都采用消隙齿轮传动系统,利用消隙结构消除齿轮传动间隙。因此,在计算失动量和进给传动系统定位误差时,可以不考虑齿轮间隙的影响。

3) 伺服机械传动系统的死区误差 Δx

死区误差又称失动量,是指启动或反向时,系统的输入运动与输出运动之间的差值。产生死区误差的主要原因是机械传动机构的间隙、机械传动机构的弹性变形以及动力元件的启动死区(又称不灵敏区)。在一般情况下,由动力元件的启动死区所引起的工作台死区误差相对很小,可以忽略不计。

如果系统没有采取消隙措施,那么由齿侧间隙引起的工作台位移失动量 Δx_1 较大,不能忽略。设图 7-13 中的输出轴 C 为丝杠(由于丝杠螺母机构传动间隙很小,传动误差可以忽略),齿轮传动总间隙 Δ_c 引起丝杠转角误差 $\Delta\theta$,则由 $\Delta\theta$ 引起的工作台位移失动量 Δx_1 为

$$\Delta x_1 = \frac{S \cdot \Delta\theta}{2\pi} = \frac{S \cdot \Delta_c}{2\pi R_c} = \frac{S \cdot \Delta_c}{\pi m_1 z_c} \tag{7-65}$$

式中:S——丝杠的导程(mm);

Z_c——丝杠轴上传动齿轮的齿数(mm);

m_1——齿轮模数;

R_c——丝杠轴上传动齿轮分度圆的半径,$R_c = m_1 Z_c / 2$(mm)。

由丝杠轴的总等效弹性扭转角 θ_{eq}^s 引起的工作台失动量 Δx_2 为

$$\Delta x_2 = \frac{S \cdot \theta_{eq}^s}{2\pi} \tag{7-66}$$

启动时,导轨摩擦力(空载时)使丝杠螺母机构产生轴向弹性变形,轴向弹性变形引起的工作台位移失动量 Δx_3 为

$$\Delta x_3 = \frac{F}{K_{0\min}} \tag{7-67}$$

式中:F——导轨的静摩擦力(N);

$K_{0\min}$——丝杠螺母机构(进给传动系统)的最小综合拉压刚度(N/m)。

因此,

$$\Delta x = \Delta x_1 + \Delta x_2 + \Delta x_3 \tag{7-68}$$

启动时(空载),由系统弹性扭转角引起的工作台失动量 Δx_2 一般很小,可以忽略不计。如

果系统采取了消除传动间隙的措施,由传动机构间隙引起的死区误差也可以大大减小,则系统死区误差主要取决于传动机构为克服导轨摩擦力(空载时)而产生的轴向弹性变形。

执行部件反向运动时的最大反向死区误差为 $2\Delta x$。

为了减小系统的死区误差,除应消除传动间隙外,还应采取措施减小摩擦力,提高系统的刚度和固有频率。对于开环伺服系统,为了保证单脉冲进给要求,应将死区误差控制在一个脉冲当量以内。

4) 进给传动系统综合刚度变化引起的定位误差

影响系统定位误差的因素很多,但是由进给传动系统综合拉压刚度变化引起的定位误差是最主要的因素。当系统执行部件处于行程的不同位置时,进给传动系统综合拉压刚度是变化的。由进给传动系统综合拉压刚度变化引起的最大定位误差可用式(7-69)确定。

$$\delta_{Kmax} = F_t \left(\frac{1}{K_{0min}} - \frac{1}{K_{0max}} \right) \tag{7-69}$$

式中:δ_{Kmax}——最大定位误差(m);

F_t——进给方向最大工作负载(N);

K_{0max}——进给传动系统的最大综合拉压刚度(N/m)。

对于开环和半闭环控制的进给传动系统,δ_{Kmax}一般应控制在系统允许定位误差的 $1/5\sim1/3$ 范围内,即 $\delta_{Kmax} \leqslant (1/5\sim1/3)\delta$,$\delta$ 为系统允许的定位误差。

7.2 数控机床系统设计

机床是制造机器的机器。机床产业是一个国家的战略产业,关系到国家的工业和国防实力,同时也是一个国家经济发展水平的缩影。数控机床是数字控制机床的简称,它集计算机技术、电子技术、自动控制技术、传感测量技术、机械制造技术和网络通信技术于一体,是一种典型的机电一体化产品。数控机床较好地解决了复杂、精密、小批量、多品种的零件加工问题,是一种柔性的、高效能的自动化程序控制机床,代表了现代机床技术的发展方向。其中,高档数控机床是指机床功能全、加工范围广、精度高、转速高、进给速度高、4轴以上联动,并配备高档刀库、对刀仪和机内测量仪,可以实现刀具内冷等先进功能的数控机床,是当今数控机床设计研发的重点。这里介绍数控机床特别是高档数控机床的设计理念、方法和实例。

7.2.1 总体设计

机床的总体设计主要是确定机床的配置结构。机床是在床身、立柱或框架等基础结构件上配置运动部件,在程序的控制下使工件与刀具产生相对运动而实现加工过程。目前,数控机床的核心功能部件,如主轴、丝杠、导轨和数控系统均已单元化,直接采购即可,无须机床制造企业自行设计和生产,唯有机床的运动组合、总体配置和结构件设计仍是机床制造企业的核心设计任务。机床结构的总体配置决定了机床的用途和性能,是机床新产品特征的集中体现和创新关键。

机床总体结构设计的目标是:支承完成加工过程的运动部件,承受加工过程的切削力或成形力,承受运动部件运动所产生的惯性力,承担加工过程和运动副摩擦所产生热量的影响。

机床总体结构设计的主要挑战是保证机床结构在各种力载荷和热作用下变形最小,同时又使材料和能源消耗最小,就是要在满足机床性能要求的前提下寻求二者的平衡。

对机床结构配置的要求是实现承载工件和刀具的部件在 X、Y、Z 轴 3 个直线坐标轴上的移动和 3 个绕轴线的转动,这 6 个自由度的运动组合有多种方案。图 7-15 所示为立式和龙门式五轴加工中心的 72 种可能配置方案。

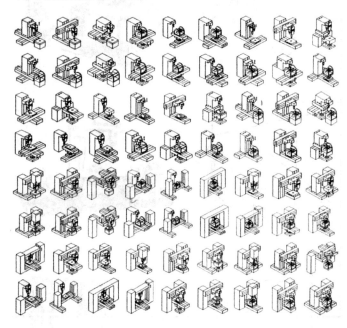

图 7-15 立式和龙门式五轴加工中心的 72 种可能配置方案

从运动设计的角度设传动链从工件开始到刀具结束,其中直线运动用 L 表示,回转运动用 R 表示,则具有 3 个移动轴和 2 个回转轴的五轴加工中心的运动组合共有 7 种:RRLLL,LRRLL,LLRRL,LLLRR,RLRLL,RLLRL,RLLLR。其中常见的运动是 LLLRR,RRLLL,RLLLR。这 3 种运动组合及其典型结构配置如图 7-16 所示。其中图 7-16(a)所示是动梁式龙门加工中心及其 LLLRR 运动组合,工件安装在固定工作台上不动,横梁在左右两侧立柱顶部的滑座上移动(Y 轴),主轴滑座沿横梁运动(X 轴),主轴滑枕上下移动(Z 轴),双摆铣头作 A 轴和 C 轴偏转。图 7-16(b)所示是立式加工中心及其 RRLLL 运动组合,工件固定在 A 轴和 C 轴双摆工作台上,横梁沿左右两侧立柱移动(X 轴),主轴滑座沿 Y 轴移动,主轴滑枕沿 Z 轴上下移动。图 7-16(c)所示是立式加工中心及其 RLLLR 运动组合,工件固定在 C 轴回转工作台上,工作台沿 X 轴移动,主轴滑座沿 Y 轴和 Z 轴移动,万能铣头可绕 B 轴回转。

为了实现机床的高加工效率、高精度等,机床结构配置应遵循以下基本原则。

(1) **轻量化原则**:移动部件质量应尽可能小,以减少所需驱动功率和移动时惯性力的负面影响。

(2) **重心驱动原则**:移动部件的驱动力应尽量配置在部件的重心轴线上,避免形成或尽量减少移动时所产生的偏转力矩。

(3) **对称原则**:机床结构应尽量对称,不仅要考虑协调美观,还要考虑减少热变形的不均匀性,防止形成附件偏转力矩。

(4) **短悬臂原则**:应尽量缩短机床部件的悬伸量,悬伸所造成的角度误差对机床的精度是非常有害的,角度误差往往被放大成可观的线性误差。

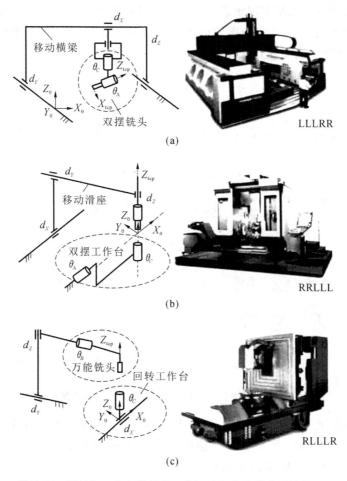

图 7-16 五轴加工中心常见的 3 种运动组合及其典型结构配置

（5）近路程原则：从刀具到工件经过结构件的传导路径应尽可能近，使热传导和结构弹性回路最短化，即承载工件和刀具载荷的机床结构材料和结合面数目越少，机床越容易稳定。

（6）力闭环原则：切削力和惯性力只通过一条路径传递到地基的配置定义为力开环，通过多条路径传递到地基的配置定义为力闭环。龙门式配置为力闭环结构。

在机床结构方案设计中，一个非常重要的问题就是结构最优化。结构优化的目标是在保证机床静态性能和动态性能的前提下使移动部件（滑座、工作台、滑枕等）轻量化，并且保证高刚度和高刚度质量比。为了实现机床结构轻量化和高精度目标，需要采用有限元分析等方法对静态特性、动态特性和热特性进行分析和优化。静态分析是在忽略随时间变化的惯性力和阻尼的前提下计算结构在稳定载荷下的响应，包括应力、应变、位移和力。当只存在小弹性变形时，采用线性分析方法。当变形大、采用了塑性材料或具有结合面时，采用非线性分析方法。动态分析是在动态力的作用下确定机床的振动特性——固有频率和模态振型。此外，拓扑优化是一种新的机床结构优化方法，用于寻找承受单一载荷或多载荷结构件的最佳材料分配方案，即哪里可以去除多余的材料，哪里需要添加材料。拓扑优化后的构件有时过于理想，无法加工，需要进行形状优化，以满足加工工艺要求和提高结构的对称性等。

此外，总体设计时还需要确定机床的材料。对机床材料的功能要求是：承载移动部件和工件的重量,保证几何尺寸和位置精度,承载切削力,吸收加工过程中的能量。对机床材料的要求有:性能要求,涉及静态性能、动态性能和热性能;功能要求,即精度、重量、壁厚等要求;成本要求,即价格、数量、实用性等要求。机床结构越来越多地使用一些新材料,如树脂混凝土、花岗石、碳纤维复合材料等。

另外,近年来,在高端机床结构配置设计中出现了一些创新方案,如箱中箱结构、全封闭结构、零传动结构、虚拟 X 轴结构和正倒置复合结构等。日本森精机(Mori Seiki)公司首先推出了箱中箱结构,如图 7-17(a)所示,这种结构显著提高了机床的动态性能和热性能。德马吉森精机(DMG MORI)公司的 DMC H linear 卧式精密加工中心采用了零传动即电动机直驱技术,如图 7-17(b)所示,省去了中间机构传动环节,避免了磨损问题,生产效率和加工精度提高了约 25%。

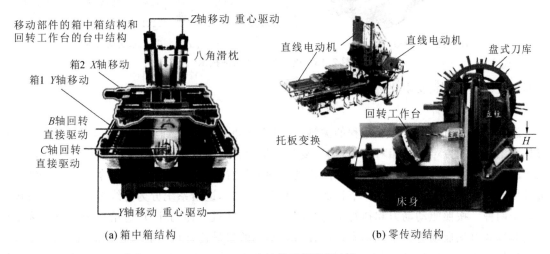

图 7-17 机床结构配置的新方案

7.2.2 机械部分设计

1. 主轴单元设计

夹持刀具或工件的主轴是运动链的终端元件,是机床最关键的部件之一,在一定程度上决定着加工精度和效率。随着零传动技术的推广应用,电主轴逐渐取代皮带和齿轮传动主轴,成为高端机床主轴单元设计的首选方案。电主轴将电动机转子和主轴集成为一个整体。它的典型结构如图 7-18(a)所示。在前、后轴承之间安装电动机,在电动机定子外周甚至轴承外圈附近设计水冷槽以进行冷却,以防过热。刀具端设有密封装置,以防切屑和冷却液进入。主轴前端的刀具接口采用 HSK 或 BT 标准接口,主轴内部有刀具自动交换夹紧系统和拉杆位置监控装置。为了保证为中空刀具提供冷却液,拉杆中间还需要有冷却液通道。新型智能电主轴中还安装了监控轴承、电动机工况及加工过程稳定性的加速度、位移和温度传感器。

电主轴与数控系统的集成方案如图 7-18(b)所示。图 7-18(b)中虚线框内是主轴单元范畴,变频器接收数控系统的信号以向电主轴供电,进行主轴转速的调节。电主轴将主轴的转速、电动机的温度等信息反馈给数控系统。同时,数控系统通过 PLC 控制刀具的夹紧/松开、切削液的供给以及主轴运行所需的各种介质,如冷却水、压缩空气、润滑油的供应。此外,电主轴还将刀具的位置、轴承的温度和轴向的位移等信息发给 PLC 和数控系统,构成一个闭环控制回路。

目前,电主轴已经作为独立的功能单元在设计时供选用。由主轴典型的国内外生产厂家有 GMN、IBAG、FISCHER、SETCO、STEP-TEC、OMLAT、KESSLER、洛阳轴研科技、广州昊志、

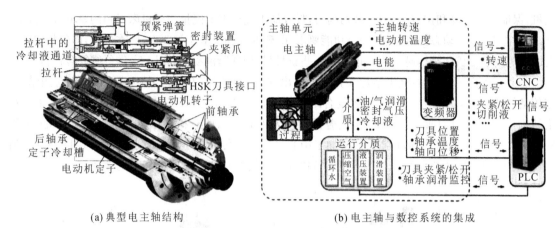

(a) 典型电主轴结构　　　　　(b) 电主轴与数控系统的集成

图 7-18　电主轴及其先进技术

江苏星轮、台湾普森、安阳莱必泰。

2.进给系统设计

进给系统是机床实现加工过程的关键,通过直线进给运动和回转进给运动的串联或叠加,刀具和工件之间方可形成相对运动,加工复杂形状的表面。进给系统要在数控系统的指挥下将机床的执行部件(工作台、滑座、立柱等)移动到预定位置,主要由位置控制指令生成、伺服驱动、机械传动和位移检测与反馈等环节构成。按照运动形式,进给系统分为直线进给系统和回转进给系统两种。按照驱动动力和执行部件之间是否有中间机械传动环节,进给系统分为间接驱动进给系统和直接驱动进给系统。实现间接直线驱动的机械传动机构有丝杠螺母机构、齿轮齿条传动机构和蜗轮齿条传动机构。能够完成直接直线驱动的有直线电动机和电液伺服作动器。实现间接回转驱动的有蜗轮蜗杆传动机构、滚柱凸轮传动机构。能够完成直接回转驱动的有力矩电动机、伺服作动器和混合驱动装置。进给系统的组成如图 7-19 所示。

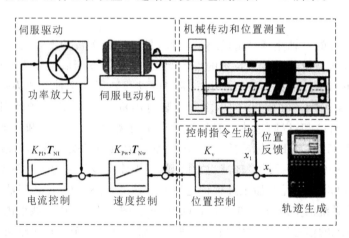

图 7-19　进给系统的组成

对于高端数控机床的导轨系统,应用最广泛的是滚动导轨。在需要更高刚度、精度和阻尼以及承受大载荷时,可采用静压导轨。空气静压导轨、磁性导轨等主要用于小载荷场合和精密装备。在直线进给部件设计中,滚珠丝杠是高性能数控机床不可或缺的功能部件,而直线电动机驱动是最主要的直驱方案。

7.2.3 测控部分设计

1. 状态监控系统设计

1) 主轴的状态监控

电主轴的运行状态监控主要是振动、温度和变形的监控,采用的传感器有声发射传感器、位移传感器、加速度传感器、力传感器和温度传感器。在铣削和磨削时,如果出现强迫振动或颤振,机床就会发出频率较高的声音,此时采用压电式加速度传感器或声发射传感器进行测量并进行分析,即可识别是否发生了危害加工质量的情况。图 7-20(a)所示是日本大隈(Okuma)公司的 Machining Navi 声发射主轴监控系统。它用于监测铣削颤振,人为调整转速以避开颤振区。高速运转时,主轴因离心力和发热问题将产生轴向位移。图 7-20(b)所示是主轴轴向位移检测和补偿的常用方案,通过激光刀具位置设定仪、位移传感器和温度传感器来进行监测,温度法需要将温度换算为轴端位移。图 7-20(c)所示为德国 Prometec 公司的一种集成化主轴监控系统。在该系统中,在一个环状器件内分布了 9 个传感器,称为 3SA 环。将 3SA 环置于前轴承处用以监测主轴工况,可监测主轴不平衡或进行位置补偿等。图 7-20(d)所示是法士特公司的磨齿机主轴在线主动平衡系统。它可实现主轴不平衡的在线实时监测和主动校正控制。它的前端安装了一个主动平衡头,根据振动信息分析可以实现平衡头的调节控制,实现主轴振动主动控制。

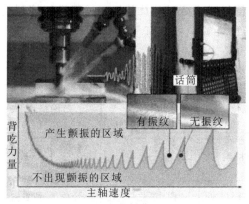

(a) 声发射监控

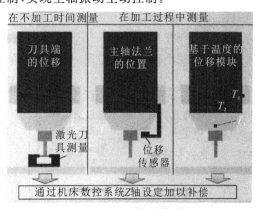

(b) 轴向位移监控

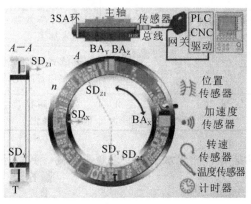

(c) 集成化监控

(d) 在线主动平衡

图 7-20 主轴状态监控新技术

2) 进给系统的传感检测

高端数控机床的进给系统多采用位置传感器、速度传感器、加速度传感器和载荷传感器以提高定位精度和增大响应带宽。光电式旋转编码器广泛应用于丝杠螺母机构直线进给位移的间接测量和半闭环位置控制。在高端机床中多采用直线光栅尺作为直线进给的位置反馈装置,实现闭环控制。当要求测量精度更高或长距离测量时,可采用钢带相位光栅尺。

为了跟踪工作台的运动和提高阻尼性能,伺服控制器需要检测进给速度,常将位置编码器检测到的数值加以微分,得到相应的速度值并反馈给速度控制器。加速度反馈用于改善机床结构动态性能的控制算法和检查进给系统的真实轨迹,加速度可直接测量,也可由位置数值求二阶导数得到。

3) 机床中的其他检测

现代数控机床的几何精度越来越高,仅凭借传统的直角尺、平尺、千分表等已无法适应机床高精度测量的要求。尤其是旋转坐标轴的几何精度,更无法凭借传统量具去测量。随着激光测量技术的不断发展,各种激光干涉仪已成功应用于数控机床的几何误差检测。由于激光测量的基本单位是光的波长,故它能够大幅度提高测量的精度和可信度,分辨力可达 1 nm,测量误差为 10~50 nm,成为高端数控机床几何精度检测的主要方法。

2. 数字控制系统设计

数控技术(numerical control,NC)是用数字化信号对机床运动及其加工过程进行控制的一种方法。现代数控系统普遍采用微机实现数控,形成计算机控制(computer NC,CNC)。数控技术的发展大致经历了 5 个阶段,如表 7-1 所示。

表 7-1 数控技术的发展阶段

项目	第 1 阶段 研究开发期 (1952—1970)	第 2 阶段 推广应用期 (1971—1980)	第 3 阶段 系统化 (1981—1990)	第 4 阶段 集成化 (1991—2000)	第 5 阶段 网络化 (2001—)
典型应用	数控车床、数控铣床、数控钻床	加工中心、电加工机床和成形机床	柔性制造单元、柔性制造系统	复合加工机床、五轴联动机床	智能、可重组制造系统
系统组成	电子管、晶体管、小规模集成电路	专用 CPU 芯片	多 CPU 处理器	模块化多处理器	开放体系结构,工业微机
工艺方法	简单加工工艺	多种工艺方法	完整的加工过程	复合多任务加工	高速、高效加工,微纳米加工
数控功能	NC 数字逻辑控制,2~3 轴控制	全数字控制,刀具自动交换	多轴联动控制,人机界面友好	多过程多任务、复合化、集成化	开放式数控系统,网络化和智能化
驱动特点	步进电动机,伺服液压马达	直流伺服电动机	交流伺服电动机	数字智能化,直线电动机驱动	高速、高精度、全数字、网络化

随着加工工艺技术的发展,人们对数控机床功能和智能化水平的要求越来越高。数控系统一般分为低端、中端和高端 3 个级别。

1) 低端数控系统

低端数控系统一般采用嵌入式单片机,以模拟量或脉冲信号控制伺服驱动系统,以实现运动控制,可完成基本的直线插补功能和圆弧插补功能,实现 2 轴或 3 轴控制。低端数控系统主轴采用变频控制。典型的低端数控系统有广州数控的 GSK928、北京凯恩帝的 K100Ti-B、西门子公司的 808D。

XY 平台是许多数控加工设备和电子加工设备的基本部件。固高科技（深圳）有限公司的 XY 平台集成有四轴运动控制器、电动机及其驱动部件、电控箱、运动平台等部件，如图 7-21(a) 所示。机械部分是一个采用滚珠丝杠传动的模块化十字工作台，用于实现目标轨迹和动作。执行装置根据驱动和控制精度的要求可以分别选用交流伺服电动机、直流伺服电动机和步进电动机。控制装置由 PC 机、GT-400-SV（或 GT-400-SG）运动控制卡和相应驱动器等组成，运动控制卡接受 PC 机发出的位置和轨迹指令，进行规划处理，将其转化成伺服驱动器可以接受的指令格式并发给伺服驱动器，由伺服驱动器进行处理和放大，输出给执行装置。控制装置和电动机（执行装置）之间的连接示意如图 7-21(b) 所示，通过程序可以实现直线插补、圆弧插补等功能。

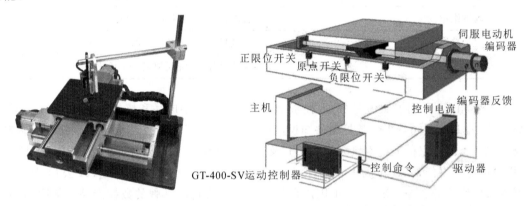

(a) XY 平台机械部分　　　　　　　(b) 控制系统连接关系

图 7-21　GT 运动控制器典型应用

2) 中端数控系统

中端数控系统常称为全功能数控系统，可实现主要插补功能，具有丰富的图形化界面和数据交换功能。典型的中端数控系统有广州数控的 25i、218、988 系列，华中数控的 HNC210 系列，北京凯恩帝的 K2000 系统，西门子的 828D 系统，发那科的 0i 系统。

3) 高端数控系统

高端数控系统具有 5 轴以上的控制能力，具有多通道、全数字总线，具有丰富的插补功能及运动控制功能，具有智能化的编程功能和远程维护诊断功能。典型的高端数控系统有西门子的 840D sl、发那科的 30i、广州数控的 GSK27。

高端数控系统的主要指标如表 7-2 所示。

表 7-2　高端数控系统的主要指标

内　　容	特　　点
硬件平台	采用 32 位或 64 位多微处理器结构
插补精度	纳米（10^{-9} m）甚至皮米（10^{-12} m）
通道数量	多达 10 个通道
控制轴数	可同时控制 30～40 个进给轴和主轴

续表

内 容	特 点
插补功能	直线、圆弧、多项式、样条曲线
插补周期	0.125 ms 以下
前瞻功能	前瞻 1 000 个程序段以上
5 轴加工	回转刀具中心点和三维刀具补偿等
补偿功能	补偿直线度误差、悬垂度误差、热变形误差等
智能调试	智能匹配、伺服在线辨识和整定
编程支持	支持高级语言、图形化向导、集成化 CAM
调试维护	智能化维护,远程服务支持
数字总线	现场总线,实时以太网
工艺支持	支持精优曲面加工、铣削加工动态优化等

近年来,出现了不同结构层次的数控系统,包括全系统、半成品和核心软件,如表 7-3 所示。例如,德国的 ISG 公司仅提供数控软件知识产权,由用户自行配置或二次开发形成自己品牌的数控系统。美国国家标准技术研究院 NIST 及其他开源组织可提供开源的 LinuxCNC 数控软件,用户可免费得到其源代码,并可在 GNU 共享协议下进行开发。德国的 PA 公司、Beckhoff 公司提供模块化的数控系统平台,由用户自行配置后形成自己品牌的数控产品。美国的 Delta Tau 公司提供 PMAC 运动控制卡和相关软件,由用户开发组成自己的数控系统。

表 7-3 不同结构层次的数控系统

层次	结构	特 点	生产厂商
1	全系统	全部数控软硬件系统,用户只需要完成简单的配置和测试;系统配置固定,柔性低,价格相对较高	西门子、发那科、海德汉、三菱、华中数控、广州数控和飞扬数控
2	半成品	用户可选余地大,需要有一定的开发设计能力,完成系统结构设计后可形成自己的品牌	德国 PA、倍福,美国 Delta Tau,固高
3	核心软件	提供数控核心技术、源代码,用户可选择硬件平台进行开发,对开发能力要求高	德国 ISG、美国 EMC、美国 Open CNC

数控系统是机床的大脑和神经系统,同时承担输入、输出和驱动控制功能。在生产实际应用中,在加工质量、生产率和易用性等方面都对数控系统提出不同要求,如图 7-22 所示。

机床的数控系统由人机界面、数控核心、可编程逻辑控制以及轴和驱动控制四个部分组成。人机界面是人与机器进行交互的操作平台,是用户与机床互相传递信息的媒介,用以实现信息的输入与输出,常由显示屏、编辑键盘、操作面板和通信接口组成。数控核心对零件加工程序进行译码和插补,将其转化为各轴的位置指令,从而实现对各轴的运动控制,空间坐标的转换和曲线插补的算法日渐成为数控系统的核心技术。机床的 M、S、T 等辅助功能主要通过 PLC 实现,不同型号和类型的机床逻辑控制不尽相同。驱动控制是电与机转换的过程,它将位置指令转换成速度指令,通过伺服电动机驱动机床部件的运动,在很大程度上决定着机床的加工精度。

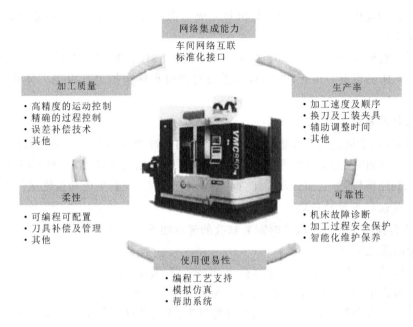

图 7-22 数控系统的要求

机床控制系统的设计与实现主要从以下 3 个方面进行。

(1) 供电电源及传输。

确定电源的类型和功率,从工厂电网将电源引进机床电气控制柜,根据要求进行隔离、抗干扰、供电安全等方面的设计。

(2) 控制功能。

选择数控系统以及相关的驱动控制器和伺服电动机,进行操作界面的设计和开发、控制柜的配置和设计,以及针对机床加工过程的 PLC 程序开发。数控系统的选型根据机床功能的要求,综合分析考虑价格、品牌、功能及服务等方面,特别要注重开放性对机床制造商和最终用户带来的益处。中高端数控系统一般选用日本发那科 0i、16i、30i 系列,德国西门子 808D、828D 和 840D 系列以及沈阳机床的 i5 系统等。西门子 840D 系列数控系统采用 S7-300 系列 PLC 实现逻辑控制的功能。还有一些新兴的数控系统采用 open PLC(又称为软 PLC)。

(3) 安全功能。

对系统进行安全风险评估,按照相应的安全等级和国家标准,完成针对操作人员和设备的安全措施设计。

7.2.4 机电有机结合设计

对普通机床的数控化改造也属于机电一体化系统设计范畴,一般将普通机床改造为经济型数控机床。利用微机实现机床的机电一体化(数控化)改造有两种方法,一种是以微机为中心设计控制部件,另一种是采用标准的步进电动机数字控制系统作为控制装置。前者需要重新设计控制系统,比较复杂;后者选用标准化的微机数控系统,比较简单。对机床的控制大多是由单片机按照输入的加工程序进行插补运算,产生进给,由软件或硬件实现脉冲分配,输出一系列脉冲,经功率放大、驱动刀架、纵横轴运动的步进电动机,实现刀具按规定的轮廓线轨迹运动。微机进行插补运算的速度较快,可以使单板机每完成一次插补、进给,就执行一次延时程序,由延时程序控制进给速度。

C6132型普通车床是一种加工效率高、操作性能好、社会拥有量大的普通车床。下面以C6132型普通车床的机电一体化改造为例,说明对普通车床数控进行机电一体化改造的主要步骤。

1. 改造设计的参数确定

利用微机对纵、横向进给系统进行开环控制,纵向脉冲当量为0.01 mm/脉冲,横向脉冲当量为0.005 mm/脉冲,动力元件为步进电动机,传动系统采用滚珠丝杠,刀架采用四工位自动转位刀架。考虑到经济性,并且主运动对工件轮廓的轨迹没有影响,主传动系统保持不变。

2. 改造总体设计方案的确定

对C6132型普通车床进行改造时需要修改的部分如下。

(1) 挂轮架系统全部拆除。

(2) 三杠(光杠、丝杠和操作杠)全部拆去,增加一根滚珠丝杠。

(3) 进给齿轮箱箱体内零件全部拆去,增加一个丝杠旋转支承。

(4) 溜板齿轮箱全部拆除,增加滚珠丝杠螺母座、连接螺母座和溜板的连接弯板。

(5) 中拖板丝杠拆去,换成滚珠丝杠,两端换成滚珠丝杠旋转支承。

(6) 在滚珠丝杠尾端连接步进电动机。为了增大输出转矩,一般在丝杠与电动机之间增加一减速箱。

(7) 刀架体采用四工位自动转位刀架。

改造后,车床的主运动与原来相同,传动路线为:主电动机—带传动—主轴变速齿轮传动—主轴。进给运动发生了变化,传动路线为:步进电动机—减速齿轮传动—丝杠传动—溜板刀架。改造后车床的传动系统如图7-23所示。

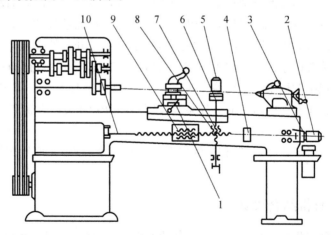

图7-23 改造后C6132型普通车床的传动系统示意图

1—横向微调机构;2—纵向步进电动机;3,6—减速箱;4—纵向微调机构;5—横向步进电动机;
7—横向进给丝杠;8—横向螺母;9—纵向螺母;10—纵向进给丝杠

3. 传动系统的设计计算

以纵向进给传动系统为例进行设计计算。

1) 已知条件

工作台质量 $m_1=80$ kg,时间常数 $\tau=25$ ms,脉冲当量 $\delta=0.01$ mm/脉冲,步距角 $\alpha=0.75°$/脉冲,滚珠丝杠导程 $S=6$ mm,快速进给速度 $v_{max}=2$ m/min,行程 $l_1=720$ mm,丝杠支承跨距 $L=1\ 100$ mm。改造后车床的纵向进给传动链简图如图 7-24 所示。

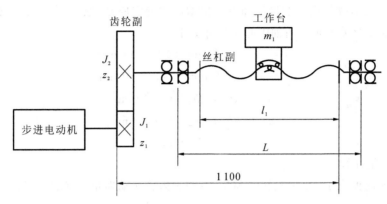

图 7-24 C6132 型普通车床经改进后的纵向进给传动链简图

2) 设计计算

(1) 切削力计算。

由切削原理知,切削功率 P_m 为

$$P_m = P_E \eta$$

式中:P_m——切削功率(kW);

P_E——主电动机功率,查机床说明书得 $P_E=4$ kW;

η——主传动系统总效率,取 $\eta=0.65$,则

$$P_m = 4\ \text{kW} \times 0.65 = 2.6\ \text{kW}$$

又有

$$P_m = \frac{F_z v}{6\ 120}$$

即得切削力为

$$F_z = \frac{6\ 120 P_m}{v}$$

式中:v——切削速度(m/min)。

根据 C6132 型普通车床车削时的最大合理切削用量,取 $v=10$ m/min,则切削力为

$$F_z = \frac{6\ 120 \times 2.6}{10}\ \text{N} = 1\ 591\ \text{N}$$

外圆车削时,有

$$F_x = (0.3 \sim 0.4)F_z, \quad F_y = (0.4 \sim 0.5)F_z$$

取

$$F_x = 0.4 F_z = 0.4 \times 1\ 591\ \text{N} = 636.4\ \text{N}$$
$$F_y = 0.5 F_z = 0.5 \times 1\ 591\ \text{N} = 795.5\ \text{N}$$

(2) 丝杠设计计算。

计算出轴向力 F_x 后,可根据机床设计手册确定滚珠丝杠直径,再查滚珠丝杠样本,选取滚

珠丝杠型号为 $FC_1B32\times6$-5-E_2，它的直径为 32 mm。

(3) 减速比计算。

$$i = \frac{\alpha S}{360°\delta} = \frac{0.75°\times 6}{360°\times 0.01} = 1.25$$

减速比 $i=1.25$，故采用一对齿轮即可。根据齿数确定原则，取 $z_1=24, z_2=30, m=2$ mm, $b=15$ mm，可算出有关齿轮和两轴中心距尺寸如下。

$$d_1 = mz_1 = 2 \text{ mm} \times 24 = 48 \text{ mm}$$
$$d_2 = mz_2 = 2 \text{ mm} \times 30 = 60 \text{ mm}$$
$$d_{a1} = d_1 + 2h_a^* = 52 \text{ mm}$$
$$d_{a2} = d_2 + 2h_a^* = 64 \text{ mm}$$
$$a = 54 \text{ mm}$$

(4) 转动惯量计算。

计算丝杠转动惯量 J_s、小齿轮转动惯量 J_{z1} 和大齿轮转动惯量 J_{z2}（取 $\rho=7.8\times 10^3$ kg/m³）。

$$J_s = \frac{1}{8}m_1 d^2 = \frac{\rho\pi d^4 L}{32} = \frac{7.8\times 10^3\times \pi\times 0.032^4\times 1.1}{32} \text{ kg}\cdot\text{m}^2 = 8.8\times 10^{-4} \text{ kg}\cdot\text{m}^2$$

$$J_{z1} = \frac{7.8\times 10^3\times \pi\times 0.048^4\times 0.015}{32} \text{ kg}\cdot\text{m}^2 = 6.1\times 10^{-5} \text{ kg}\cdot\text{m}^2$$

$$J_{z2} = \frac{7.8\times 10^3\times \pi\times 0.06^4\times 0.015}{32} \text{ kg}\cdot\text{m}^2 = 1.5\times 10^{-4} \text{ kg}\cdot\text{m}^2$$

轴 Ⅰ、Ⅱ 转动惯量为

$$J_1 = J_{z1} = 6.1\times 10^{-5} \text{ kg}\cdot\text{m}^2\text{（初算时，不考虑电动机转子的转动惯量）}$$

$$J_2 = J_s + J_{z2} = 8.8\times 10^{-4} \text{ kg}\cdot\text{m}^2 + 1.5\times 10^{-4} \text{ kg}\cdot\text{m}^2 = 10.3\times 10^{-4} \text{ kg}\cdot\text{m}^2$$

传动系统折算到电动机轴上的总等效转动惯量 J_{eq}^k 为

$$J_{eq}^k = \frac{m_1}{i^2}\left(\frac{S}{2\pi}\right)^2 + J_1 + \frac{J_2}{i^2}$$

$$= \frac{80}{1.25^2}\left(\frac{0.006}{2\pi}\right)^2 \text{ kg}\cdot\text{m}^2 + 6.1\times 10^{-5} \text{ kg}\cdot\text{m}^2 + \frac{10.3\times 10^{-4}}{1.25^2} \text{ kg}\cdot\text{m}^2$$

$$= 7.67\times 10^{-4} \text{ kg}\cdot\text{m}^2$$

传动系统折算到丝杠上的总等效转动惯量 J_{eq}^s 为

$$J_{eq}^s = m_1\left(\frac{S}{2\pi}\right)^2 + J_1 i^2 + J_2$$

$$= 80\left(\frac{0.006}{2\pi}\right)^2 \text{ kg}\cdot\text{m}^2 + 6.1\times 10^{-5}\times 1.25^2 \text{ kg}\cdot\text{m}^2 + 10.3\times 10^{-4} \text{ kg}\cdot\text{m}^2$$

$$= 11.98\times 10^{-4} \text{ kg}\cdot\text{m}^2$$

(5) 转动力矩计算。

空载时折算到电动机轴上的加速转矩 $T_{amax}(n_m=n_{max})$ 为

$$T_{amax} = \frac{J_{eq}^k n_{max}}{9.6\tau} = \frac{J_{eq}^k \dfrac{v_{max} i}{S}}{9.6\tau} = \frac{7.67\times \dfrac{2\times 1.25}{0.006}}{9.6\times 0.025}\times 10^{-4} \text{ N}\cdot\text{m} = 1.33 \text{ N}\cdot\text{m}$$

切削时折算到电动机轴上的加速转矩 $T_{at}(n_m=n_t$，取进给速度 $v_t=0.2$ m/min) 为

$$T_{\text{at}} = \frac{J_{\text{eq}}^k n_{\text{t}}}{9.6\tau} = \frac{J_{\text{eq}}^k \frac{v_{\text{t}} i}{S}}{9.6\tau} = \frac{7.67 \times \frac{0.2 \times 1.25}{0.006}}{9.6 \times 0.025} \times 10^{-4} \text{ N} \cdot \text{m} = 0.13 \text{ N} \cdot \text{m}$$

取摩擦系数 $\mu=0.16$，等效到电动机轴上摩擦转矩 T_{f}（空载时）和 T_{ft}（工作时）为

$$T_{\text{f}} = \frac{F_{\text{f}} \cdot S}{2\pi i} = \frac{\mu m_1 g S}{2\pi i} = \frac{0.16 \times 80 \times 9.8 \times 0.006}{2 \times \pi \times 1.25} \text{ N} \cdot \text{m} = 0.096 \text{ N} \cdot \text{m}$$

$$T_{\text{ft}} = \frac{F_{\text{ft}} \cdot S}{2\pi i} = \frac{\mu(m_1 g + F_z)S}{2\pi i} = \frac{0.16 \times (80 \times 9.8 + 1\,591) \times 0.006}{2 \times \pi \times 1.25} \text{ N} \cdot \text{m} = 0.29 \text{ N} \cdot \text{m}$$

取 $\eta_0 = 0.9$，$F_0 = \frac{1}{3}F_x$，等效到电动机轴上因丝杠预紧引起的附加摩擦转矩 T_0 为

$$T_0 = \frac{F_0 S}{2\pi i}(1 - \eta_0^2) = \frac{636.4 \times 0.006}{6 \times \pi \times 1.25}(1 - 0.9^2) \text{ N} \cdot \text{m} = 0.031 \text{ N} \cdot \text{m}$$

等效到电动机轴上因纵向进给最大切削力 $F_{\text{t}}(F_x)$ 产生的负载转矩 T_{t} 为

$$T_{\text{t}} = \frac{F_{\text{t}} S}{2\pi i} = \frac{636.4 \times 0.006}{2 \times \pi \times 1.25} \text{ N} \cdot \text{m} = 0.49 \text{ N} \cdot \text{m}$$

快速空载启动所需转矩 T_1 为

$$T_1 = T_{\text{amax}} + T_{\text{f}} + T_0$$
$$= 1.33 \text{ N} \cdot \text{m} + 0.096 \text{ N} \cdot \text{m} + 0.031 \text{ N} \cdot \text{m} = 1.46 \text{ N} \cdot \text{m}$$

合理切削所需转矩 T_2 为

$$T_2 = T_{\text{at}} + T_{\text{ft}} + T_0 + T_{\text{t}}$$
$$= 0.13 \text{ N} \cdot \text{m} + 0.29 \text{ N} \cdot \text{m} + 0.031 \text{ N} \cdot \text{m} + 0.49 \text{ N} \cdot \text{m} = 0.94 \text{ N} \cdot \text{m}$$

取进给传动系统总效率 $\eta = 0.75$，则

$$T_{\Sigma 1} = \frac{T_1}{\eta} = \frac{1.46}{0.75} \text{ N} \cdot \text{m} = 1.95 \text{ N} \cdot \text{m}$$

$$T_{\Sigma 2} = \frac{T_2}{\eta} = \frac{0.94}{0.75} \text{ N} \cdot \text{m} = 1.25 \text{ N} \cdot \text{m}$$

(6) 步进电动机的选择。

由上述计算可知，所需最大转矩发生在快速启动时，取电动机启动转矩 $T_{\text{q}} = T_{\Sigma 1}$ 进行步进电动机选型计算。

① 最大静转矩确定。

为满足最小步矩角 $\alpha = 0.75°$/脉冲要求，选用三相六拍步进电动机，查表得空载启动时它的最大静转矩 T_{jmax1} 为

$$T_{\text{jmax1}} = \frac{T_{\text{q}}}{0.866} = \frac{1.95}{0.866} \text{ N} \cdot \text{m} = 2.25 \text{ N} \cdot \text{m}$$

切削状态下所需步进电动机的最大静转矩 T_{jmax2} 为

$$T_{\text{jmax2}} = \frac{T_{\Sigma 2}}{0.4} = \frac{1.25}{0.4} \text{ N} \cdot \text{m} = 3.12 \text{ N} \cdot \text{m}$$

步进电动机最大静转矩为

$$T_{\text{jmax}} = 3.12 \text{ N} \cdot \text{m}$$

② 最大运行频率 $f_{\max}$ 确定。

$$f_{\max} = \frac{v_{\max}}{60\delta} = \frac{2\,000}{60 \times 0.01} \text{ Hz} = 3\,333.3 \text{ Hz}$$

根据已知条件及上述计算,查样本,选用110BF003型步进电动机满足要求。

(7) 刚度计算。

传动系统刚度计算包括轴向综合刚度和扭转刚度计算。

① 轴向综合刚度计算。

丝杠最小拉压刚度 $K_{smin}(l=L/2)$ 为

$$K_{smin} = \frac{\pi d_s^2 E}{4} \cdot (\frac{2}{L} + \frac{2}{L}) = \frac{\pi d_0^2 E}{L} = \frac{3.14 \times 0.032^2 \times 2.1 \times 10^{11}}{1.1} \text{ N/m} = 6.14 \times 10^8 \text{ N/m}$$

轴承和轴承座的支承刚度 K_B 根据滚珠丝杠所用轴承型号和预紧方式估算,可参照制造厂商技术资料。滚珠丝杠螺母的轴向接触刚度 K_N 可直接查产品样本。为了提高驱动系统综合刚度,应使 K_B 和 K_N 均不低于 K_s。本例初选轴承和丝杠螺母型号后,确定 $K_B = 6.4 \times 10^8$ N/m,$K_N = 7 \times 10^8$ N/m。

滚珠丝杠螺母副的综合拉压刚度为

$$\frac{1}{K_{0min}} = \frac{1}{2K_B} + \frac{1}{K_N} + \frac{1}{K_{smin}} = \frac{1}{2.6 \times 10^8} \text{ N/m}$$

$$K_{0min} = 2.6 \times 10^8 \text{ N/m}$$

$$K_{0max} = 4.5 \times 10^8 \text{ N/m}$$

② 扭转刚度计算。

选110BF003型步进电动机,查得其结构参数为: $d_m = 11$ mm,$l_b = 100$ mm。由图 7-24 知,丝杠扭转变形长度 $l = 1\,100$ mm。

$$K_1 = \frac{\pi d_m^4 G}{32 l_b} = \frac{\pi \times 0.011^4 \times 8.1 \times 10^{10}}{32 \times 0.1} \text{ N} \cdot \text{m/rad} = 1.16 \times 10^3 \text{ N} \cdot \text{m/rad}$$

$$K_2 = \frac{\pi d_s^4 G}{32 l} = \frac{\pi \times 0.032^4 \times 8.1 \times 10^{10}}{32 \times 1.1} \text{ N} \cdot \text{m/rad} = 7.6 \times 10^3 \text{ N} \cdot \text{m/rad}$$

传动系统折算到滚珠丝杠上的总等效扭转刚度 K_{eq}^s 为

$$K_{eq}^s = \frac{1}{\frac{1}{K_2} + \frac{1}{K_1 \cdot i^2}} = \frac{1}{\frac{1}{7.6 \times 10^3} + \frac{1}{1.16 \times 10^3 \times 1.25^2}} \text{ N} \cdot \text{m/rad} = 1.46 \times 10^3 \text{ N} \cdot \text{m/rad}$$

(8) 固有频率计算。

① 纵向振动固有频率计算。

滚珠丝杠传动系统纵向振动固有频率 ω_{nc}(不计丝杠质量)为

$$\omega_{nc} = \sqrt{\frac{K_0}{m_1}} = \sqrt{\frac{2.6 \times 10^8}{80}} = 1\,803 \text{ rad/s}$$

② 扭转振动固有频率计算。

滚珠丝杠传动系统扭转振动固有频率 ω_{nt} 为

$$\omega_{nt} = \sqrt{\frac{K_{eq}^s}{J_{eq}^s}} = \sqrt{\frac{1.46 \times 10^3}{1.2 \times 10^{-3}}} \text{ rad/s} = 1\,103 \text{ rad/s}$$

由上述计算可知,传动系统纵向振动固有频率和扭转振动固有频率均较高,符合伺服机械传动系统 $\omega_n > 300$ rad/s 要求,说明系统设计刚度满足要求。

(9) 验算惯量匹配。

根据所选步进电动机型号查得电动机转子转动惯量 $J_M = 4.06 \times 10^{-4}$ kg/m²,折算到电动

机轴上的负载惯量 $J_L = J_{eq}^k$（不包括电动机转子转动惯量），则

$$\frac{J_L}{J_M} = \frac{7.67 \times 10^{-4}}{4.06 \times 10^{-4}} = 1.9$$

可知，满足惯量匹配条件。

（10）传动系统误差计算。

改造时采用高精度齿轮或采用消隙装置，因此不计算由齿轮间隙产生的死区误差。

进给传动系统反向死区误差为

$$\Delta x = 2\Delta x_3 = \frac{2F_f}{K_{0\min}} = \frac{2\mu m_1 g}{K_{0\min}} = \frac{2 \times 0.16 \times 80 \times 9.8}{2.6 \times 10^8} \text{ m} = 0.96 \ \mu\text{m}$$

进给传动系统由综合拉压刚度引起的定位误差

$$\delta_{K\max} = F_t \left(\frac{1}{K_{0\min}} - \frac{1}{K_{0\max}} \right) = 636.4 \times \left(\frac{1}{2.6 \times 10^8} - \frac{1}{4.5 \times 10^8} \right) \mu\text{m} = 1.03 \ \mu\text{m}$$

根据改造要求，电动机脉冲当量 0.01 mm/脉冲，定位误差小于 10 μm，由以上计算可知，满足要求。其他误差，如丝杠扭转变形产生的误差等均较小，可忽略。

4. 传动系统的改造结果

根据以上计算进行详细设计，C6132 型普通车床纵向进给系统改造装配图如图 7-25 所示。

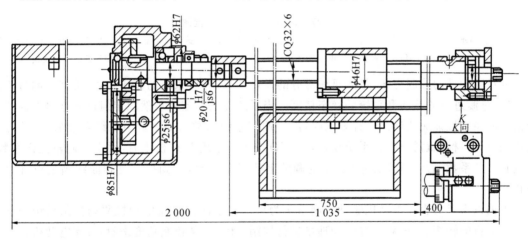

图 7-25 C6132 型普通车床纵向进给系统改造装配图

5. 控制系统的设计

对数控机床的经济型改造，通常采用半闭环控制策略。图 7-26 所示为传感器安装在丝杠端部的一种半闭环伺服控制系统，系统框图如图 7-27 所示。在该方案中，采用测速发电机检测驱动电动机的转速，采用位移传感器检测丝杠的转动，对丝杠到工作台之间的误差不做控制。

控制系统的传递函数为

$$G(s) = \frac{\Theta_i(s)}{U_i(s)} = \frac{G_1 G_2 G_3 G_4}{1 + G_2 G_3 G_7 + G_1 G_2 G_3 G_4 G_5 G_6} = \frac{\dfrac{K_a K_A K_m}{i_1}}{s(1 + \tau_m s) + K_A K_m K_v s + \dfrac{K_a K_A K_r K_m}{i_1 i_2}}$$

$$= \frac{K}{\tau_m s^2 + (1 + K_A K_m K_v)s + \dfrac{K K_r}{i_2}}$$

式中，$K = K_a K_A K_m / i_1$。

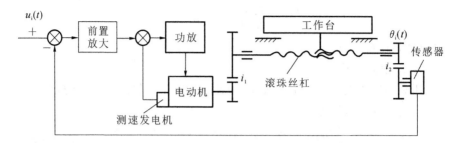

图 7-26 用滚珠丝杠传动工作台的伺服进给系统

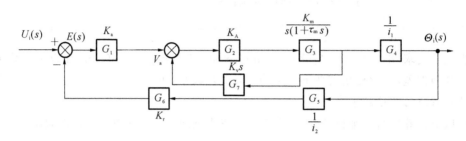

图 7-27 伺服进给系统控制框图

K_a—前置放大器增益；K_A—功率放大器增益；K_m—直流伺服电动机增益；K_v—速度反馈增益；τ_m—直流伺服电动机时间常数；i_1,i_2—减速比；K_r—位置检测传感器增益；$U_i(s)$—输入电压的拉氏变换；$\Theta_i(s)$—丝杠输出转角的拉氏变换

针对所设计的控制方案，带入机械部分的设计结果，分析系统的传递函数，研究控制过程的稳定性、过渡过程的品质和系统的稳态精度。当系统无法稳定或虽然稳定但过渡过程的性能或者系统的稳态性能无法满足设计要求时，需要调节系统参数。如果调节系统参数后，系统还无法达到设计目标，就需要进行系统校正，如 PID 校正。采用 PID 校正时，通常先调整比例系数，再调整微分系数，后调整积分系数，反复调整上述三个参数，直到控制过程曲线满足设计要求为止。

下面以永磁式直流电动机驱动控制系统为例。在永磁式直流电动机驱动控制系统中常需要对电动机的转矩、速度和位置等物理量进行控制。因此，从控制角度来看，直流电动机驱动及其控制过程有电流反馈、速度反馈和位置反馈等控制形式。图 7-28 所示为使用了这 3 个反馈控制回路(电流环、速度环和位置环)的运动控制系统方框图。其中，电流环的作用是通过调节电枢电流控制电动机的转矩，并改善电动机的工作特性和安全性。

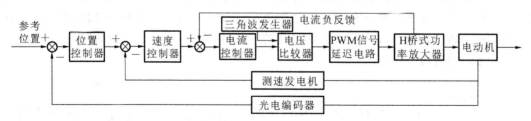

图 7-28 永磁式直流电动机三闭环控制系统

为了获得正确的直流电动机数学模型，可根据电磁学原理和物理学原理得出以下方程。
电压平衡方程：

$$u_a(t) = R_a i_a(t) + L_a \frac{di_a(t)}{dt} + E_a(t)$$

感应电动势方程：

$$E_a(t) = K_e \omega$$

电磁转矩方程：

$$T(t) = K_t i_a(t)$$

转矩平衡方程：

$$T(t) = J \frac{d\omega(t)}{dt} + B\omega(t) + T_d(t)$$

式中，J、B 分别为等效到电动机控制轴上的转动惯量和黏性阻尼系数，K_e、K_t 分别为感应电动势系数和电磁转矩系数，$T_d(t)$ 为电动机空载转矩和负载等效到电动机轴上的转矩之和。

为了把输入/输出关系式写成传递函数形式，需要对各个方程进行拉普拉斯变换，得到如下代数方程组：

$$\begin{cases} U_a(s) = R_a I_a(s) + L_a s I_a(s) + E_a(s) \\ E_a(s) = K_e \Omega(s) \\ T(s) = K_t I_a(s) \\ T(s) = Js\Omega(s) + B\Omega(s) + T_d(s) \end{cases}$$

消除中间变量后，可以得到以电枢电压为输入变量、以电动机转速为输出变量的传递函数。

$$\frac{\Omega(s)}{U_a(s)} = \frac{K_t}{L_a J s^2 + (L_a B + R_a J)s + R_a B + K_e K_t}$$

上式是直流电动机速度控制系统精确的输入/输出关系式，可以看出，它是一个二阶系统。

实际上，由于 $L_a \ll R_a$，电动机的电磁时间常数 $\tau_a = L_a/R_a$ 极小，即可以忽略电枢电感 L_a，同时可以不考虑黏性阻尼系数 B 的影响，则直流电动机速度控制系统的传递函数可以近似为一个一阶惯性环节。

$$\frac{\Omega(s)}{U_a(s)} = \frac{\frac{1}{K_e}}{T_m s + 1}$$

式中：T_m——电动机的时间常数，有

$$T_m = \frac{R_a J}{K_e K_t}$$

速度信号经过积分即可得到位置（角度）信号，所以在开环速度系统后串联一个积分环节可以得到开环的位置系统的传递函数。

下面采用阶跃辨识即所谓的"飞升法"进行一阶控制系统的参数辨识。

设某一运动控制系统的传递函数为

$$G(s) = \frac{K}{Ts + 1}$$

则其单位阶跃响应的时域表达式为

$$y(t) = K(1 - e^{-\frac{t}{T}})$$

系统对应的响应过程如图 7-29 所示。

由图 7-29 可知，

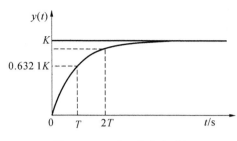

图 7-29 一阶系统响应过程

所以,可取响应稳态值为 K 值,如果 $t=T$,则
$$y(t)|_{t=T} = K(1-e^{\frac{-t}{T}})|_{t=T} = K(1-e^{-1})$$
$$= 0.6321K$$

在曲线上找到纵坐标为 $0.6321K$ 的点,其横坐标即为 T 的值。这就是一阶控制系统的阶跃参数辨识方法。

下面再针对直流伺服电动机进行位置环的 PID 调整。一般来说,位置控制系统的瞬态特性和稳态特性均不能令人满意,必须在系统中加入适当的校正装置来改造系统的结构。这里,通过在系统的前向通道中串联一个 PID 调节器来改善系统的性能。加入 PID 调节器校正以后的位置控制系统框图如图 7-30 所示。

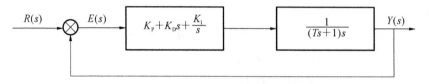

图 7-30 具有 PID 调节器的位置控制系统框图

模拟 PID 的控制算法为
$$u(t) = K_P\left[e(t) + \frac{1}{T_I}\int_0^t e(\tau)d\tau + T_D\frac{de(t)}{dt}\right]$$

式中:$u(t)$、$e(t)$——调节器的控制量输出和系统的跟随误差;
K_P、T_I、T_D——比例系数、积分时间常数、微分时间常数。

离散化后得到数字 PID 的控制算法为
$$u(t) = K_P\left\{e(k) + \frac{T}{T_I}\sum_{i=0}^k e(i) + \frac{T_D}{T}[e(k)-e(k-1)]\right\}$$
$$= K_P e(k) + K_I \sum_{i=0}^k e(i) + K_D[e(k)-e(k-1)]$$

式中:K_I、K_D——积分系数、微分系数。

由于计算机适合计算增量式的算式,推导可得如下增量式形式:
$$u(k) = u(k-1) + \Delta u(k)$$
$$\Delta u(k) = K_P[e(k)-e(k-1)] + K_I e(k) + K_D[e(k)-2e(k-1)+e(k-2)]$$

以上形式是控制程序中实现的 PID 控制算法形式。

对 PID 控制参数的调节一般在一定的准则下采取现场调试的方法。在 PID 控制的三个组成部分中,比例项的作用是对偏差信号做出及时响应;微分项的作用是减少超调,提高系统的稳定性,改善系统的动态特性;积分项的作用是消除静差,提高控制精度,改善系统的稳态特性。实际调试时,可以先选取一组 PID 参数初值,然后根据实际系统的控制情况对参数进行调节,一般在经过几次调节以后均能得到较好的控制效果。

7.3 四摆臂六履带机器人系统设计

伴随德国"工业4.0"在全球掀起新一轮的工业革命,我国也在大力推行"中国制造2025"发展战略,使机器人迎来了前所未有的发展机遇及挑战,同样也推动着各类机器人的大力发展。目前,与地面上的机器人相关的技术已经很发达,机器人的智能化程度也非常高。在机器人的研制中因橡胶履带具有抗振性好、牵引力大、速度高、噪声低、耐磨损、质量轻、不损坏路面、使用寿命长、防爆及耐高温的特点,橡胶履带式结构的机器人被广泛采用。例如,履带机器人逐渐扩展到月球环境、战场环境等复杂地面环境。在这些复杂环境下,机器人的行走控制主要采用传感检测、信息融合、远程通信等关键技术,以实现机器人的智能控制。常用的传感器有里程计、摄像系统、激光雷达、超声波传感器、红外传感器、陀螺仪、速度或加速度计、触觉或接近觉传感器等。本节将对四摆臂六履带机器人的本体结构、控制系统及检测系统进行设计。

7.3.1 四摆臂六履带机器人总体设计

1. 总体设计需求分析

四摆臂六履带机器人能在复杂环境中自如运行,并探测、采集信息。机器人所面对的地形主要有台阶地形、沟壑地形、斜坡地形等,因此机器人机构系统需要有足够多的运动关节,以实现多姿态变化。机器人机身上还应当有足够的传感检测及通信系统,即机器人机械系统要留有足够的空间来放置各种电子器件,如无线通信设备、姿态检测传感器、环境信息传感器及机器人本体控制系统。为了保证机器人的续航能力,机器人的本体结构不宜过大,同时还应当有独立供电的动力系统。

根据设计要求,机器人机械结构应具有以下几个特点。
(1) 探测机器人质量最小化,但具有一定的强度。
(2) 结构功能多样化,以适应各种复杂环境。
(3) 动态性能好,能保证其行走平稳。
(4) 具有一定的防雨、防尘、防爆、防振等特殊能力。
(5) 具备自主导航与路径规划的能力。
(6) 适应远距离无线数据传输的要求。

2. 四摆臂六履带机器人机械系统设计

适应各种复杂环境,在多种路面下自主行走,具有一个良好稳定的越障性能,是机器人实现功能的最基本的保障。机器人主要部件有车体、摆臂装置、履带行走机构、传动装置、控制系统、无线通信系统等组成。四摆臂六履带机器人主要由前左摆臂系统、前右摆臂系统、后左摆臂系统、后右摆臂系统及机器人本体组成,如图7-31所示。机器人由锂电池作动力源,锂电池为六台伺服电动机提供动力,其中有两台伺服电动机是为机

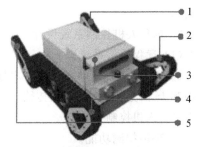

图7-31 四摆臂六履带机器人实物图
1—后左摆臂系统;2—前左摆臂系统;
3—机器人本体;4—前右摆臂系统;
5—后右摆臂系统

人行走提供动力的主电动机,其余是为完成各种姿态变化而单独控制的四台摆臂电动机。

履带机器人采用套筒轴结构,使四个摆臂系统的旋转运动与两条行走履带的旋转运动相分离,以实现多姿态变化。机器人可以随时根据地形的变化来调整自身姿态,同时,机器人在调整姿态时不影响正常行走。它们的传动方式为斜齿轮传动,即机器人设有六对斜齿轮传动副,其中两对与主电动机相连控制其行走运动,其余四对与摆臂电动机相连控制其各姿态控制。

3. 远程测控系统设计

以煤矿救援为例,煤矿救援机器人的主要任务就是在煤矿井下发生瓦斯爆炸后,机器人代替救护队员先进入事故发生现场,对现场的环境进行探测,并及时地将井下情况发往地面救援指挥中心。机器人具体完成以下任务:自主或者在人工干预下准确、快速地到达事故发生区域;将沿途经过区域的情况进行摄像、拍照;对事故发生地点的氧气、有害气体、易燃易爆气体的浓度和温度等环境信息进行监测;及时将监测的环境信息反馈给地面救援指挥中心,为救援的成功实施提供准确依据。

1) 传感检测系统

(1) 内部传感器。

内部传感器主要用于监测机器人系统内部的状态参数,以保证机器人能够快速、准确地到达事故发生地。内部传感器主要有里程计、陀螺仪及光电编码器等。

(2) 外部传感器。

外部传感器主要用于感知外部环境信息,如环境的温度、湿度、气体浓度、机器人与障碍物的距离等。外部传感器种类也很多,主要包括视觉传感器、激光测距传感器、超声波传感器、红外传感器、气体浓度传感器、温度传感器等。

(3) 数据采集卡和调理电路。

每个传感器都有各自的数据采集卡和调理电路,用于采集和处理采集到的信息。

2) 控制系统

对于功能较为齐全的智能机器人系统,计算机控制平台主要分为两种:通用计算机控制平台和嵌入式计算机控制平台。

采用双主履带进行机器人驱动时,四个摆臂为机器人跨越障碍物、上下坡等行为提供辅助作用。

3) 远程人机控制系统设计

(1) 远程通信系统。

远程通信系统能够通过人工本地遥控或者远距离地面控制,实现机器人的前后左右行走、越沟和上下坡等行为和信息传输。

(2) 人机控制系统。

① 环境探测功能。

人机控制系统能够采集和处理外部的环境信息,如氧气浓度、一氧化碳浓度、瓦斯浓度和温度等。

② 实时图像采集功能。

人机控制系统能够通过机器人所携带的摄像头来对事故地点进行录像,并将这些信息发送至地面远程操作主机。

③ 状态检测功能。

人机控制系统能对机器人的运行状态进行实时监控。

4）测控系统方案

煤矿救援机器人测控系统主要由电源模块、环境信息检测模块、障碍物检测模块、姿态检测模块、视频监视模块以及运动控制模块等组成。煤矿救援机器人的测控系统搭建如图 7-32 所示。

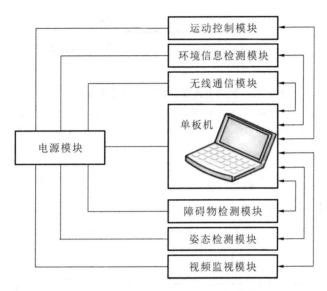

图 7-32 煤矿救援机器人的测控系统搭建

7.3.2 四摆臂六履带机器人系统设计

1. 四摆臂六履带机器人动力及传动系统设计

1）四摆臂六履带机器人传动系统的组成及工作原理

四摆臂六履带机器人传动系统结构简图如图 7-33 所示。机器人的传动系统主要分为摆臂系统及行走系统，两个传动系统相互独立。其中，机器人摆臂系统的旋转工作原理为：机器人摆臂电动机通过摆臂小锥齿轮、大锥齿轮及摆臂轴，把动力传递给摆臂外支架，以实现机器人摆臂空间 360°旋转。机器人行走的工作原理为：机器人主电动机通过主履带小锥齿轮、大锥齿轮及套筒轴，把动力传递给主履带轮，主履带轮再通过主履带及摆臂履带把动力分别传递给从履带轮及摆臂履带轮，以实现机器人的正常行走。

2）四摆臂六履带机器人简化模型

四摆臂六履带机器人机械系统是一个比较复杂的系统，在设计分析的前期，往往需要对机械结构初步方案的模型进行简化，以方便机器人机械系统、动力系统及检测系统的设计及选型。简化后机器人模型如图 7-34 所示。简化后各主要参数为履带机器人预估质量为 $G=160$ kg，摆臂长度 $L=250$ mm，带轮半径 $r=102$ mm，锥齿直齿轮传动比 $i=1/2$，履带机器人的检测速度 $V=1$ km/h。

因此，可得机器人履带轮转速要求为

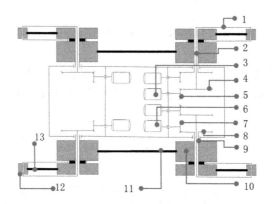

图 7-33 四摆臂六履带机器人传动系统结构简图

1—摆臂外支架；2—摆臂轴；3—摆臂电动机；4—摆臂大锥齿轮；5—摆臂小锥齿轮；6—主电动机；
7—主履带小锥齿轮；8—主履带大锥齿轮；9—套筒轴；10—主履带轮；11—主履带；12—摆臂履带；13—摆臂履带轮

$$n_{轮} = \frac{V}{2\pi r} = \frac{\frac{1\,000}{60}}{2\pi \times 0.102} \text{ r/min} = 26 \text{ r/min}$$

机器人主电动机的转速为

$$n_{主电动机} = 2n_{轮} = 52 \text{ r/min}$$

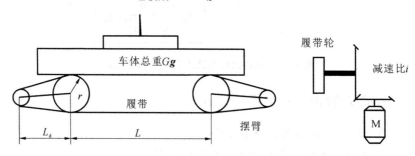

图 7-34 四摆臂六履带机器人简化模型

3）主履带系统设计

(1) 等效转矩计算。

根据四摆臂六履带机器人本体重量、结构尺寸及路面条件可以推算出机器人负载转矩折算到电动机端的等效转矩。履带机器人行走过程中，路面条件为随机的，为保障机器人在各种路面条件下行走，机器人履带与地面的摩擦系数选取最大值 $\mu=0.6$，锥齿轮系的传动效率为 $\eta=96\%$，可得机器人单侧电动机端的等效静转矩为

$$T_{eq} = \frac{G}{2} \times \frac{\mu r}{i\eta} = \frac{160 \times 10}{2} \times \frac{0.6 \times 0.102}{2 \times 0.96} \text{ N·m} = 25.5 \text{ N·m}$$

(2) 等效惯性转矩(加速转矩)。

由于机器人电动机的转动经过小锥齿轮、大锥齿轮再到履带轮上，因此，机身负载的转动惯量近似为

$$J_d = J_M + J_{c1} + \frac{J_{c2}}{i^2} + \frac{J_L}{i^2}$$

式中：J_M——电动机轴的转动惯量(kg·m²)；

J_{c1}——小锥齿轮的转动惯量(kg·m²);
J_{c2}——大锥齿轮的转动惯量(kg·m²);
J_L——履带轮的转动惯量(kg·m²)。

通过机器人单边履带受力分析,可得机器人履带轮的转动惯量为

$$J_L = \frac{1}{2}mr^2 = \frac{1}{2} \times 80 \text{ kg} \times (102 \times 10^{-3} \text{ m})^2 = 0.4 \text{ kg·m}^2$$

根据机器人结构尺寸设计的大、小斜齿轮及电动机轴端的转动惯量较小,远远小于 0.4 kg·m²,在初始计算时可忽略不计。

因此,折算到电动机轴端的惯量为

$$J_d = \frac{J_L}{i^2} = 0.1 \text{ kg·m}^2$$

设计允许带轮在 0.5 s 内达到转速 $n(n=26 \text{ r/min})$,电动机角加速度计算为

$$\alpha = \frac{\Delta n}{\Delta t} \times \frac{2\pi}{60} = \frac{26 \text{ r/min}}{0.5 \text{ s}} \times \frac{2\pi}{60} = 5.4 \text{ rad/s}^2$$

由上分析可得减速箱端所需要的加速转矩为

$$T_a = J_d \times \alpha = 5.4 \times 0.1 \text{ N·m} = 0.54 \text{ N·m}$$

因此,减速箱输出轴端所需的转矩为

$$T_{\max, \text{load}} = T_{eq} + T_a = 25.5 \text{ N·m} + 0.54 \text{ N·m} = 26.04 \text{ N·m}$$

(3) 动力系统设计。

根据机器人设计要求,并对机器人结构进行初步分析,机器人的电动机应当满足以下几点要求。

① 电动机适用于低转速、大扭矩场合。
② 电动机结构尺寸要小。
③ 电动机选用直流无刷电动机。
④ 电动机要有良好的控制性能等。

由上可知,为达到相关要求,可选用功率密度较大的电动机。同时,由于直流无刷电动机的转速较大,但扭矩较小,电动机端还需要配合一个行星齿轮减速箱以组成组合电动机,以满足机器人本体结构的使用要求。

电动机主要参数如表 7-4 所示。

表 7-4 电动机主要参数

额定电压下的参数	数 值	单 位
额定电压	24	V
空载速度	8 670	rpm
空载电流	897	mA
额定速度	7 970	rpm
额定转矩/最大连续转矩	311	mN·m
额定电流/最大连续电流	12.5	A
堵转转矩	4 400	mN·m

续表

额定电压下的参数	数 值	单 位
启动电流	167	A
最大效率	86	%
转矩常数	26.3	mN·m/A
速度常数	364	rpm/V
速度/转矩 梯度	1.98	rpm/(mN·m)
机械时间常数	4.34	ms
转子转动惯量	209	g·cm²

电动机行星齿轮减速箱主要参数如表 7-5 所示。

表 7-5 电动机行星齿轮减速箱主要参数

参 数	数 值	单 位
传动比	126	
转动惯量	16.4	g·cm²
传动轴数目	3	
最大连续转矩	30	N·m
输出轴峰值转矩	45	N·m
最大效率	75	%
推荐输入速度	6 000	rpm
输出轴最大轴向载荷	200	N
输出轴最大径向载荷(法兰外 12 mm)	900	N

(4) 计算校核。

① 转矩校核。

电动机减速箱输出轴端所需的转矩为

$$T_{max,load} = 26.04 \text{ N·m}$$

实际上,驱动器额定电流为 12 A,电动机组合连续输出转矩为

$$T = \frac{12 \text{ A}}{12.5 \text{ A}} \times 311 \text{ mN·m} \times 126 \times 75\% = 28.2 \text{ N·m} > T_{max,load}$$

因此,转矩满足要求,扭矩有 8% 富余量。

② 转速校核。

要求电动机减速箱输出轴端的转速为 $n = 52$ r/min。

所选电动机组合输出转速为

$$n_e = \frac{7\,970 \text{ rpm}}{126} = 63 \text{ rpm} > n$$

车轮半径 $r = 102$ mm,斜齿轮传动比 $i = 1/2$。

小车实际速度为

$$V_{小车实际} = n_e \times 2\pi r \times \frac{60}{i} = 63 \text{ rpm} \times 2\pi r \times \frac{60}{2} = 1.2 \text{ km/h}$$

实际最大可输出功率为
$$P = M \times n_e = 28.1 \text{ N} \cdot \text{m} \times 63 \text{ rpm} \times 2\pi/60 = 185.3 \text{ W}$$

因此,转速满足要求。

③ 转动惯量。

大惯量直流伺服电动机是相对小惯量而言的,其数值 $J_M \in (0.1, 0.6) \text{ kg} \cdot \text{m}^2$,其转矩与惯量比高于普通电动机而低于小惯量电动机,其快速性在使用上已经足够。

折算到减速箱输出轴端的惯量为
$$J_d = 0.1 \text{ kg} \cdot \text{m}^2$$

电动机组合的等效转动惯量为
$$J_M = (J_{电动机} + J_{减速箱}) \times i^2_{减速箱} = (209 + 16.4) \times 126^2 \text{ g} \cdot \text{cm}^2 = 0.36 \text{ kg} \cdot \text{m}^2$$
$J_d/J_M = 0.1/0.36 = 0.28 \in (0.25, 4)$,满足转动惯量要求。

注:对于采用惯量较小的直流伺服电动机的伺服系统,惯量比推荐 $J_L/J_M \in (1,3)$。$J_L/J_M > 3$ 对电动机的灵敏度和响应时间有很大的影响,甚至使伺服放大器不能在正常调节范围内工作。小惯量直流伺服电动机的惯量低至 $J_M = 5 \times 10^{-3} \text{ kg} \cdot \text{m}^2$,其特点是转矩与惯量比大,机械时间常数小,加速能力强,所以其动态性能好,响应快。但是,使用小惯量电动机时容易发生对电源频率的响应共振,当存在间隙、死区时容易造成振荡和蠕动,这才提出了"惯量匹配原则",并在数控机床伺服进给系统采用大惯量电动机。

由上可知,四摆臂六履带机器人转速、转矩及转动惯量等参数满足设计要求。但要注意的是,还得考虑配套行星齿轮减速箱转速、转矩等参数也应当满足相关要求,这些参数在本书中不再详细计算。

4) 摆臂履带系统设计

(1) 等效转矩计算。

四摆臂六履带机器人的四个摆臂在姿态变换过程中,要求摆臂旋转速度 $n_{摆臂} = 10$ rpm 即可,所以对摆臂转速无要求,主要侧重摆臂电动机转矩的确定。

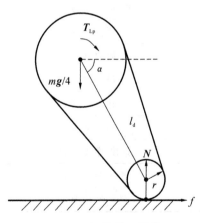

图 7-35 四摆臂六履带机器人摆臂受力分析图

摆臂电动机在工作状态下是小带轮接触地面,假设小车被 4 个摆臂支承时受力均匀,则每个摆臂承受的质量是 40 kg。机器人摆臂受力分析图如图 7-35 所示。在摆臂从水平到垂直地面的过程中,摆臂处于水平状态时,摆臂电动机承受的扭矩最大。摆臂长度 $l_d = 250$ mm,摆臂轮半径 $r = 48$ mm。

$$T_{Lp} = \frac{1}{4} G l_d \cos\alpha + \mu \times \frac{1}{4} mg (l_d \sin\alpha + r)$$

对方程求偏导可得,当 $\alpha = 31°$ 时,扭矩最大,因此有
$$M_{Lp} = \frac{1}{4} \times 160 \text{ kg} \times 10 \text{ N/kg} \times 250 \text{ mm} \times \cos 31°$$
$$+ 0.6 \times \frac{1}{4} \times 160 \text{ kg} \times 10 \text{ N/kg} \times (250 \text{ mm} \times \sin 31° + 48 \text{ mm}) = 128.2 \text{ N} \cdot \text{m}$$

经 2∶1 的斜齿之后：
$$T_{\text{gear peak}}(31) = 128\ \text{N}\cdot\text{m} \div 2 \div 96\% = 66.8\ \text{N}\cdot\text{m}$$
当机器人摆臂与地面垂直时，摆臂电动机经 2∶1 的斜齿之后所受扭矩为
$$M_{\text{gear peak}}(90) = \left[\frac{1}{4}mgl_\text{d}\cos90° + \mu \times \frac{1}{4}mg(l_\text{d}\sin90° + r)\right] \div 2 \div 96\%$$
$$= 37.2\ \text{N}\cdot\text{m}$$

（2）等效转动惯量计算。

以摆臂电动机轴折算转动惯量，主要包括机身的转动惯量和摆臂的转动惯量。由于摆臂的质量远小于机身的质量，所以摆臂的转动惯量可以忽略不计。

参考折算到减速箱输出轴端的转动惯量，
$$J_\text{d} = 0.1\ \text{kg}\cdot\text{m}^2$$

（3）动力系统设计。

综上所述，摆臂电动机主要考虑转矩需求，并且考虑供电电源是 24 V。摆臂电动机主要参数如表 7-6 所示，摆臂电动机行星齿轮减速箱主要参数如表 7-7 所示。

表 7-6 摆臂电动机主要参数

额定电压下的参数	数 值	单 位
额定电压	24	V
空载速度	5 000	rpm
空载电流	341	mA
额定速度	4 300	rpm
额定转矩/最大连续转矩	331	mN·m
额定电流/最大连续电流	7.51	A
堵转转矩	2 540	mN·m
启动电流	55.8	A
最大效率	85	%
转矩常数	45.5	mN·m/A
速度常数	210	rpm/V
速度/转矩梯度	1.98	rpm/(mN·m)
机械时间常数	4.34	ms
转子转动惯量	209	g·cm²

表 7-7 摆臂电动机行星齿轮减速箱主要参数

参 数	数 值	单 位
传动比	236	
转动惯量	89	g·cm²
传动轴数目	3	

续表

参　　数	数　　值	单　　位
最大连续转矩	50	N·m
输出轴峰值转矩	75	N·m
最大效率	70	%
推荐输入速度	3 000	rpm
输出轴最大轴向载荷	120	N
输出轴最大径向载荷(法兰外 12 mm)	570	N

(4) 计算校核。

摆臂电动机提供额定电流/最大连续电流为 7.51 A<12 A，在驱动器输出最大电流限制以内，故摆臂电动机组合输出的额定转矩为

$$T_G = 331 \text{ mN·m} \times 236 \times 70\% = 54.6 \text{ N·m} < T_{\text{gear peak}}(31) = 66.8 \text{ N·m}$$

此时不满足要求。

但机器人摆臂与地面垂直时，摆臂电动机所承受的扭矩为 $T_{\text{gear peak}}(90) = 37.2$ N·m，此时满足要求。

因此，机器人的摆臂旋转过程为变扭矩过程。此时，机器人的摆臂扭矩应该考虑其输出轴峰值转矩，$T_{\text{gear peak}}(31) = 66.8$ N·m<$T_{\text{peak}} = 75$ N·m，满足要求。

机器人摆臂旋转速度为 10 rpm，其从最大角度 31°旋转到摆臂与地面垂直，时间约为 1 s，因此，机器人摆臂旋转时，摆臂电动机过载时间小于 1 s。

摆臂电动机组合输出峰值转矩按 75 N·m(1 s)时，摆臂电动机电流和可持续时间计算如下。

$$I_L = \frac{M_P}{i \times \eta \times K_M} = \frac{75 \text{ N·m}}{236 \times 70\% \times 45.5 \text{ mN·m/A}} = 9.98 \text{ A}$$

摆臂电动机空载电流 $I_0 = 0.34$ A，故总电流 $I_总 = I_0 + I_L = 0.34$ A+9.98 A=10.32 A(摆臂电动机的额定电流为 7.5 A，实际电流是额定电流的 1.4 倍)，摆臂电动机电流超过额定电流需要有时间的限制，如图 7-36 所示。

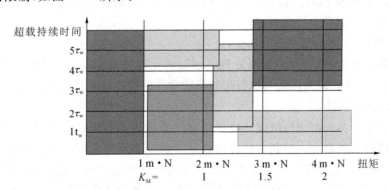

图 7-36　摆臂电动机电流超过额定电流时间限制图

在环境温度 25 ℃的条件下，摆臂电动机可持续的时间为 $3\tau_w$(3 倍的绕组热时间常数)，即

可持续时间 $t=93$ s,而摆臂时峰值转矩持续时间为 1 s 左右,因此,完全满足要求。

2. 远程测控系统设计

根据煤矿救援机器人的需求分析,要实现煤矿救援机器人的各种功能,就必须搭建出一个层次清晰、模块化、可靠性高、功能性强、灵活性好、可移植性强、可扩展性强、鲁棒性好的可搭载在煤矿救援机器人上的系统。采用分布式、模块化的思想来搭建煤矿救援机器人的测控系统。将该系统分为三个层次,即运动与执行控制层、传感与信号处理层和决策控制层。图 7-37 所示为煤矿救援机器人测控系统框图。

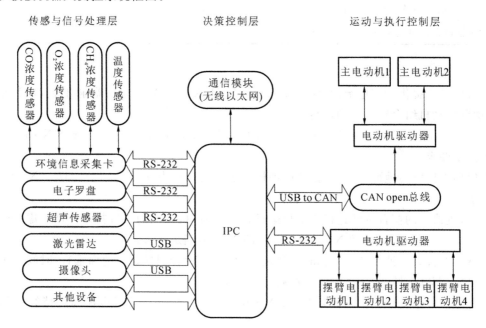

图 7-37 煤矿救援机器人测控系统框图

1) 传感与信号处理层

应用于移动机器人的传感器可分为内部传感器和外部传感器两类。内部传感器用于监测机器人系统内部状态参数,外部传感器用于感知外部环境信息。该层通过各个传感器模块对机器人的内部状态和外部环境进行监测,通过各自的调理电路和通信总线将采集到的数据上传至决策控制层的 IPC。

2) 决策控制层

该层采用单板机作为平台,做隔爆处理。该层的主要功能是对各个传感器的数据进行融合,然后把处理的结果转化为运动与执行控制层的命令并发送给运动与执行控制层。

3) 运动与执行控制层

该层主要由驱动器和电动机组成。决策控制层将接收到的传感与信号处理层的信息转换为运动与执行控制层的命令。控制主履带的电动机驱动器通过 CAN open 总线接收决策控制层的命令,然后驱使主电动机进行相应的动作。控制摆臂的摆臂电动机通过 RS-232 接收控制命令,从而实现摆臂的动作,调整机器人的姿态。电动机各种动作的组合就实现了机器人的前进、后退、转弯、避障、越障等行为。

通过这三个层次的协调工作,煤矿救援机器人实现了通过监测内部状态和外部环境来控制自己行为的功能。

根据煤矿救援机器人实际应用需求所设计的机器人测控系统能够按照预期的目标记录障碍物的位置、采集障碍物边沿形状和距离、机器人姿态角度、环境信息等参数,并能够通过远程遥控操作控制机器人的前进、后退和转弯等动作。系统还将摄像头所拍摄的画面上传至监控主机。系统的远程监控界面设计如图 7-38 所示。

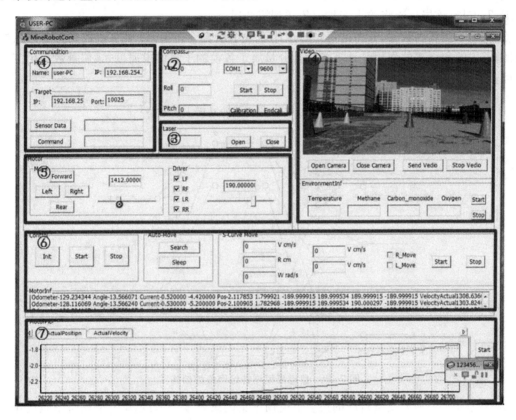

图 7-38　煤矿救援机器人测控系统远程监控界面设计

①—机器人通信状态;②—机器人姿态信息;③—激光传感器信息;④—视频信息;⑤—远程控制模块;⑥—自动控制模块;⑦—驱动电动机运行状态

7.3.3　基于自适应模糊神经网络的机器人路径规划方法

模糊逻辑控制简称模糊控制,是以模糊集合论、模糊语言变量和模糊逻辑推理为基础的一种计算机数字控制技术。人工神经网络(ANNs)简称为神经网络(NNs)或称作连接模型,是一种模仿动物神经网络行为特征,进行分布式并行信息处理的算法数学模型。这种网络依靠系统的复杂程度,通过调整内部大量节点之间相互连接关系,从而达到处理信息的目的。

路径规划是救援机器人实现环境探测、救援的前提条件,也是煤矿救援机器人控制的重要依据。将模糊控制和神经网络这两种技术结合起来,利用神经网络引入学习机制,为模糊控制器提取模糊控制规则及隶属函数,可使整个系统成为自适应模糊神经网络系统。

假设救援机器人测量障碍物的测距传感器的输入变量定义为 6 个,分别用 L 表示左方障碍物距离信息、R 表示右方障碍物距离信息、LF 表示左前方障碍物距离信息、RF 表示右前方障碍物距离信息、F 表示前方障碍物距离信息、T 表示目标方向的角度信息,输出变量定义为 2 个,分别用 Z、Y 表示移动机器人左右轮的速度。网络结构采用 5 层结构如图 7-39 所示。

第 1 层是输入层,输入节点用 $X=(x_1,x_2,x_3,x_4,x_5,x_6)$ 表示,依次与输入变量 L、LF、F、RF、R、T 连接,该层负责将输入变量值传送到第 2 层。

第 2 层为隶属函数层,其中的每个节点代表一个语言变量值,该层节点数是每个输入变量的模糊子集的和。它的作用是计算各输入分量属于各模糊子集的隶属度,隶属函数采用高斯函数,可表示为

$$\mu_i^j = e^{-\frac{(x_i-c_{ij})^2}{\sigma_{ij}^2}} \quad (i=1,2,\cdots,6; j=1,2,\cdots,s_i)$$

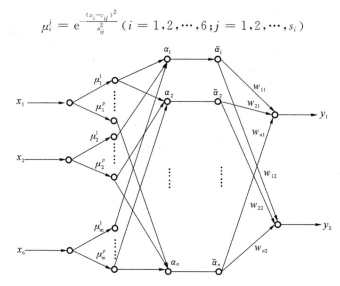

图 7-39 自适应模糊神经网络的结构图

μ_i^j 表示第 i 个输入变量对应的第 j 个模糊子集的隶属度,c_{ij} 表示第 i 个输入节点的第 j 个模糊子集的隶属函数中心,σ_{ij}^2 表示隶属函数的宽度,s_i 表示第 i 个节点的模糊子集数。

第 3 层称为推理层,每个节点代表一条模糊控制规则,该层可根据前一层的相关各隶属度连乘得到每条模糊控制规则的适用度。由于采用高斯函数作为隶属函数,因此只有在输入值附近的模糊子集有较大的隶属度,其余模糊子集隶属度很小或为 0,当隶属度近似为 0 时,这样连乘之后大部分规则的适用度结果都为 0,只有少量 α_j 不为 0。

第 4 层实现归一化,节点数与第 3 层相同。

第 5 层作为输出层,完成去模糊化。去模糊化方法一般有加权平均法、平均最大隶属度法、重心法等。这里选用重心法,输出量为机器人左右轮的速度。

7.4 矿用带式输送机系统设计

带式输送机具有输送能力强、输送距离远等特点,是煤矿运输的主要设备,一般由机架、输送带、上托辊、下托辊、制动器、装卸装置、清扫装置、张紧装置、驱动装置和测控系统等组成。

矿用带式输送机远程监控系统如图 7-40 所示。

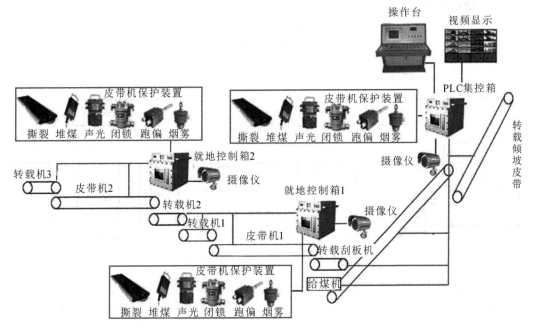

图 7-40　矿用带式输送机远程监控系统

7.4.1　机电有机结合设计

1. 带式输送机机械结构

带式输送机的结构主要包括以下几个部分：输送皮带、托辊、驱动部分（包括传动滚筒）、机架、拉紧部件和清扫部件等。驱动部分、卸载部件、传动部件、传动装置、拉紧改向部件、张紧部件、盘式制动装置、逆止器及电控部分均布置在带式输送机的机头位置。带式输送机的整体结构如图 7-41 所示。

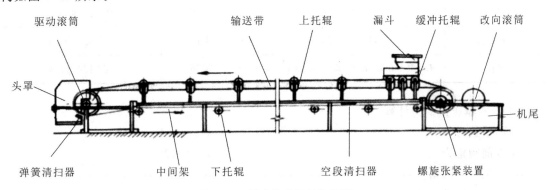

图 7-41　带式输送机结构简图

2. 驱动电动机选型

1）带式输送机受力分析

带式输送机运行过程中受到的主要阻力如图 7-42 所示，主要包括基本阻力、倾斜阻力、附加阻力和特殊阻力。带式输送机受力分析是确定驱动电动机功率的基础,应在选择驱动电动机之前对带式输送机的阻力进行详细的计算与分析。

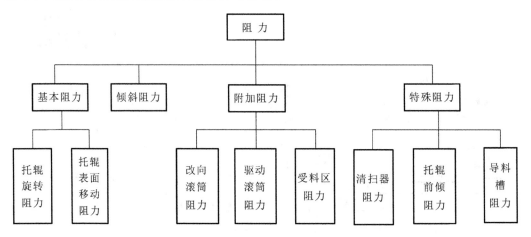

图 7-42　带式输送机阻力构成图

设备布置位置:主平硐带式输送机机头安装在地面主斜井井口房内,井口标高＋418.307 m,主平硐长约 4 264 m,平硐内装备一台钢丝绳芯带式输送机,担负全矿井 1.50 Mt/a 原煤的提升任务。

为了上、下井人员的安全,应在输送机与架空乘人器之间设置防护栏,尾部由井底煤仓下的甲带式给料机(给料能力为 500～2 000 t/h)将原煤连续、均匀、定量地给到本带式输送机上,单点给煤。

带式输送机主要技术参数如表 7-8 所示。

表 7-8　带式输送机主要技术参数

名　称	参　数	名　称	参　数
煤的松散容重	1 t/m³	运量	$Q=1\ 000$ t/h
粒度	≤300 mm	带宽	$B=1\ 200$ mm
提升高度	$H=118.78$ m	带速	$v=3.15$ m/s
机长	$L_1(694\ \text{m})+L_2(3\ 570\ \text{m})=4\ 264$ m	带强	ST 3150(阻燃)

2) 带式输送机受力计算

槽形系数为　　　　　　　　　　　　　　$C_{ep}=0.43$

托辊前倾角为　　　　　　　　　　　　　$\varepsilon=1.42°$

输送机平均倾角为　　　　　　　　　　　$\delta=1.57°$

托辊与输送带间的摩擦系数为　　　　　　$\mu_0=0.4$

物料与导料拦板间的摩擦系数为　　　　　$\mu_1=0.7$

输送带清扫器与输送带间的摩擦系数为　　$\mu_2=0.7$

托辊运行阻力系数为　　　　　　　　　　$f=0.03$

传动滚筒摩擦系数为　　　　　　　　　　0.03

清扫器个数为 $n=5$
犁式卸料器个数为 $n_a=0$
犁式卸料器的阻力系数或刮板清扫器的阻力系数为 $k_3=1\,500\text{ N/m}^2$
输送带宽度为 $B=1\,200\text{ mm}$
输送能力为 $I_V=Q/(3.6\rho)=0.277\,8\text{ m}^3/\text{s}$
带式输送机运行速度为 $v=3.15\text{ m/s}$
输送带强度为 $\text{ST}=3\,500\text{ N/mm}$
输送带清扫器与输送带的接触面积为 $A=0.012\text{ m}^2$
输送带清扫器与输送带间的压力为 $p=100\,000\text{ N/m}^2$
每米物料质量为 $q_G=88.18\text{ kg/m}$
每米输送带质量为 $q_B=52.80\text{ kg/m}$
上托辊每米长转动部分质量为 $q_{RO}=16.26\text{ kg/m}$
下托辊每米长转动部分质量为 $q_{RU}=7.42\text{ kg/m}$
附加阻力系数为 $C=1.04$

主要阻力为
$$F_H = f \times L_{水} \times g[q_{RO}+q_{RU}+(2q_B+q_G)\cos\delta] = 273\,950\text{ N}$$

托辊前倾的摩擦阻力为
$$F_{ep}=C_\mu \times \mu_0 \times L_{斜} \times (q_B+q_G) \times g \times \cos\delta \times \sin\varepsilon = 25\,232\text{ N}$$

导料槽栏板长度为
$$l = 7.5\text{ m}$$

导料槽栏板宽度为
$$b_1 = 0.73\text{ m}$$

导料槽拦板间的摩擦阻力为
$$F_{gl} = \mu_1 \times I_V^2 \times \rho \times g \times \frac{1}{V^2 \times b_1^2} = 752\text{ N}$$

主要特种阻力为
$$F_{S1} = F_{ep} + F_{gl} = 25\,984\text{ N}$$

输送带清扫器摩擦阻力为
$$F_r = A \times p \times \mu_2 = 840\text{ N}$$

犁式卸料器摩擦阻力为
$$F_a = n_a \times B \times k_a = 0\text{ N}$$

附加特种阻力为
$$F_{S2} = n \times F_r + F_a = 4\,200\text{ N}$$

倾斜阻力为
$$F_{St} = q_G \times g \times H = 101\,210\text{ N}$$

传动滚筒所需圆周驱动力为
$$F_U = CF_H + F_{S1} + F_{S2} + F_{St} = 416\,302\text{ N}$$

3) 电动机数量确定及型号选择
带式输送机稳定运行时传动滚筒所需运行功率为

$$P_\mathrm{A} = \frac{F_\mathrm{U} \times v}{1\,000} = 1\,311.4 \text{ kW}$$

带式输送机驱动电动机功率为

$$P_\mathrm{M} = \frac{P_\mathrm{A}}{\eta} = 1\,681 \text{ kW}$$

式中,$\eta = 0.78$。

因此,选择 3 台 710 kW 异步电动机,电动机选用佳木斯电机股份有限公司生产的 YBPT560M2-4 型防爆异步电动机,它的功率为 710 kW、电压等级为 6 000 V、频率范围为 5~50 Hz、同步转速为 1 500 r/min。

4) 驱动方式选择

目前,带式输送机驱动系统主要有调速型液力耦合系统、CST 驱动系统以及变频驱动系统等。调速型液力耦合系统主要用于小型带式输送机驱动。大型带式输送机常用的驱动系统主要为 CTS 驱动系统和变频驱动系统。各种驱动系统的主要性能比较如表 7-9 所示。

表 7-9 常用驱动系统主要性能比较

性能指标	调速型液力耦合系统	CST 驱动系统	变频驱动系统
软启动特性	较好	好	好
控制系统	简单	复杂	较简单
功率平衡	较好	好	好
低速运行	较稳定	稳定	稳定
传输效率	较高	高	高
可靠性	可靠	可靠	可靠
运行成本	低	高	低
价格	低	高	高

由表 7-9 可知,变频驱动系统的控制简单、运行稳定,而且由于电力电子技术的迅速发展,以及变频器价格的不断下降,变频驱动系统的优点越来越明显,变频驱动成为带式输送机驱动系统的主要发展方向。基于变频驱动在各方面的诸多优点,带式输送机驱动方式选用变频驱动。

7.4.2 带式输送机测控系统总体方案

带式输送机测控系统总体方案如图 7-43 所示。它主要由工控上位机监控系统、主控 PLC、变频器、各类传感器等设备组成。系统结构为:主控 PLC 通过以太环网与上位机建立连接,通过 PROFIBUS 通信协议与变频器实现实时通信。系统工作原理为:工控上位机向 PLC 发送控制命令实现对变频器的控制,进而实现对带式输送机进行节能控制,PLC 将从各类传感器采集到的数据经处理后发送到上位机系统中,调度室工作人员通过上位机可视化界面实现对井下输送机状态的实时监测。

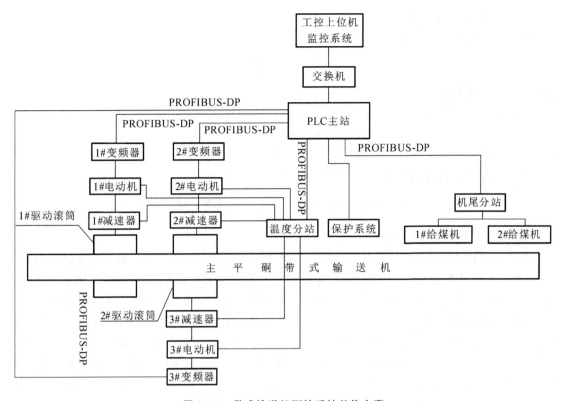

图 7-43 带式输送机测控系统总体方案

7.4.3 带式输送机控制系统设计

1. 带式输送机机电系统建模

皮带运输变频调速系统是一个庞大、复杂的系统,为了提高对整个系统控制的稳定性、快速性和准确性,分别对该带式输送机系统各环节建立近似的数学模型。该系统主要分为变频控制系统、电动机传动系统、带式输送机减速系统、皮带四个部分。

(1) 变频控制系统的数学模型为

$$G_1(s) = \frac{K_s}{T_1 s + 1}$$

式中,$K_s = Ka$,$T_1 = 0.1a$,a 为加速时间,即频率上升到 50 Hz 的时间。

(2) 电动机传动系统的数学模型为

$$G_2(s) = \frac{K_M}{T_m s + 1}$$

$$K_M = \frac{2s\omega}{U}; \quad T_m = \frac{Jw^2 R}{3nU^2}$$

式中:J——电动机电枢的转动惯量;

U——电动机的额定电压;

R——转子的电阻;

n——电动机的额定转速;

ω——转子的角速度。

（3）带式输送机减速系统的数学模型为

$$G_3(s) = \frac{1}{is}$$

式中：i——减速器传动比。

（4）带式输送机的皮带具有传递滞后性，是纯滞后环节，其传递函数可表示为

$$G_4(s) = e^{-\tau s}$$

式中：τ——纯滞后时间。

带式输送机的传递函数为

$$G(s) = G_1 G_2 G_3 G_4 = \frac{K_s}{T_1 s + 1} \frac{K_M}{T_m s + 1} \frac{1}{is} e^{-\tau s}$$

2. 基于 PID 的变频调速控制

带式输送机驱动系统选用了皮带头部双滚筒三电动机变频驱动，其中一台变频器设置为主变频器，另外两台变频器设置为从变频器。主变频器采用速度给定方式进行控制，而从变频器由主变频器给定转矩进行控制。所以，在变频驱动系统启动过程中只需对主变频器进行控制即可。

PID 控制系统中，P 为比例控制，主要用于矫正速度偏差；I 为积分控制，主要为了消除系统在运行过程中的稳态误差；D 为微分控制，主要用来减小系统的超调量，增加输送机控制系统的稳定性。带式输送机基于 PID 的变频调速控制原理图如图 7-44 所示。图 7-44 中 $r(t)$ 为电动机运行速度的给定值，$y(t)$ 为电动机运行速度反馈测量值，$e(t)$ 是电动机速度给定值和速度传感器测量的电动机速度反馈值之差，也就是 PID 速度控制系统的实际输入值。系统的输出变量和误差之间的模拟量的 PID 调节的数学表达式为

$$u(t) = K_P \left[e(t) + \frac{1}{T_I} \int_0^t e(\tau) d(\tau) + T_D \frac{de(t)}{dt} \right]$$

式中：K_P——比例系数；

T_I——积分时间常数；

T_D——微分时间常数。

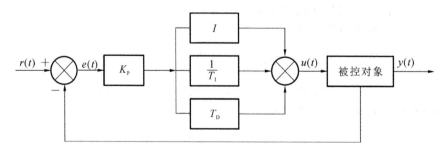

图 7-44 带式输送机基于 PID 的变频调速控制原理图

这个控制规律经过数学拉普拉斯变换得传递函数表达式，即输出与输入的关系为

$$\frac{U(s)}{E(s)} = K_P \left[1 + \frac{1}{T_I s} + T_D s \right]$$

PID 速度控制系统的基本原理是：$e(t)$ 经过用于速度矫正环节的比例环节、用于消除系统运行过程稳态误差的积分环节和用于减小控制系统调节量的微分环节后，得到 PID 速度控制

系统的输出值 $u(t)$；然后利用输出值 $u(t)$ 对被控对象带式输送机的电动机速度进行控制，被控对象带式输送机的电动机速度的输出值为 $y(t)$，将电动机运行速度 $y(t)$ 反馈到 PID 速度控制系统的输入端与给定值进行差值比较，比较后的差值作为下一个 PID 速度控制的实际输入值 $e(t)$，输入 PID 速度控制系统中，一直循环，直到 PID 速度控制系统的输出值 $y(t)$ 满足速度给定值的要求。

3. 多电动机功率平衡控制

带式输送机所使用的驱动电动机为异步电动机。由异步电动机的机械特性可以得出，型号和功率完全相同的三台异步电动机的机械特性相同，理论上三台异步电动机同时运行时，能够实现负载的平均分配，三台异步电动机各自承担 1/3 的负荷。但是，在实际的运行过程中，由于三台异步电动机存在制造材料和工艺差异等客观因素，再加上三套减速器制造误差的影响，会导致两套电动机拖动系统的特性不可能完全一致，所以负载在三台异步电动机之间的分配不可能完全一致。

为了实现三台电动机转矩平衡和拖动功率平衡，经过对各种控制方式的研究与分析，最终选择了主从控制方式，功率平衡控制原理如图 7-45 所示。首先，在变频器的人机界面进行功率平衡系数的设定（0%～200%可调）。平衡系数设定完成后，在变频器启动和运行的过程中，从变频器会进行直流母线电流的检测，检测完成后，将检测数据送入主变频器 CPU 进行运算，运算后将转矩或转速传送到从变频器，从变频器 CPU 调节频率增益补偿的加或减值，从而实现电动机的同步。通过以上过程，实现了三台电动机的功率平衡及同步运行。

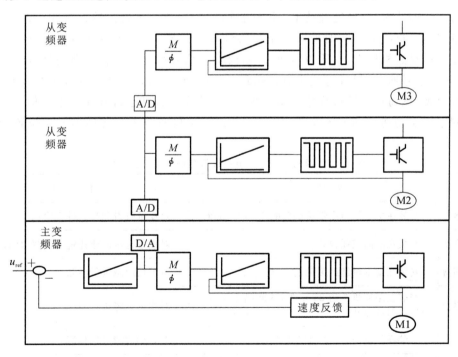

图 7-45 三台电动机功率平衡控制原理

7.4.4 带式输送机监测系统设计

带式输送机监测系统主要对运行过程中跑偏、撕带、超温、打滑、堆煤和冒烟等故障进行监测。带式输送机监测系统组成如图 7-46 所示。

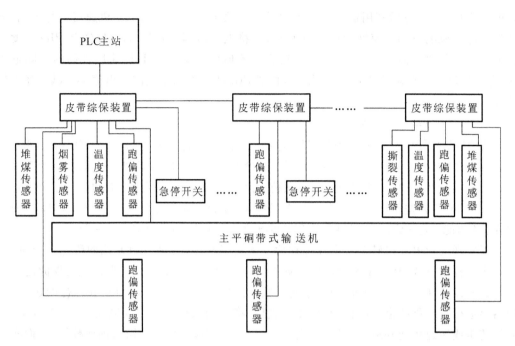

图 7-46 带式输送机监测系统组成

借助传感器技术、信息处理技术、计算机软件技术,建立了带式输送机在线监测系统,实现了对带式输送机故障的实时监测。系统将温度传感器、撕裂传感器、堆煤传感器、跑偏传感器等安装在输送机机架上,用以对故障进行检测,信号采集板对传感器信号进行实时采集和处理,并将信号通过 CAN 总线实时传输到上位监控软件,计算机实时地进行判断,如果有异常信号出现,则通过计算机程序发出命令,停止带式输送机运行并显示报警信号。带式输送机监测系统实物连接图如图 7-47 所示。带式输送机监测系统传感器安装位置及作用如表 7-10 所示。

表 7-10 带式输送机监测系统传感器安装位置及作用

传感器类型	安装位置	作用
速度传感器	安装在主滚筒与皮带接触面的 5~10 cm 处	对皮带打滑和超速进行检测
温度传感器	安装在滚筒或托辊处	对皮带与滚筒或托辊的摩擦超温进行检测
堆煤传感器	安装在皮带机卸载滚筒前上方	对堆煤故障进行检测
跑偏传感器	安装在距离机头约 25 m 处,约间隔 100 m 沿皮带线对称安装	对跑偏故障进行检测
烟雾传感器	安装在主滚筒上方的下风口处	对冒烟故障进行检测
撕裂传感器	安装在皮带机头合适的位置	对撕裂故障进行检测
急停开关	安装在皮带机架人行侧,从机头到机尾间隔 100 m 安装	对紧急故障进行检测

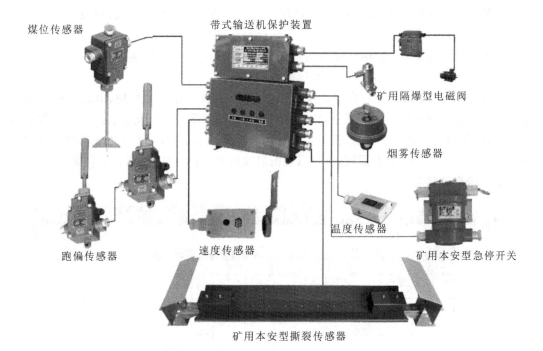

图 7-47 带式输送机监测系统实物连接图

7.4.5 带式输送机监控软件设计

带式输送机监控软件系统功能如图 7-48 所示。带式输送机监控软件系统主要由采集系统、显示系统、控制系统和用户系统四大系统构成。上位机监控软件系统主要是将井下皮带实时运作情况及各个设备的运作参数呈现在整个监控系统中,通过向下位机发送命令实现控制操作,当发生紧急事故时可以及时预警,以确保井下工作人员的安全。

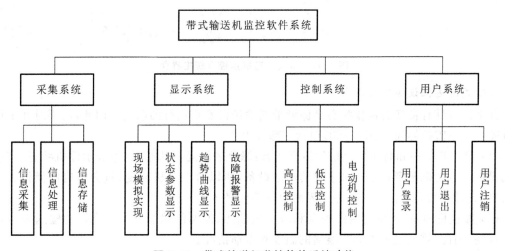

图 7-48 带式输送机监控软件系统功能

1. 监控系统主界面

带式输送机监控系统主界面如图 7-49 所示。它可以分为三部分内容。

(1) 在界面上端主要显示的内容是电动机、减速机、滚筒的参数数据表，以及输送带带速设定值和实际值，通过参数可以确定其是否为正常运行状态。

(2) 在界面中间部分呈现输送带结构简图，实时显示电动机的转速、电流、功率数据，主要监测电动机的运行状态，对其进行功率平衡的控制。

(3) 在界面下端呈现的主要内容有皮带监测状态、系统整体启动模块、电动机投入或切除的选择及系统控制方式的选择。其中，皮带监测状态包括温度、烟雾、跑偏、煤位、纵撕和洒水状态，若显示绿色则表示其状态正常，若显示灰色则表示状态不正常；系统整体启动模块包括单级皮带启动条件、监测系统、上仓系统、皮带系统的启动状态，若显示绿色则表示启动状态，若显示灰色则表示未启动状态。

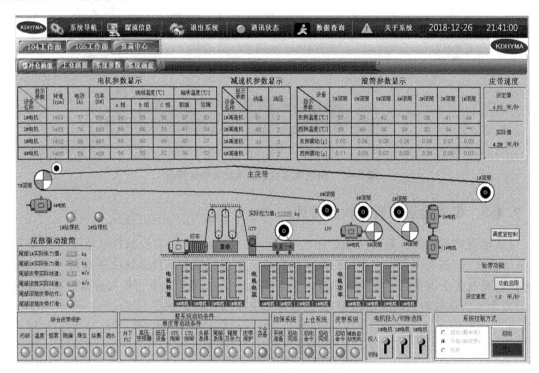

图 7-49　带式输送机监控系统主界面

2. 带式输送机设备监控界面

井下设备具有良好的运作状态是保障带式输送机安全运行的前提。因此，需要对井下设备进行监控。该监控界面(见图 7-50)包括三部分内容。

(1) 高压开关柜和高压变频柜的运行状态：绿色表示运行状态，红色表示停机状态，灰色表示无操作。电动机是带式输送机主要的驱动设备，所以对电动机温度、机旁箱启停操作和电动机风机的启停状态进行了监控，并在界面中间部分显示。

(2) 减速机油泵、风机的启停控制和减速机油压、油温的状态。滚筒是带动输送带运行的重要设备，因此，界面显示了七个滚筒的温度和振动情况。

(3) 张紧绞车的控制操作、GTU 制动器和 LTU 制动器的状态。

3. 带式输送机操作界面

上位机通过发送控制命令可以对下位机进行控制操作，这一模块主要实现对变频器、主电动

图 7-50 带式输送机设备监控界面

机风机、减速器风机、减速器油泵和减速器油压等的远程控制。界面设置的主要操作有驱动器的开停、复位、急停操作，破碎机的启停操作，输送带速度给定的手动设置等，界面如图 7-51 所示。

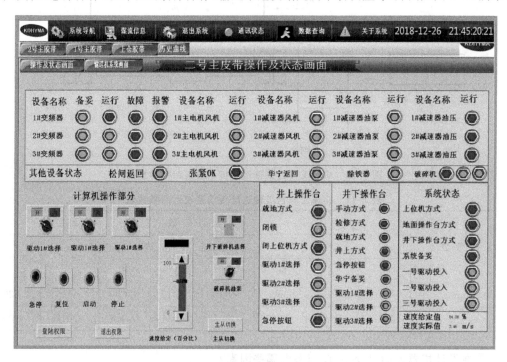

图 7-51 带式输送机操作界面

【复习思考题】

[1] 试述机电一体化系统的比例(P)调节、积分(I)调节、比例-积分(PI)调节和比例-积分-微分(PID)调节的优缺点。

[2] 工程上常采取哪些措施减小或消除机电一体化系统的结构谐振？

[3] 闭环之外的机械传动链齿轮传动间隙对系统的稳定性有无影响？为什么？

[4] 机床总体结构配置设计的主要原则有哪些？就至少一个原则举例分析。

[5] 什么是机床电主轴？它与传统机械主轴有哪些区别？

[6] 机床主轴状态监控的技术有哪些？请就其中一种技术举例分析。

[7] 高端数控系统有哪些特征？请就一种高端数控系统进行举例分析。

[8] 数控机床是一种典型的机电一体化产品，进给系统是其中重要的功能部件。图7-52所示是机床工作台某轴进给传动系统，它采用二级齿轮减速传动。已知：传动系统中齿轮(G_1，G_2，G_3，G_4)、轴(Ⅰ，Ⅱ)、丝杠和电动机的转速和转动惯量如表7-11所示；工作台质量$m=300$ kg，丝杠导程$S=5$ mm，法向载荷$F_{L垂直}=300$ N，进给载荷$F_{L水平}=400$ N，导轨摩擦系数$f=0.1$，重力加速度按10 m/s^{2}计算。试进行如下分析与设计计算：计算折算到电动机上的总等效转动惯量；不考虑加速，计算折算到电动机上的等效转矩；不考虑效率，如丝杠预紧力$F_0=200$ N，计算折算到电动机上的等效转矩。

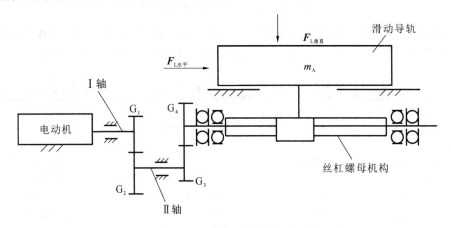

图7-52 机床工作台某轴进给传动系统结构示意图

表7-11 机床工作台某轴进给传动系统运动参数表

结构参数	运动参数							
	齿数				轴		丝杠	电动机
	G_1	G_2	G_3	G_4	Ⅰ	Ⅱ		
$n/(\text{r/min})$	720	360	360	180	720	360	180	720
$J/(\text{kg}\cdot\text{m}^2)$	0.01	0.016	0.02	0.032	0.024	0.004	0.012	0.004

[9] 在设计机器人的过程中，应当考虑哪些因素？

[10] 移动机器人常用传感器有哪些？简要说明它们的用途。

[11] 移动机器人常用控制器有哪些?
[12] 进行移动机器人电动机选型计算时,应当考虑哪些因素?应如何计算?
[13] 带式输送机机电一体化系统主要由哪几部分组成?各部分的作用是什么?
[14] 带式输送机主要有哪几种驱动方案?各有何特点?
[15] 带式输送机多个电动机如何实现功率平衡控制?
[16] 带式输送机监测系统中主要采用什么传感器?它们如何布置?作用是什么?

参考文献

[1] 张曙,等.机床产品创新与设计[M].南京:东南大学出版社,2014.
[2] 文怀兴,夏田.数控机床系统设计[M].2版.北京:化学工业出版社,2011.
[3] 朱林.机电一体化系统设计[M].2版.北京:石油工业出版社,2008.
[4] 樊红卫,邵偲洁,杨一晴,等.一种机械式自平衡电主轴系统及试验研究[J].制造技术与机床,2019,(3):50-54.
[5] 杨林,马宏伟,王川伟,等.校园巡检机器人智能导航与控制[J].西安科技大学学报,2018,38(6):1013-1020.
[6] 王川伟,马琨,杨林,等.四摆臂-六履带机器人单侧台阶障碍越障仿真与试验[J].农业工程学报,2018,34(10):46-53.
[7] 李晓鹏.煤矿探测机器人姿态控制与局部路径规划研究[D].西安:西安科技大学,2011.
[8] 王川伟.煤矿救援机器人虚拟样机设计[D].西安:西安科技大学,2012.
[9] 党林.煤矿救援机器人测控系统研究[D].西安:西安科技大学,2012.
[10] 杜晓坤,赵辉.基于综合智能算法的新型救援机器人路径规划研究[J].天津理工大学学报,2014,30(1):21-24.
[11] 胡俊峰.下峪口煤矿主平硐带式输送机控制系统设计[D].西安:西安科技大学,2016.
[12] 刘凯深.基于PLC的带式输送机监控系统的研究[D].西安:西安科技大学,2010.
[13] 王淼.带式输送机节能调速控制系统研究[D].西安:西安科技大学,2017.
[14] 丁兆伦.大功率强力带式输送机设计与研制[D].西安:西安理工大学,2007.
[15] 张悦.带式输送机电气控制系统设计与研究[D].西安:西安科技大学,2018.
[16] 贾佳.基于智能调速的煤矿带式输送机控制系统研究[D].徐州:中国矿业大学,2019.
[17] 李晓静.矿用胶带输送机自动控制系统研究[D].太原:中北大学,2014.
[18] 高雄雄.基于神经网络控制的带式输送机功率平衡系统设计[D].西安:西安科技大学,2013.
[19] 周立宇.井下带式输送机智能控制系统的研究与设计[D].徐州:中国矿业大学,2017.
[20] 马宏伟,毛清华,张旭辉.矿用强力带式输送机智能监控技术研究进展[J].振动、测试与诊断,2016,36(2):213-219.
[21] 万茸.胶带机多机平衡控制研究[D].西安:西安科技大学,2017.